电线电缆技术丛书

电缆工艺技术原理及应用

王卫东　主编　段国权　主审

机 械 工 业 出 版 社

本书共分为10章，前4章主要介绍了铜铝的精炼、制杆、拉线、退火、绞线工序的工艺技术、加工原理、晶体结构变化及理论分析，导体类型和绞线过程中单线的变形；第五、六、七章介绍了绝缘材料和护套的加工；第八章对绝缘线芯成缆、线芯变形进行了分析；第九章对绕包、装铠、编织、金属护套等护层制造技术和工艺进行了介绍；第十章对双金属线、金属的挤压包覆、新型架空导线、矿物绝缘电缆的型式、制造方法、制造工艺进行了介绍。

本书是作者多年从事电缆生产的实际工作经验和教学心得的总结，实用性强，可供电线电缆制造行业工程技术、管理人员和技术工人学习，也可供大专院校相关专业师生学习，还可供电缆检测及应用的专业技术人员参考。

图书在版编目（CIP）数据

电缆工艺技术原理及应用/王卫东主编．—北京：机械工业出版社，2011.8（2026.2重印）

（电线电缆技术丛书）

ISBN 978-7-111-35675-2

Ⅰ.①电…　Ⅱ.①王…　Ⅲ.①电缆-生产工艺　Ⅳ.①TM246

中国版本图书馆CIP数据核字(2011)第168086号

机械工业出版社（北京市百万庄大街22号　邮政编码100037）

策划编辑：林春泉　责任编辑：任　鑫

版式设计：霍永明　责任校对：李秋荣

封面设计：鞠　杨　责任印制：刘　媛

北京富资园科技发展有限公司印刷

2026年2月第1版第12次印刷

184mm×260mm・18.75印张・463千字

标准书号：ISBN 978-7-111-35675-2

定价：46.00元

前　　言

电线电缆行业是国民经济一个重要的、基础性的行业，电线电缆产品被誉为国民经济的“血管与神经”，其对国家经济建设和社会发展的重要性可见一斑。近年来，随着我国经济的快速发展，我国电线电缆行业得到迅猛的发展，2010 年行业总产值达 9300 多亿元，从业人员超过 72 万人。从规模上看，中国已成为世界上第一大电线电缆生产国，在国内，电线电缆行业已成为仅次于汽车的第二大行业。目前，我国经济社会的发展也进入一个继往开来、加速转型、科学发展的关键时期。全面贯彻落实科学发展观、加强自主创新、转变行业经济增长方式、推进行业结构性调整和升级、提升国际竞争能力是电线电缆行业面临的重大任务与挑战。

产业的高速发展与转型升级带来了对技术水平提升、技术人才需求量增加的渴求，为满足高等院校电线电缆技术人才培养的需要，配合行业工程技术人员技术水平提高的要求，我们编写了这本介绍电线电缆工艺技术原理及应用方面的书籍。本书以电线电缆制造工艺流程为顺序，对导电线芯、绝缘、护层等电缆各工序的工艺技术进行了介绍，对提高产品质量的途径进行了探索，同时对所涉及的金属材料晶体结构及塑性加工、高分子材料加工等理论结合制造技术进行了系统的阐述。另外，对铜铝的连续挤压及包覆、矿物绝缘电缆、新型架空导线制造等新工艺、新技术、新产品也进行了介绍。

本书作者有 10 余年从事电线电缆制造的工作经历，随后又进行了多年的电缆专业教学，本书是对多年实践与理论教学的总结。书中对电缆制造过程中的质量控制重点、有助于工艺技术理解的理论知识、生产实践中难以理解的难点进行了有针对性、有重点地阐述，从而使本书既有较广的知识覆盖面，同时又突出重点和实用性，可供电线电缆制造行业工程技术、管理人员和技术工人学习，也可供大专院校相关专业师生学习，还可供电缆检测及应用的专业技术人员参考。

本书由河南机电高等专科学校副教授王卫东主编，航天电工技术有限公司技术总监段国权高级工程师主审，参与本书编写的还有河北邢台电缆有限责任公司孟广济高级工程师，永进电缆集团有限公司总工程师苑为民，河南机电高等专科学校倪艳荣、张静等。在编写过程中得到了河南机电高等专科学校电缆教研室全体老师的热情帮助，也得到了河北邢台电缆有限责任公司的大力支持。值此成书之际，向他们表示衷心的感谢！

愿本书的出版对我国电线电缆制造技术水平的提升、产品质量的提高尽到微薄之力！由于编者学识疏浅，书中的疏漏和错误在所难免，恳请广大读者批评指正！

作　者

目　录

绪　论

在现代生活中，人类对电线电缆并不陌生，人类足迹所至，无论是在浩瀚的宇宙、波涛汹涌的海洋、探索地球奥秘的地下，还是在喧闹的都市、恬静的乡村都有电线电缆产品的踪影。在一切工业建设、国防科技、科学研究、农业生产以及日常生活中，电力传输、现代通信、电气控制等领域都离不了电线电缆产品。因此，常有人把电线电缆称作国民经济的“血管和神经”，这个比喻形象地说明了电线电缆在现代社会中所起的重要作用。

一、电线电缆产品的应用领域

1. 电力系统

采用各种不同类型、不同电压等级的电线电缆把发电站、变电站、配电站和用电单位连接起来，组成了一个电能的传输和分配网络，即电力系统。在这个系统中输、配、供电各级采用了大量不同电压等级的电线电缆作为电能传输的载体，这包括各级输配电用到的电力电缆、架空输电用到的裸导线、各级用到电设备用的电气装备用电线电缆等。电力系统用电线电缆占到线缆工业总产值的60%以上。

2. 信息传输系统

随着现代通信技术的发展，电话、电视、互联网已成为人们获取信息的主要方式，在国防、气象、航空航天等领域信息的传输和交流也需要通信网络来保障，而这个功能强大的通信网络会用到电话电缆、光缆、射频电缆、电子线缆等多种电线电缆产品。并且随着信息技术的发展，信息传输类电线电缆的发展将是电线电缆工业的持续热点。

3. 电工装备、电器仪表内部用线缆

在电力和信息系统中，从系统的源头，经过系统中无数大小节点到用户终端各种电气系统的连接，电器仪表设备内部还会将各种电线电缆产品用于控制、测量等信号的传输；电机、变压器及仪器仪表等内部也要采用电磁线进行电磁能的相互转换……

可见电线电缆是用以传输电能、传递信息和实现电磁能转换的线材产品，广泛应用于国民经济建设的方方面面。

通常我们把这一类产品总称为电线电缆，电线和电缆有没有区别呢？两者的区别只是概念性的相对而言，本质上并无严格的区别。一般的习惯是把没有绝缘层、有绝缘层但结构简单、产品直径小芯数少的产品称为电线，如裸电线、塑料线、橡皮线、电磁线等。把结构较复杂、有坚固密封护套、外径较大的产品称为电缆，如电力电缆、射频电缆、通信电缆、光缆等。另外，就是该类产品刚出现时的定名，以后就按“约定俗成”的习惯沿用，如橡皮绝缘电线、塑料绝缘电线大量应用的是6 mm^2 及以下的小线，于是把这一类中240mm^2、300 mm^2，甚至800 mm^2 的大截面积的产品也称为“电线”；电视机的引入线是外径只有6mm左右的细线，但习惯把这类产品称为“小同轴电缆”。

二、电线电缆的分类

电线电缆用途广、种类多、品种杂。据统计，目前约有1200多个品种，20000多个规格，在机电行业中它是品种和门类最多的大类产品之一。为使技术研究、生产组织、产品销

售和安装使用的便利，按电线电缆的结构、性能及应用将其分为五个大类。

1. 裸电线及裸导体制品

裸电线及裸导体制品是指仅有导体而无绝缘层的电缆产品。其主要用于架空输配电线路和电气设备中的导电元件，使用时，一般以空气（或其他介质）作为绝缘。如架空输、配电线路用的架空导线，以及铜、铝汇流排（母线）和电力机车接触线等。其生产工艺的技术学科是有色金属的熔炼、合金配制、改性以及压力加工，工艺技术主要有轧制、拉制和绞制等。

裸电线及裸导体制品与其他电线电缆产品相比具有结构简单、制造方便、施工容易和便于检修等优点。根据结构和用途不同又分为裸单线，裸绞线，软接线和编织线，型线与型材四个系列。

2. 电力电缆

电力电缆是指在电力系统的主干线路中用以传输和分配大功率电能的电缆产品。用于电力输配线路，其特点是传输电流大（从几十安培、几百安培乃至几千安培以上），电压高（可达500kV、1000kV甚至更高），因此它也是高电压绝缘中最具有代表性的产品。

产品的技术性能主要是导体的导电能力（载流量），高电场下的电场均匀性和绝缘稳定可靠性，整体结构的热平衡性（散热能力要与运行中的发热量保持平衡），电动应力承受能力，以及电缆在安装、敷设、运行中机械力的承受能力。在生产工艺中，各个工序都要充分考虑满足上述各项严格要求。因此，该类产品结构复杂，在导体、绝缘层外还有结构复杂的护层结构。一般采用铜或铝做导体，常用绝缘材料有交联聚乙烯、聚氯乙烯、橡皮等，电力电缆可用于地下、室内、隧道内敷设，还可用于江底、海地敷设，具有占地少、安全等特点。

3. 通信电缆及光缆

通信电缆是用于传输电话、电报、电视、广播、传真、数据和其他电信信息的电缆产品，又分为对称通信电缆和同轴通信电缆。

光缆是以光导纤维作为光波传导介质进行信息传输的电缆产品，具有传输衰减小、传输频带宽，不受电磁场干扰，保密性好的优点，并且产品重量轻、外径小。因此，光缆一经诞生就得到迅速发展。

以往的信息传输系统仅承担电报、电话、电传和电视等业务，因此采用的电线电缆主要是市内电话电缆、长途通信电缆（对称式或同轴式结构）和一般的通信线、通信设备用线等。随着信息传输的数字化、高速化和广域化，特别是宽带网、信息传输网络化的建立和发展，使信息传输系统用电缆和光缆有了超常规的发展。

信息传输用电线电缆的技术学科是电磁波（含光波）的有线传输理论，即要求以极高速率将传输的信息准确、清晰地传递至接收方。因此，要求电线电缆具有导电率很高的导体，并有绝缘电阻高而介电常数很小的绝缘层，同时要求整根电线电缆在长度上结构尺寸具有均匀性、一致性等。对金属导体的电线电缆的屏蔽性能也有很高的要求。

4. 电气装备用电线电缆

电气装备用电线电缆是从电力系统的配电点把电能直接输送到用电设备、器具作为连接线路的电线电缆，以及电气装备内部的计测、信号控制系统中用到的电线电缆产品。它是使用范围最广、品种系列最多、工艺技术门类最复杂的一类产品，品种约占电线电缆总量的

60%。

它包括了用户低压用电线路（如照明线、动力线）用的橡塑绝缘电线、软线，从供电点（开关、插座）到终端用电设备的连接线，终端设备组成之间的连接线（如控制、信息系统用），以及用电设备内部安装用的电线电缆。特别是特殊的工业系统如石油和矿山探测、开采，大型而又各有专门特殊要求的交通运输器具，如汽车、机车、飞机、船舶等用的电线电缆等。

此类产品中除了少部分的产品工作电压较高（如矿用电缆、机车车辆用电缆、医疗设备用直流高压电缆，军工、科技设备用高压直流电缆等）外，绝大多数产品的工作电压不高。但由于用电设备工作环境和使用要求多种多样，因此对各种产品的性能要求比较特殊而且差异很大。总体上来说，产品的柔软性、耐温性、耐气候性以及抗各种电磁波干扰的屏蔽性是本类产品技术特性的体现。从工艺上来说，除了导体、绝缘、护套材料的多样性要求外，结构的微细化如导体的微细化、薄绝缘化等也是工艺技术上的难点。

5. 电磁线（绕组线）

电磁线又称绕组线，是以绕组的形式在磁场中切割磁力线产生感应电流或通以电流产生磁场，即能实现电磁能相互转换而采用的绝缘电线。其用于各种电机、电器、仪表、变压器以及电极磁场发生器中的绕组线圈。

电磁线包括漆包线、绕包线和特种电磁线。电磁线的技术特性除了导电和绝缘性能外，主要是适应安装的要求，即所属电机、电器、仪表的耐温等级，与周围的材料的化学相容性，安装时的柔软性和耐刮性等。

三、电线电缆的发展历史

电线电缆的历史是随着电在社会中的应用而开始的。最先使用无绝缘的铜线，继之又使用了带绝缘的铜线，为了保护这种电线不受损坏又采用了棉纱、丝绸等保护。电线电缆用于传输电能也用于通信线路，随着电气技术的进步，电线电缆应用到了生产、生活的方方面面。

1. 电线电缆发展简史

电的发现可以追溯到公元前500年，当时希腊的泰勒斯就发现摩擦可以生电。到1729年，英国人格雷发现“电”可以沿金属线传输，出现了“导体”的概念。1740年，法国人德扎克里埃规定了导体和绝缘的概念。1744年，德国人温克勒用裸电线把电火花传输到了远距离点，宣告了电线的诞生。1752年，美国人本杰明·富兰克林发明了避雷针并用电线接地，使电线第一次实用化。1799年，意大利人伏特发明了电池，获得了持续的电流，为电线电缆的应用打开了大门。

19世纪初，丹麦的奥斯特、英国的法拉第、美国的亨利等大批欧美物理学家的发现，催生了现代电学、电磁学的基础理论，为以后电力、信息传输奠定了基础。这一时期，人们不断地寻找可用于电线绝缘的材料，期间试用了皮革、丝绸、麻、棉纱等材料。直到1812年，俄国人用未经硫化的橡胶包覆在铜线上，制成了第一根有绝缘的电线。以后随着电力工业的发展和电报机的发明，极大地推动了电缆工业的发展。1879年，爱迪生发明了电灯，制成了黄麻沥青绝缘电力电缆；1887年，英国的Farranti发明了10kV油浸纸铅包电力电缆；1891年，英法两国在英吉利海峡敷设了最早的海底话缆；1895年，在美国诞生了铝架空线；1924年，意大利Pirelli公司试制成功了低油压充油电缆，这种类型的电缆目前仍是超高压电缆的主要品种。在这一时期，英、美、德、日相继生产出了油纸绝缘电缆。各类电线电缆的雏形都已诞生，但都是低电压、低频率、近距离、使用天然材料为绝缘，设备与工艺较为简单。一般把1744~1920年称为电线电缆的启蒙阶段。

20世纪20年代以后，电线电缆工业逐渐走向成熟，在此期间产生了分相电缆，导体开始采用精炼铜。1925年塑料开始应用于电缆，使绝缘材料由单纯的天然材料发展到天然与合成材料并举。1927年，美国的Semon发明了聚氯乙烯绝缘电缆，但工业化生产到了20世纪40年代以后。

20世纪40年代以前，制作电线电缆的材料不外乎是一些天然制品。绝缘材料是天然橡胶、油纸、棉纱、丝绸等，护层材料一般是棉纱涂蜡或沥青，在电缆护层上则多用铅，主导产品是以橡皮绝缘为主的布电线系列和以纸绝缘为主的电力电缆系列两大类。控制电缆、通信电缆也是以纸绝缘为主，船用电缆以橡皮绝缘为主。

第二次世界大战期间，电线电缆成为战略物资，所用的原材料极度缺乏。在电缆材料中出现了丁苯、氯丁、丁钠橡胶和聚乙烯、聚氯乙烯等合成材料，使电缆产品发生了重大变革，为传统产品的由简到繁的变化而转为由繁趋简的过渡创造了条件。德国为寻找橡胶的代用品，大力发展聚氯乙烯电缆。20世纪50年代初，欧洲出现了绝缘、护套均为聚氯乙烯的全塑电力电缆。相比于传统的油纸绝缘电缆，全塑电力电缆具有制造工艺简单、使用维护方便、可以直埋敷设、不受落差限制、重量轻、成本低等特点，在中低压领域逐步取代了纸力缆。

20世纪50年代，美国发明了交联聚乙烯，并先后开发了辐照交联、化学交联和硅烷交联法用于交联聚乙烯绝缘的制造。20世纪60年代初，日本开始制造化学交联聚乙烯电力电缆，并得到了快速发展：1962年制成了66kV级，1973年试制了275kV级，2000年500kV级在东京首先安装使用。交联聚乙烯以其优异的性能迅速在低压、中压、高压、超高压领域得到了广泛应用。

2. 我国电缆工业的发展

我国电缆工业起步晚，规模小。1936年国民党政府成立了“电工厂筹委会”负责电缆厂的筹建。随后于1938年在昆明建立了电线电缆厂，并与1939年7月1日正式投产。

1938年5月在沦陷了的沈阳，由日本的古河、藤仓、住友等几个会社合伙建立的“满洲电线株式会社”正式投产。同时在上海、天津也有几家规模很小的电缆生产厂。

1945年8月日本投降后，当时的国民党政府接收了沈阳、上海、天津的日伪电工产业。当时的产品只有裸铜单线、铜绞线、花线、橡皮线、铅包橡皮线、丝包线、橡套软线、军用被覆线等，直至1948年昆明电线厂才生产出6.6kV橡皮绝缘铅包电缆。建国时全国有电线电缆职工2000余人，设备500台，年用导体总量6500吨，生产萧条，处于瘫痪状态。

建国以后，我国电线电缆工业进入了良好的发展时期。沈阳电缆厂的投入生产是我国电缆工业发展的里程碑。1950年，当时的沈阳电缆厂被列为“一五”全国156项重点工程之一，由苏联帮助建设，1954年6月19日正式动工，1956年9月12日国家验收合格正式投入生产。同时，我国自主扩建了上海电缆厂。两厂在当时都是规模大，生产门类齐全，是与当时世界先进水平差距不大的电缆厂。在消化吸收的基础上，又在内地相继建立了郑州电缆厂、西安电缆厂等一大批电线电缆企业，基本满足了我国经济建设的需要。

改革开放后，电线电缆工业迎来了新的春天，通过引进吸收国外的先进技术，使我国电缆生产技术得到迅速的发展。据统计，目前全国有电缆企业6000余家，2008年导体用铜、铝量分别为412万吨、145万吨，总产值6904亿元，成为世界最大的电线电缆生产国。随着电力工业的发展，我国已能生产1100kV架空导线、220kV高压交联聚乙烯绝缘电缆，500kV超高压交联聚乙烯绝缘电缆也正在试制中。超导电缆研制也处于世界先进水平，2004年我国自行研制的35kV、2kA，总长30m的高温超导电缆在云南普吉电站并网运行。

四、电线电缆的技术特点

电线电缆是一门综合性很强的产业，由于功用不同、应用场合不同，电缆的结构、材料、工艺也各有不同。总的来看，电线电缆的技术特点可综合如下：

1. 产品性能的综合性

在电线电缆的结构设计、生产、选型时，必须根据产品的用途、使用的要求、敷设环境等综合考虑材料的电性能（包括导电性能、绝缘性能、传输特性等）、机械物理性能、老化性能、材料间的相容性和其他性能（如金属的硬度、蠕变、高分子材料的不延燃性、耐辐射性能等）。这就需要冶金、金属加工、电镀、高分子材料、电介质化学、电气绝缘以及高分子流变学、传热学等方面的综合知识。

2. 产品应用的广泛性

电线电缆包括用于传输电力的电力电缆，传递信息的通信电缆，用于电磁能转换的电磁线，用于控制、信号、航空航天、船舶、汽车、矿山等场合的专用电缆。就电线电缆的应用领域而言，游弋于浩渺太空的各类航空器材、横越大洋洋底连通各大洲的通信干线、繁忙穿梭的汽车火车、给世界带来无尽动力的各类电机电器等，都有电线电缆的伴随。

3. 使用材料的多样性

从某种意义上来讲，电缆技术的发展史就是电缆材料的开发应用史。各种新材料的应用促进了电缆技术的发展，按材料属性有金属材料、纤维材料、漆料、涂料、橡胶、塑料、无机材料和气体材料等八大类应用于电线电缆的制造。

4. 生产过程的连续性

电缆的结构是从内到外层层同心的结构，这就决定了电线电缆的生产只能从内到外依次连续进行，各工序之间紧密衔接、不能颠倒。不能像其他机械产品一样进行零部件的装配组合。

5. 设备用途的专用性

由于电缆结构的特殊性，电缆行业的设备不同于机械行业的其他加工设备。结合工艺的特点，电缆设备可以用铸、轧、压、拉、绞、挤、包、涂、镀几个字来概括。

6. 质量要求的严格性

电缆生产的连续性决定了上一工序产品质量必将影响到下一工序，电缆不像其他机械产品一样可以对问题零部件进行拆除更换，一旦出现质量问题，将导致整根电缆的报废或进行截断处理。若是运行中的电缆发生了故障，将会导致大面积的停电或信息传输中断，损失和影响是巨大的。因此，对电缆产品的质量要求丝毫马虎不得。

总之，电线电缆的生产是以材料为基础，设备是关键，工艺是保证的有机综合体。只有通过多方面的努力才能促进电缆技术的不断进步。

第一章　金属的结晶与塑性变形

电缆工业中用到的材料种类繁多，涉及多门基础学科。按照材料类型可分为金属材料和非金属材料，非金属材料主要用于电缆绝缘、护层、填充结构，而电缆的导体、屏蔽以及护层的部分结构会用到铜、铝、铁等金属材料。本章通过对金属材料基本性能、晶体结构、结晶过程及塑性变形的学习，使读者对金属材料的使用性能、工艺性能具有一定的认识，对金属材料的加工、使用起到一定的指导作用。

第一节　金属材料的力学性能

金属材料在加工和使用过程中都要承受不同形式外力的作用，当外力达到或超过某一限度时，金属材料就会发生变形，以至断裂。金属材料在外力作用下所表现的一些性能，称为金属材料的力学性能。

无论何种固体材料，其内部原子之间都存在相互平衡的原子结合力的相互作用。当金属材料受外力作用时，原来的平衡状态被破坏，材料中任何一个小单元与其邻近的各小单元之间就诱发了内力。金属材料在外力作用下引起弹性变形和塑性变形。当载荷性质、环境温度与介质等外在因素改变时，对金属材料力学性能的要求也不同。金属材料的力学性能主要是指强度、刚度、硬度、塑性和韧性等。

一、强度指标

金属材料的强度是金属抵抗永久变形和断裂的能力。把一定尺寸和形状的金属试样（见图 1-1）装夹在试验机上，然后对试样逐渐施加拉伸载荷，直至把试样拉断为止。根据试样在拉伸过程中承受的载荷和产生的变形量之间的关系，可测出该金属的拉伸曲线（见图 1-2）。在拉伸曲线上可以确定以下性能指标。

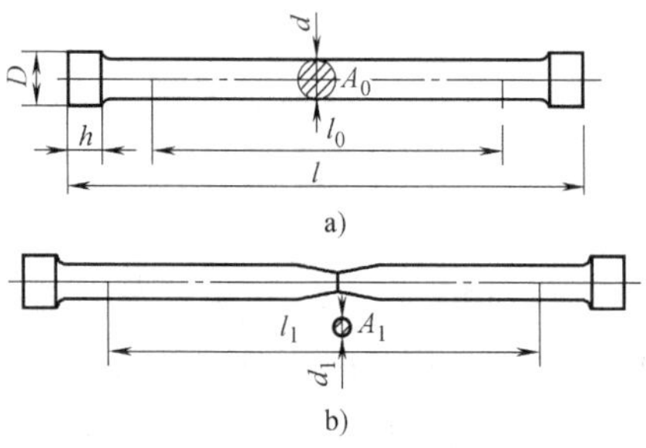

图 1-1　钢的标准拉伸试棒

a）拉断前　b）拉断后

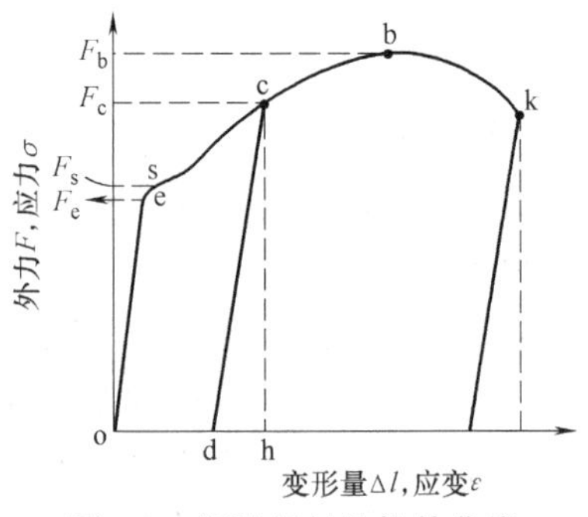

图 1-2　塑性材料的拉伸曲线

（F-Δl 曲线与 σ-ε 曲线形状相似只是坐标不同）

1. 弹性极限

从图 1-2 可以看出，拉伸曲线的 oe 线段是直线，这一部分试棒变形量 Δl 与外力 F 成正比。在 $F<F_e$ 时进行卸载，伸长沿 $\overline{eo}$ 方向减小，最后伸长消失，试棒恢复到原来尺寸，这种

性质称为材料的弹性，这一阶段的变形称为弹性变形。外力 F_e 是使试棒只产生弹性变形的最大载荷。

无论何种材料，内部原子之间都具有相互平衡的原子力相互作用，以保持其固定的形状。当受到外力时，原来的平衡被破坏，其中任何一个小单元都和邻近的各个小单元之间诱发了新的力（内力），材料单位截面积上的这种力称为应力，用符号 σ 表示。

弹性极限用符号 σ_e 表示，单位为 MPa，即

$$\sigma_e = \frac{F_e}{A_0} \tag{1-1}$$

式中　A_0——试棒的原始截面积，单位为 mm^2；

F_e——试样 e 点所承受外力，单位为 N。

弹性极限 σ_e 是由试验得到的，其大小受测量精度影响很大，故通常采取规定微量塑性伸长应力 $\sigma_{0.01}$ 为弹性极限。

2. 屈服点

从拉伸曲线上可以看到，当载荷增加至超过 F_e 后，试样必定保留部分不能恢复的残余变形，即塑性变形。在外力达 F_s 时，曲线出现一个小平台。此平台表明不增加载荷试棒仍继续变形，好像材料已经失去抵抗外力能力而屈服了。我们称试棒屈服时的应力为材料的屈服点，以 σ_s 表示，单位为 MPa。

$$\sigma_s = \frac{F_s}{A_0} \tag{1-2}$$

式中　F_s——试样在 s 点所承受外力，单位为 N。

很多金属材料，如大多数合金钢、铜合金以及铝合金的拉伸曲线不出现平台，脆性材料如普通铸铁、镁合金等，甚至断裂之前也不发生塑性变形，因此工程上规定试棒发生某一微量塑性变形（0.2 %）时的应力作为该材料的屈服点，称为屈服强度或规定微量塑性伸长应力，并以符号 $\sigma_{0.2}$ 表示。

3. 抗拉强度

当作用力 $F > F_s$，例如加载到 c 点，然后进行卸载，则伸长会随载荷的减小而沿 $\overline{cd}$ 方向变化（$\overline{cd} /\!/ \overline{eo}$）。卸载后，试样的变形不能完全恢复，会保留残余变形od，这种残余变形称为塑性变形。

试棒在屈服时，由于塑性变形而产生加工硬化，只有载荷增大，变形才能继续增加，直到增到最大载荷 F_b。拉伸曲线的这一阶段，试棒沿整个长度均匀伸长。当载荷达到 F_b 后，试棒就在某个薄弱部分形成“缩颈”，如图 1-1b 所示那样。此时不增加载荷试棒也会发生断裂。F_b 是试棒承受的最大外力，相应的应力即为材料的抗拉强度，以 σ_b 表示，单位为 MPa。它代表了金属材料抵抗大量塑性变形的能力，即

$$\sigma_b = \frac{F_b}{A_0} \tag{1-3}$$

式中　F_b——试样断裂前承受的最大外力，单位为 N。

由上述可知，强度是表征金属材料抵抗过量塑性变形或断裂的物理性能。

4. 疲劳强度

某些机器零件，如轴承、弹簧等在交变载荷长期作用下工作，很多情况是在工作应力峰

值低于弹性极限的情况下突然破坏的。在多次交变载荷作用下的破坏现象称为疲劳。交变载荷可以是大小交变、方向交变，或同时改变大小和方向。

金属材料的疲劳破坏过程，首先是在其薄弱部位，如在有应力集中或缺陷（划伤、夹渣、显微裂纹等）处产生微细裂纹。这种裂纹是疲劳源，而且一般出现在零件表面上，形成疲劳扩展区。当此区域达到某一临界尺寸时，零件就在甚至低于弹性极限的应力下突然脆断。最后的脆断区称为最终破断区。

疲劳强度除了决定于材料的成分及其内部组织外，制品的表面状态及形状对其也有很大的影响。表面应力集中（划伤、损伤、腐蚀斑点等）会使疲劳寿命大大减低。提高制品疲劳寿命的方法有：① 设计上减小应力集中，转接处避免锐角连接，使零件具有较小的表面粗糙度；② 强化表面，如渗碳、渗氮、喷丸、表面滚压等，在零件表面造成残余压应力，抵消一部分拉应力，降低零件表面实际拉应力峰值，从而提高零件的疲劳强度。

二、塑性指标

金属材料在载荷作用下稳定连续地产生不可逆永久变形而不破坏其完整性的能力称为塑性。评定材料塑性的指标常用伸长率和断面收缩率，也有采用扭转或镦粗试验来测定。

1. 伸长率 δ

伸长率可用下式确定：

$$\delta = \frac{l_1 - l_0}{l_0} \times 100\% \tag{1-4}$$

式中 l_0——试棒原标距长度，单位为 mm；

l_1——拉断后试棒的标距长度（见图 1-1），单位为 mm。

在材料手册中常常可以看到 δ_5 和 δ_{10} 两种符号，它分别表示用 $l_0 = 5d$ 和 $l_0 = 10d$（d 为试棒直径）两种不同长度试棒测定的伸长率。l_1 是试棒的均匀伸长和产生缩颈后伸长的总和。很明显，短试棒中缩颈的伸长量所占的比例大，故同一材料所测得的 δ_5 和 δ_{10} 值是不同的，δ_5 的值较大，而 δ_{10} 值较小，例如钢材的 δ_5 大约为 δ_{10} 的 1.2 倍。所以相同符号的伸长率才能进行相互比较。

2. 断面减缩率 φ

断面减缩率可用下式求得：

$$\varphi = \frac{A_0 - A_1}{A_0} \times 100\% \tag{1-5}$$

式中 A_0——试棒的原始截面积，单位为 mm^2；

A_1——试棒拉断后缩颈处的截面积（参见图 1-1），单位为 mm^2。

断面减缩率不受试棒标距长度的影响，因此能更可靠地反映材料的塑性。

3. 扭转和压缩（或蹾粗）试验

扭转试验是对一定长度的试样扭转，以试样扭断时的扭转角度来表示其塑性。

压缩（或蹾粗）试验是对一定规格的圆柱形试样进行压缩（或蹾粗），以试样出现第一个裂纹时的压下率来表示其塑性的试验方法。

对必须承受强烈变形的材料，塑性指标具有重要的意义。塑性优良的材料冷压成形性好。此外，重要的受力机械零件也要求具有一定塑性，以防止超载时发生断裂。伸长率和断面减缩率也表明材料在静载或缓慢增加的拉伸应力下的韧性。不过在很多情况下，具有高减缩率的材料可承受高的冲击吸收功。

三、刚度指标

材料在受力时抵抗弹性变形的能力称为刚度，它表示材料弹性变形的难易程度。材料刚度的大小，通常用弹性模量 E 来评价。

材料在弹性范围内，应力 σ 与应变 ε 的关系服从胡克定律（参见图 1-2），即 $\sigma = E\varepsilon$ 或 $\tau = G\gamma$。式中，σ 和 τ 分别为正应力和切应力，ε 和 γ 分别为正应变和切应变。应变为单位长度的变形量，即 $\varepsilon = \Delta l/l$。

因之 $E = \sigma/\varepsilon$ 或 $G = \tau/\gamma$，相应为弹性模量和切变模量，单位为 MPa。由图 1-2 可以看出，弹性模量 E 是拉伸曲线上的斜率，即 $\tan\alpha = E$。斜率 $\tan\alpha$ 越大，弹性模量 E 也越大，即弹性变形越不容易进行。因此，E、G 是表示材料抵抗弹性变形能力和衡量材料“刚度”的指标。弹性模量越大，材料的刚度越大，即具有特定外形尺寸的制品保持其原有形状与尺寸的能力也越大。

在设计机械零件时，要求刚度大的零件，应选用具有高弹性模量的材料。例如镗床的镗杆选用钢铁材料。要求在弹性范围内对能量有很大吸收能力的零件（如仪表弹簧），一般使用软弹簧材料铍青铜、磷青铜制造，应具有极高的弹性极限和低的弹性模量。常用材料的弹性模量如下：$E_{铁} = 214000$ MPa，$E_{铜} = 132400$ MPa，$E_{铝} = 72000$ MPa；切变模量：$G_{铁} = 84000$ MPa，$G_{铜} = 49270$ MPa，$G_{铝} = 27000$ MPa。

四、硬度指标

硬度是材料抵抗局部变形，特别是塑性变形、压痕或划痕的能力。对大多数金属材料，可以从硬度值估算出它的抗拉强度，检验材料或工艺是否合格有时也需用硬度。不同的试验方法在不同条件下测量的硬度值，含义不同，数据也不同，因此一般不能进行相互比较。工业生产中经常采用的硬度试验方法有布氏硬度（HB）、洛氏硬度（HR）和维氏硬度（HV）几种。

1. 布氏硬度

布氏硬度试验方法是把规定直径的淬火钢球或硬质合金球以一定的试验力压入所测材料表面如图 1-3 所示，保持规定时间后，测量表面压痕直径如图 1-4 所示，然后按式（1-6）计算其硬度。

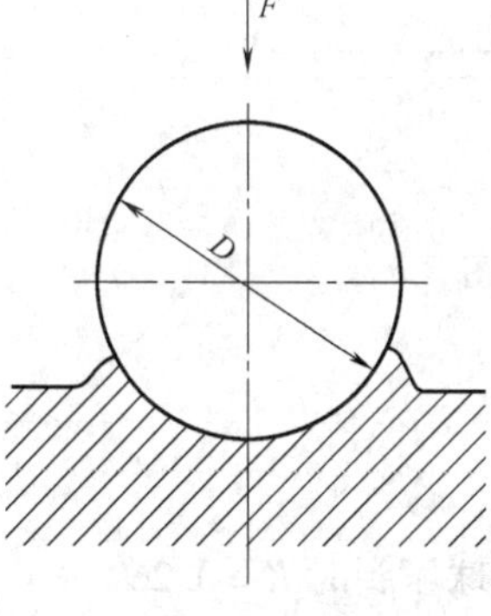

图 1-3　布氏硬度测量示意图

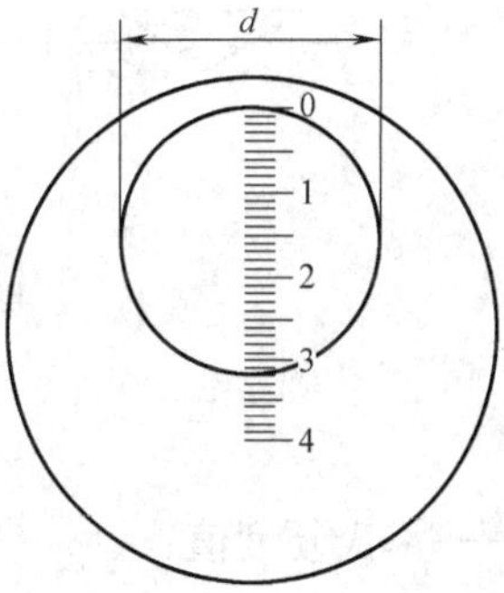

图 1-4　用读数显微镜测量压痕直径

$$\mathrm{HBS(HBW)} = \frac{F}{A} = 0.102\,\frac{2F}{\pi D\left(D - \sqrt{D^2 - d^2}\right)} \tag{1-6}$$

式中 HBS(HBW)——S 表示用钢球（W 表示硬质合金球）试验时布氏硬度值；

F——试验力，单位为 N；

A——压痕表面积，单位为 mm^2；

D——球体直径，单位为 mm；

d——压痕平均直径，单位为 mm。

由于金属材料有软有硬，被测工件有薄有厚，尺寸有大有小，因此在进行布氏硬度试验时要求使用不同的试验力和压头直径，建立 F 和 D 的某种选配关系，以保证布氏硬度的不变性。

布氏硬度的表示：符号 HBS 和 HBW 之前用数字标注硬度值，符号后面依次用数字注明压头直径（mm）、试验力（N）及试验力保持时间（s）（为 10 ~ 15s 不标注）。例如，500 HBW5/750，表示用直径 5 mm 硬质合金球在 7355N 试验力作用下保持 10 ~ 15s，测得的布氏硬度值为 500。

目前，布氏硬度主要用于铸铁、非铁金属以及经退火、正火和调质处理的钢材，电线电缆用铜铝硬度测量常用布氏硬度表示。

2. 洛氏硬度

洛氏硬度试验是目前应用最广的硬度试验方法，用符号 HR 表示。它是采用直接测量压痕深度来确定硬度值的。实验原理图如图 1-5 所示。用 120°金刚石圆锥体或直径为 1.588mm（1/16in[⊖]）的淬火钢球作压头，先施加初始试验力 F_1，压头压入位置为 1，压入试样表面的深度为 a。然后再加上主试验力 F_2，持续规定时间，此时总试验力 $F = F_1 + F_2$，压头压入位置为 2，压入试样表面的深度为 b。卸除主试验力 F_2，仍保留初试验力 F_1，试样弹性变形恢复使压头上升到 3 的位置，此时压入试样表面的深度为 h。按式 1-7 计算洛氏硬度。

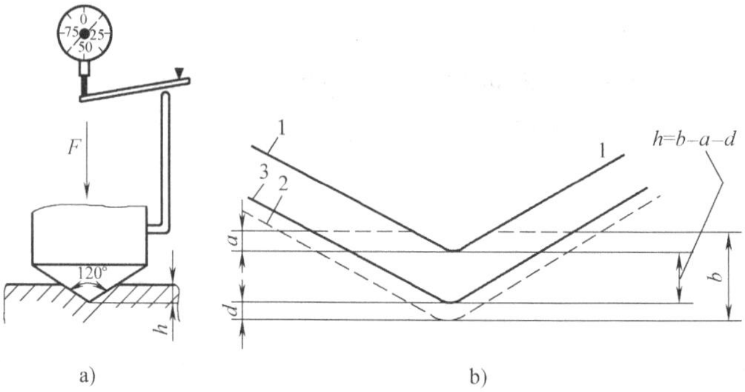

图 1-5 洛氏硬度实验原理图

$$HR = \frac{K - h}{0.002} \tag{1-7}$$

式中 HR——洛氏硬度值；

K——常数，使用金刚石压头时 $K = 0.2$，使用钢球压头时 $K = 0.26$。

为了能用一种硬度计测定从软到硬的材料硬度，采用不同的压头和总试验力组成几种不同的洛氏硬度标度，每一个标度用一个字母在洛氏硬度符号 HR 之后加以注明。我国常用

⊖ 1in = 0.0254m，后同。

HRA、HRB、HRC 三种。洛氏硬度值标注方法为硬度符号前面注明硬度数值，例如 52HRC、70HRA 等。

3. 维氏硬度

维氏硬度可以更准确地测量金属零件的表面硬度或硬度很高的零件，其符号用 HV 表示。维氏硬度试验采用正四棱锥金刚石锥体，试验时在金刚石锥体上施加试验力 F，在试件表面压出正方形压痕，根据压痕面积求出维氏硬度值。

五、韧性指标

1. 冲击韧度

机械零部件在使用过程中不仅会受到静载荷或变动载荷作用，而且还会受到不同程度的冲击载荷作用。所以在设计和制造受冲击载荷的零件和工具时，必须考虑所用材料的冲击吸收功或冲击韧度。

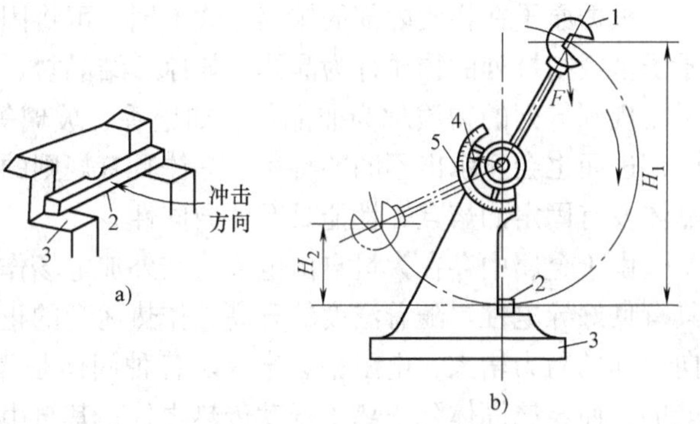

图 1-6 冲击试验原理图

1—摆锤 2—试样 3—机架 4—指针 5—刻度盘

目前，最常用的冲击试验方法是摆锤式一次冲击试验，其试验原理如图 1-6 所示。先将材料加工成标准试样，然后放在试验机的机架上，试样缺口背向摆锤冲击方向，将具有一定重力 F 的摆锤举至一定高度 H_1；使其具有势能 (FH_1)，然后摆锤落下冲击试样；试样断裂后摆锤上摆到 H_2 高度，在忽略摩擦和阻尼等条件下，摆锤冲断试样所做的功，称为冲击吸收功，以 A_K 表示，则有 $A_K = FH_1 - FH_2 = F(H_1 - H_2)$。

对一般常用钢材来说，所测冲击吸收功 A_K 越大，材料的韧性越好。

2. 断裂韧度

实际应用中的材料组织并非是均匀、各向同性的，组织中有微裂纹，还会有夹杂、气孔等宏观缺陷，这些缺陷可看成是材料中的裂纹。当材料受外力作用时，这些裂纹的尖端附近便出现应力集中，形成一个裂纹尖端的应力场。根据断裂力学对裂纹尖端应力场的分析，裂纹前端附近应力场的强弱主要取决于一个力学参数，即应力强度因子 K_I，单位为 $MN \cdot m^{-3/2}$。

$$K_I = Y\sigma\sqrt{a} \tag{1-8}$$

式中 Y——与裂纹形状、加载方式及试样尺寸有关的无量纲系数；

σ——外加拉应力，单位为 MPa；

a——裂纹长度的一半，单位为 m 。

对某一个有裂纹的试样（或机件），在拉伸外力作用下，Y 值是一定的。当外加拉应力逐渐增大，或裂纹逐渐扩展时，裂纹尖端的应力强度因子 K_I 也随之增大。当 K_I 增大到某一临界值时，试样（或机件）中的裂纹会产生突然失稳扩展，导致断裂。这个应力强度因子的临界值称为材料的断裂韧度，用 K_{Ic} 表示。

断裂韧度是用来反映材料抵抗裂纹失稳扩展，即抵抗脆性断裂能力的性能指标。当 K_I

$<K_{Ic}$时，裂纹扩展很慢或不扩展；当$K_I>K_{Ic}$时，则材料发生失稳脆断。这是一项重要的判据，可用来分析和计算一些实际问题。例如，若已知材料的断裂韧度和裂纹尺寸，便可以计算裂纹扩展以致断裂的临界应力，即机件的承载能力；若已知材料的断裂韧度和工作应力，就能确定材料中允许存在的最大裂纹尺寸。

断裂韧度是材料固有的力学性能指标，是强度和韧性的综合体现。它与裂纹的大小、形状、外加应力等无关，主要取决于材料的成分、内部组织和结构。

第二节　金属的晶体结构

根据原子在物质内部的排列方式不同，可将固态物质分为晶体和非晶体两大类。凡内部原子呈规则排列的物质称为晶体，如冰、结晶盐、石墨及所有固态金属都是晶体；凡内部原子无规则排列的物质称为非晶体，如松香、玻璃等都是非晶体。晶体与非晶体原子排列不同，进而也会显示出不同的特性。晶体具有规则的几何外形、固定的熔点及各向异性；而非晶体没有固定的熔点，性能具有各向同性。

由于金属中存在大量自由电子，在外加电场作用下自由电子作定向移动，形成电流，故具有良好导电性。随着温度的升高，作热运动的正离子的振动频率和振幅增加，自由电子定向运动的阻力增大，电阻率会增高。各种固体是靠其原子（分子或离子）的振动而传递热能的，而金属固体除正离子振动传热之外，其自由电子运动也能传热，所以金属导热性一般比非金属好。金属在外力作用下，各部分原子发生相对移动而改变形状时，正离子与自由电子间仍保持金属键结合而不被破坏，故显示出良好的延展性。金属材料的性能与其内部的晶体结构和组织状态密切相关。因此，研究金属的晶体结构与结晶过程，以便更好地控制其性能，正确选用材料。

一、金属晶体的结构

1. 晶体结构的基本概念

晶体结构就是晶体内部原子排列的方式及特征。

（1）晶格

为了便于研究和描述晶体内原子的排列规律，通常把原子当作刚性小球，并把不停热振动的原子看成在其平衡位置上静止不动，且处在振动中心，如图 1-7a 所示。以假想的直线在几个方向上将原子振动中心连接起来，形成一个空间格子，叫做晶格如图 1-7b 所示。

（2）晶胞

晶体中原子排列具有周期性，可以从晶格中选取一个能代表晶格特征的最小几何单元来研究晶体结构，那么，这个最小几何单元就叫晶胞如图 1-7c 所示。

（3）晶格常数

在图 1-7c 中，晶胞的三个互相垂直的棱边长度 a、b、c 及三棱边夹角 α、β 和 γ，通常可以表示晶胞的尺寸和形状。这 6 个量称为晶格常数。

2. 常见金属的晶格类型

在已知的 80 多种金属元素中，大多数具有简单的晶体结构。这是由于金属键没有方向性和饱和性，结合对象的选择性不强，所以金属原子结合在一起总是趋于结合地最紧凑和最密集。这种最密集的排列方式就是面心立方和密排六方晶格，其次为体心立方晶格。

（1）体心立方晶格

如图 1-8a 所示，除晶胞的八个角上各有一个原子外，中心还有一个原子。晶格常数 $a=b=c$，$\alpha=\beta=\gamma=90°$不同金属由于其原子直径不同，晶格常数也不相同。属于体心立方晶格的金属有 α-Fe、Cr、W、V、β-Ti 等。

（2）面心立方晶格

如图 1-8b 所示，除在晶胞八个角上各有一个原子外，在各面的中心还有一个原子。属于面心立方晶格的金属有 β-Fe、Al、Cu、Ni、Au、Ag、β-Co、Pb 等。

（3）密排六方晶格

如图 1-8c 所示。在晶胞六方柱体的十二角和上下六角形底面中心各有一个原子，晶胞的中间还有三个原子。密排六方晶格的晶格常数常用两棱边 a 和 c 来表示，其比值 $c/a=1.633$。具有这种晶格的金属有 Mg、Zn、Be、Cd、α-Ti、α-Co 等。

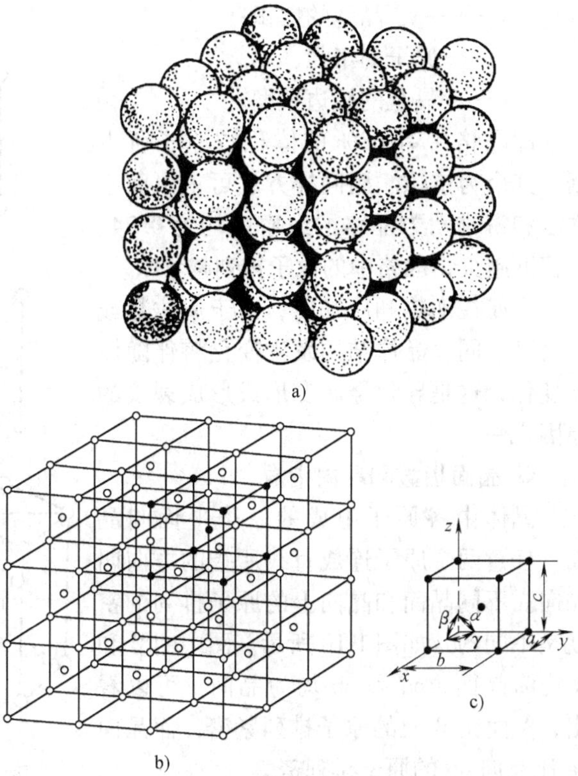

图 1-7　α-Fe 原子排列示意图

a）原子堆垛模型　b）晶格　c）晶胞

3. 配位数和致密度

晶格原子排列的密度可根据配位数来判断。所谓配位数，就是晶格中任一原子周围所近邻的等距离的原子数目。显然配位数越大，原子排列越紧密。如在体心立方晶格中，任一原子周围所近邻的等距离的原子数是 8。面心立方和密排六方晶体的配位数为 12。

配位数虽然可以表示晶体中原子排列的紧密程度，但只能作出定性的评定，若要对晶体中原子排列的紧密程度进行定量比较，则要引用致密度这个参数。致密度是指晶胞中原子所占总体积和晶胞体积之比。从图 1-8a 可以看出，体心立方晶胞的对角线方向上原子是彼此紧密相接触排列的，此对角线的长度为$\sqrt{3}a$，所分布的原子数共有两个，可计算出原子半径 $r=\dfrac{\sqrt{3}}{4}a$。这种晶胞中，因为每个顶点上原子同时属于周围 8 个晶胞所共有，故实际上每个体心立方晶胞仅包含有 1/8 ×8 +1 =2 个原子，如图 1-9 所示。因此可以求出体心立方晶格的致密度为

$$K=\frac{nU}{V}=\frac{2\times\frac{4}{3}\pi r^3}{a^3}=2\times\frac{\frac{4}{3}\pi\left(\frac{\sqrt{3}}{4}a\right)^3}{a^3}=0.68$$

式中　K——晶体的致密度；

n——一个晶胞实际包含的原子数；

U——一个原子（被看成是刚性球）的体积；

V——一个晶胞的体积；

r——原子的半径；

a——晶胞的棱边长度。

即晶格中有 68% 的体积被原子所占据，其余为空隙。用同样方式可求出面心立方和密排六方晶格的致密度均为 0.74。致密度越大，晶格中的原子排列越紧密。

金属在加热和冷却时，由于配位数或致密度不同，晶体结构发生变化将伴随体积变化，这是导致金属变形或形成裂纹的原因之一。

4. 晶面指数和晶向指数

晶体中各原子组成的原子平面叫晶面。任意两个原子连成直线所指的方向叫晶向。不同晶面和晶向上的原子排列的密度是不同的，如图 1-10 所示。图中的 B 和 A 均为晶面，oa 和 ob 均为晶向。可以看出，A 面比 B 面的原子排列紧密，而晶向 oa 比晶向 ob 的原子排列密集。

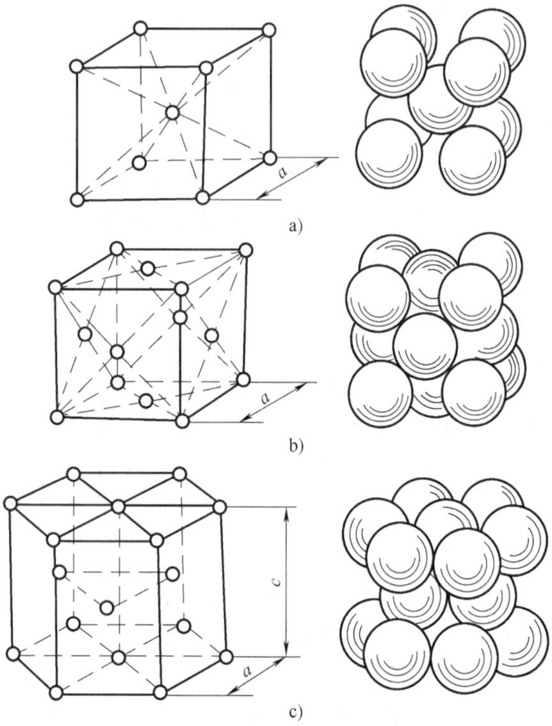

图 1-8 金属晶格的晶胞质点模型和刚球模型

a）体心立方晶格 b）面心立方晶格 c）密排六方晶格

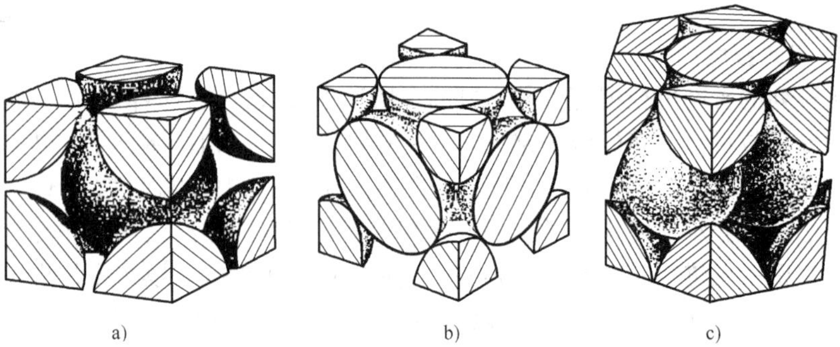

图 1-9 晶胞中的原子数

a）体心立方晶格 b）面心立方晶格 c）密排六方晶格

晶面指数是根据晶面与三个坐标轴截距的倒数并取最小整数来确定的，用圆括号表示，例如图 1-10 中 A 晶面（011）。注意在确定晶面指数时，坐标轴的原点应位于所求晶面之外，以免出现零截距。

晶向指数是用通过坐标原点直线上某一点的坐标来确定，用方括号表示。求晶向指数时，必须使坐标轴的原点位于晶向上，以晶格常数为度量单位，在所求晶向上任选一点，求出其在 x、y、z 轴的坐标，化为最小整数。例如，图 1-10 中 oa 的晶向指数为〔111〕（a 点的坐标 $x=1$、$y=1$、$z=1$）。

{100} 表示原子排列完全相同的一族面。<100>表示一族等效结晶方向。

在面心立方晶格中，重要的晶面有（001）、（111）和（110）。其中以（111）晶面原子排列密度最大，（100）面次之，（110）面最小，晶面或晶向上原子排列密度的差异，对金属晶体的很多性能有直接的影响，例如在 α-Fe 单晶体中，弹性模量 E 在〔111〕晶向上是 2.9×10^5MPa，而在〔010〕方向上只有 13.5×10^4MPa。表现为各向异性。

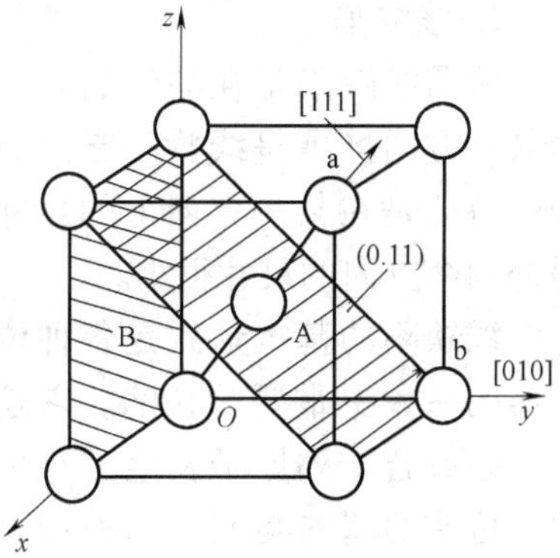

图 1-10　晶面和晶向

二、实际金属的结构

通常用的金属都是由很多晶粒组成的，叫做多晶体。晶粒之间的界面称为晶界，每一晶粒相当于一个单晶体。晶体金属中各个晶粒的原子排列虽然相同，但每个晶粒原子排列的位向是不相同的，如图 1-11 所示。

多晶体金属的性能在各个方向上基本上是一致的，例如 α-Fe 多晶体在各方向的弹性模量 E 都是 2.1×10^5MPa，这种现象称之为“伪各向同性”。这是由于在多晶体中，虽然每个晶体都是各向异性的，但它们是任意分布的，晶体的性能在各个方向相互补充和抵消，再加上晶界的作用，就掩盖了每个晶粒的各向异性。

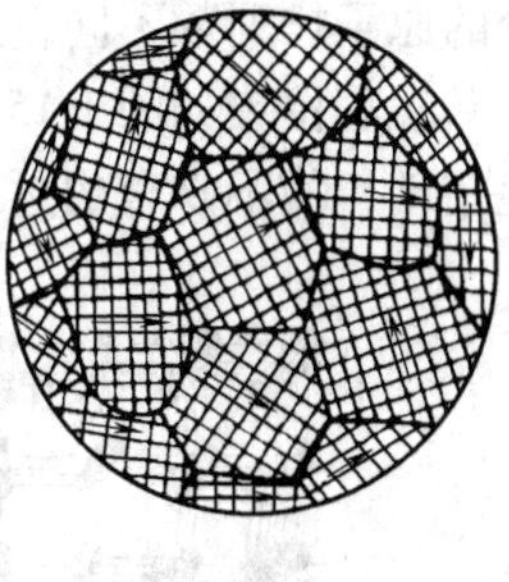
图 1-11　晶粒位向示意图

实际使用的金属，其内部结构的原子排列并非完全完整无缺的，而是在每个晶体的某些部位，由于铸造、变形等一系列原因使原子排列受到破坏，从而存在着各种缺陷。实际金属晶体的结构如图 1-12 所示，其中存在有空位、间隙原子、位错、晶界等缺陷。根据晶体缺陷的几何形态特征，可分为点缺陷、线缺陷和面缺陷三类。

1. 点缺陷

所谓点缺陷是指长、宽、高尺寸都很小的缺陷。

在实际晶体中，并非晶格每一位置都有原子占据，而有些是空的，称为空位。当金属中含有杂质，而这些杂质原子又相当小时，这些杂质原子往往存在于金属晶格的间隙中，称为间隙原子，例如钢中的碳、氢、氧便是以这样方式溶于铁中。当异类原子占据晶格的位置时，称为置代原子。

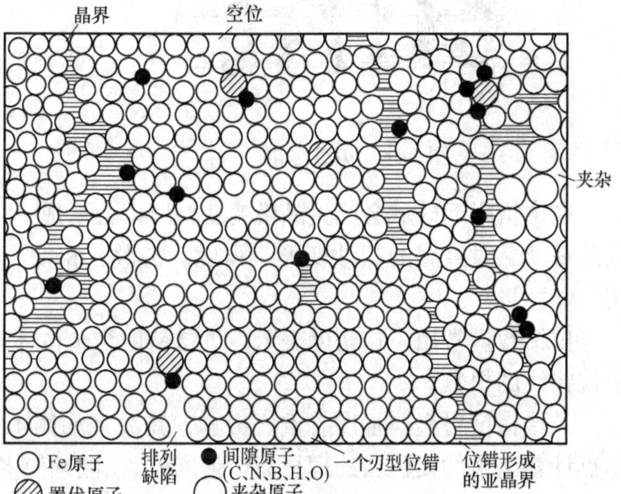

图 1-12　实际金属的结构

由于空位、间隙原子、置代原子的存在会引起周围晶格畸变，如图 1-13 所示，其结果使金属屈服点增高，影响金属的许多物理、化学性能。

空位和间隙原子也不是固定不变的。当空位周围的某个原子获得足够振动的能量时，它就会脱离原来的位置而进入空位，而在原来的位置上形成新的空位，这就是空位运动。同理，间隙原子也可以从这一间隙跑到另一间隙。当空位或间隙原子移到晶体表面或晶界时，空位或间隙原子便随之消失。如果两者相遇便彼此抵消。

2. 线缺陷

所谓线缺陷是在晶体的某一平面上，沿着某一方向伸展呈线状分布的缺陷。这种缺陷的特征是在某一方向上的尺寸很大，而在另外两个方向的尺寸很小。

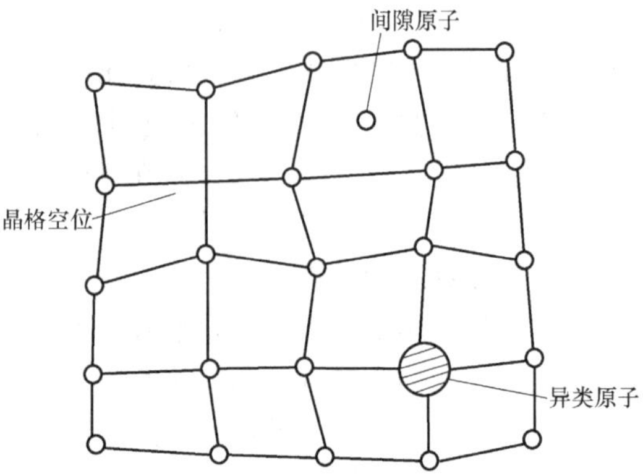

图 1-13　空位及间隙原子引起的畸变

线缺陷的基本形式是各种位错，位错是金属的一种更重要的缺陷。它是指晶体中某处一列或若干列原子发生了有规律的错排现象。位错的基本类型有两种：刃型位错和螺型位错。

刃型位错如图 1-14 所示，晶体上下两部分的原子排列数不同，好像是沿着某一晶面插入了一个原子平面，但没有插到底。

螺型位错如图 1-15 所示，晶体上下两部分的原子排列面在某些区域相互吻合的次序发生错动，使不吻合的过渡区域的原子排列呈螺旋状，因此称为螺型位错。

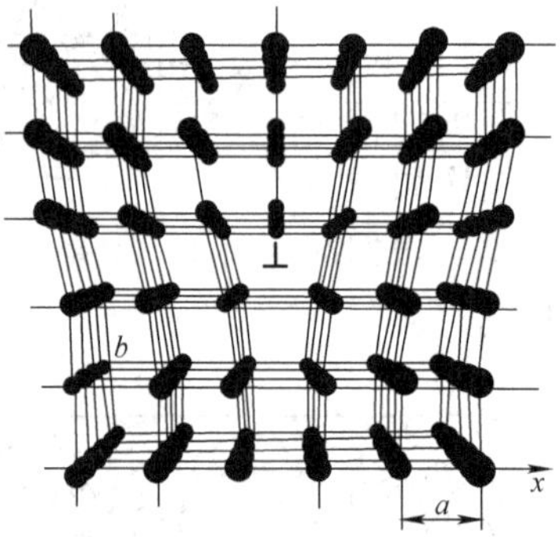

图 1-14　刃型位错

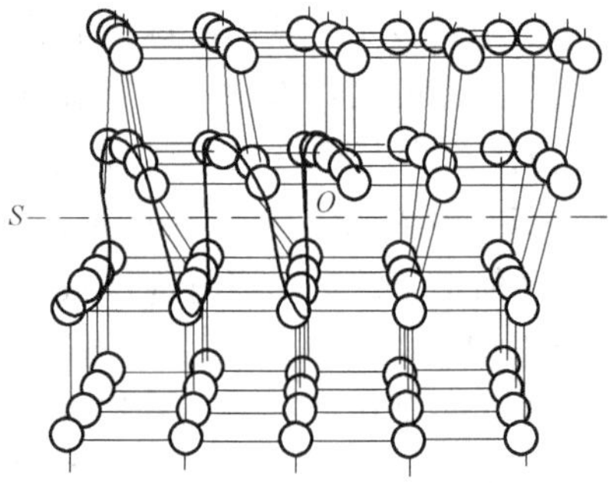

图 1-15　螺型位错

在位错附近区域会产生晶格畸变，所以会形成一个应力场，成为应力集中区。位错的特点是易动，对金属的塑性变形、强度、扩散、相变、疲劳腐蚀等物理化学性能都起重要作用。

位错数量常用位错密度表示，位错密度为单位体积中位错线的总长度或晶体中单位面积上位错线的根数。

位错密度对金属强度有重要影响，其关系如图 1-16 所示。图中的理论强度是根据原子结点计算出来的无位错的理想晶体强度值。“晶须”是由实验室制造出来的一种很细的含缺陷极少的晶体，它的强度接近理想晶体强度值。而未经加工硬化的铸造金属位错密度约为 $10^5 \sim 10^8\ cm^{-2}$，易于塑性变形，强度最低；经冷变形加工硬化的金属，其位错密度可增至 $10^{10} \sim 10^{12} cm^{-2}$，而金属强度同时也提高了。

实际金属的强度比理想金属晶体约低 1000 倍，其原因就是实际金属中存在着缺陷，特别是位错的易动性使晶体易于变形，以至局部断裂。当存在大量缺陷时，由于缺陷本身彼此之间的相互作用，发生相互干扰，会阻碍原子向某一方向运动，反而使金属强度提高。可见，增加或减少位错密度都是提高金属强度的有效途径。

3. 面缺陷

面缺陷是在两个方向的尺寸很大，第三个方向上尺寸很小而成面状分布的缺陷。面缺陷通常指晶界和亚晶界。

（1）晶界

晶界可以被看成是两个邻近晶粒间具有一定宽度的过渡地带。由于晶界上原子同时受到位向不同的相邻晶粒的影响，为了能同时适应两晶粒的位向，必须从一种位向逐步过渡到另一种位向，成为不同位向晶粒间的过渡层，因此晶界上原子排列是不规则的，处于相邻两晶粒取向的折中位置上，如图 1-17 所示。晶界处的晶格畸变处于一种不稳定状态，比晶粒内部具有高的能量，原子间的空隙也较大，并常有杂质存在。

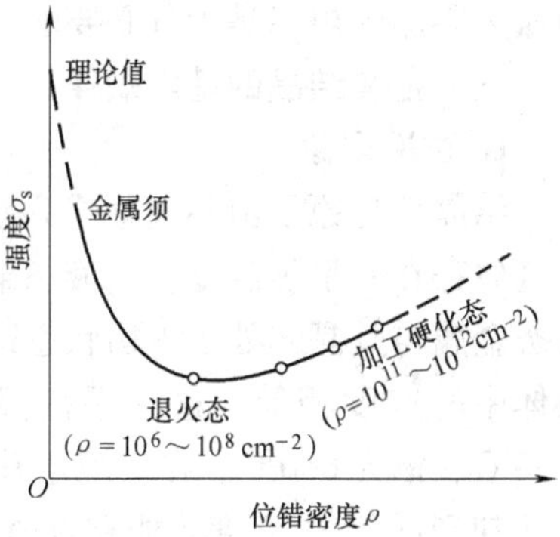

图 1-16　位错密度与强度关系示意图

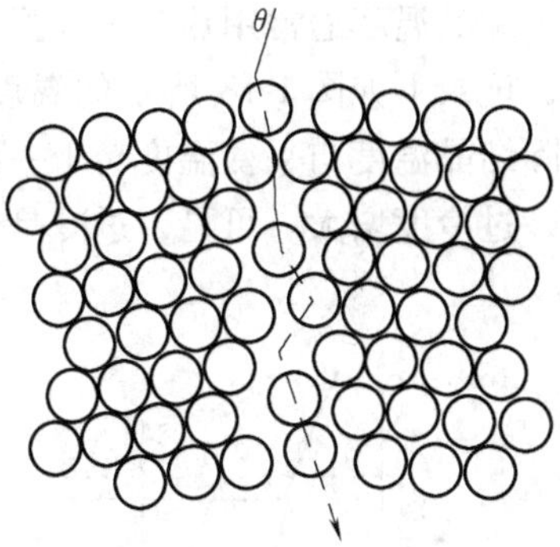

图 1-17　晶界的过渡结构模型

由于晶界上的原子排列不规则，偏离了平衡位置，存在较多的空位和位错等缺陷，造成晶格畸变，所以晶界的能量高于晶粒内部的能量，高出的这部分能量称为晶界能或界面能。由于晶界结构和晶界能，使晶界具有一系列不同于晶粒内部的特点，即

1）常温下，晶界对金属塑性变形会产生阻碍作用，使晶界具有较高的强度和硬度。所以金属的晶粒越细小，晶界越多，金属的强度和硬度也越高。

2）原子沿晶界的扩散速度比晶粒内部低，晶界的电阻也比晶粒内部高。

3）晶界的熔点较晶粒内部低，在腐蚀性介质中，晶界的腐蚀速度一般也比晶粒内部快。

4）晶界的晶格畸变较大，晶界能较高，有自发地向低能量状态转化的趋势。如金属在加热时，晶粒会自发长大，使晶界总面积减小，总晶界能降低。

（2）亚晶粒和亚晶界

根据 X 射线分析，实际金属的晶粒内部是由一些位向差很小（5′～2°）的小晶块镶嵌而成，这些小晶块称为“亚结构或亚晶粒”，在亚晶粒中原子排列位向是一致的。亚晶粒的边界是由一系列刃型位错构成的角度特别小的晶界，称为亚晶界。

由于亚晶界也存在着晶格畸变，因此亚晶粒尺寸对于金属的性能也有一定的影响。当晶粒大小一定时，亚晶粒越小或相邻亚晶粒的位向差越大，塑性变形的阻力也越大，金属的屈服强度也越高。

第三节　纯金属的结晶

金属制品一般都要经过熔化、浇铸的工序，铸造的生产过程会直接影响制品的质量。金属结晶时形成的铸态组织，也会影响锻、轧件的各种性能，如铜、铝连铸连轧的加工过程。此外，使金属材料组织发生变化的加工过程仍与其铸造组织有联系。因此，了解金属从液态结晶为固体的规律是十分必要的。

一、金属结晶的基本规律

1. 过冷现象

结晶就是原子由不规则排列状态（液态）过渡到规则排列状态（固态）的过程。对每一金属存在一平衡温度，当液态金属冷却到低于这一温度时，即开始结晶；在平衡温度时，液态金属与其晶体处于平衡状态，这时液体中的原子结晶为晶体的速度与晶体上的原子溶入液体中的速度相等。这一平衡温度即为金属的熔点，用 T_0 表示，如铜为 1083℃、铁为 1538℃、铝为 660℃。在宏观上看，这时既不结晶也不熔化，晶体与液体处于平衡状态，只有冷却到低于 T_0 温度才能有效地进行结晶。金属结晶时的这种现象称为过冷，两者温度之差称为过冷度，以 ΔT 表示，即 $\Delta T = T_0 - T_n$，式中，T_n 为实际结晶温度，如图 1-18 所示。

过冷度的大小与冷却速度有关。冷却速度越快，过冷度越大。

结晶温度通常用热分析法测量，即先将金属熔化，并使温度均匀，然后以极慢的速度冷却，记录下如图 1-18 所示的温度随时间的变化曲线，称为冷却曲线。当金属开始结晶时，实际结晶温度与平衡温度趋于一致，即 T_0 与 T_n 几乎相等。当冷却加快时，实际结晶温度下降，过冷度增大。可见，过冷是金属结晶的必要条件。

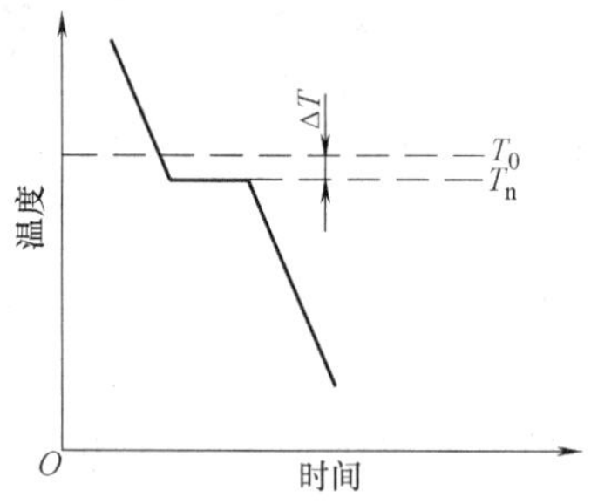

图 1-18　纯金属的冷却曲线

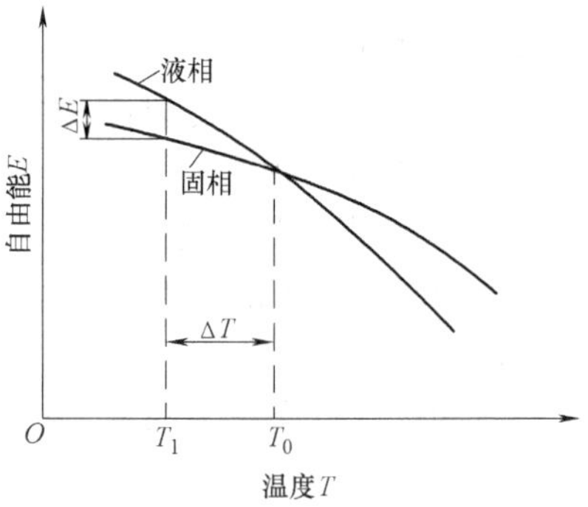

图 1-19　液体与晶体在不同温度下自由能的变化

为什么金属液体必须过冷才能结晶呢？这是由热力学条件决定的。液态结晶以及热处理的相变过程是从一种状态转变为另一种状态，可用自由能 E 这个状态函数来表示。自由能的物理意义是指在物质转变过程中用来对外界做功的那部分能量。在等温、等压条件下，一切自发转变过程都是朝着自由能减少方向进行的（即新态与旧态自由能差值 $\Delta E < 0$）。也就是说，在这种转变过程中不需外界对其做功。相反，如果转变的结果是自由能增加（$\Delta E > 0$），则不能自发进行。液态金属转变为固态金属，伴随自由能减少（见图 1-19），这是转变过程的推动力。

在温度 T_0，液态和固态处于平衡状态，没有自由能变化，即没有推动力，因而不能进行结晶，只有在过冷的条件下才能满足这一热力学条件，因此结晶必须在过冷的条件下进行。过冷度 ΔT 越大，液态金属和固态金属的自由能差越大，结晶的推动力越大，即晶体的生长速度越快。

过冷是结晶的必要条件，但不是充分条件。要进行结晶，还要满足动力学条件，如原子移动和扩散等。

2. 结晶的一般过程

实验证明，结晶过程总是从形成一些极小的晶体开始，称这些细小晶体为晶核，如图 1-20 所示。此后，液体中的原子不断向晶核聚集，使晶核长大；同时液体中会不断有新的晶核形成并长大，直到每个晶粒长大到相互接触，液体消失为止。

结晶的这种形核与长大过程是一切物质（包括非金属物质）进行结晶的普遍规律。

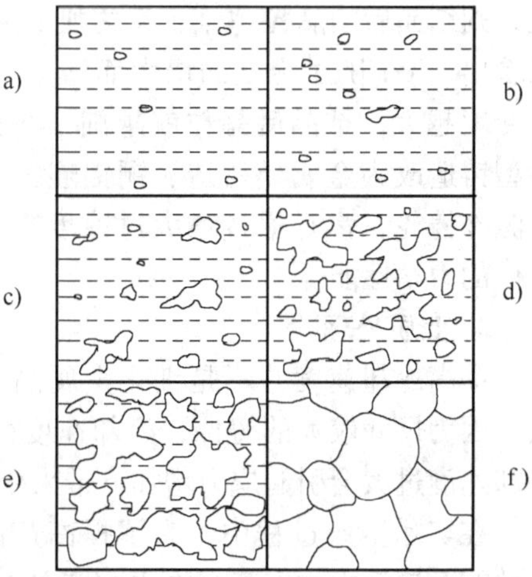

图 1-20　金属的结晶过程

二、晶核的形成与长大

1. 自发形核与非自发形核

在一定过冷条件下，仅依靠本身原子的有规则排列而形成晶核称为自发形核。在实际铸造生产中，这种形核现象很少。通常金属液中总是存在着各种固态杂质微粒，金属原子依附于这些杂质表面很容易形成晶核，这种形核过程叫非自发形核。

2. 晶核的长大

晶核形成后液相中原子向晶核表面迁移、堆砌进而结合，使晶核迅速长大。如果在晶核的平面上偶然出现一个突起，则由于此突起前方的液体处于过冷状态，该处散热条件比较好，故此突起将继续向液体不断伸展而形成枝干，称为晶轴，再向侧面伸展形成树枝状，如图 1-21 所示。各个树枝状晶体长大接触后，就获得了如图 1-22 所示的多晶结构。

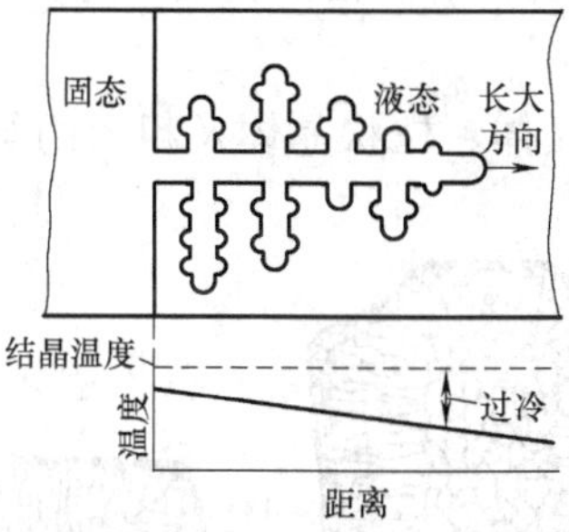

图 1-21　树枝状晶体长大示意图

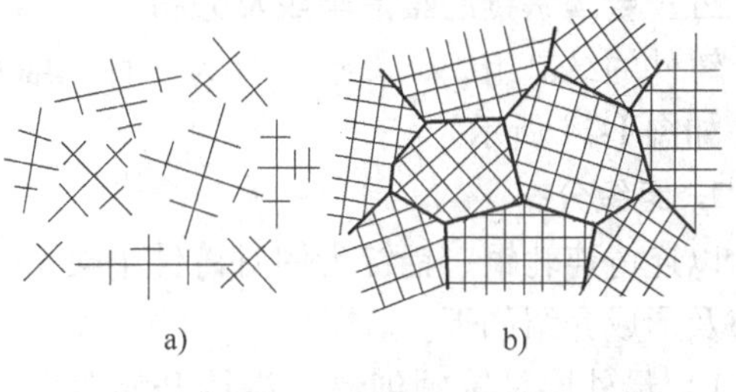

图 1-22　多晶结构形成示意图

a）形成若干树枝状晶粒　b）获得多晶结构

晶体在长大过程中，树枝状晶体的晶轴可能由于种种原因，如金属流动等使晶轴之间发生转动，产生晶格的位向差，从而在晶粒内形成亚晶粒。树枝状长大并不是晶体唯一长大方式，还有平面长大方式。

三、晶粒大小对金属力学性能的影响

金属结晶后晶粒的尺寸对金属的力学性能以及物理和化学性能都有重要的影响。晶粒大小可用单位体积内晶粒的数目来表示。数目越多，晶粒越小。为了测量方便，常用单位截面积上晶粒数目或晶粒的平均直径来表示。对细晶粒金属来说，不但强度、硬度高，而且塑性好。

四、影响形核和长大的因素及晶粒尺寸控制

1. 过冷度的影响

金属在结晶后所得到的晶粒大小，决定于其结晶过程中生核率 N 与长大速度 v 的比值，即 N/v。该值越大，则结晶后的晶粒越细，反之则越粗。从图 1-23 可以看出，N/v 随过冷度的增大而增大。冷却速度越大，过冷度越大，结晶后晶粒就越细，在铸造工业中，由砂型铸造改为金属模铸造、铜铝连铸时采用大量冷却水激冷铸轮，都是通过增大过冷度来细化晶粒，提高铸件的力学性能。

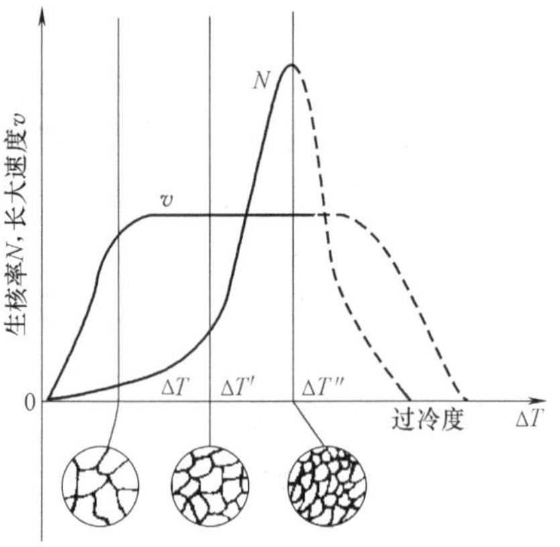

图 1-23　过冷度对生核率和长大速度的影响

2. 变质处理

提高冷却速度并不是细化金属晶粒的一种最佳方法，因为尺寸较大的铸件，冷却速度是有限的。此外，冷却速度过大会引起应力增加，带来变形，甚至开裂。

在实际生产过程中，为了提高产品的性能，有目的地在金属液中加入某些物质，使它在金属液中形成大量分散的固体质点，起非自发形核作用，用来细化铸件的晶粒，这种处理方法称为变质处理或孕育处理，加入的这种物质称为变质剂。例如，在浇铸铁液前加入石墨粉、硅钙合金，在铝液中加入微量稀土元素和硼盐也都起到变质作用，能大大细化晶粒。

3. 附加振动

结晶时加以机械振动或用超声波、电磁搅拌金属，可使液态金属发生相对运动，从而在结晶初期形成的枝晶受到冲击而破坏，破碎枝晶起到晶核作用，从而获得细晶组织。

五、金属铸锭的结晶组织及分布

铸件的结晶组织，大致可分为三种：细密的等轴状晶体、柱状晶体及粗大的等轴状晶体，如图 1-24 所示。

1. 组织分布

以连铸连轧铜、铝锭为例对铸件中典型的组织分布及形成介绍如下。

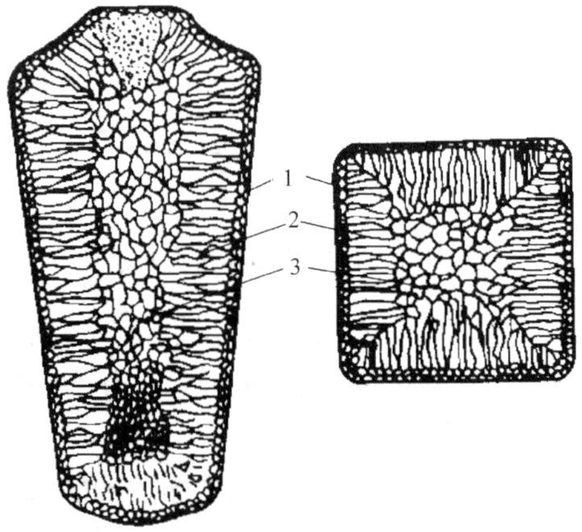

图 1-24　铸锭组织示意图
1—等轴细晶区　2—柱状晶区　3—粗大的等轴晶区

1）最外层是等轴细晶。浇铸开始阶段，外围熔体和模壁接触，由于铸模温度较低，并且有冷却水的迅速激冷作用，使金属液的表面层受到剧烈冷却，而且铸模壁上有许多固体质点，起非自发形核作用，因此在靠近模壁的金属层中先形成大量的晶核，并迅速长大形成极细密的等轴状晶体。

2）柱状晶区紧接细晶区，由垂直模壁彼此平行的柱形晶粒组成。在等轴细晶形成的同时，模壁温度不断升高，剩余的金属液又隔着一层较热的细晶区，同时由于铸件收缩，使金属和模壁间产生空隙，于是冷却强度大为降低，越向中心，结晶速度降低就越多，形核变得困难。由于垂直于模壁方向散热最快，因此那些晶轴与模壁垂直的晶粒迅速长大。而那些晶轴不与模壁垂直的晶粒长到一定程度后，晶粒间相互接触而不能继续长大。因为每个晶粒的成长都受到四周正在长大晶粒的限制，所以那些晶轴垂直于模壁的晶粒才有可能优先得到成长，从而产生晶轴向铸件心径方向发展的辐射状柱状晶体。

3）粗大的等轴晶粒区。随着柱状晶粒发展到一定程度，通过已结晶的柱状晶层和模壁向外散热越来越慢，这时散热方向已不明显，而且锭模中心部分的液态金属温度逐渐降低而趋于均匀。同时由于液态金属的流动等原因，可能将一些未熔杂质或柱状晶的枝晶分枝冲断推至铸锭中心，它们都可成为剩余液体的晶核，这些晶核由于在不同方向上的长大速度相同，加之这时过冷度较小，因而便形成粗大的等轴晶粒区。

2. 性能特点

等轴细晶区组织细密，机械性能优良，但结晶区太薄，对整个铸件的性能影响不大。

柱状晶层在柱状晶交界面上强度和塑性较低，此区域常有低熔点杂质和非金属夹杂物积聚，在热加工时容易开裂。但对于塑性较好的有色金属（铜、铝等），由于这些金属本身具有优良的塑性，在压力加工时不致产生开裂，并且这种组织致密，对提高力学性能有利，因此对于铜、铝等金属希望柱状晶区大一些。

由于等轴晶区在晶体长大过程中相互交叉，有时会造成许多封闭的小区，将残留在这些小区中的液体相隔绝，当这些液体结晶收缩时，由于得不到外界液体的补充，就形成很多微小的缩孔（缩松）。因此，粗等轴晶区组织疏松，使得该区的机械性能降低。

六、铸锭的质量缺陷

铸件的缺陷主要有疏松、裂纹和偏析等。

1）疏松。疏松以极细小的针孔状态存在。一般借助于显微镜做低倍放大即可发现细点状的小孔。

疏松现象大致有两种：一种是铸件凝固收缩时造成的缩孔，称收缩疏松，呈多角形且发暗；另一种是金属内所含气体，在凝固收缩时释放出气体所生成的气眼，称气眼疏松，气眼多呈圆球形而发亮。气眼疏松是造成疏松缺陷的主要原因，在铸件降温结晶过程中，气体随溶解度的下降而不断扩散、聚集，造成局部气体含量的过饱和，当进一步结晶时，气体以小气眼的形式析出，造成气眼疏松。

2）裂纹。裂纹、裂缝缺陷是有色金属铸造过程中，遇到的最严重和最常见的问题。根据裂纹产生的原因可分为热裂纹和冷裂纹。

热裂纹是在温度较高的结晶过程中，沿晶界发生的微小裂纹，尤其是铸造温度较高。如果金属供流不均，冷却水流变化较大时，在水流较弱处可能产生连续性的热裂纹。

冷裂纹一般发生在铸锭温度较低的弹性状态，由于铸件内外温差大，收缩产生的应力也较大，并且应力集中到某些薄弱处（如夹渣、成层热裂纹处），当应力超出金属的强度或弹性极限，就会造成大的穿过晶粒内部的冷裂纹。

3）偏析。熔体凝固后，铸件中各区域化学成分的差异称为偏析。偏析大致有三种形式：晶内偏析、重力偏析和区域偏析。无论哪种形式的偏析，都会对铸件质量产生极坏的影响。

第四节　金属的塑性变形

塑性是金属的重要特性。金属压力加工，就是利用金属具有良好塑性这一特点通过轧制、锻造、挤压、冲压、拉拔等成形工艺，使金属产生塑性变形而获得制件的。电缆导体加工中的热轧、冷轧、拉制和挤压生产工艺也都属于这种塑性加工。因此，研究金属塑性变形及冷热加工变形后的组织结构变化规律，对于深入了解金属材料各项力学性能指标的本质，充分发挥材料强度的潜力，为正确制定和改进金属压力加工工艺，提高产品质量及合理用材等都具有重要意义。

一、金属的变形与断裂

在图 1-2 所示的拉伸曲线（ε-σ）上，拉伸应力低于 e 点时，发生变形的特点是应力 σ 和应变 ε 成正比。当外力去除后，变形即消失，这种变形称为弹性变形。当外力增大超过某一限度如 e 点后，变形量就不再与外力成正比，外力去除后只能恢复一部分变形，不能完全恢复原来的长度。即有残余的永久变形，称为塑性变形。当外力增加至 b 点，应力达最大。随后应力下降至 k 点被拉断。可见，金属的变形可以分为三个连续阶段：弹性变形（是可逆的，一般变形量不大于1%，不能使金属成型）、弹塑性变形（变形量较大，多数变形为不可逆的，是压力加工的基础）和断裂阶段（材料最严重的失效形式）。

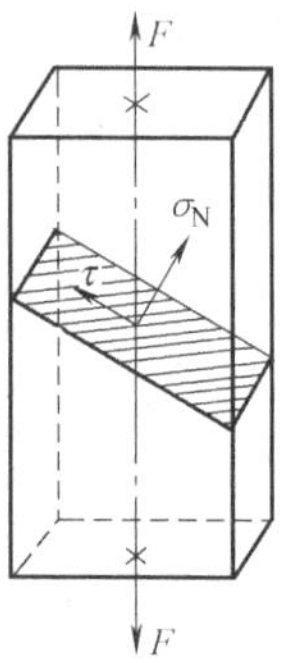

图 1-25 应力的分解

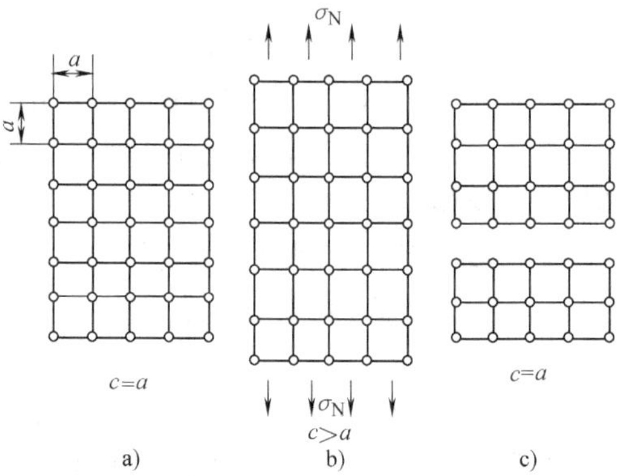

图 1-26 正应力作用下晶体变形示意图
a）变形前 b）弹性变形 c）断裂

为什么金属材料变形会出现上述现象呢？现以单晶受力作为研究对象。当单晶体受拉力 F 时，如图 1-25 所示，在一定的晶面分解为垂直于晶面的正应力 σ_N 和平行于晶面的切应力 τ。正应力 σ_N 使晶格沿其受力的方向拉长，这些晶格的原子离开平衡位置，原子间的吸引力与 σ_N 平衡。当外力去除后，被拉长的晶格恢复原状，变形消失，这就是弹性变形，如图 1-26b 所示。当应力大于原子间的结合力时，晶体断裂，称为脆性断裂，如图 1-26c 所示，其特点是断口常具有闪烁状的金属光泽。正应力只能使晶体产生弹性变形和断裂。

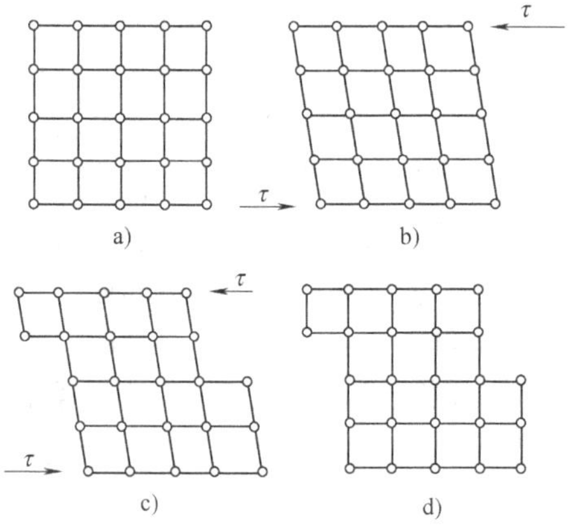

图 1-27 切应力作用下晶体变形示意图
a）变形前 b）弹性变形 c）弹塑性变形 d）断裂

在切应力 τ 作用下，晶体的变形如图 1-28 所示。当切应力较小时，晶体发生弹性变形，如图 1-27b 所示。当切应力增大到一定值后，晶体的一部分相对另一部分沿着滑移面相对滑移，滑移的距离为原子间距离的整数倍，如图 1-27c 所示。这时去除外力后，晶体中的原子不能完全回复到它原来位置，如图 1-27d 所示，这种现象就是弹塑性变形。切应力 τ 很大，在产生一定塑性变形后晶体也将被切断破坏，称为延性断裂。延性断裂的特征，是断口呈纤维状（内部晶粒被拉长为条状）且灰暗无光泽。

二、单晶体的塑性变形

单晶体的塑性变形方式主要有两种：滑移和孪生。

1. 滑移

所谓滑移是指晶体（此处可理解为单晶体或构成多晶体的一个晶粒）在力的作用下，晶体的一部分沿一定的晶面和晶向相对于晶体的另一部分发生相对移动或切变。发生滑移的面称为滑移面，而发生滑移的方向称为滑移方向。滑移的结果使大量的原子逐步地从一个稳定位置移到另一个稳定位置，产生宏观的塑性变形。

一般而言，滑移总是沿着原子排列密度最大的晶面和晶向发生。这是因为原子密度最大的晶面，原子间距小，原子间结合力强；而其晶面间的距离则较大，晶面与晶面间的结合力较弱，滑移阻力较小，所以在最小的切应力下便能引起它们之间的相对滑移。同理可以解释，沿原子排列最密集的方向滑移阻力最小，最容易成为滑移方向。在图 1-28 中，A 和 A′面的原子密度较 B 和 B′面大，其面间距离也比 B 和 B′面大，因而 A 与 A′晶面间更容易相对移动。

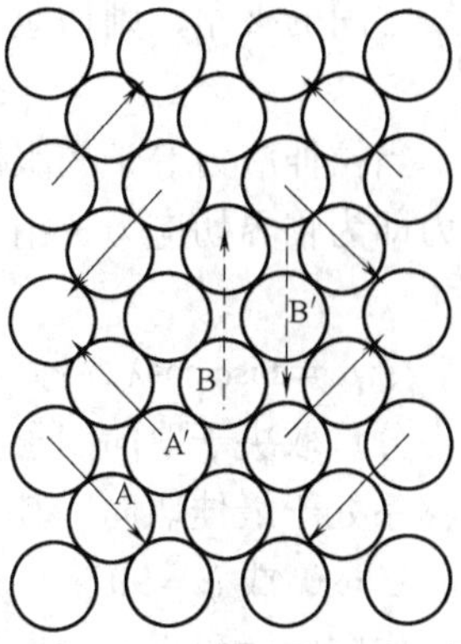

图 1-28　紧密晶面滑移示意图

通常每一种晶胞可能存在几个滑移面，而每一滑移面又同时存在几个滑移方向。一个滑移面和该面上的一个滑移方向就组成一个滑移系。表 1-1 列出了一些金属晶体的主要滑移面、滑移方向和滑移系。

表 1-1　常见金属晶格的滑移面、滑移方向和滑移系

晶格	体心立方晶格		面心立方晶格		密排六方晶格	
滑移面	{110} ×6	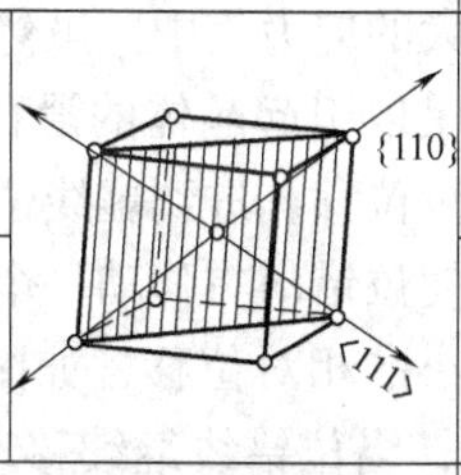	{111} ×4	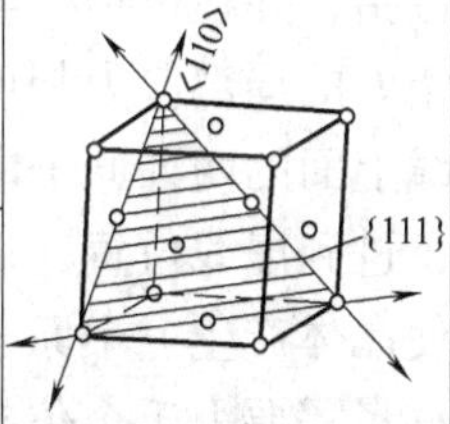	六方底面 ×1	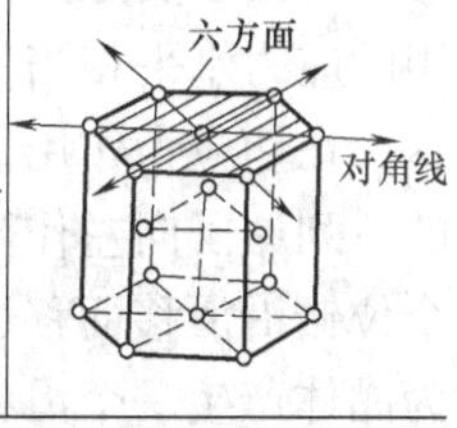
滑移方向	<111> ×2		<110> ×3		底面对角线 ×3	
滑移系	6 × 2 = 12		4 × 3 = 12		1 × 3 = 3	

晶体中滑移系越多，变形协调性越好，其塑性就越高。具有体心和面心立方晶格的金属有 12 个滑移系，塑性要比仅有 3 个滑移系的密排六方晶格的金属好得多。体心立方和面心立方晶格虽然同有 12 个滑移系，后者的塑性却明显优于前者。这是因为就金属的塑性变形来说，滑移方向的作用大于滑移面的作用。体心立方金属每个滑移面上的滑移方向只有两个，而面心立方金属却有三个，因此后者的塑性变形能力更好。

滑移系的存在只说明金属晶体产生滑移的可能性。要使滑移能够发生，需要沿滑移面的滑移方向上作用一定大小的切应力，并且只有该切应力达到一定数值，滑移才能发生，此应力称临界切应力，此定律称临界切应力定律。临界切应力的大小，取决于金属的类型、纯度、晶体结构的完整性、变形温度、应变速率和预先变形程度等因素。

当晶体受力时，由于各滑移系相对于外力的空间位向不同，其上所作用的切应力分量的大小也必然不同。如图 1-29 所示，F 为沿拉伸轴方向的拉力，A 为试样截面积，φ 为滑移面与横截面之间的夹角，则滑移面 B 的面积为 $A/\cos\varphi$。作用在滑移面上的应力为 σ_B，作用于横截面上的应力为 σ，则

$$\sigma_B = \frac{F}{A/\cos\varphi} = \sigma\cos\varphi$$

σ_B 是滑移面上沿拉伸轴方向的应力，设 λ 为滑移方向与拉伸轴线之间的夹角，则切应力为

$$\tau = \sigma_B\cos\lambda = \sigma\cos\varphi\cos\lambda$$

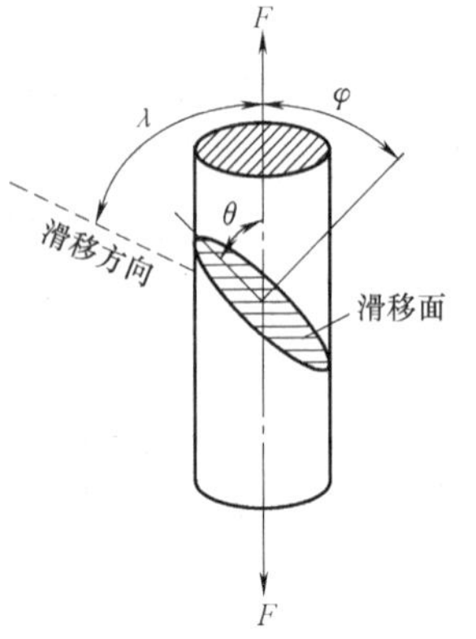

图 1-29 单晶体滑移时的应力分析

当拉伸应力等于屈服极限（$\sigma = \sigma_s$）时，晶体进入塑性变形状态，这时滑移方向上的切应力即为临界切应力，用 τ_s 表示，即

$$\tau_s = \sigma_s\cos\varphi\cos\lambda \tag{1-9}$$

令 $\mu = \cos\varphi\cos\lambda$，称为取向因子。由式（1-9）可见，当 σ_s 为定值，滑移系上所受的切应力分量取决于取向因子。若 $\varphi = \lambda = 45°$，则 $\mu = \mu_{max} = 0.5$，$\tau_s = \tau_{smax} = \sigma_s/2$。这意味着该滑移系处于最佳取向，其上的切应力分量最有利于优先达到临界值而发生滑移，而当 $\varphi = 0°$、$\lambda = 90°$ 或 $\varphi = 90°$、$\lambda = 0°$ 时，$\mu = \tau_s = 0$，此时无论 σ 多大，滑移的驱动力恒等于零，处于此取向的滑移系不能发生滑移。通常把 $\mu = 0.5$ 或接近 0.5 的取向称为软取向，而把 $\mu = 0$ 或接近 0 的取向称为硬取向。临界切应力定律不仅适用于单晶体滑移，同样适用于多晶体的变形过程。

单晶体的滑移不是理想中完整的晶体沿滑移面发生的刚性滑动，而是在其局部区域首先产生滑移，并逐步扩大，直至最后整个滑移面上都完成滑移。此局部区域所以首先产生滑移，是由于实际晶体中存在位错，并在位错处会产生很大的应力集中。虽然整个滑移面上作用的应力水平相当低，但位错处的局部应力却可能大到足以引起晶体的滑移。如图 1-30a 所示，在切应力作用下，位错线上面的两列原子向右作微量位移，进到虚线位置，位错线下面的一列原子向左作微量位移，进到虚线位置，这样就可使位错向右移动一个原子间距。当一个位错沿滑移面移过后，便使晶体产生一个原子间距大小的相对位移，如图 1-30b 所示。因为晶体产生一个滑移带的位移量需要上千个位错的移动，当位错线继续移动到晶体表面时，就形成了一个原子间距的滑移量，位错消失。为使塑性变形能不断地进行，就必须有大量新的位错出现，这就是位错理论中的位错增殖。因此，可以认为，晶体的滑移过程，实质上就是位错的移动和增殖的过程。

由此可见，晶体通过位错移动而产生滑移时，并不需要整个滑移面上全部的原子同时移动，只需位错附近的少数原子作微量的移动，移动的距离远小于一个原子间距，且在位错处产生应力集中，因而位错移动所需的切应力就小得多，且与实测值基本相符。故滑移实质上是在切应力作用下，位错沿滑移面的运动。

2. 孪生

孪生变形是塑性变形的另一种形式。所谓孪生，就是晶体在切应力作用下，晶体的一部

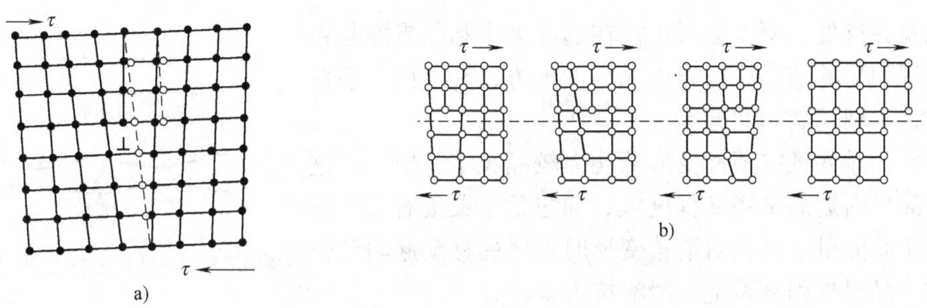

图 1-30　刃型位错运动形成滑移示意图
a）在切应力作用下位移　b）晶体产生相对位移

分原子对应特定的晶面（孪生面）沿着一定晶向（孪生方向）产生剪切变形。如图 1-31 所示，产生孪生变形部分的晶体位向发生了改变，它是以孪生面为对称面与未变形部分（位向不变）成镜面对称，这种对称的两部分晶体称为孪晶或双晶；发生变形的那部分晶体称为孪晶带或双晶带。

孪生和滑移不同，滑移时切变只局限在给定的滑移面上，滑移后滑移总量是近邻原子间距的整倍数，滑移前后晶体的位向不变。孪生时是各层原子平行于孪生面和孪生方向运动，在这部分晶体中，每个相邻原子间的相对位移只有一个原子间距的几分之一，但许多层晶面累积起来的位移便可形成比原子间距大许多倍（不一定是整倍数）的切变，如图 1-32 所示，孪生后晶体位向也发生了改变。

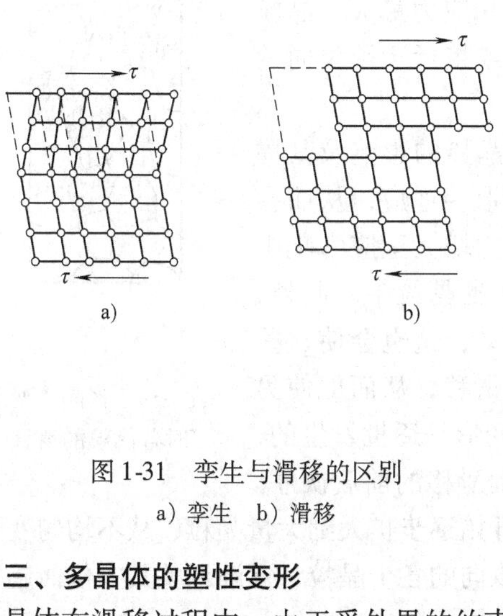

图 1-31　孪生与滑移的区别
a）孪生　b）滑移

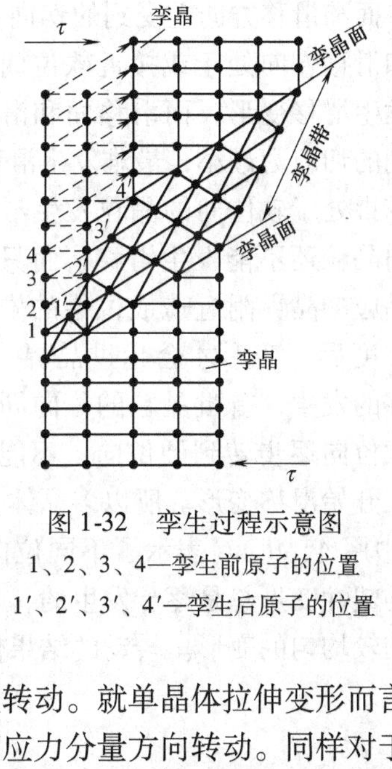

图 1-32　孪生过程示意图
1、2、3、4—孪生前原子的位置
1′、2′、3′、4′—孪生后原子的位置

三、多晶体的塑性变形

晶体在滑移过程中，由于受外界的约束作用会发生转动。就单晶体拉伸变形而言，滑移面会力图向拉力方向转动，而滑移方向则力图向最大切应力分量方向转动。同样对于多晶体的晶内变形，晶粒在被拉长的同时，其滑移面和滑移方向也会朝一定方向转动，这种转动会受到晶界和相邻晶粒的影响，情况比较复杂。多晶体的塑性变形也是通过滑移或孪生方式进行的，不过有其自身的特点。

1. 晶界及晶粒位向的影响

如果把只有两个晶粒组成的试样作拉伸试验，则会出现图 1-33 所示的情况：试样的两端为试验夹持处，所以变形小；在远离夹头和晶界的晶粒中部出现明显的缩小；在靠近晶界的地方，其截面几乎保持不变，出现“竹节”现象。

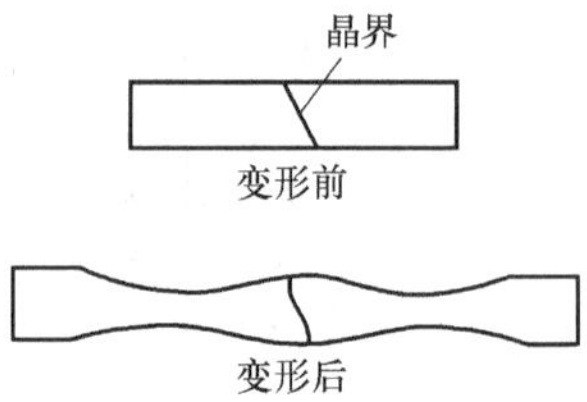

图 1-33　两晶粒试样拉伸时的变形

可见，晶界抵抗塑性变形的能力较晶粒本身要大。这是由于晶界附近晶格畸变程度大，加之常常聚集有杂质原子，处于高能量状态，对滑移变形时位错的移动起阻碍作用所致。晶界排列越紊乱，滑移抗力就越大。

同时，在多晶体金属中，由于各个晶粒的位向不同，若某一晶粒要发生滑移，必然会受到它周围位向不同晶粒的影响，这就必须在克服相邻晶粒的阻力之后才能发生滑移。晶粒越细，晶界的面积及不同位向晶粒越多，金属的塑性变形抗力就越高，因而其强度和硬度就越高。另一方面晶粒越细可能发生滑移的晶粒也就越多，变形可以分散在更多的晶粒内进行，故塑性、韧性越大。因此，如果铜杆晶粒粗大，会使拉伸性能恶化，易断线。

工业上通过压力加工和热处理工艺使金属获得细而均匀的晶粒，这也是目前提高金属材料力学性能的有效途径之一。细晶强化在提高材料强度的同时也使材料的塑性和韧性得到改进，这是其他强化方法所不能比拟的。

2. 多晶体的塑性变形过程

在多晶体金属中，各个晶粒的晶格位向不同，其滑移面和滑移方向的分布也不相同。如图 1-34 所示，在外力作用下，每个晶粒中不同滑移面和滑移方向上受到的切向分应力便不相同。拉伸金属时，滑移面和滑移方向处于或接近软位向的晶粒受到切应力最大，晶粒将首先发生滑移变形，而滑移面和滑移方向处于或接近于硬位向的晶粒受到的切应力最小，最难发生滑移。

图 1-34　多晶体变形时各晶粒的滑移

当首批处于软位向的晶粒发生滑移时，由于晶界的影响及其周围硬位向晶粒还不能发生滑移，而只能以弹性变形相适应，从而会在首批晶粒的晶界附近造成位错的堆积。随着外力增大至应力集中到一定程度后，变形才会越过晶界，传递到另一批晶粒中。此外，随着滑移的发生，首批晶粒的位向同时也发生转动，这也会使这些晶粒从软位向逐步转到硬位向，不能再继续发生滑移，从而促使另一批晶粒开始滑移变形。所以多晶体金属的塑性变形是逐批发生的，图 1-34 中用 A、B、C 表示了不同位向的晶粒分批滑移的前后次序。多晶体的塑性变形总是逐步发生的，从少量晶粒开始逐步扩大到大量晶粒，从不均匀变形逐步过渡到较均匀的变形。转动的结果使原来任意取向的各个晶粒，逐渐调整其方位而趋于一致。

第五节　冷塑性变形对金属组织和性能的影响

金属冷塑性变形是指在再结晶温度以下进行的变形，电缆生产中的导体拉制、铜带轧制、钢带轧制都属于冷塑性加工。在冷塑性变形后，金属的组织结构和性能都发生很大的变化。

一、组织结构的变化

1. 晶粒形状的变化

金属晶体在外力作用下，随着外形和尺寸的变化，金属的显微组织发生变化，其内部晶粒由原先的等轴晶粒逐渐改变为沿变形方向被拉长或压扁的晶粒。当变形量很大时，各晶粒可以被拉成纤维状，晶界变得模糊不清，这称之为纤维组织。

2. 晶粒内产生亚结构

随着变形量的增加，原来晶粒被破碎，形成许多位向略有不同的小晶块（$10^{-5}\sim10^{-2}$cm），这些小晶块称为亚晶粒，这种组织称为亚结构，如图 1-35 所示。在亚晶粒边界上集聚着较多位错，随着塑性变形程度增大，亚晶粒将进一步细化并产生位错增殖（位错密度增大），从而出现严重的晶格畸变。但是亚晶粒内部的晶格则比较完整。亚结构的出现和细化，对滑移变形过程有巨大阻碍作用，显著地提高了晶体的变形抗力，对于强化金属材料起着十分重要的作用。

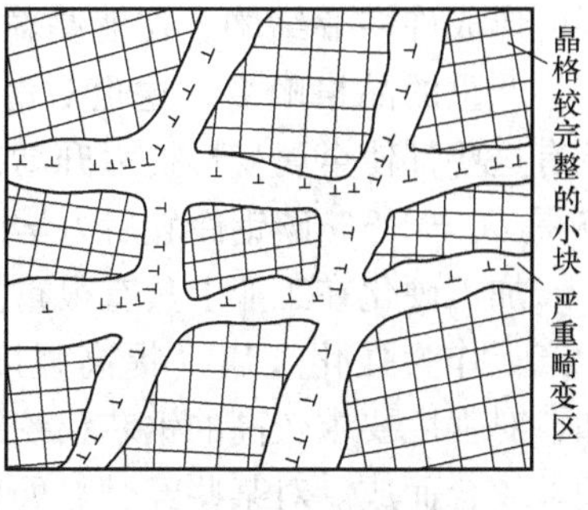

图 1-35　金属冷塑变形后亚结构示意图

3. 晶粒位向改变

塑性变形除了使晶粒拉长、压扁和出现亚晶之外，当变形量足够大时，还会使晶粒发生转动，即各晶粒的某一晶向都不同程度地转到与外力相近的方向（与金属延伸方向呈一定关系），从而使多晶体中原来任意位向的各晶粒取得接近于一致的位向，形成所谓“择优取向”，这种组织称为形变织构。

形变织构的性质与金属的变形方式有关。例如，面心立方晶格的金属，在拉丝时形成的织构称为丝织构，其特点是大多数晶粒的取向是〔111〕晶向并与拉丝方向平行；而同样是面心立方晶格的金属，在轧制时则形成板织构，其特点是各晶粒的某一晶面（110）和某一晶向〔112〕都分别平行于轧制平面和轧制方向，如图 1-36 所示。

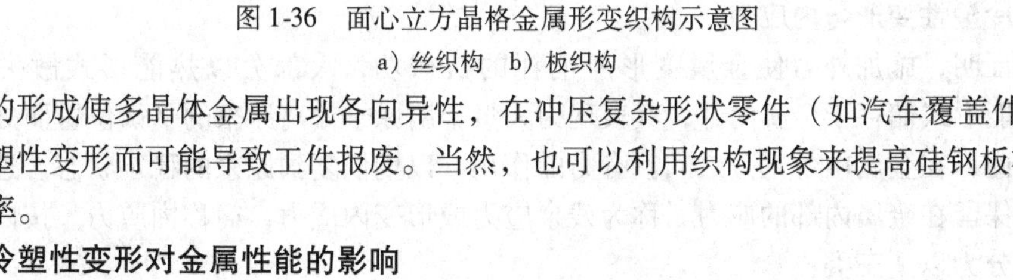

图 1-36　面心立方晶格金属形变织构示意图

a）丝织构　b）板织构

织构的形成使多晶体金属出现各向异性，在冲压复杂形状零件（如汽车覆盖件等），产生不均匀塑性变形而可能导致工件报废。当然，也可以利用织构现象来提高硅钢板在某一方向的磁导率。

二、冷塑性变形对金属性能的影响

1. 产生加工硬化

金属材料随着冷塑性变形程度的增大，强度、硬度、电阻率逐渐升高，塑性和韧性逐渐降低的现象称为加工硬化或冷作硬化，这也是冷塑性变形后的金属在力学、电学性能方面所引起的最为突出的变化。

显然，加工硬化是金属内部组织结构发生变化的宏观表现。经冷变形后，晶界总面积增大，位错密度也增大，位错线间的距离减小，彼此干扰作用明显增强，使得能够产生滑移变形的潜在部位减少，从而导致滑移阻力增加，塑性变形能力降低。再则，金属冷变形后，原来晶粒破碎了，形成许多亚结构，在亚晶粒边界上聚集着大量位错，产生严重的晶格畸变，这也对滑移过程产生巨大的阻碍。所有这些都使金属变形抗力升高，塑性和韧性降低。图 1-37 是 $\omega_c=0.3\%$ 碳钢冷轧后力学性能的变化情况。

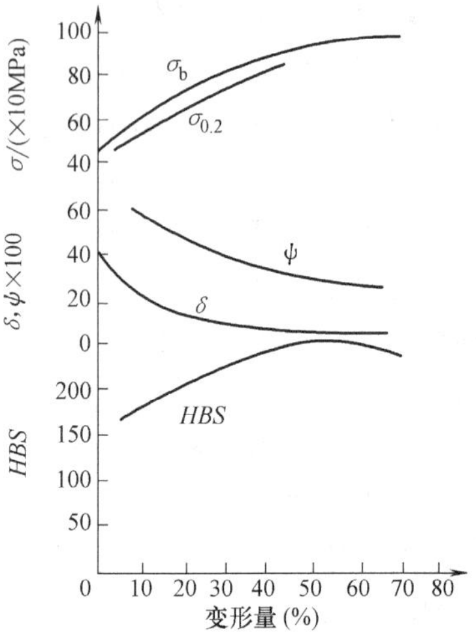

图 1-37　碳钢冷轧后力学性能的变化

加工硬化在工业上具有很重要的现实意义。首先，在生产上作为强化金属（提高强度）的一种重要手段。例如，对强度要求较高的钢芯铝绞线就采用冷拉的硬铝丝和钢丝绞合而成。对某些经过热处理后的金属材料也可以通过加工硬化来进一步提高强度，充分发挥材料的潜力。例如，可以使经热处理的冷拉钢丝强度提高到 3100MPa。其次，加工硬化能保证金属的某些工艺性能得以实现，获得均匀截面的产品。如通过模具冷拉钢丝时，断面收缩部位引起加工硬化，继续拉伸时这些部位的拉应力增加，但还不致断裂，使冷拉工艺得以继续进行。

2. 产生各向异性

金属在冷塑性变形中，随着晶粒被拉长或压扁，特别是产生纤维组织后，金属会具有明显的方向性，其纵向（沿纤维的方向）的力学性能高于横向（垂直纤维的方向）的性能。

同样，当金属产生织构时，其力学和电磁性能也呈各向异性，且经退火后织构和各向异性依然存在。在大多数情况下形成织构是有害的，由于材料性能不一致造成变形分布不均匀，使冲压件厚度不均，如杯形件出现“制耳”现象等。

但是织构现象在有些方面是可以利用的，例如，生产变压器硅钢片时，其晶格为体心立方，沿〈100〉晶向最易磁化，如采用具有织构取向的硅钢片制作铁心，使其〈100〉晶向平行磁场方向，则其磁导率显著增大，从而提高变压器效率，减少铁心重量和铁损。

3. 对物理、化学性能的影响

冷塑性变形会降低金属的导电、导热性能，降低磁性材料的导磁性能，降低金属的抗蚀性能（电化学腐蚀）等。

三、冷塑性变形与内应力

实验证明，施加外力使金属变形所消耗的机械功，大部分以热能形式散失，只有约 10% 以位能形式储存于金属内部，其表现为大量金属原子偏离原来的平衡位置而处于不稳定状态。因此，在金属内各部分之间就有力的作用，以期恢复到原来的稳定状态。这种在外力消除后仍保留在金属内部的应力，称为残余应力或形变内应力，简称内应力。按内应力作用范围，可分为以下三类：

1）宏观内应力（第一类内应力），它是由于金属材料的各部分变形不均匀而造成的在宏观范围内互相平衡的内应力叫宏观内应力。例如，冷轧板材时，塑性变形主要集中在板材表面。板材表面在轧辊作用下伸长，板材芯部不变形或变形很小。板材表面延伸时力图拉长芯部，使芯部受一拉应力，而芯部又限制了表面的延伸，使表面受到一个纵向的压应力。几乎各种机械制造工艺（挤压、拉丝、轧制、喷丸、滚压、机加工、热处理）都会由于不均匀的塑性变形而引起大小相等、方向相反的残余内应力。

2）晶间内应力（第二类内应力），它是由于晶粒或亚晶粒之间变形不均匀，在晶粒或亚晶粒之间形成的内应力。

3）晶格畸变内应力（第三类内应力），它是在金属塑性变形时，内部产生的大量位错，使晶格畸变形成的内应力。金属塑性变形时所产生的内应力主要表现为第三类内应力。变形内应力有时是有害的，它会导致工件的变形、开裂和抗蚀性降低，使工件降低抗负荷能力。但是，如果控制得当，比如使内外应力叠加后互相抵消，可提高工件的抗负荷能力。例如钢板弹簧经喷丸处理后，在表面层造成压应力，提高了疲劳强度。第三类应力所造成的晶格畸变，增加了位错移动的阻力，提高了金属的抗塑变能力。为了防止零件变形、开裂，要进行人工或振动时效处理。

第六节　回复与再结晶

通过加工硬化强化金属是以牺牲金属的塑性、韧性和导电性为代价的，而且在冷变形加工过程中，随着加工硬化现象的产生要不断增加机械功率，故对设备和工具的强度提出了较高要求。随着材料塑性韧性的下降，也可能发生脆性破坏。为便于继续加工和恢复良好性能，对冷拉金属往往要增加中间或最终退火。

一、冷塑性变形金属在加热时组织和性能的变化

金属材料经冷塑性变形后，会发生加工硬化，晶粒被拉长、压扁或破碎、亚晶粒细化、位错密度增高，使晶格严重畸变，晶格内储存着较高能量，其组织处于不稳定状态。但在室温下，金属原子活动能力较小（不易扩散），这种不稳定状态将维持相当长时间而不发生明显变化。如果加热金属使其温度升高，增大原子活动能力，就会加速这种不稳定状态向稳定状态的转化，即发生一系列组织结构和性能的变化，这种变化可分为回复—再结晶—晶粒长大三个阶段。

1. 回复

回复是指冷塑性变形金属在加热温度较低时，一些点缺陷和位错迁移使晶格畸变逐渐降低，内应力逐渐减小的过程，如图 1-38 所示。当温度不高（$T < T_1$，回复温度一般在 $0.3T_{熔}$）时，原子扩散能力低，不能产生大的位移，只是使晶格的弹性畸变大为减小，内应力和电阻都明显下降，但回复不能改变金属晶粒的大小和形状，故其强度、硬度和塑性基本上没有变化。

工业上常常利用回复现象将冷塑性变形金属在回复温度以下加热并保持一定时间，进行消除应力退火，以便提高某些物理性能（如电磁性能等）和工艺性能。而在回复阶段，塑性、韧性几乎不变，强度、硬度可保持相当高的水平。例如，用冷拉钢丝绕制弹簧，绕成后应在 280～300℃消除应力退火使其定形。

2. 再结晶

当温度继续升高时，由于原子活动能力增大，金属的显微组织发生明显的变化，由破碎的、被拉长或压扁的晶粒变为均匀细小的等轴晶粒（见图 1-39b～d）。这一变化过程也是新

晶体形核及核长大的过程，如同再进行一次结晶过程，故称之为再结晶。

再结晶新晶核一般是在变形晶粒的晶界或滑移带及晶格畸变严重的地方形成，这些部位的原子处在最不稳定状态，向着规则排列的趋势最大。但是应该注意，再结晶不是一个相变过程，没有恒定的转变温度，并无晶格类型的变化。

经再结晶后，金属的强度、硬度显著降低，而塑性、韧性大大升高，内应力和加工硬化完全消除（见图 1-38 中 $T_1 \sim T_2$ 之间），所有力学和物理性能全部恢复到冷变形以前的状态。工程上为了消除加工硬化现象，降低硬度，提高塑性，使压力加工能继续进行，广泛采用再结晶退火（即中间退火）。

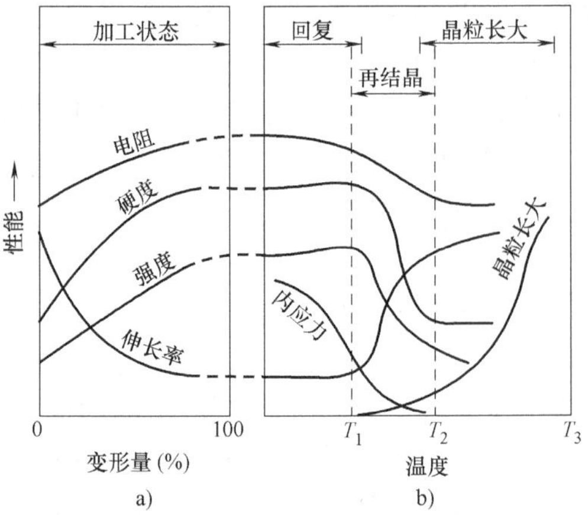

图 1-38　加工硬化金属在加热处理时性能的变化

a）冷加工状态　b）加热时性能的变化

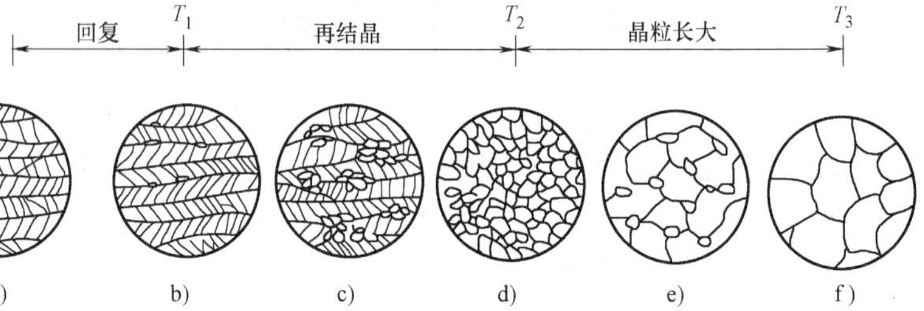

图 1-39　冷塑性变形金属退火时组织的变化

a）、b）回复（显微组织无明显变化）　b）～d）再结晶　d）～f）晶粒长大

3. 晶粒长大（二次再结晶）

将温度升高（超过图 1-38T_2）或延长加热时间，晶粒就会相互吞并继续长大。晶粒长大可以降低表面能（晶界面积减少之故），这是一个降低能量的自发过程。因为粗晶粒的能量较细晶粒的能量低，晶粒粗大了，表面能就降低了，故细晶粒有变成粗晶粒的自发趋势。只要温度足够高，原子具有足够的活动能力，晶粒便得到迅速长大，这种现象称为晶粒长大（或二次再结晶）。晶粒长大实际上是一个晶界迁移的过程，即通过一个晶粒边界向另一个晶粒迁移，把另一晶粒中的晶格位向逐渐改变为与长大晶粒相同位向，即合成为一个大晶粒的过程。金属冷加工后，晶粒大小越不均匀，则晶粒将长大得越快，再结晶退火时就容易出现粗晶粒组织，强度、塑性及韧性都将变差，生产中应当避免。

二、再结晶温度及影响因素

1. 再结晶温度

再结晶不是一个恒温过程，它是随着温度的升高，冷塑性变形金属大致从某一温度进行的再结晶过程。没有经过冷塑性变形的金属是不会发生再结晶的。工程上规定，经过大的冷塑性变形（断面减缩率 $\psi > 70\%$ 以上）的金属，在 1h 保温时间内能完成再结晶过程的最低温度，称为再结晶温度（$T_{再}$）。冷变形程度、金属纯度、加热速度和时间，对金属的再结晶温度都有影响。

金属的冷变形量越大，其再结晶温度便越低，如图1-40所示。因为冷变形量越大，金属晶粒的破碎程度便越大，产生的位错等晶格缺陷也越多，组织就越不稳定，因而会较早开始结晶。从图中可以看出，当变形达到一定程度之后，再结晶温度将趋于某一最低极限值，称为“最低再结晶温度”。各种纯金属的最低再结晶温度 $T_{再}$ 与其熔点 $T_{熔}$（绝对温度）大致有如下关系：

$$T_{再} \approx (0.35 \sim 0.40)\ T_{熔}$$

式中的 $T_{再}$、$T_{熔}$ 分别为用绝对温度表示的金属的再结晶温度和熔点。

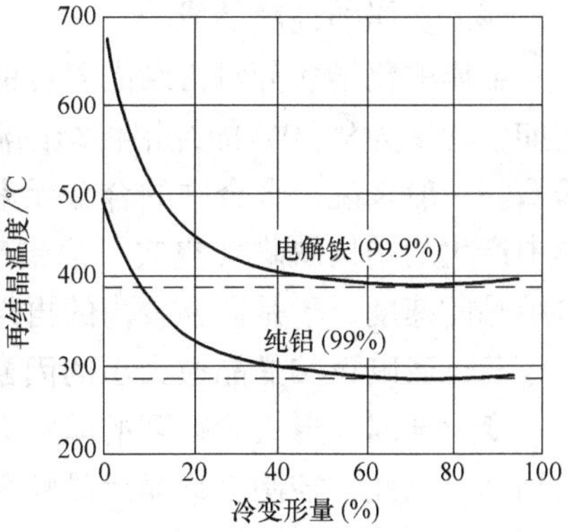

图1-40　金属再结晶温度与冷变形量的关系

可见，金属的熔点越高，其再结晶温度也越高。金属中的杂质或合金元素，特别是高熔点元素，常会阻碍原子扩散或晶界迁移，显著提高金属的再结晶温度。工业用合金的再结晶温度大约为

$$T_{再} \approx (0.5 \sim 0.7)\ T_{熔}$$

再结晶过程需要有一定时间才能完成，故提高加热速度会使再结晶过程推迟到较高温度。退火加热时保温时间越长，原子的扩散移动越能充分进行，再结晶温度便越低，即可使再结晶过程在较低温度下完成。

由于以上各种因素的影响，为了缩短退火周期，在工业上选择再结晶退火温度一般比最低再结晶温度高100~200℃。表1-2为常见工业金属材料的再结晶退火及去应力退火的温度。

表1-2　常见工业材料的再结晶退火和去应力退火温度

金属材料		去应力退火温度/℃	再结晶退火温度/℃
钢	碳及合金结构钢	500~650	680~720
	碳素弹簧钢	280~300	
铝及铝合金	工业纯铝	≈100	350~420
	普通硬铝	≈100	350~370
铜及铜合金（黄铜）		270~300	600~700

2. 影响再结晶温度的因素

（1）变形程度

再结晶需要一个最小变形量，低于这个变形量就不会产生再结晶，对于不同金属这一变形量也不同。在大于最小变形量的情况下，随变形量增加，再结晶温度逐渐降低，最后趋于某一定值。这是因为变形程度越大，金属畸变能越高，向低能量状态变化的倾向也越大，因此再结晶温度越低。

（2）保温时间

保温时间越长，原子移动扩散越充分，再结晶温度越低。

（3）原始晶粒度

原始晶粒度越粗大，变形阻力越小，变形后内聚能较少，再结晶所需能量大，所以再结晶温度较高。

(4) 金属的纯度及成分

金属的化学成分对再结晶温度的影响比较复杂。金属的纯度越高，其再结晶温度越低。例如，纯度为99.0%的纯铝再结晶温度为290℃，纯度提高到99.999%，其再结晶温度仅为80℃。一般来说，合金中的合金元素成分越复杂，再结晶温度越高，这是由于异质原子与变形中产生的结构缺陷（空穴、位错等）的交互作用，阻碍了这些缺陷的运动，从而降低了再结晶的速度，于是需要较高的再结晶温度来克服这些障碍。

三、影响再结晶晶粒大小的因素

变形金属在退火后得到的晶粒大小，不仅影响到金属的强度和塑性，还影响到金属的冲击韧度。因此，控制再结晶后晶粒大小就显得十分必要，影响再结晶后晶粒大小的主要因素如下：

1. 退火温度与保温时间

再结晶退火时加热温度越高，金属的晶粒尺寸便越大，如图1-41所示。当加热温度一定时，时间过长也会使晶粒长大，但其影响不如温度的影响大。

2. 预先冷变形程度

金属的冷变形程度是影响再结晶晶粒大小的另一重要因素。图1-42表明再结晶后的晶粒大小与冷变形程度的关系。

当金属冷变形量很小时，由于能量很小，不足以进行再结晶，金属晶粒没有变化，保持原来的状态。当达到某一变形量（各种金属一般为2%~10%，如铁2%~10%，铜5%），再结晶后的晶粒会异常粗大，通常把在再结晶时使晶粒异常粗大的冷变形量称为“临界变形量”。从图1-42中还可看出，当变形量超过临界变形量后，随着变形量的增加，再结晶的晶粒逐渐变细。

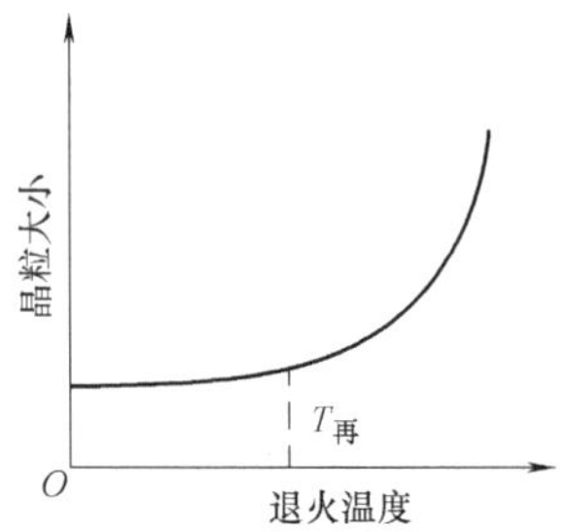

图1-41　退火温度与再结晶晶粒大小的关系

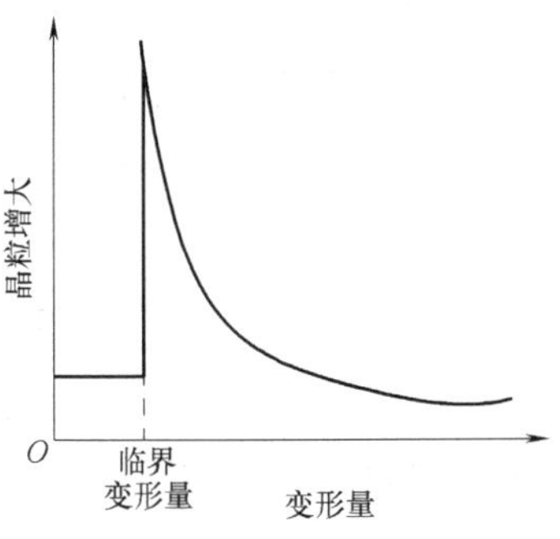

图1-42　冷变形程度对再结晶晶粒大小的影响

在临界变形量范围内，由于变形量不大，仅在一部分晶粒中产生较大的变形，具备了产生再结晶形核的条件，金属的形核数目少，所以再结晶后形成粗大晶粒。当变形量超过临界变形量时，随着变形量的增加，晶格畸变增加，再结晶核心数目增多，各晶粒变形越趋于均匀，再结晶时形核速率便越大，因而再结晶后的晶粒反而越细且均匀。

但要注意，当变形程度很大（$\psi>95\%$）时，又会出现晶粒粗大现象。因为此时变形金属织构组织取向一致，为晶粒沿一定方向迅速长大提供了条件。

由此可见，为了获得优良的组织和性能，在制定冷拉、冷轧等冷加工工艺时，必须避免在临界变形量附近进行冷变形，如工业上冷轧金属，一般都采用30%~60%变形量。但是，当金属是不均匀变形时，例如冲制薄板零件，再结晶退火后在其变形与未变形区之间会出现粗晶粒区。

第七节　金属的热塑性加工

金属加工除采用冷加工外，还有很多是在高温下进行的加工，如电缆工业中铜铝杆（线）的轧制和挤制，钢铁工业中热锻、热轧和热压等。

一、热变形与冷变形的区别

从金属学的观点来说，把再结晶温度以上进行的塑性变形称为热塑性变形或热变形；而把再结晶温度以下的变形称冷变形。因为不同金属的再结晶温度不同，其冷、热变形的温度有很大差别。锡、铅的再结晶温度低于室温，因此它们在室温的变形也属于热变形。铁的最低再结晶温度为450℃，故即使它在400℃时的变形仍属于冷变形。

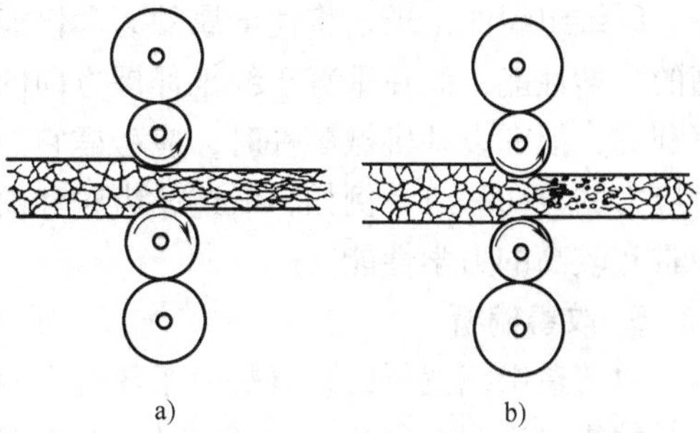

图1-43　冷变形和热变形后组织对照示意图
a）冷变形　b）热变形

金属材料冷变形和热变形后组织的对照如图1-43所示。可以看出，冷变形后金属晶粒被拉长，在变形过程中不发生再结晶，金属将保留加工硬化现象。热变形是在再结晶温度以上进行的，在变形过程中，回复、再结晶与加工硬化同时发生，加工硬化将不断被回复或再结晶所抵消，从而使金属处于高塑性、低变形抗力的软化状态，将不显示加工硬化现象。

二、热变形对金属组织和性能的影响

为了获得良好的塑性和加速再结晶过程，工业中采用大大超过再结晶温度的热变形加工。除了高温下塑性好、变形抗力小以外，热变形还能使金属的组织和性能发生显著的改变。

1. 改善晶粒组织

对于铸态金属，粗大的树枝状晶体经塑性变形及再结晶而变成等轴细晶粒组织，使金属的强度、塑性和韧性得到提高。

当热变形的变形程度不均匀时，会导致再结晶晶粒大小不均匀，特别是在变形程度过小而落入临界变形量的区域时，再结晶后的晶粒会很粗大。

如果热变形后继续保持高温、冷却速度过慢，再结晶后的晶粒又会继续长大而变得很粗大。

当变形程度过大且温度很高时，还会出现再结晶晶粒的相互吞并而异常长大。

2. 锻合内部缺陷

通过热变形（通常是轧制或锻压）可使金属锭中的气孔焊合、压实分散缩孔，使材料的致密度增加。

3. 破碎并改善非金属夹杂物在金属中的分布

连铸连轧的铜、铝铸锭内部还含有一定量的金属氧化物、硫化物及其他夹杂物，杂质颗粒较大，有的呈网状包围在晶粒的周围。这些大颗粒杂质在拉线时很容易引起应力集中，造

成断线。通过轧制，这些杂质颗粒被打碎并均匀分布，从而大大降低了它们的有害影响。

4. 形成纤维组织（流线）

金属内部的夹杂物在高温下具有一定的塑性，在热变形过程中金属锭中的粗大枝晶和各种夹杂物都要沿变形方向伸长，这样就使金属锭中枝晶间富集的杂质和非金属夹杂物的走向逐渐与变形方向一致，使之变成条带状、线状或片层状。在宏观试样上沿着变形方向呈现为一条条的细线，这就是热变形金属中的流线。由一条条流线勾画出来的这种组织称为热变形纤维组织。

需要指出的是，在热塑性加工中，由于再结晶的结果，被拉长的晶粒变成细小的等轴晶体，而纤维组织却被很稳定地保留下来。因此，这种纤维组织和冷变形时由于晶粒被拉长而形成的纤维组织是有不同的。

纤维组织的出现，将使金属的力学性能呈现各向异性。在沿着纤维伸展的方向上具有较高的力学性能，而在垂直于纤维伸展方向的性能较低。这对作为线状材料使用的电缆导体是有利的，但在设计机械零件时，应考虑它的纤维状态，使金属的变形流动纤维方向与承受较大应力的方向一致。例如，锻造的齿轮和曲轴要比切削加工出来的纤维组织分布状态好，因而具有较高的力学性能。

5. 改善偏析

对铸造组织偏析的改善是由于热变形使枝晶破碎和加速扩散，使成分变的均匀。其中对枝晶偏析（或显微偏析）改善较大，区域性偏析改善不明显。

在热变形（热处理）中，重要的是控制加热温度，防止过热及晶粒粗大，加快冷却速度，以便获得细晶粒，从而提高金属的综合力学性能。

由于热变形在高温下进行，金属表面严重氧化，表面粗糙而且精度差，故一般用于大件或截面厚度大和变形量大的毛坯，或在热加工时进行防氧化保护。

第八节　影响金属塑性和变形抗力的因素

一、影响金属塑性的因素

材料在出现破坏迹象之前所产生的变形程度越大，说明其塑性越好，如果受力后只产生极小变形即产生破裂，则说明它们的塑性不好，或者是脆性的。材料的塑性不仅与其自然属性有关，而且还受变形的外部条件影响。如具有良好塑性的铅块当受到一定大小的三向拉力时，竟像脆性材料一样裂成碎块，而公认的脆性材料大理石、红砂石，在强大的静水压力下被压缩时，都表现出塑性变形，处于“塑性状态”。可见，塑性是物质在某种特定状态下的自然属性表现，与内外部因素关系密切。

1. 影响金属塑性的内部因素

（1）化学成分

金属的塑性随着其纯度的提高而增加。例如，纯度为99.96%的铝，延伸率为45%，而纯度为98%的铝，延伸率只有约30%。

金属中含有的杂质，当它们不溶于金属中而以单质或化合物形式存在于晶界时，将使晶界的联系削弱，从而使金属冷热变形的能力显著降低。当其在一定条件下能溶于晶内时，则对合金的塑性影响较小。

当加入的合金元素与基体金属的作用，使在加工温度范围内形成单相固溶体时，特别是形成面心立方晶格的固溶体，则有较好的塑性。如果加入元素的数量及组成不适当，形成过剩相，特别是形成金属间化合物或金属氧化物等脆性相时，则塑性降低。

（2）组织结构

组织结构指金属组元的晶格、晶粒取向及晶界特征等。

面心立方晶格的塑性最好，体心立方晶格次之，密排六方晶格最差。

在室温下，多数金属单晶体比多晶体塑性高。这是由于多晶体的晶粒大小不一、位向不同、晶粒边界的强度不足等原因所造成的。

细晶粒塑性好于粗晶粒。这是因为细晶粒金属在一定体积内晶粒数目多，塑性变形时位向有利于滑移的晶粒也多，故变形能较均匀地分散到各处。晶粒细小，晶界的影响能遍及整个晶粒，故变形时因晶界影响造成的各处差异较小，由变形不均引起的应力集中也较小。再者，细晶粒单位体积内表面积大，晶界强度高，晶界曲折，晶间滑移困难，故在断裂前能承受很大的塑性变形。

通常，单相系金属比两相系和多相系金属的塑性要高，固溶体比化合物的塑性高。单相系塑性高主要是由于这种晶体具有大致相同的力学性质、晶界薄，并且没有易溶的夹杂物、共晶体、低强度脆性物质等。而两相和多相系合金，其各相的特性、晶粒的大小、形状和显微组织的分布状况等均不一致，因而给塑性带来不良影响。

2. 影响金属塑性的外部因素

（1）变形温度

变形温度对金属的塑性有很大影响，一般规律是：随着温度的升高，塑性增加。在变形过程中，随着温度的升高，发生了消除硬化的回复和再结晶过程，从而使那些由于塑性变形造成的破坏和显微缺陷得到修复。

随着温度的升高，原子热振动的振幅加大，促使原子密度次大的晶面也参与滑移，出现新的滑移系。例如面心晶格的铝，当温度达到450℃时，可滑移面由4个增加10个。因此，在450～550℃温度范围内，铝的塑性最好，从600℃开始，塑性又明显地下降，因为新增的滑移系又失去了作用。温度升高，原子的热振动加剧，晶格中的原子处于一种不稳定的状态，在外力的作用下，沿应力场方向由一个平衡位置转移到另一个平衡位置，使金属产生塑性变形，这种塑性变形机制称为热塑性（扩散塑性）。另外，高温下晶界变形抗力低，在外力作用下晶间易发生移动，又有扩散作用及时消除晶界滑移造成的微裂纹，因此可以有很大的晶间变形，晶间移动就成了一种重要的变形机制。

实际上，固相态和晶界随温度升高而产生的变化，对塑性也有显著影响，即出现了塑性随温度增加而下降的脆性区。一般情况下，温度由绝对零度上升到熔点时可能出现3个脆性区，即低温脆性区、中温脆性区和高温脆性区，如图1-44所示。

（2）变形速度

变形速度对塑性影响的一般趋势如图1-45所示。当变形速度不大时，随变形速度的提高塑性降低，这是由于加工硬化及位错受阻形成显微裂纹所致。当变形速度较大时，塑性随变形速度的提高而增加，这是由于热效应使变形金属温度升高、硬化得到消除所致。所谓热效应，就是金属在塑性变形时的发热现象，因为供给金属产生塑性变形的能量消耗于弹性变形和塑性变形中，消耗于弹性变形的能量产生物体的内应力，而消耗于塑性变形的能量，绝大部分将转化为热量，来不及向外扩散积蓄于变形物体内部的热量将使金属温度升高。

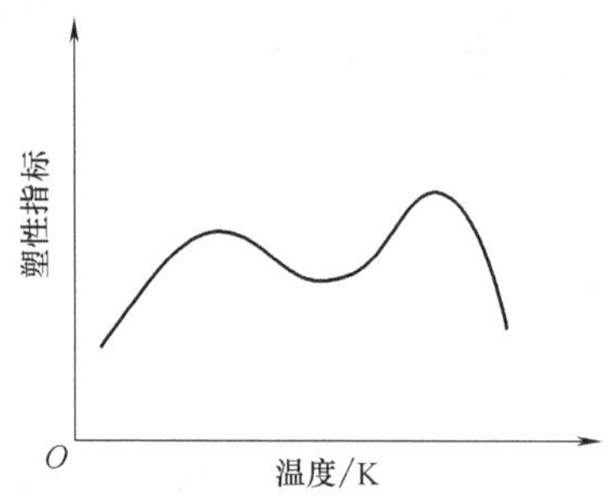

图 1-44 温度对塑性影响的典型曲线

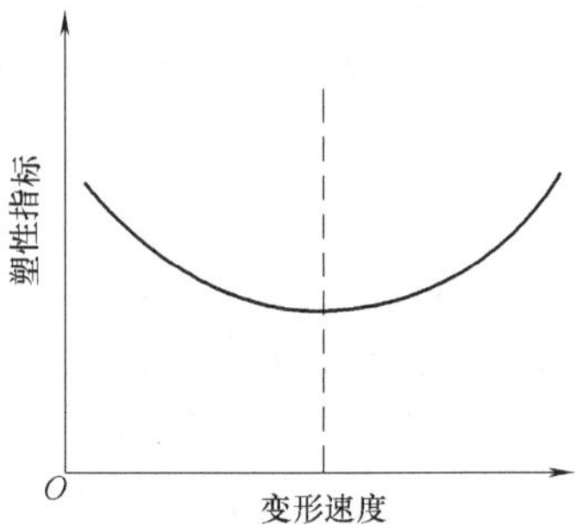

图 1-45 变形速度对塑性的影响

在变形过程中，加工硬化速度大于软化速度，或由于热效应的作用使变形物体温度升高到热脆区时，变形速度增大，金属塑性降低。在变形过程中，软化速度大于硬化速度时，或由于热效应使金属的温度升高，由脆性区转变为塑性区时，变形速度增加，金属塑性提高。

（3）变形程度

在冷塑性加工中变形达到一定程度时，金属内就会产生明显的加工硬化现象，并且伴有微裂纹产生，所以塑性会随变形程度增加而降低。在实际生产中，为使后续加工能继续进行，须在两次加工中间对硬化材料进行退火处理。

在热变形中，变形程度与适当的加工速度、温度条件相配合，可以消除硬化和弥合微裂纹，变形可以继续进行。所以在热加工中变形程度对塑性影响不大。

（4）应力状态

当金属内部产生内应力时，称金属处于应力状态。此应力状态可以用坐标 x、y、z 轴三个方向的主应力来表示。为定性说明变形金属某点的应力状态，采用只注明作用于该点的三个主应力及正负号而不注明应力数值的简明立体图解，称为主应力状态图。图 1-46 中的阿拉伯数字是按塑性发挥的有利程度排列的，数值小，塑性大；数值大，塑性小。

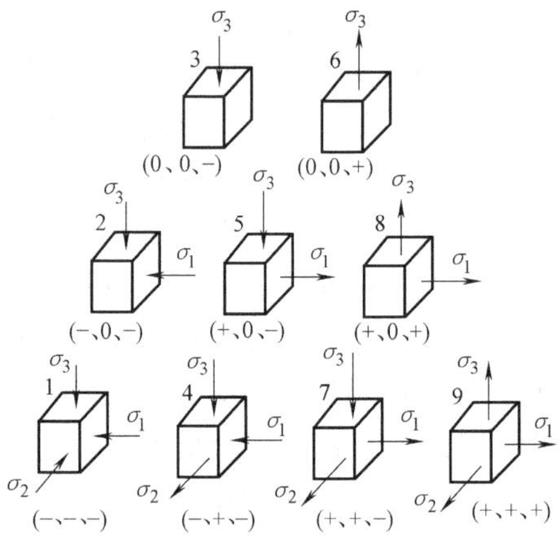

图 1-46 主应力状态图

拉应力记为“+” 压应力记为“−”

应力状态对塑性的影响是：压应力个数越多，数值越大，则金属塑性越高。反之，拉应力个数越多，数值越大，则金属塑性越低。其原因如下：

1）拉伸应力会促进晶粒间变形，加速晶粒间破坏。而压缩应力则会阻止或减少晶粒间变形，随着三向压缩作用的加强，晶粒间变形越困难，因而提高了金属塑性。

2）三向压缩应力有利于消除由于塑性变形所引起的各种破坏，抑制对塑性不利的杂质、液态相或组织缺陷的作用，而拉应力则促进各种破坏的发展。例如，在晶粒的滑移面上，由于滑移变形而产生显微缺陷，若此时滑移面上作用着拉应力，则会促使原子层彼此分离，加速晶粒的破坏。相反，若作用着压应力，则可能使缺陷封闭和消除。

3）三向压缩作用能抵消由不均匀变形所引起的附加拉应力。例如，圆柱体镦粗时，侧表面就可能由于附加拉应力而导致纵向裂纹的产生，施加侧向压力后，能抵消此附加拉应力而防止裂纹的产生。

应注意，有人认为材料柔软性好就是塑性好，这是不对的，柔软性和塑性是两个不同的概念，塑性是指金属流变的性能，而柔软性是指金属抵抗变形的能力。

二、变形抗力及其影响因素

1. 变形抗力的概念

在塑性加工过程中，金属抵抗变形的应力称为变形抗力。它通常由材料在不同的变形温度、变形速度和变形程度下，单向压缩（或拉伸）时的屈服强度的大小来度量。

金属材料的真实变形抗力由其化学成分和组织结构决定，并受变形温度、变形速度及变形程度等条件的影响。

2. 影响变形抗力的因素

（1）影响变形抗力的内因

1）化学成分。各种纯金属，因原子间相互作用不同，故具有不同的变形抗力。如退火紫铜在常温下静力拉伸测得的变形抗力 σ_s 为 70MPa，而退火纯铝在相同条件下测得变形抗力 σ_s 为 30MPa。同一金属，其纯度越高，变形抗力越小。

合金元素对变形抗力的影响，主要取决于溶剂原子和溶质原子间相互作用的特性、原子体积的大小、以及溶质原子在溶剂基体中的分布情况。不同牌号的合金，组织状态不同，变形抗力大小不同。

杂质对变形抗力的影响与杂质的本性及在基体中的分布特性有关。杂质原子与基体组元形成固溶体时，会引起基体组元点阵畸变。进入基体点阵中的杂质原子所引起的点阵畸变越大，则变形抗力提高得越多。一般杂质元素在周期表中离基体元素越远，杂质的硬化作用越强烈。不溶解的杂质原子分布在晶体中的滑移带内或滑移带附近，好像能“楔住”这些滑移带，因而使变形抗力提高。有时杂质也能降低金属材料的变形抗力。

2）组织结构。金属的组织结构即原子间的结合和原子在空间的配合及原子的排列等。金属组织特别是晶粒的大小，对变形抗力影响很大。通常多晶体的晶粒大小为 0.01 ~ 1.0mm，超细晶粒可以达 1μm 以下。细晶粒可使变形抗力增加。

变形抗力随着晶粒尺寸的减小而增加是因为晶粒尺寸减少时，晶体的表面积与体积的比值增加，从而使表面张力和周围晶粒的作用力增加，进而使表层附近的晶格歪扭加剧，阻碍晶体变形的难变形区扩大，故要使其滑移，就需加更大的力。另外，小晶粒应力集中小，需要在较大的外加应力下才能使相邻晶粒发生塑性变形。

（2）影响变形抗力的外因

1）变形温度。如果不考虑因温度变化引起金属物理—化学变化和相变的特殊情况，随着温度增加变形抗力是降低的。这是因为温度升高，原子的动能增加，使决定于原子间结合力的临界切应力降低。另外，温度升高，能使硬化金属产生回复和再结晶，将减轻和消除硬化，从而使金属的变形抗力降低。

2）变形速度。变形速度加快缩短了变形的时间，由于位错运动得不到充分发展而使变形抗力增加。

另外，变形速度通过软化作用对变形抗力产生影响。变形速度增加时，一方面单位时间发热量增加，有利于软化；另一方面过程时间缩短，又不利于软化过程的完成。不同温度下软化作用不一样，低温时软化作用小，高温时软化作用大，所以变形速度通过软化对变形抗力的影响高温时比低温时大。另外，高温时，热塑性变形机制在变形中占有一定位置，但热塑性变形机制有明显的扩散性质，增加变形速度，热塑性机制会由于时间不足而不能充分地发挥作用。

变形速度对变形抗力影响的一般规律是：随着变形速度的增加，变形抗力的增加，其增加的程度与温度有关。在冷却变形温度范围内，变形抗力略有增加或基本不变；在热变形温度范围内，变形抗力增加十分明显。

3）变形程度。无论在何种变形条件下，只要回复和再结晶来不及完成，随着变形程度的增加必然使加工硬化增强，从而使变形抗力增加。通常变形程度在30%以下时，变形抗力增加比较明显。当变形程度较高时，随着变形程度的增加，变形抗力增加比较缓慢，这是由于变形程度的继续增加，会使晶格畸变能增加，促进了回复与再结晶过程的发生与发展和变形热效应的作用，使变形温度提高所致。

4）应力状态。应力状态对变形的抗力影响很大，同号时的主应力状态图的变形抗力大于异号时的。而在同号主应力状态图中，随着 σ_2、σ_3（参见图1-46）的增加，变形抗力也增加。这是因为晶体塑性变形主要是由于滑移，为了使滑移发生，滑移面上的剪应力应达到某一临界值。在同号主应力状态图中，各主应力在滑移面上所引起的剪应力分量总要相互抵消一部分；而在异号主应力状态图中却是相互叠加的。因此，只有在同号主应力状态图中增加外力，才能使切应力达到滑移时的临界值。

第二章　铜铝杆生产

作为良好的导体材料，铜、铝在电气工业的用量很大，其中尤以电缆行业应用最多。这两种金属具有良好的电性能、热性能、机械性能、化学稳定性和良好的加工性能，而且还容易与其他金属形成合金来改善强度、耐热性等方面的不足，这些合金在电线电缆工业中应用也很广，像高强度铝合金导线、耐热铝合金导线、高强度铜合金电力机车接触线等。

冶金工业提供的铝锭、铜板在电缆生产中不能直接用于导体加工，必须经过重新熔炼，把它们加工成适于电线电缆工业应用的线状制品——铜杆、铝杆，供拉制铜丝、铝丝，因此铜杆、铝杆的加工就成为了电线电缆加工的首道工序。

铜杆、铝杆的生产大量采用连铸连轧法进行。连铸连轧法最早应用于铝杆的生产，始自20世纪50年代，目前世界各国铝杆的生产几乎都采用连铸连轧法。铜杆的连续化生产，虽然起步较早，但发展较慢，至20世纪70年代中期，才有了较大的发展。我国在20世纪80年代之前，几乎都是采用横模浇铸铜锭，再次加热后在横列式轧机上轧成黑杆，拉线时要进行酸洗，清除表面的氧化层，这种生产方式能耗高，质量差，损耗大，现在已被淘汰。

我国在20世纪70年代初开发了第一条铝连铸连轧生产线，从80年代开始，引进了连铸连轧生产工艺生产光亮韧铜杆，主要有意大利的CCR系统（双轮式），美国的SCR系统（五轮式），德国的Contirod系统（双钢带式）。连铸连轧法能生产导电率高（101.95%）、质量好、大长度的光亮韧铜杆，这种铜杆含氧量为0.02%～0.03%，高于无氧铜杆。连铸连轧法生产将熔化、精炼、铸锭、轧制设备联合在一起组成连续生产线，简化了生产工艺，提高了生产效率，降低了材料消耗。

在铜连铸连轧生产法出现的同时，国外又开发了浸涂成型法和上引法生产无氧铜杆的生产工艺。我国也在20世纪70年代中期自主开发了上引法生产线。这种无氧铜杆含氧量更低，一般在0.002%以下，导电率可达102%。多种先进生产工艺的采用为电线电缆产品质量的提高打下了良好基础。

第一节　铜的熔炼

纯铜呈玫瑰红色或淡红色，表面被氧化而生成氧化铜薄膜后呈紫红色，所以一般称工业纯铜为紫铜。铜及其合金广泛用于电缆导体和屏蔽结构，是电缆工业中用量最大的金属材料。

一、杂质对铜性能的影响

1. 铜的主要物理性能

20℃时纯铜的密度为8.89g/cm^3；平均比热容（0～100℃）为386.0J/（kg·K）；熔化热为13.02kJ/mol；汽化热为304.8kJ/mol；熔点为1083.5℃。

铜具有突出的导电性和导热性：高纯度电解铜在20℃时的导电率为59.5×10^{6}S/m（电阻率为0.01681Ω·mm^2/m）仅次于银居所有金属第二位；热导率（0～100℃）为397W/

(m·K)，导热性仅次于银、金居所有金属第三位；铜具有面心立方晶格，塑性变形能力高，延展性好，可用压延（如：铜带）、挤压（如：铜包钢）或拉伸（如铜丝）等压力方法加工。此外，还具有易焊接，材料来源广的优点。

2. 铜的主要化学性质

铜在室温干燥空气中几乎不氧化，温度达到100℃时，表面将生成黑色的CuO膜，在300℃以下时，氧化缓慢，温度继续升高，氧化速度加快，表面生成红色的Cu_2O膜，高于600℃时铜会强烈氧化。在大气、水蒸气、热水中有良好的耐蚀性，这是因为铜在大气和水介质中能生成与基体金属紧密结合的碱性硫酸铜〔$CuSO_4 \cdot 3Cu(OH)_2$〕和碱性碳酸铜〔$CuCO_3 \cdot Cu(OH)_2$〕薄膜，对铜起到保护作用。

但在含有二氧化碳的湿空气中表面会生成一层铜绿。与碱溶液反应很慢，但在氨、氨盐、氰化物和汞盐的水溶液及潮湿的卤族元素中的耐蚀性很差，原因是铜表面的碱性化合物在氧的作用下，生成二价铜盐，形成的Cu^{2+}离子进入溶液中，使铜继续腐蚀。

3. 微量杂质元素对铜性能的影响

由图2-1所示可见，杂质对铜的导电性能影响很大，一切杂质元素都会降低铜的导电性。以磷、硅、铁、钛、钴、砷对铜的导电性能影响最为显著，铍、铝、锡、锰、锑、镍、铅次之，银、铬、镉、锌等影响较小。

在非金属杂质中，最值得注意的是氧的影响，当含有少量氧时，铜的导电率略有提高，但随着含氧量增加导电率下降，如图2-2所示。熔化铜液中的氧以氧化物存在，当铜液凝固时与铜结成$Cu\text{-}Cu_2O$共晶体而析出。该共晶体的凝固点为1065℃，低于纯铜的凝固点，铜液凝固时，凝固点较低的氧化物被从逐渐长大的铜晶体中脱离出来，进至周围尚未凝固的液相中。这样，$Cu\text{-}Cu_2O$共晶体不断地从尚未凝固的铜液中析出而凝固在铜晶粒的边界上。Cu_2O硬而脆，以粒状形态分布，致使金属发生“冷脆”，使冷变形产生困难。因此，铜中氧的含量要严格控制，对铜的热变形性能不产生影响。纯铜中氧的最大含量为0.02%～0.1%。

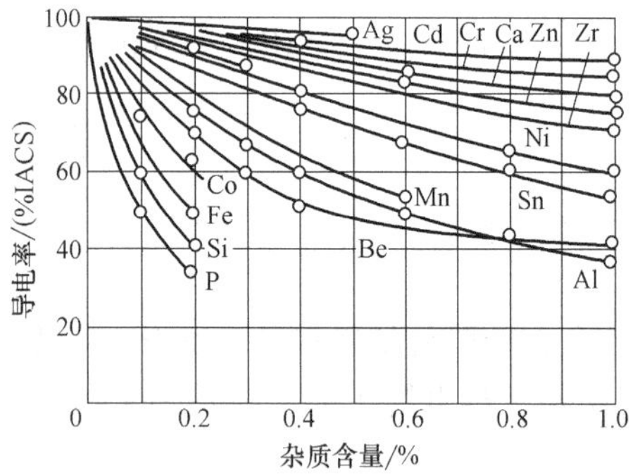

图2-1 杂质含量对铜导电性能的影响图

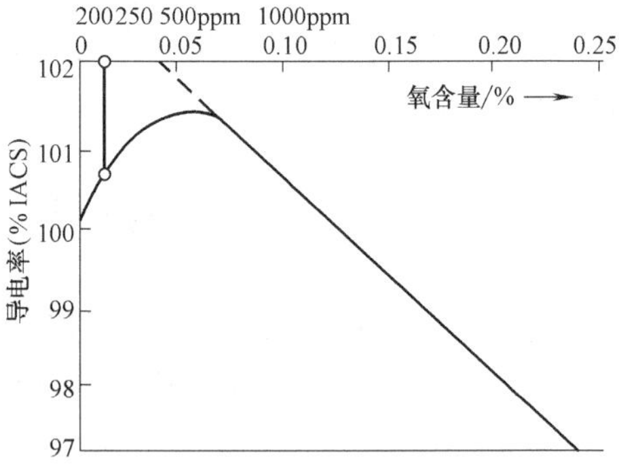

图2-2 氧的含量对铜导电性能的影响

根据铜的含氧量和生产方法，纯铜分为工业纯铜（氧含量0.02%～0.10%），脱氧铜（氧含量0.01%以下）和无氧铜（氧含量0.003%以下），电缆工业中主要使用无氧铜。

硫与氧一样，所生成的$Cu\text{-}Cu_2S$共晶系，也会影响到铜的冷变形加工性能。纯铜中硫的最大含量应不超过0.005%～0.01%。

熔融铜液中能溶解很多种气体，特别是氢和一氧化碳，当铜液降温时，因气体的溶解度减小而逐步放出，在凝固温度时，溶解度锐减，所溶解的绝大多数气体将同时析出，还有一部分氢和一氧化碳使铜中的 Cu_2O 还原，产生水蒸气和 CO_2。这些气体在逸出过程中，会使铜锭含有大量气孔甚至出现表面破裂现象。

二、铜的熔炼

1. 熔炼的意义

纯净金属也含有一定量的杂质，而且在熔化过程中不可避免地要产生污染，如熔炼过程中由炉气、炉料、耐火材料、熔剂、工具等带入金属液体中的水分、乳浊液、碳氢化合物，还有铜液的高温氧化、吸气等，这些杂质的进入都会影响制品的质量。在金属熔化的同时，通过一定的方法最大限度地消除或降低这些污染，保证金属纯净度的工艺过程就是精炼，熔化和精炼合称熔炼。

通过熔化精炼可以去除铜里的部分杂质，保证导体具有良好的导电率；通过熔炼及后续的连铸连轧还可以改变材料的组织结构和形状，进一步提高铜的导电率和机械物理性能，改变形状有利于后续工序对材料进行轧制或拉制加工；熔化精炼还可以将生产过程中产生的导体废料重新利用，节约材料，利于环保。

铜在熔炼过程中，不能减少太多铜液内金属杂质含量。因此，电缆工业熔铜用的主要材料是品位在 99.95% 以上的标准阴极电解铜（Cu-CATH-1）和 99.99% 以上的高纯阴极电解铜（Cu-CATH-2），配入一定比例的废铜杆、废铜线等工序废料，经熔化、精炼，采用连铸连轧工艺生产光亮韧铜杆（氧含量低于 0.05%，导电率大于 101.2% IACS，又叫低氧铜杆）或采用浸涂法或上引法工艺生产无氧铜杆（氧含量低于 0.0025%，导电率大于 102% IACS）。

铜的熔炼过程在熔炉内完成，熔炉的形式主要有火焰反射炉、冲天炉（竖炉）、坩埚炉和感应炉等。反射炉对铜进行精炼时采用氧化还原法。

2. 反射炉熔炼

（1）反射炉结构

熔铜用反射炉的炉型如图 2-3 所示，图 2-3a 表示了一种最简单的燃烧重油或煤气的反射炉炉型。火焰从一端进入炉内，扫过炉床从另一端的两侧被吸入烟道。这种炉子的容量一般不太大。图 2-3b 是一种普通的燃烧固体燃料的反射炉炉型，火焰从燃烧孔进入炉膛，被弧形炉顶压低，热气缓缓地流过炉床，然后进入烟道。这种炉型的特点是火焰不直接冲击炉床上的金属，而是燃烧的高温气体与金属接触，这样可以避免火焰直接喷射到金属上而造成严重烧损。同时由于燃烧生成的热气在炉膛内时间较长，炉膛内充满温度很高的气体，并能够产生充分的热对流作用，热量可以较充分地得到利用。

火焰反射炉的燃料在炉内燃烧，燃烧热量在炉子内部的炉顶、侧墙和金属表面自由地流过，由于炉气导热能力差，可由炽热的炉顶及炉墙反射回来的热量来补偿。其主要特点是靠辐射传递热量。实际上是以辐射和对流传热给炉料，炉料再以传导方式由表及里传到整个待熔的金属上。

常见的反射炉按炉体结构特点分为固定式和倾动式两种，按热量的来源分为燃煤、燃气和燃油三种。除了燃煤的火焰反射炉有燃烧室外，一般都由炉基、炉体、装料口和炉门、炉体支架几部分构成。容量为 10～300t，这种熔炉不能连续生产，基本可以满足连铸连轧生产

图 2-3 火焰反射炉炉型示意图

的要求，热效率为 15% ~20%，热效率较低。

(2) 反射炉熔炼生产工艺

采用反射炉对纯铜或高铜合金进行熔炼时，其熔炼应采用氧化还原法，即先将炉子预热，加木炭、阴极铜、回炉料和废铜杆、废铜线，在弱氧化性气氛下快速熔化，使铜液沸腾（1200 ~1220 ℃），并在氧化性气氛下用压缩空气进行氧化处理（风压不低于 80kPa，氧化开始温度为 1200 ~1220 ℃，氧化终止温度为 1150 ~1170 ℃）。通过吹气氧化，铜液中的硫及微量的砷、锑等杂质被氧化成为挥发性气体被炉气带走，其他杂质氧化物和一定量的氧化亚铜成为浮渣浮在铜液表面而被扒出炉外，浮渣被陆续扒去，直至液池表面不再浮现稠渣而形成一层氧化亚铜液层为止，可以认为氧化完毕，此时铜液中饱和了氧化亚铜。取铜样观察，铜样呈脆性，击断断口结晶为较粗的柱状，呈砖红色，结晶粗松无光泽。此时铜液中氧化亚铜含量可达 6% ~10%。

再次把残渣清除干净，添加木炭覆盖液面，开始插木还原。在铜液中插入新砍的青木杆，木杆在液池的高温下干馏，放出 H_2O、CO、H_2 及其他碳水化合物等气体强烈地搅动铜液，在此过程中，主要进行如下反应：

$$Cu_2O + C = CO\uparrow + 2Cu$$

$$CO + Cu_2O = 2Cu + CO_2$$

这种还原性气体逐步将 Cu_2O 还原成金属铜。在还原过程中，不断地取样观察，当还原足够时，铜样很难击断，断口呈玫瑰红色，结晶细密，放射状晶体面上有丝绢光泽。断定还原终止时，出炉浇注（1180 ~1200℃）。

反射炉熔炼铜主要分为装料、熔化、氧化、还原等工序。工艺流程如图 2-4 所示，各工序的技术条件和操作要点见表 2-1。

表 2-1 反射炉熔铜的技术条件和操作要点

工序	技术条件	操作要点
装料	①炉温 1300℃以上 ②放铜溜口材料：耐火粘土（80#以上） 50% 焦炭粉（60 ~80#） 50% 水 适量 ③生产第一炉时，装料前先向炉内加部分木炭	①装料要迅速，根据炉料情况分数次装完 ②打制放铜溜口时，先清除溜口老料，然后一层一层捣结 ③装料完毕，将炉门封严
熔化	①炉温 1300 ~1400℃ ②炉内保持微氧化性气氛和正压	①将全炉表面翻动、沸腾冒泡、炉底木炭浮起时，标志炉料已彻底熔化 ②熔化完毕，扒尽表面浮渣

（续）

工序	技术条件	操作要点
氧化	①炉内保持氧化性气氛 ②氧化开始温度： 铜水温度　1170～1200℃ 炉壁温度　1250～1300℃ ③氧化终了温度： 铜水温度　1150～1170℃ 炉壁温度　1200～1250℃ ④压缩空气压力视炉子容量和铜水深度而异。一般为100～400kPa ⑤氧化终点的确定：断口结晶由开始氧化时的细丝状，转为较粗的柱状，最后呈砖红色。当砖红色部分占试样断面30%～50%时，氧化结束	①氧化风管通常用直径为25mm左右的铁管，一端弯曲成60～80° ②氧化风管表面涂耐火泥，烤干待用 ③氧化时，风管应插入铜管深度的2/3 ④氧化后期取试样观察断口，已确定氧化终点 ⑤氧化结束后，扒净浮渣，升温
脱碳	①还原用木材应选用活松、榆木（或用水浸泡）。直径在200mm以上，长度在6m以上 ②炉内保持微氧化性或中性气氛和正压 ③小还原结束时，试样断口砖红色氧化斑消失 ④为节约木材，可用重油、木屑等代替插木	①插木一根，时间5～10min ②若燃料含碳较低，一般不进行小还原 例如以重油做燃料时，重油含碳量小于0.6%时，可不进行小还原
还原	①木材要求同小还原 ②还原前向炉内投入能覆盖满铜水表面的木炭 ③炉内保持强还原性气氛和正压 ④为节约木材，可用重油、木屑等代替插木 ⑤还原结束时，溶体温度控制在1180～1200℃ ⑥还原终点的确定：试样凝固表面平整，有细致皱纹，断口呈玫瑰红色，并有丝绢光泽	①还原后期勤取试样，以确定还原终点 ②还原结束，将炉门封严

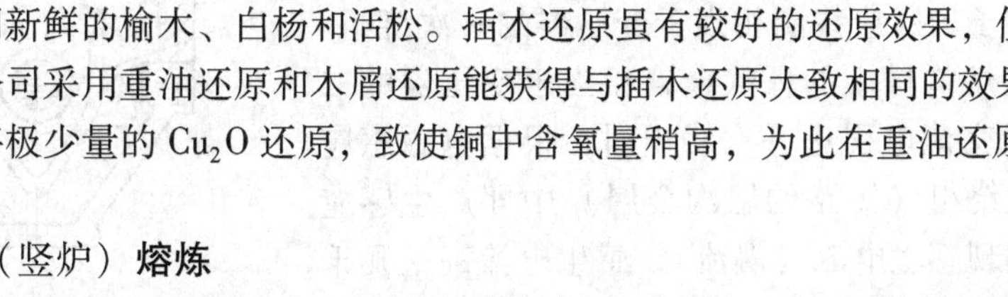

图2-4　反射炉熔炼工艺流程图

青木可采用新鲜的榆木、白杨和活松。插木还原虽有较好的还原效果，但要消耗大量优质木材，有些公司采用重油还原和木屑还原能获得与插木还原大致相同的效果。重油还原在最后阶段很难将极少量的Cu_2O还原，致使铜中含氧量稍高，为此在重油还原后期再插木还原直到结束。

3. 冲天炉（竖炉）熔炼

在连铸连轧铜杆的生产系统中，为解决连续熔铜的问题，采用竖炉熔铜设备，大都取消了反射炉氧化还原的熔炼操作。竖炉是美国SCR系统的熔炼设备，可以配合连铸连轧机进行连续铸锭，也可以配合保温炉采取其他铸锭（杆）方式。

在竖炉内用无（脱）硫的天然气或石油液化气采取直接喷射熔化工艺，热效率可提高到50%～60%，减少了外来杂质的污染，缩短了开炉时间（冷炉约30min，热炉约5min），而且炉内不存铜液，熔化速度快，可快速开炉，快速停炉，能够连续作业，在技术和经济性上是反射炉不能相比的。

竖炉结构简单，如图2-5所示。电解铜或废铜料由加料设备提升倾入加料口，燃料在炉体下部燃烧，热的烟气从炉料空隙流过，一方面对炉料预热，使熔化进程加快；另一方面对炉料所携带的水分在炉料熔化前干燥。烧嘴吹动燃气冲击铜料使其在下落过程中温度逐渐升高、熔化，待落到炉底时全部熔化，熔化后的铜液积聚在炉的底部通过流槽流入保温炉。由于其提高了熔化速度，减少了烧损（氧化）与夹杂物，效率得以提高。

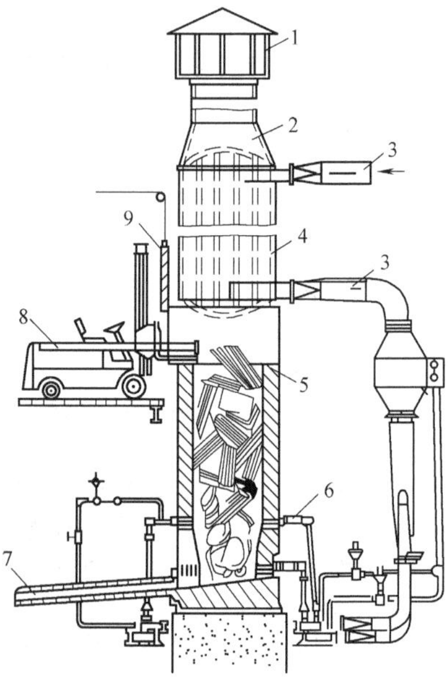

图2-5　竖式熔铜炉剖面图
1—烟罩　2—烟筒　3—冷热风管
4—炉筒　5—炉膛　6—热风烧嘴
7—流槽　8—装料车　9—装料门

燃烧器自动控制燃料和空气比率，以保持炉内微还原气氛，保证铜不被氧化。由于竖炉只熔化不精炼，因此要求燃料无硫或含硫量很低。目前，使用的燃料有天然气、丙烷、甲烷、丁烷、石油液化气和石脑油等。

竖炉不能进行搅拌，因此要求炉料成分应尽量均匀一致，并在保温炉内进行搅拌，否则浇铸产品成份不一。

4. 工频感应电炉熔炼

工频感应电炉（感应电炉）是熔炼有色金属及合金的主要设备之一。在熔炼过程中，金属的氧化损失较少，熔炼出的金属及合金的质量较高，感应电炉的工作条件比反射炉好得多。所以在铜的生产中，反射炉逐渐被感应电炉取代。根据炉子的结构特点又有有铁心和无铁心之分。

（1）工频有铁心感应电炉。

1）工作原理。工频有铁心感应电炉，又称熔沟式感应电炉或低频感应电炉。它相当于在短路状态下工作的变压器，其工作原理如图2-6所示。炉体相当于一个带铁心的变压器，炉子的感应线圈相当于变压器的一次绕组。耐火材料构成的熔沟槽中的环状金属相当于变压器的二次绕组。将工频交流电引进一次绕组时，根据电磁感应的原理，在二次绕组（短路的熔沟金属）中即产生感应电动势，因而出现感生电流（涡流），感生电流高达几千安培，由于炉料有电阻的存在，因此产生大量的热量，将金属熔化。

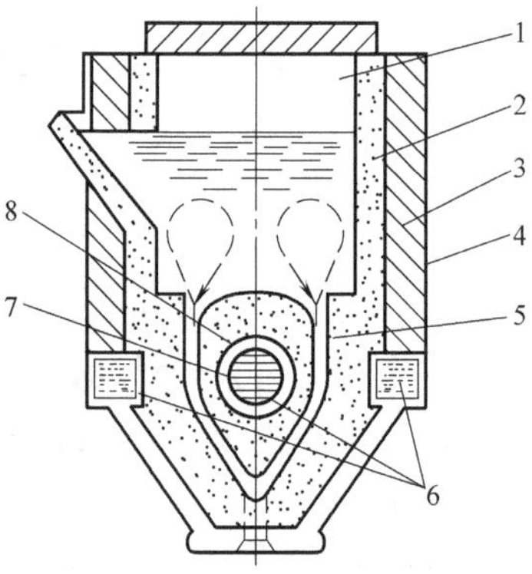

图2-6　有心感应电炉结构示意图
1—炉膛　2—耐火材料　3—绝热层
4—外壳　5—熔沟　6—铁心
7—冷却水套　8—感应线圈

2）结构。有芯感应电炉由炉体、水冷或风冷系统、电气设备三部分组成。炉体包括炉架、炉身、感应线圈、水冷套（或耐火套）、铁心、倾动装置等。炉身下部是炉底也叫炉底石，外部是由铜板焊起来的外壳（最好用青铜等非磁性材料制成），内部是用耐火散料捣筑的炉衬。

砌炉时应在炉底石中安装熔沟样板，样板一般由纯铜铸造。熔炼时样板熔化形成熔沟。熔沟的装置形式应有利于热量传递，兼顾停、开炉时熔沟的安全。按照熔沟的几何形状分为等截面熔沟和变截面熔沟，如图 2-7 所示。

等截面与变截面熔沟相比，等截面熔沟传热效果差，这是因为等截面熔沟内电磁力的方向与电流的磁场方向成直角，即横切着熔沟的轴线，不会产生任何与熔沟轴线平行的分速度，因此熔体流动时，不能与熔池中的熔体循环对流，并在熔沟底部形成一个金属液涡流状的高温“滞区”，从而使底部与熔沟上口温差较大。随着输入功率的增大，这种温差也增大，结果使熔池得不到良好的热交换，致使熔化率降低，电耗增高，高温“滞区”的耐火材料局部过热，使熔沟温反比炉膛中高 200～300℃，过热也会给熔沟局部炉衬造成极为苛刻的工作条件，使炉衬寿命降低。

变截面熔沟消除了这些缺点。它的特点是垂直平面逐渐缩小，即熔沟与感应器水平面的相交处，粗沟截面积为细沟截面积的一定的倍数。它的流动原理是：截面积小的地方电阻增加，电流密度大，该处发热量大，金属液温度高而密度降低，而电动力作用小，金属液上浮，截面宽处则正好相反。从而使金属液从截面积大的一端流进，从截面积小的一端流出，实现了恒定的单向流动，强化了炉内的热交换。由此可见，对流在感应电炉中是热量传递的重要方式。

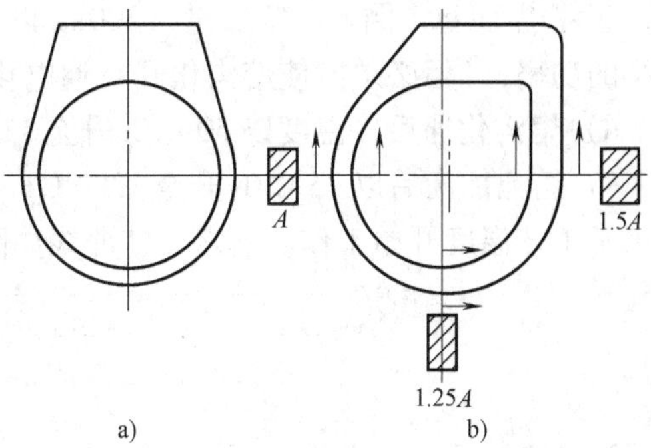

图 2-7 有心感应电炉熔沟形状
a）等截面环状熔沟 b）变截面环状熔沟

电炉所用的感应线圈是用空心电磁线绕制而成，在电磁线的铜管内部采用强迫水冷循环系统进行散热，熔炼期间出水口冷却水温不得高于 50℃，过高易沉积结垢，影响散热。冷却水为经过处理的软水。

冷却套一般用黄铜板或不锈钢板制成，冷却方式有水冷和风冷，一般大功率电炉采用水冷，小功率电炉采用风冷。

炉衬是熔炉的重要组成部分，要用它来形成熔沟和熔池，并且要与金属直接接触，在高温下工作，因此要求它具有一定的高温化学稳定性和结构强度，低的导热性，并且不会对熔炼的金属造成污染。炉衬质量的好坏取决于炉衬材料、筑炉方法以及起熔烧结过程。如在铝及合金熔炼时，炉衬不能采用二氧化硅（SiO_2）、氧化铁（Fe_2O_3）、氧化铬（Cr_2O_3）质的耐火材料，只能用较纯的氧化镁（MgO）、氧化铝（Al_2O_3）质的耐火材料；在精炼铜合金时，因精炼时形成的氧化亚铁（FeO）、氧化铜（CuO）、氧化锌（ZnO）等对炉衬有侵蚀作用，故不能用酸性耐火材料做炉衬。目前，熔炉使用的耐火材料主要有石英砂（主要成分 SiO_2）和红柱石捣打料（主要成分 Al_2O_3），黏结剂采用硼酸（H_3BO_3）、水玻璃（硅酸钠的水溶液）和硼砂（$Na_2B_4O_7 \cdot 10H_2O$），耐火砖有黏土砖、硅砖、轻质黏土砖、高铝砖等。

感应电炉炉底石的制造方法有两种：一种是在炉底壳内用一定粒度组成的耐火散料捣筑后烧结而成；另一种则是在炉外预制成形，这一般在耐火材料厂里制造。整体装配式炉底石有造价低、筑炉拆炉快、熔沟不易变形等特点。

3）炉的使用及维护。感应电炉主要用做铜铝熔化炉。感应电炉砌制烧结起熔后，即开始连续生产，不得停电，除非达到其使用寿命，准备大修。因此，生产与不生产时电炉均处于运行状态，可分为生产运行和保温运行两种状态。

① 起熔烧结工艺。炉衬砌筑完成要进行烧结（又称烘炉），就是使捣筑的炉底石烧结，得到无裂纹、有足够强度的炉衬。同时还要将熔沟样板熔化，以构成炉子所需要的最低限量的起熔体的过程。炉衬烧结是很关键的，要严格按起熔工艺操作，起熔工艺如下：

a）升温至200℃，用木炭或燃气烘烤。

b）通电升温，也可以同时用燃气烘烤炉膛。升温速度小于100℃/h。在650℃时，保温3～4 h，在975℃时，保温4～5h。

c）达到650℃后一定要使炉膛内有足够的温度，特别是熔沟端部，否则易断沟。此时电压调整不能太快、太大，待熔沟上部化开后，开始加入小块的铜板或铜杆；若有高温铜液，应停电1min，倒入一定数量（300kg以上）的高温（1250℃以上）铜液，然后以尽可能小的功率，（但必须能使熔沟化开）通电化通熔沟。

d）熔沟化通后，温度以50℃/h升至1150℃，保温2～3h。

e）熔池加满后以75℃/h升至1300℃，用尽可能小的功率自动保温烧结约20h，然后降到正常工艺温度开始工作。起熔工艺曲线如图2-8所示。

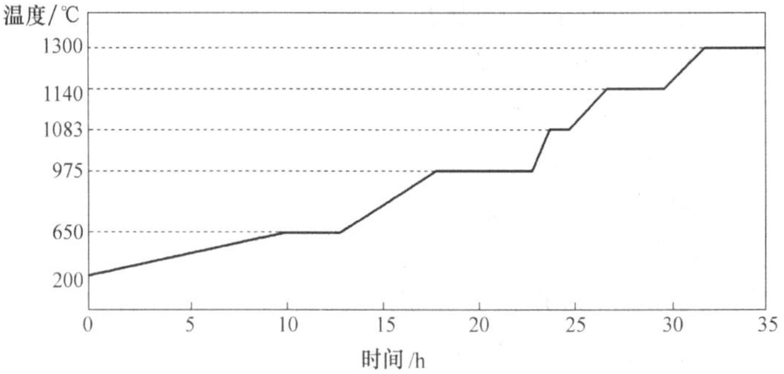

图2-8 熔炉起熔工艺曲线图

② 熔炉操作工艺。熔炉包括熔化炉和保温炉，熔化炉用来完成铜板的熔化，保温炉用来保温铜液使其在工艺温度范围内供上引机上引。

a）在连续熔铜状态时，应保持熔化炉正常工作温度在（1180±10）℃，在上引机工作时，保温炉应保持炉内铜液温度在（1145±5）℃。

b）熔化炉表面用木炭覆盖，覆盖厚度在150～200mm，每班要清渣2～3次，若有裸露铜液或炭层太薄应及时补加木炭。

c）保温炉敞开区域，也称上引区。引杆时，结晶器插入此区域。为防止上引区铜水氧化，必须将铜液面与空气隔离，可选用石墨鳞片作为覆盖剂。它的作用和木炭相同，但石墨鳞片比木炭致密，保温、防止吸气的效果更好，另外它还具有良好的耐高温和化学稳定性，不易燃烧，这样可以减少扒渣次数。一般2～3天扒一次石墨鳞片，所以保温区选用石墨鳞片而不用木炭。一般鳞片石墨的覆盖厚度在80～120mm左右。覆盖层下结渣必须及时清理，覆盖层上面不得有局部发红现象，若发红应及时补充。

d）熔化炉内铜液面应保持在距炉门口 150 ~ 200mm，保温炉内铜液面波动范围在液位标尺的 -50 ~ 150mm 之间。组合炉铜液面相对高些，一般在液位标尺的 50 ~ 150mm。

e）熔化炉倒铜水时应切断负荷，并有专人观察炉门口是否有铜水溢出，倒完后应检查炉膛表面和四周有无结铜现象，若有要及时清理。

f）停车后，加木炭至 200mm 厚，将炉温调至（1125 ± 5）℃，使熔炉处于保温运行状态。在保温状态下，每周扒渣一次，并及时向炉内补充木炭。

（2）无铁心感应电炉。无铁心感应电炉的炉体是由坩埚组成的炉膛，又称为坩埚式感应炉。在耐火材料坩埚外面，围绕一个通水冷却的称为感应器的线圈，即为一次绕组。它实质上相当于一个空气芯变压器，金属炉料相当于短路的二次绕组。电流通过感应器产生交变磁场，在金属炉料中感应出电动势，因其短路连接而在炉料中感应产生强化的电流，使炉料加热并熔化。无铁心感应电炉原理如图 2-9 所示。

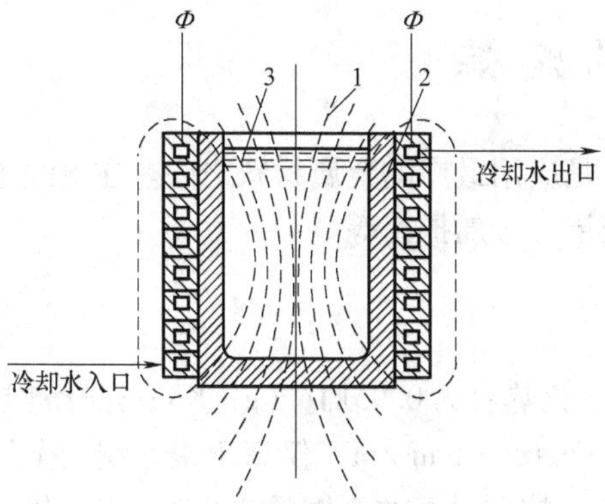

图 2-9　无铁心感应电炉原理图
1—线圈磁通　2—耐火材料　3—炉料

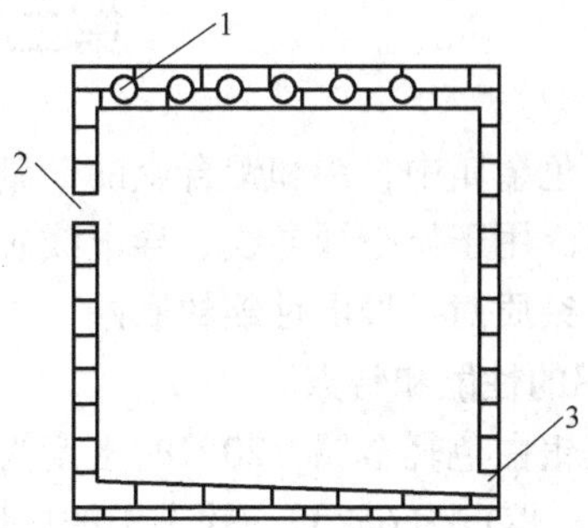

图 2-10　倾转式电阻反射炉
1—电热体　2—进料口　3—出料口

与有铁心感应电炉相比，其最突出的特点是在它的炉膛下部没有熔沟。它的主要优点是：熔炼温度高，其最高熔炼温度可达到 1600℃；熔化速度快，在同样的有效容量条件下，输入功率比有铁心感应电炉大得多，对熔体的搅拌作用比有铁心感应电炉更为强烈。无铁心炉的缺点是：单位电能消耗比有铁心电炉高；功率因数低，为了提高功率因数，需要附加大容量的补偿电容器。对于中频和高频感应电炉还需要变频设备，从而增加了电器设备的投资。

5. 电阻反射炉

电阻反射炉是利用悬挂在炉顶电热体的热辐射来加热和熔化金属的，如图 2-10 所示，其常用作保温炉。其优点是：容量大，炉气稳定，金属液吸气少，操作简便，炉温控制方便，适合大批量生产，缺点是耗电量大，生产效率低，维修费用高。

由于金属液边熔边流入保温炉，不能搅拌，没有混合效果，因此要求炉料成分应尽量均匀一致，并在保温炉内进行很好的搅拌。否则铸锭成分不一，性能不一致。

6. 炉体结构

筑炉材料主要有耐火材料和隔热材料。耐火材料要承受高温及高温下产生的物理和化学作用，要求高温使用时不软化、不熔化，具有一定的耐火作用；对金属液、炉渣、炉气的侵蚀具有一定的抵抗能力等。常用的耐火材料有氧化镁、氧化铝质的黏土砖、高铝砖、轻质黏土砖、镁砖等耐火砖和耐火料。

由于耐火砖具有导热能力，通过它的传导会使炉子的热损失占总热量的10% ~20%。为减少热损失，改善炉子周围的工作环境，必须在耐火层外加砌隔热材料，降低热损失，节约能源，提高炉内温度。

7. 熔炼过程中的保护

在铜的熔炼与流转过程中，铜液与空气接触会产生吸气和氧化，易导致铜杆的疏松和针孔，所以普遍采用木炭覆盖法进行保护。木炭覆盖在铜液上部并保持150 ~200mm 的厚度，将铜液与空气隔绝开来，起到防止铜液吸气生成氧化物作用。此外，木炭疏松多孔，覆盖层还能起到保温作用，在高温环境下，木炭及其氧化物 CO 还可以将部分 Cu_2O 还原为铜，起到脱氧作用。因为木炭疏松多孔，表面活性大，对氢和水蒸气吸附能力很强，所以木炭使用前必须烘干，去气、去水，烘烤条件为200 ~250℃，并要进行2 ~4h。

第二节　铝 的 熔 炼

在有色金属中，铝和铝合金的产量占第一位，是应用最广的金属材料之一。在电线电缆工业中广泛用于架空裸导线、导电线芯、金属屏蔽层、金属护套等。

一、杂质对铝导电性能的影响

1. 铝的性能和特点

铝是银白色轻金属，20℃时密度为2.70g/cm^3，比热容为0.95kJ/（g·K）；熔化潜热为388.1J/g，熔点为658℃。软态铝的电阻率为0.028264Ω·mm^2/m，仅高于银、铜、金居第四位，按体积计算铝的导电率约为铜的60% ~65%，按重量算约为铜的200%。铝的优点包括导热性良好、耐腐蚀性好（铝表面致密的 Al_2O_3 膜可防止铝继续氧化，使铝在大气环境中具有较好的耐蚀性）、塑性好（可用压力加工方法加工各种形状的产品）、密度小、价格便宜、来源广。铝的主要缺点是机械强度一般。

2. 杂质对导电性能的影响

一般的铝导体都采用含铝量99.95%以上的电工铝，铝的纯度对导电率的影响较为明显，99.99%的高纯铝的导电率为65% IACS，99.95%铝的导电率为63% IACS。通过对铝中可能存在的13种杂质元素的研究发现，砷、锑、镉、镍、钴、铅、铋、金、镓、锌对导电率影响不大，铜、银、镁对导电率的影响较为显著，锰、铬、钒、钛含量的增加会使铝导电率显著降低。因此，这4种杂质的总含量要控制在0.01%以下，如图2-11所示。

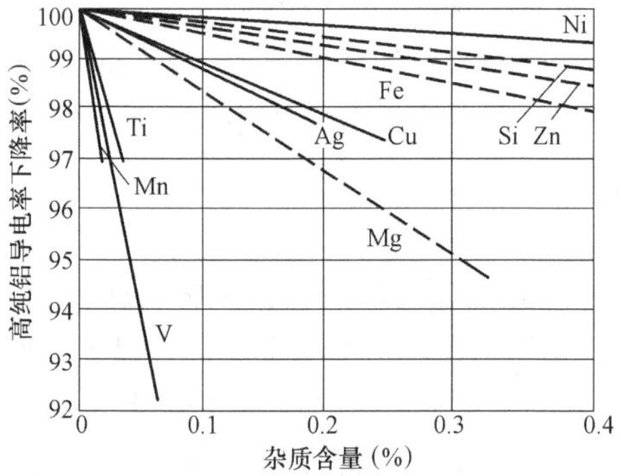

图2-11　杂质对铝导电率的影响

对于电工铝，铁和硅是其中的主要杂质，其含量和相对比例对铝的各种性能都有很大影响。为确保导电率，应控制铁和硅的总含量不超过0.45%，铁和硅的含量比为1.4 ~2.5为宜。

二、氢的溶解及氧化夹杂物的生成

1. 氢的溶解

铝的熔炼与铸造一般在大气中进行，高温的炉料和熔化了的铝液都与空气和炉气中的N_2、CO、CO_2、H_2O、H_2等气体接触，使铝液吸气。另外，加入到炉料中的熔剂及铝液所接触炉料、耐火材料、工具等带入的水分、乳浊液及碳氢化合物都会使铝液中含气量增加。这些都是导致铝液吸气、氧化、形成气孔和夹杂的根源。这些气体和杂质，对铝的内部及表面质量、物理性能、力学性能、铸造工艺性能等都产生了很大的影响。由于铝及铝合金生产过程中对质量影响较大的气体主要是氢（氢的溶解称吸氢），因此在熔炼末期要进行除气精炼。

（1）气体的溶解机理

氢气在铝中溶解度曲线如图2-12所示。铝为固态时氢的溶解度很小，随着温度的升高，溶解度缓慢地增加，当达到铝的熔点时，溶解度突然急速增加。当液态铝的温度升高时，气体的溶解度增大。这是因为熔融的铝液与大气发生非常活泼的化学反应，吸收氢气，同时被氧化并产生氧化物，还消耗了熔液中的有效成分，使熔液质量下降，从而形成气孔、夹杂等缺陷。

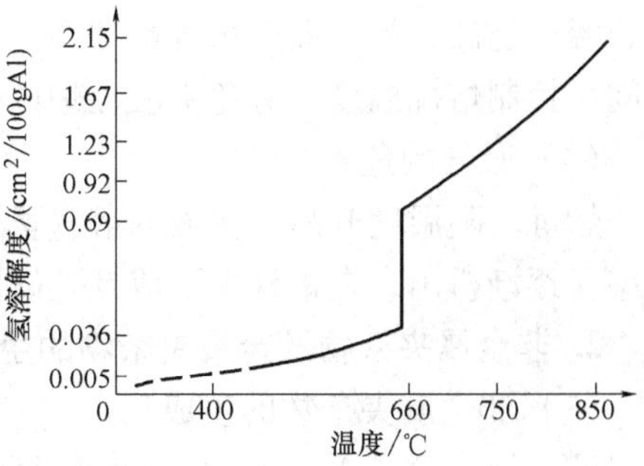

图2-12　温度对氢在铝液中溶解度的影响

（2）影响金属中气体含量的因素

金属的吸气过程可分为吸附、溶解、扩散三个阶段。溶解速度主要取决于扩散速度。在溶解达到饱和之前，气体与金属接触的时间越长，溶解的气体就越多。金属溶解气体的能力是由金属与气体的结合能力决定的。同一种气体在不同金属中的溶解度是不同的。

1）气体的分压。在一定温度下，气体的溶解度与空气中该气体分压的二次方根成正比，这个定律称西怀特（Sievert）定律，即

$$S = K\sqrt{P} \tag{2-1}$$

式中　S——温度和压力一定时，气体在金属中的饱和溶解度；

K——溶解度常数；

P——某种气体在空气中的分压。

由式（2-1）可知，在温度相同的条件下，氢在铝液中的溶解度随炉气成分的分压升高而增大。因此，在以液体、气体为燃料熔炉的炉气中，氢和水蒸气的分压比金属液体中的分压大，氢在熔体中的溶解度也大，所以浇铸过程中很容易产生疏松气孔。

2）温度。当温度变化时，气体的溶解度又可表示为

$$S = Ke^{-\frac{\Delta H}{2RT}}\sqrt{P} \tag{2-2}$$

式中　ΔH——气体的溶解热；

R——气体常数；

T——金属液的温度。

由式（2-2）可知，金属或合金的温度T和氢气的分压P（或水蒸气）越高，氢在金属或合金中的溶解度就越大，溶解速度也越快，所以在熔炼中要严格控制熔炼温度和保温温

度。

3）合金元素。与气体结合力较大的元素，会使金属的气体溶解度增大。蒸气压高的金属与合金，由于具有不同的去吸附作用，会降低金属的含气量，如铝中铜、硅含量增大，均会使氢的溶解度降低。

4）铝液中 Al_2O_3 含量。Al_2O_3 的熔点为 2050℃，以固态形式存在于铝液中，能强烈吸附水汽和氢。熔炼时 Al_2O_3 一旦混入铝液中，就会增加铝液的含氢量，而且较难除去。当铝液中 Al_2O_3 的含量较低时，含氢量也较低，即使通入蒸气，也会自动脱气，并且很快地恢复到原来的含量。所以铝液中 Al_2O_3 的含量对制品的质量有很大影响。

5）熔炼时间。在大气中熔炼，总要产生氧化膜，增加铝液的含气量，铝液熔炼时间越长、温度越高，氧化夹杂物含量越高，熔体吸气就越严重。因此，在生产中应尽量缩短熔炼时间，控制熔炼温度，避免铝液在炉内长期停留。

（3）吸气的危害

熔炼时随温度升高，铝液的溶气量会增大，铸杆时随温度降低，溶入的气体在凝固的过程中又逐渐析出，在铝杆中形成针孔缺陷。

2. 非金属夹杂物及金属夹杂物的生成

（1）非金属夹杂物的生成

液态铝与 O_2、N_2、S、C 等元素发生化学反应而生成的化合物及混入的其他夹杂物，统称非金属夹杂物。这其中以 Al_2O_3 的危害最大。

铝与氧亲合力很大，在高于 750℃时，下列反应会加剧：

$$4Al + 3O_2 = 2Al_2O_3$$

在温度较低时（250℃以下），固态铝与空气中水汽接触会产生下列反应：

$$2Al + 6H_2O = 2Al(OH)_3 + 3H_2\uparrow$$

$Al(OH)_3$ 是一种白色粉末，分布在固态铝表面，组织疏松，对铝没有保护作用，俗称“铝锈”。在高温下（400℃以上），铝锈会分解，即

$$2Al(OH)_3 \xlongequal{\triangle} Al_2O_3 + 3H_2O$$

含有铝锈的铝锭在熔炼时生成 Al_2O_3，增加了铝液中气体含量和氧化夹杂物含量。

Al_2O_3 以固态膜形式覆盖在铝液表面和存在于铝液中，隔绝了炉气与铝液的接触，阻止了铝液的氧化、吸气，起到了保护作用。另一方面 Al_2O_3 膜的内表面是致密的，但与空气接触的一面是疏松的，存在着大量（50～100）$\times 10^{-10}$m 的微孔，孔内吸附有水汽和氢，搅动铝液会划破连续覆盖在铝液表面的氧化膜，其在混入熔体的同时所吸附的水汽和氢一起进入铝液，增加了铝液吸气量。因为氧化膜的密度与熔体的密度差不多，表面积大，所以沉降速度慢，不易去除，在铸造过程中可能进入铸件中形成固体夹杂，造成拉线时的断线。

N_2、CO、CO_2、SO_2 在铝液中的溶解度很低，它们的主要危害是：高温时，与液态铝反应，生成氮化铝、碳化铝、硫化铝等，在熔炼温度下，这些物质会以固态形式存在。因此，它们的危害主要是生成固态的非金属夹杂物对熔体的危害。

（2）金属夹杂物的形成

炉衬的耐火材料成分一般为 MgO、Al_2O_3、SiO_2、Fe_2O_3、Cr_2O_3 等，在熔炼温度下，金属与炉衬作用，降低了耐火材料寿命，还因为某些杂质与铝发生置换反应，污染熔体。具体

反应式为

$$3MeO + 2Al = Al_2O_3 + 3Me$$

式中　Me——参加反应的金属。

一定温度下，铁制工具也会受到熔体熔炼。

三、精炼

1. 目的

在熔化过程中，金属的污染不可避免，如氧化、吸气、混入夹杂物等，因此必须排除铝液中所含的有害气体和夹杂物，最大限度地消除或降低这些污染，提高铝液纯净度。完成这个任务的工艺过程称为精炼。

2. 精炼方法

按精炼原理可将精炼方法分为化学精炼和物理精炼。化学精炼依靠精炼剂产生的吸附作用达到去除气体和氧化夹杂物目的，所以也称吸附精炼。这种方法的精炼作用仅发生在吸附的液面上，不能对全部铝液发生作用，效果受到一定限制。按照精炼剂的不同，又分为气体精炼法、熔剂精炼法和熔体过滤精炼法三种。在连铸连轧生产中应用较多。

物理精炼法是依靠物理作用达到精炼目的的精炼方法，对全部铝液具有精炼作用，效果较好。具体又分为真空精炼法、超声波处理法、凝固法等。因设备或技术的原因，生产中应用较少。

（1）气体精炼法

1）惰性气体精炼。与其他惰性气体相比，氮气更经常地用于铝的精炼，也叫惰性气体吹洗法。氮气的作用之一是靠气泡的吸附作用。当氮气通入铝液时，产生的气泡会使铝液中的固体夹杂物（如 Al_2O_3）会自动地吸附在气泡上，随着气泡的上升被带出液面，如图 2-13 所示。

另一方面氮气刚进入铝液中时，气泡内氢气的分压为零，即 $p_{H_2}=0$，铝液中氢的分压大于零，在铝液和气泡的界面上存在氢的分压差，溶解在铝液中的氢就会不断地向氮气泡内扩散，直至气泡中氢的分压力和铝液中氢的分压力平衡，气泡逸出液面时将氢带出铝液，如图 2-14 所示。由此可见，气泡在上升的过程中既可以带出固体夹杂物，也可以带出气体杂质。

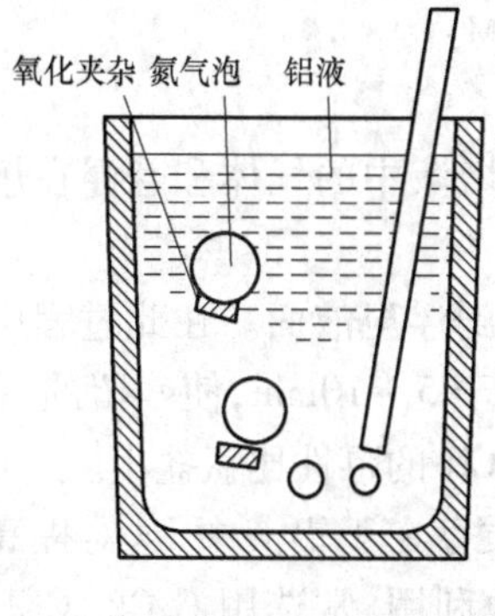

图 2-13　气体精炼去除氧化夹杂物

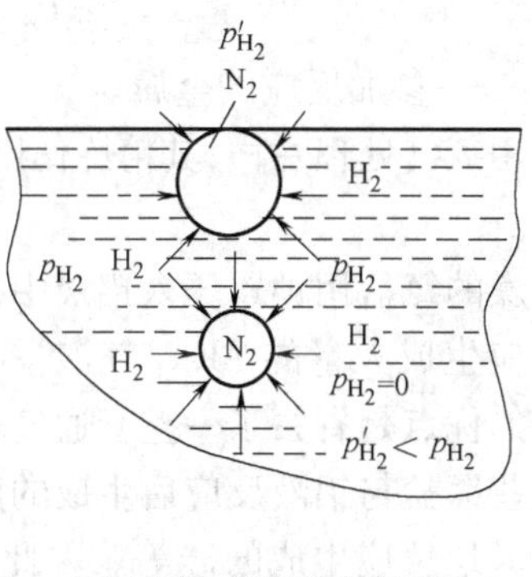

图 2-14　氮气除气过程

在这种方法中，氮气与铝液接触面积和作用的时间是决定除气效果的重要因素，因此延长吹气时间、使气泡细小、分散均匀是提高精炼效果的关键。

为防止铝液温度降低，吹入的氮气温度要保持在680～690℃，如果温度在700℃以上，氮气就会与铝发生反应生成氮化物，影响铝液质量。吹氮气时应采用石墨管，在管的端部装有多孔的石墨通气塞或耐火材料通气塞，使氮气泡变得细小，上浮速度减慢，吹氮气管在铝液中来回移动，使氮气泡在铝液中分布均匀，以提高精炼效果。

氮气精炼虽然有较好的效果，但所需时间长，为提高生产效率，可以采用氯气精炼

2）氯气精炼。氯气是一种化学性质活泼的气体，将氯气通入铝液中时，除依照分压差原理除气、吸附除杂外，它还与铝液以及其中的氢发生以下化学反应：

$$2Al + 3Cl_2 = 3AlCl_3$$

$$2Al_2O_3 + 6Cl_2 = 4AlCl_3 + 3O_2$$

$$H_2 + Cl_2 = 2HCl$$

反应生成的 HCl、$AlCl_3$（沸点 183℃）都是气态，不溶于铝液，这两种气体和未参与反应的氯气以及部分 O_2 在从铝液中逸出时会将铝液中溶解的氢和固体夹杂带出。以上这些除气作用中，$AlCl_3$ 的作用是主要的，如图 2-15 所示。所以，氯气精炼要比氮气精炼效果好得多。

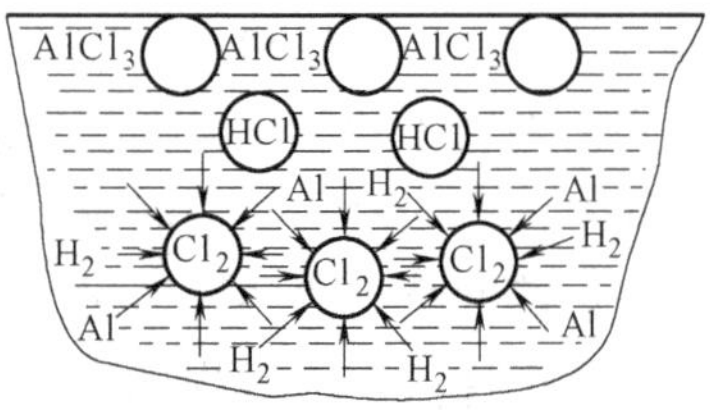

图 2-15 氯气除气过程

3）混合气体精炼。氯气是剧毒气体，对人体有害、对环境污染严重，为克服这一弊端，可采用 Cl_2、N_2和 CO 的混合气体进行精炼。混合气体采用下述比例：Cl_2∶CO∶N_2 = 1∶1∶8。在反应过程中，除 Cl_2 与 Al、Al_2O_3、H_2 生成 $AlCl_3$、O_2 和 HCl 外，还会发生如下反应：

$$O_2 + 2CO = 2CO_2$$

$$Al_2O_3 + 3Cl_2 + 3CO = 2AlCl_3 + 3CO_2$$

$AlCl_3$、CO_2、HCl 以及 Cl_2、N_2 等气体依分压差原理精炼除气、吸附除杂，同时还能分解部分 Al_2O_3，明显提高了精炼效果。混合气体精炼所需时间为氯气精炼时间的一半，并且使废气中氯气浓度降低，减轻对环境的污染。

4）氯盐精炼。可以用于精炼的氯盐有氯化锌（$ZnCl_2$）、氯化锰（$MnCl_2$）、六氯乙烷（C_2Cl_6）、四氯化碳（CCl_4）、四氯化钛（$TiCl_4$）、四氯化硅（$SiCl_4$）、氯化铝（$AlCl_3$）等。

氯化物的作用基于它的反应能力，按下面反应生成氯化铝：

$$Al + 3MeCl = AlCl_3\uparrow + 3Me$$

式中 Me——参加反应的金属。

正如用氯气处理一样，其精炼作用是氯化铝气泡吸附熔液中的气体和悬浮在熔液中的固体夹杂物。

将干燥的氯盐用钟罩压入铝液中，缓慢地移动钟罩直到浮至液面。在此过程中氯盐与高温铝液反应生成大量的 $AlCl_3$ 气泡，精炼后静置保温不少于 5～10min，使残留的 $AlCl_3$ 上浮。氯盐精炼的优点是省去了一整套通气设备，反应生成的 $AlCl_3$ 的毒性比氯盐小。

但有些氯盐与铝液反应后生成的金属会成为有害杂质存在于铝液中，这对提高铝液质量不利，如 $SiCl_4$ 反应生成的硅等。因此，对氯盐要有选择地利用，常选用 C_2Cl_6、CCl_4 作为精炼剂，精炼效果很好。

5）无毒精炼。将 $NaNO_3$ 或 KNO_3（42%）、石墨粉（8%）、耐火砖屑（50%）混合制成块状精炼剂，使用时用钟罩将其压入铝液中，发生的反应如下：

$$4NaNO_3 + 5C = 2Na_2CO_3 + 2N_2\uparrow + 3CO_2\uparrow$$

$$4KNO_3 + 5C = 2K_2CO_3 + 2N_2\uparrow + 3CO_2\uparrow$$

反应的生成物 N_2、CO_2 在上浮过程中会将氢和固体夹杂物带出铝液，起到精炼作用。精炼结束后，$NaNO_3$、KNO_3 和石墨粉全部燃烧，只留下带有空洞并烧结成块的耐火砖残渣，上浮至铝液表面。有些在其中还加入一定量的冰晶石粉既起到精炼作用，同时又可以延缓 $NaNO_3$、KNO_3、石墨粉的反应速度，使气泡的生成速度不致过快、体积不致太大，起到缓冲作用。

（2）熔剂精炼法

在熔融金属表面覆盖熔剂或在熔体中加入熔剂以去除气体、固体杂质和氧化炉渣的精炼方法叫熔剂精炼法。尤其适宜于不宜采用氧化精炼的铝及铝合金精炼。

熔剂除气、除渣功能是通过熔剂与熔体中的氧化膜及非金属夹杂物发生吸附、溶解、化合造渣等作用实现的。

1）吸附造渣作用。熔融的熔剂存在于固相（夹杂物）及液相（熔融金属）界面上的表面张力大小决定了熔剂的吸附能力。熔剂在金属液面上的表面张力越大，越容易与金属液体分离。熔剂在夹杂物界面上的表面张力越小，越容易湿润和吸附夹杂物。夹杂物进入熔剂后与熔剂成为一体，具有比处理前更大的上升或下降能力，从而将它们从金属液体中除去。经常采用 NaCl、KCl 组成的低熔点二元熔剂，其共晶成分的熔点只有 650℃，并且表面张力小，有时为使熔剂具有溶解和吸附的能力，也会在氯盐混合物中加入氟盐，如 CaF_2、Na_3AlF_6（冰晶石）等。

有些氯盐和铝不起置换反应，如碱性金属的卤素化合物与 Al_2O_3 结合后非常稳定，是很好的除渣剂，同时具有一定的除气效果。

熔剂去除铝液中的氧化物，主要并不是靠它在熔剂中的溶解，而是通过熔剂的吸附，形成炉渣而除去。采用的熔剂熔点低、密度小、流动性好，进入铝液中以后，熔融并逐渐上升，吸附铝液中的氧化物和夹杂物一起浮到铝液表面，同时还形成了隔绝空气的隔离层，避免了铝液的氧化和吸气。

2）溶解除气作用。熔剂与氧化物分子结构和某些化学性质接近时，在一定温度下就可能互溶。如阳离子相同的 Al_2O_3 和 Na_3AlF_6 就有一定的互溶能力，所以在熔剂中加入冰晶石还具有溶解夹杂物的能力。

熔剂除气机理：一方面熔剂对氧化铝有溶解、吸附作用，从而改变了铝液表面氧化铝膜的性质或使表面致密的氧化铝膜失去完整性，促进周围介质中氢与熔体中氢之间建立平衡，使除气效果大大增加；另一方面氟盐及冰晶石使得一部分表面的氧化铝被还原，氧化膜被破坏后，氢就可以向空气中自由扩散，从而达到除气的目的。氟盐及冰晶石在铝液中发生如下反应：

$$6NaF + Al_2O_3 = 2AlF_3\uparrow + 3Na_2O$$

$$2Na_3AlF_6 + 4Al_2O_3 = 3(Na_2O \cdot Al_2O_3) + 4AlF_3\uparrow$$

$$\text{或}\ Na_3AlF_6 = 3NaF + AlF_3\uparrow$$

为了进一步提高铝液的质量和生产效率，常采用联合精炼法，就是同时采用两种或两种以上的精炼工艺。如惰性气体-熔剂联合精炼、吹 N_2-CCl_4 精炼等，近年出现的移动式旋转除气装置和金属处理工作台就是在除气装置上增加了一个熔剂输送系统，将粒状熔剂

（Na_3AlF_6 23% + KCl 47% + NaCl 30%）随 N_2 气流送入熔体中，来提高精炼效果的。

（3）熔体的静置与过滤

1）静置。利用熔体与夹杂物的密度差，在铝液静置过程中使夹杂物上浮或下沉，从而达到净化的目的。静止时间的长短取决于铝液黏度、夹杂物的形状尺寸及相对密度。静置时间一般在 20～40min，随时间延长，金属会被继续吸气、氧化。

2）过滤。对于悬浮在铝液中的微小颗粒夹杂物，仅靠静置时间的延长是不起作用的，可使铝液通过中性或活性材料制成的过滤器，对夹杂物进行机械阻隔、吸附或化学作用从而分离排除，如图 2-16 所示。过滤装置的温度要高于浇注温度，以保证铝液在过滤过程中不会冷却、凝结。

过滤物可分为以下两类：

1）非活性过滤物。依靠机械作用清除铝液中的固体夹杂物，如玻璃丝网、陶瓷纤维布、耐热金属丝网、石墨块等。

2）活性过滤物。除具有机械过滤作用外，还有吸附清除氧化夹杂物的作用，因此过滤效果更好。Na_3AlF_6、NaF、CaF_2 等都属于这一类过滤物。

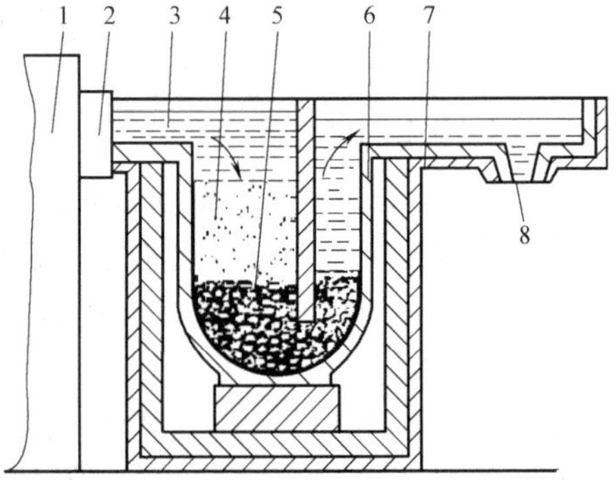

图 2-16　铝液过滤装置
1—反射炉　2—出铝槽　3—铝液　4—铝矾土　5—铝矾土球　6—坩埚　7—过滤容器　8—浇铸器

（4）稀土优化综合处理

稀土优化综合处理是对铝的变质处理，是对稀土优化处理、硼化处理和控铁处理的总称。其目的是使铝或铝合金的结晶组织和性能发生明显改善，一般在精炼以后进行。

1）稀土优化处理。稀土元素（Re）在电工铝中可降低硅对导电率和工艺性能的有害影响。稀土的加入量要和硅、铁等的含量相匹配，以保证导电性能。硅含量在 0.09%～0.13% 时，稀土处理效果最好。根据铝杆的性能要求，在图 2-17 所示的Ⅰ区和Ⅱ区选取稀土的加入量具有最佳经济效果。我国铝矿的含硅量较高，采用稀土优化处理技术提高铝的导电率显得尤其重要。

在铝液结晶过程中，稀土元素作为外来的结晶晶核，增加了晶核数量，从而使晶粒细化。同时还具有改善材料对热裂敏感性的作用。

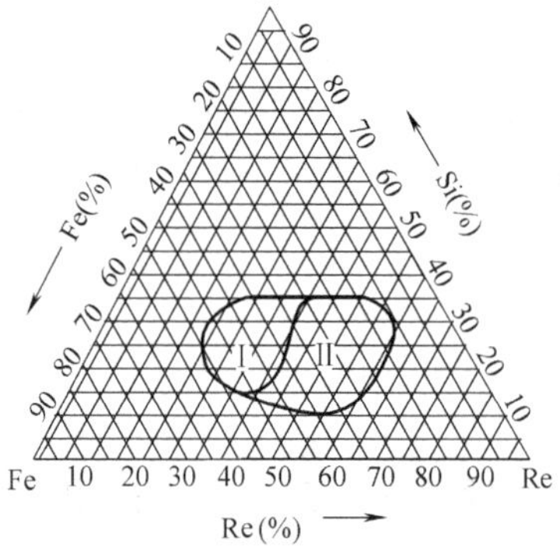

图 2-17　ϕ9.5mm 铝杆电阻率与稀土加入量的关系

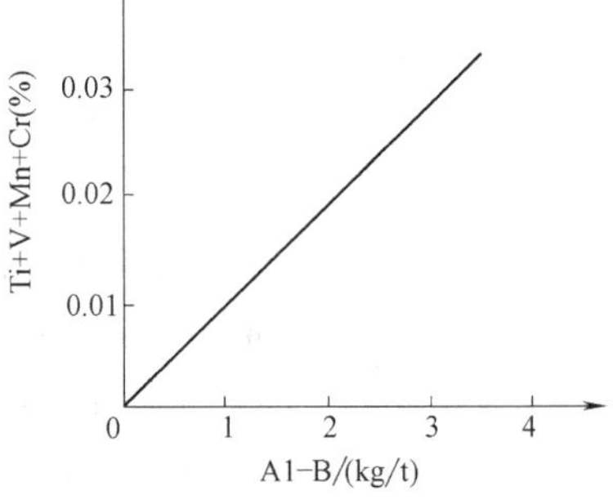

图 2-18　钛、钒、锰、铬的含量与铝-硼合金加入量的关系

2）硼化处理。在铝液中加入氟硼酸钠或氟硼酸钾进行的精炼处理。硼化处理可以降低 Ti、V、Mn、Cr 微量杂质元素对导电率的影响，起到提高铝材导电率、细化晶粒的作用。这 4 种微量元素总和大于 0.01% 时需进行硼化处理，微量元素含量越大，硼化剂加入量越大。图 2-18 表明铝线导电率在不低于 61% IACS 时，杂质含量与铝-硼合金加入量的关系。

3）控铁处理。目的是在尽量少的降低铝导电率的条件下增加铝导体的强度，处理方法是在铝中加入少量铁。虽然这对热轧铝杆强度提高并不明显，但经过冷拉的硬铝线强度可得以增加。经稀土处理的铝线，铁硅比对热裂的影响并不敏感，因此无须强调铁硅比不小于 1.3，可更大限度地提高铝线的抗拉强度，这对拉制硬铝线意义更大。

四、熔铝工艺控制

1. 熔炉内炉料配比

一般以铝含量在 99.7% 及以上的电工铝为基础并限制硅及其有害杂质的含量，调整铁硅比为 1.4 ~ 2.5，配料过程中可适量加入废铝线、废铝条，一般不超过炉料总量的 10%。

2. 熔解温度、速度

熔炼过程中温度的控制是实现物理和化学变化的必要条件，要保证金属中各元素充分熔解。温度低，熔化速度慢，会加重金属吸气，而且铝液黏度高，不利于精炼气体的气泡上浮，因此熔铝时应高温熔化。温度越高熔化速度越快，同时也使金属与炉气、炉衬间的作用时间缩短，也使铝液黏度降低，但过高的温度容易发生过热现象，使金属与炉气、炉衬等相互作用、反应加快，也会加重吸气，造成金属的损失及质量的降低。

熔铝温度以不大于 760℃ 为宜，通常在 720 ~ 750℃，前床铝液温度不超过 740℃。

3. 静置

铝液精炼处理完后，要静置 20 ~ 40min 才能出炉，同时要进行化学成分的快速分析，合格后出炉，一般温度应控制在 740℃。

静置时间延长，金属会继续氧化，熔体变稠，结晶颗粒也会增大，所以时间应不超过 1h。若需长时间静置，应在铝液表面覆盖一层熔剂。

4. 搅拌、扒渣

连铸连轧采用竖炉熔铝，为保证成分均匀，在流入保温炉时要充分搅拌，同时搅拌也是加速熔化的一种辅助手段。

由于熔解后铝液表面会漂浮大量的氧化渣，这些浮渣必须在熔炼过程中除去，以免进入制品内造成缺陷或废品。同时要调整炉内火焰，保证炉内具有微氧化性气氛。一般在前床部位每隔 2h 扒渣一次。

第三节　连续浇铸

一、铜的连续浇铸

1. 工艺流程

铜液经熔化、精炼、流转然后进入连铸机进行连续浇铸，连续引出的锭条经调温、整形进入连轧机，引出的铜杆经冷却、还原在绕杆机上收绕成圈，成为待拉制的铜杆。采用竖炉熔铜时，从熔炼到铜杆的生产线组成如图 2-19 所示。生产工艺流程如图 2-20 所示。

2. 铜液从熔化炉到铸锭机的流转

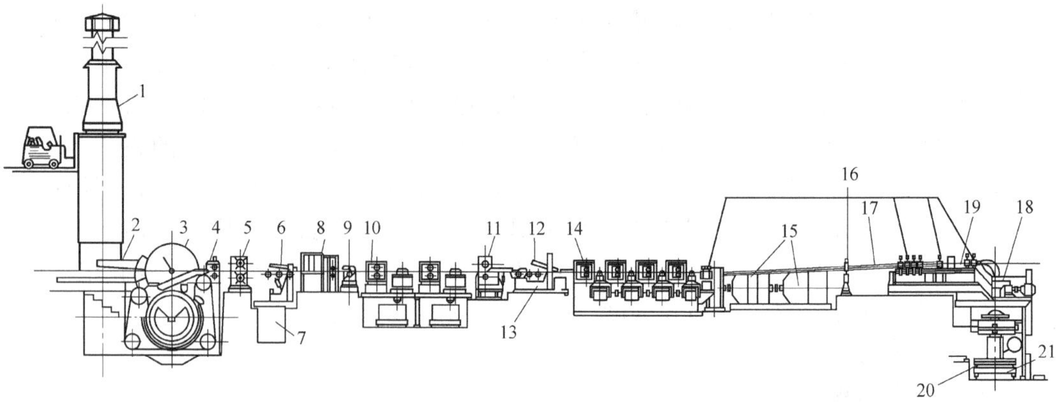

图 2-19　SCR 铜杆连铸连轧生产线

1—竖炉　2—流槽　3—前炉　4—铸机　5—锭条辊剪　6—切头清除设施　7—切头箱
8—锭条准备设施　9—牵引轮　10—平立辊机架　11—中间辊剪　12—中间切头清除设施
13—切头箱　14—平立精轧辊机架　15—直流拖动电机　16—直线“酸洗”体系
17—清洗管　18—绕杆机　19—绕杆机座　20—转向台　21—转运车

铜液 → 流转 → 铸锭 → 冷却 → 轧制 → 还原 → 涂蜡 → 绕杆

图 2-20　连铸连轧法生产铜杆工艺流程图

熔融的铜液经流转进入连续浇铸，这个连熔连铸系统中要保持一个良好的铜液流转系统。图 2-21 表示铜液从熔炉到铸机的全流程。在这个流转的过程中，要特别注意含氧量、温度、流量等参数的控制。

SCR 系统连铸连轧需要有保温炉，用以储存一定量的铜液，浇铸前严格控制浇铸温度并提供较稳定的金属液。它的上端装有两个烧嘴。

封闭的流槽用来转移铜液，并起稳定铜液温度和平衡铜液含氧量的作用。在熔化炉和保温炉之间，保温炉和浇煲之间均有专用的流槽。铜液中可能带来的渣粒积聚在分渣槽而被扒除。为严格控制铜液含氧量、温度、液流量等参数，铜液通过一短槽进入前炉。各流槽上部有盖并装有烧嘴，以防止严重吸氧和降温，并防止杂质进入。如发现铜液含氧量偏高，可在两个分渣槽及浇煲的液面上覆盖干木炭，并调整烧嘴借以得到更合适的还原性气氛。开车前，流槽、前炉、浇煲等都要用加温烧嘴预热。开车正常后，关闭大部分烧嘴，仅在关键部位保留几只以稳定温度。

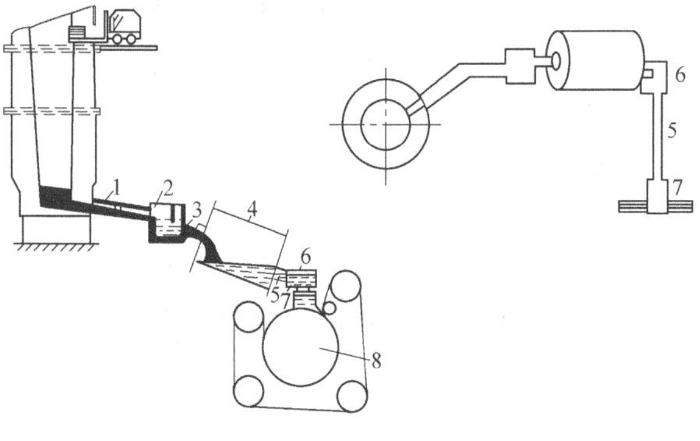

图 2-21　铜液流转机构示意图

1—封闭的流槽　2—分渣槽　3—至前炉流槽
4—前炉　5—流槽（含氧量控制）　6—分渣槽（含氧量控制）7—浇煲　8—铸机

在分渣槽和浇煲的液面上要覆盖经烘干的木炭，起到吸收铜液中的氧气、保温和防止杂质进入铜液的作用。

浇煲用来储存来自保温炉的铜液，并最后控制铸造温度。最佳浇铸温度为1110～1130℃，高于铜液的凝固点30～40℃，低温浇铸会得到优良的铸锭组织和适宜的氧-氢平衡。要控制浇煲内铜液的含氧量在0.020%～0.025%之间，最高不得高于0.03%。

CCR系统不需要保温炉，只在熔炉与浇煲之间有一个氮气保护的流槽，该流槽需长期供电加热，不得断电。

3. 连续浇铸

（1）铜连铸机

图2-22所示是SCR系统所采用的五轮铸机，连铸机由钢带覆盖在结晶轮模槽表面构成铸槽，是连铸机的主要部分，模槽形状如图2-23所示。

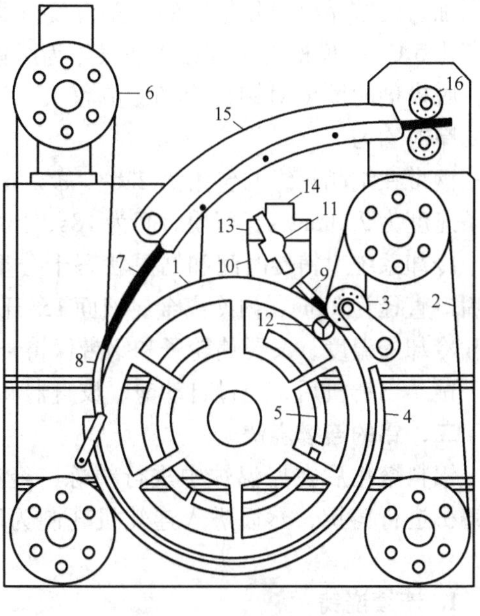

图2-22　SCR浇铸机示意图

1—铸轮　2—钢带　3—压轮　4—钢带自动水冷却系统　5—铸轮自动水冷却系统　6—张力轮　7—锭条　8—锭条自动温度控制　9—浇嘴　10—浇煲　11—自动测塞系统　12—铸轮铜液自动水平控制　13—浇煲铜液水平自动控制　14—浇煲铜液温度自动控制　15—出锭输送带　16—牵引轮

铜液由浇煲浇入铸槽，自动水冷却系统通过喷嘴对铸轮内外两侧和钢带喷出大量冷却水，使铸锭迅速降温，冷却结晶，在出铸轮时形成高温的固体锭条。通过牵引装置，引入连轧机进行轧制。

连铸机要解决的主要问题是结晶轮和钢带的寿命以及液位控制和防止氧化等问题。这种铸机由于钢带向下循环，可以使结晶轮上面留出足够的空间安放浇煲、浇嘴、剔锭器和出锭输送带等。而且铸锭从结晶轮出来时可以不必因避开钢带而扭转一个角度，因此铸锭可以采用宽高比较大的截面，这样有利于提高生产效率。

结晶轮为$\phi 1.4 \sim 2.5$m的银铜或锆铜合金轮，有些设备把铸轮两侧做成锯齿状，以利散热。钢带为普通碳素钢，接口切成30°倾角，错缝焊接而成。

冷却系统对铸锭时间和结晶状态十分重要，内外冷却的喷水水压为0.4～0.6MPa。冷却水系统的调整既要保证凝固和冷却的温度，又要使轮子和钢带保持干燥，并维持一定的温度。

连铸机的自动浇注系统是利用一个闭路电视摄像机、电视敏感件和可编程序遥控器，来控制浇煲及结晶轮上的液位，同时用来控制保温炉至浇煲的流量和浇煲至结晶轮上的流量。

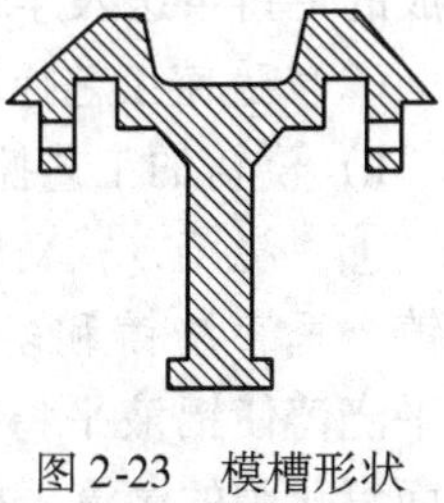

图2-23　模槽形状

CCR系统的双轮铸机和SCR铸机的原理基本相同。两者的主要区别在于SCR铸机把CCR铸机上的钢带牵引轮改为四个较小的钢带张紧轮和转向轮。

德国Contirod系统连铸机是无轮双钢带式连铸机，如图2-24所示。它的特点是不用结晶轮而采用双钢带和金属块框组成的活动铸模，形成铸锭槽腔，将铜液注入其中，用高速循环水喷到钢带背面，使钢带急速冷却，以获得均质对称的细晶组织铸锭，铸机微倾约15°，因而锭坯呈直线送出。

（2）铜液浇铸

铜液不断地流入铸轮模槽，由γ射线系统监视液流，由自动调节塞棒器控制，以保证“模槽谷”中液面正常。铸轮内侧及钢带外面喷水强制冷却，控制铸件结晶速度，以得到细密的结晶组织和稳定的锭条温度（最大变化5℃）。模槽内涂有乙炔烟煤作为脱模剂，脱模剂的厚度对锭条冷却影响很大，涂层要厚薄均匀。

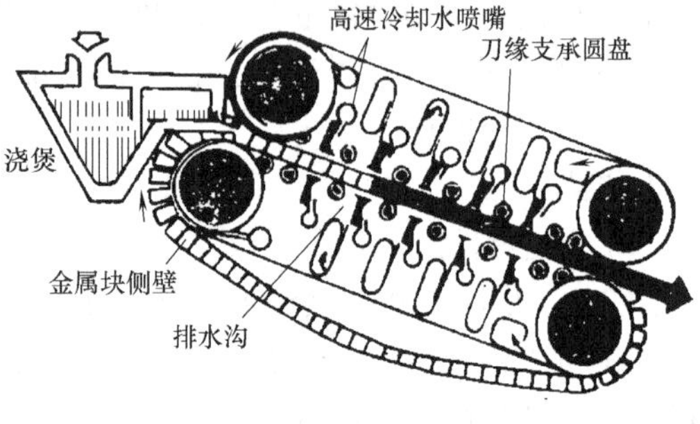

图2-24 Contirod系统连铸机截面示意图

钢带在结晶轮缘的包角为220°，ϕ2.5m铸机模槽实际长度为4600mm，铸轮0.033r/s，锭条速度为250mm/s，留模时间为18s，出锭温度为970℃。

冷却系统对铸锭时间和结晶状态十分重要，内外冷却的喷水强度，水压400～600kPa，喷嘴口直径为2mm，内冷离金属液面15°开始，外冷再低15°，冷却系统的调整既要保证凝固和冷却的温度，又要使轮子和钢带保持干燥，并维持一定的温度。

锭条出铸机后，经过自动剪、校直器和铣边机，再引入轧机。

二、铝的连续浇铸

铝料熔化后在保温炉中进行精炼，经铝液浇煲流入连铸机进行铸锭，然后进入连轧机轧制为所需尺寸的铝杆。

1. 连续浇铸

（1）设备

铝的连铸连轧设备与铜连铸连轧设备基本相同。常用轮带式铸机，如图2-25所示。连铸机由结晶轮、张力轮、压紧轮、钢带、冷却装置、中间浇煲及送锭流道等构成。钢带覆盖在结晶轮表面，结晶轮的凹槽与钢带组成的空间即为铸条形状，槽的截面呈近似梯形，铝液不停地浇铸到这个空间中，同时结晶轮内侧和钢带外侧均采用冷却水强迫冷却，保证铝液快速冷却结晶。结晶轮采用ϕ1.4～2.5m的纯铜轮，采用纯铜是利用铜传热性好的特性。结晶轮与钢带在电动机拖动下不停地转动，将形成的铝铸条送入连轧机。

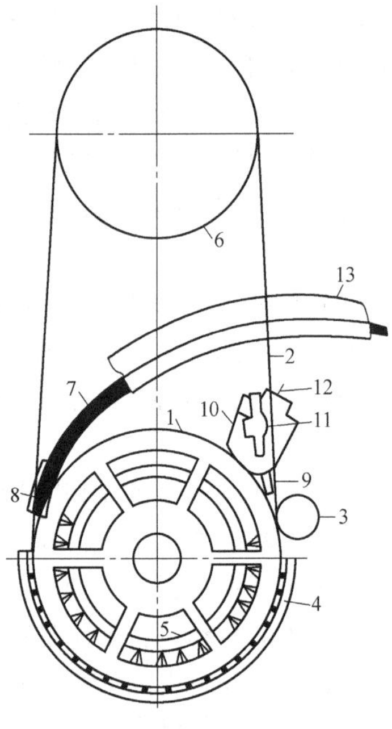

图2-25 铝液连铸机示意图

1—铸轮 2—钢带 3—压轮 4—外冷 5—内冷 6—张力轮 7—锭条 8—锭条温度控制 9—浇嘴 10—浇煲 11—自动测塞系统 12—浇煲铝液控制 13—出锭传输带

（2）连铸工艺控制

1）浇铸的工艺控制。

① 浇铸方式对铸件质量有很大影响，可分为倾斜浇铸、垂直浇铸和多工位浇铸。一般多采用水平浇铸，水平浇铸使铝液平稳注入结晶轮铸槽中，不会产生破坏表面氧化膜的湍流，提高了铸件质量。

② 浇铸温度与浇铸速度。浇铸过程中，稳定铝液温度和保证铸轮冷却效率很关键。一般浇铸温度应控制在690～710℃。流槽不宜太长，一般不超过4m，还要测定流槽降温的具体数据以确定保温炉的温度。

浇铸速度必须与冷却强度很好地配合，提高浇铸速度的主要方法是增大冷却水量和提高热交换系数。冷却水的进水温度固定不变，由于水量大，热交换时间短，温升很小，出水温度的变化也不大。由于结晶轮表面与冷却水接触会在其表面形成一层蒸汽膜，影响了热交换的正常进行，为提高热交换系数，可采用提高冷却水压力及改变冷却水喷射方向来冲破蒸汽膜，提高浇铸速度。

铸轮冷却主要取决于锭的形状、喷水压力、水温和喷射位置等。喷嘴孔径一般为2～2.5mm，水压力为0.3～0.6MPa，分别喷射于铸轮内壁和钢带，冷却水应循环利用，初温为17～18℃，终温为20～21℃。

由于铝液在结晶器中收缩较大，因此在浇铸开始阶段不宜强烈急冷，最强冷却区应在钢带包角的中部。保证铸件出线温度在510～530℃。

③ 液位控制。铸机的液位会影响铸件质量和整个流水线的正常运行。现在普遍采用双浮阀液位控制系统，通过液位的自动控制来保证浇铸的稳定性。

三、铸锭过程中铜、铝的结晶

在浇铸过程中金属液与外界的热交换以及结晶过程对形成锭条以及轧制出的杆材的强度、密度、电阻率等质量指标有很大影响。

1. 铸锭过程的热交换

轧制前，铸件受到两次冷却：一次冷却是在结晶器中，冷却水通过结晶器外壁对铸件进行间接冷却；二次冷却是指铸件由结晶器出来后进入轧机前的调温冷却。另外，在铸件进入轧机前本身要传导及辐射一部分热量给其所接触的工具及空气介质。

连续铸造过程也就是金属在凝固过程中与周围介质之间进行热交换的过程，这个热交换过程要保持相对平衡，这是实现正常连续生产的关键。这种平衡一旦被破坏，连续浇铸将终止。

在连续浇铸过程中，热的传导依靠三种介质：一是金属本身；二是结晶器；三是结晶器和已凝固金属间所生成的空隙。

熔体带入结晶器内的总热量，特别是固体热是依靠金属本身的热传导传递给结晶器，再通过冷却水将热量带走。因此，金属本身的热导率也是影响连续浇铸过程的因素，铜、铝的热导率高，对提高散热速度，加速结晶有利。

对于轮带式铸机，在浇铸过程中，熔体凝固会发生收缩。在冷却收缩及弯曲应力的作用下，铸件与结晶器腔壁会形成一定的空隙，此时在金属与结晶器间就产生了空隙，此空间为空气充填，而气体是热的不良导体，会造成传热变坏。实验表明，空隙增大1mm散热能力降低600倍左右。

结晶器的材质要具有良好的散热能力，同时还要兼顾强度及耐磨和耐腐蚀性，这样既能保证结晶器良好的散热能力同时还不易变形。结晶器的材料多采用铜、铜银合金及铜、锆、镉合金等。

熔体在不同阶段散热速度的差异，使得铸锭形成最外层为细密等轴晶体，中间为柱状晶体，最内层为粗大等轴晶体的结晶结构（参见第一章）。由于金属和合金的结晶组织在凝固过程中受到材料本身性质、工艺因素等的影响，而造成不同的结晶组织在铸件内部分布的不同。

2. 各种因素对结晶组织的影响

（1）金属或合金的性质

由于不同的金属或合金具有不同的结晶温度区间（凝固温度过渡区范围），以及不同的含热量，因此这必然会影响结晶组织形态的发展，其中以结晶温度区间范围大小的影响最为显著。

通常，纯金属大多容易出现柱状晶组织，合金多倾向生成等轴状晶组织。合金的结晶温度范围越广，等轴状组织就越显著。纯金属或结晶温度区间小的合金，由液态向固态的转变得比较快，因而单一方向发育的柱状组织容易发展。合金结晶温度区间较宽，则液态与固态共存的过程较长，晶粒向着多方向生长，因而容易发育成树枝状晶体。

金属或合金的热传导能力对晶粒的粗细也有较大的影响。如果热传导能力强，则温度的升降越快，合金内部结晶的方向性也越小，获得细小等轴晶粒的可能性也就越大。合金的热含量大，则单位时间内，热量来不及放散，所得等轴晶粒就越粗大。此时，金属液温度升降慢，会使合金的结晶有充分的时间发挥其方向性，因而获得柱状组织的可能性就大。如果合金热含量小，则易获得细小的晶粒。

（2）外来细小掺入物

在实际浇铸过程中，熔融金属不可避免地有外来掺入物的进入，这种外来掺入物可能是熔炼的微量杂质，如铝中的氧化铝薄膜及不能溶解于铝中的铁元素等杂质及其化合物，也可能是有意加入的其他元素。掺入物在结晶过程中起到了晶核的作用，会细化晶粒。如果金属液中没有足够产生晶粒的核心，即使温度降低到凝固点以下，也不可能生长出晶粒，这种状态称为过冷。外来掺入物越多，晶核就越多，在一定的体积范围内生长的晶粒就越细；反之，晶核数量越少，晶粒就越粗大。

所以有许多杂质（如氧化铝膜及铁元素等）虽是有害杂质，但有利于细化晶粒。有许多高纯度的铝或经过彻底精炼净化的铝液，往往晶粒粗大，反而容易产生裂纹。

完全依靠杂质作为晶核和提高产品质量是有矛盾的，因此不能完全依靠杂质来做晶核。通常的做法是在熔体中加入一定量的变质剂。为起种核作用而外加的变质剂，必须是难以溶解在母金属的物质，如铝及铝合金熔炼中常用硼作变质剂。

（3）浇铸条件——冷却速度、浇铸温度与浇铸速度

冷却速度对于金属及合金的结晶组织有决定性影响，冷却速度很小，则所获得的结晶组织必然是粗大的等轴晶体；冷却速度较大，就会出现柱状晶体；冷却速度越大，柱状晶体的分布范围也越广；如果冷却速度极大，则可以获得十分细密的连续柱状晶体组织及极细微的等轴晶体组织。

浇铸温度对结晶组织也有很大的影响。通常低浇铸温度易获得细小的结晶组织，高浇铸温度易获得粗大的结晶组织。

浇铸速度对于结晶组织的影响如下：较低的浇铸速度易获得具有显著方向性的结晶组织；过高的浇铸速度易获得过分发育的致密性较差的树枝状晶体。

（4）熔体的运动

金属及合金在结晶过程中，结晶面开始形成结晶体枝晶骨架时，晶体十分脆弱，此时如

果受到熔体运动的干扰，很容易被破坏。被破坏的枝晶骨架就形成了结晶的晶核，晶核越多，晶粒就越细小。

熔体的运动方式有以下三种：

1）机械或电磁感应的搅拌可使熔体正在结晶形成骨架时破碎，从而出现大量可作为结晶核心的枝晶碎块，使晶粒普遍细化。

2）振动波的影响。在振动波的作用下，结晶面的边缘的树枝状的晶枝破碎，产生大量的晶核，使晶粒细化。振动波改善结晶组织的效果，主要取决于振幅的大小，但当振幅大于0.5mm时，细化晶粒的效果不再显著。

3）熔体导入结晶器的方式直接影响结晶面各区域的温度分布。在热熔体浇铸的地方，金属必然要受到过热，这就使结晶器内温度分布不均，将影响晶粒大小和形状的均匀性。在连续浇铸过程中，若改变浇铸方式，直接向结晶面边缘供应过热的金属，便可以在铸件断面任意区域得到柱状组织。如将过热的熔体集中浇铸于铸件中部，便会促使铸件中部得到柱状组织，若偏斜浇铸，将导致柱状组织的区域偏移。

3. 连铸的质量缺陷分析

对于浇铸过程中容易出现的疏松、裂纹、偏析等缺陷可采取以下措施来降低缺陷发生的频次。

（1）疏松

在连续铸造过程中，铸件缩孔的产生与浇铸温度、速度以及冷却效果等条件是密不可分的。因此，在减少熔体气体含量的同时，应选择适当的浇铸温度、速度，以提高冷却效果。

（2）裂纹

裂纹的排除方法是适当地降低浇铸速度和金属温度；冷却水必须喷射均匀；控制浇铸工艺参数：浇铸速度、金属液温度、冷却水温度、水量、水压等。

（3）偏析

偏析缺陷可通过工艺的改善来解决。

1）加强冷却。对于任何有利于加强金属在凝固过程的激冷强度的条件，都有利于减少偏析倾向。如选择适当的浇铸速度、合理的冷却速度等，都有利于减少偏析的倾向。

2）加入变质剂。通过加入微量元素的方法来消除或减轻偏析倾向也可获得了良好的效果。在铝及铝合金中加入硼来细化晶粒，可使铸件的偏析倾向大大减少，并使其机械强度趋于均匀。

第四节　连续轧制

轧制是借助于旋转轧辊与轧件间的接触摩擦，将轧件带入辊缝间隙中，在轧辊压力作用下，使轧件在长、宽、高三个方向上产生塑性变形的工艺过程。铜、铝杆的轧制在长度方向的增加尤为显著。

一、轧制的意义

1. 热轧的优点

连铸连轧法生产铜、铝杆都采用热轧制得。热轧的优势体现在以下几个方面：首先，热轧具有大的加工量，可以实现大变形量的加工；其次，在热轧过程中可使铸锭的缩孔、疏松、空隙、气泡等缺陷得到压密和焊合，改变疏松的铸造组织为致密的锻造组织，有效提高组织的均匀性，改善金属的强度和韧性；第三，经过一定的轻微热处理，可提高导电率，同时保证强度。

2. 热轧对铜杆组织的改变

铜杆中无论等轴还是柱状晶粒，在晶界上都包着一层由 $Cu\text{-}Cu_2O$ 共晶体所组成的网状组织，如图 2-26 所示。这种网状组织是金属强度的潜在弱点。Cu_2O 粒子与基体铜不相“湿润”，呈球粒状存在，在铜杆冷变形时与软的铜基体相脱离，形成断裂根源，尤其是粗大粒子危害为甚。为降低拉线断头率，就必须减少并减小 Cu_2O 颗粒。

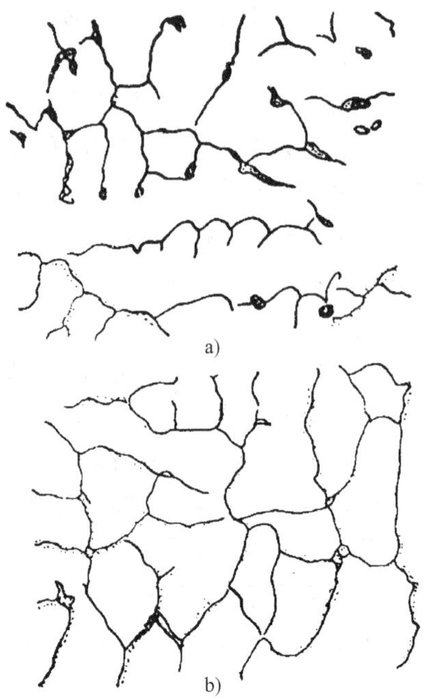

图 2-26　0.03% 含氧量的铜锭断面树枝及其共晶网络显微照片 300 ×
a）柱状晶体　b）等轴晶体

Cu_2O 粒子在结晶凝固过程中是逐渐长大的，其颗粒大小与凝固时间成正比。由于连铸连轧生产时铜液凝固时间极短（只有 18s），不具备使 Cu_2O 粒子充分长大的条件，所以生成的粒子直径小，粒子的最大直径不会超过 4 ~ 5μm，而且生成数量少，粗大粒子仅占总量的 1% 左右。

铸锭经第 1 道轧制后，晶粒变形，机械强度提高。由于第 1 道轧件的全面再结晶的结果，Cu_2O 共晶网络破碎，但 Cu_2O 共晶体并没有被消灭，网络解体的结果只是使不同大小的颗粒状 Cu_2O 共晶弥散在整个轧件体积中。分散均匀的细小颗粒对轧件强度危害很小，较大颗粒（8μm 以上）则对铜杆的拉线特性有一定影响。因为每道轧制后都会进行自由再结晶，如图 2-27 所示。轧制过程中，轧件温度由 945℃ 逐渐降至 650℃，轧制时间也有所缩短，使再结晶晶粒来不及长大，故轧件的晶粒逐步细化。第 1 道轧制时晶粒是 0.060mm，至第 8 道时就小于 0.025mm，轧至 12 道成品杆时可降至 0.020mm。因此经过轧制，铜杆晶粒细化，Cu_2O 共晶体在铜杆中分散均匀，使铜杆强度得以提高。

二、轧制设备

轧制生产杆材的设备称为轧机。轧机由最早的周期两辊式单机架逐步演变成三辊多机架横列式（回线式）、半连轧以及连续式轧制。由于连续式轧制生产的出现，特别是把连续铸造和连续轧制结合起来，形成连铸连轧生产体系，使杆材轧制水平达到了一个新的高度。

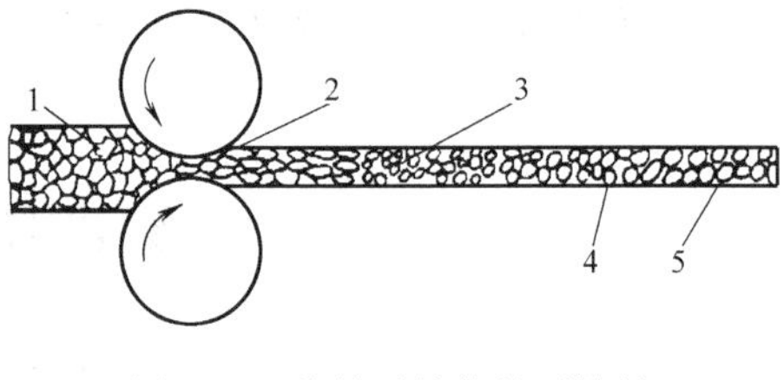

图 2-27　热轧时晶粒的再结晶
1—原始晶粒　2—形变晶粒　3—新晶粒开始形成
4—新晶粒长大　5—长大的新晶粒

目前，国内使用最多的连轧生产线主要有三辊（Y 型）连轧机和两辊连轧机。

1. Y 型轧机

Y 型连轧机即 120°三辊杆材轧机。就其一个机架而言，有三个互成 120°布置的圆盘状轧辊（见图 2-28），当采用下传动时，三个轧辊的布置与字母“Y”相似，由若干机架紧凑、连续地排列组成连轧机组，故称这种连轧机为Y型三辊连轧机，简称Y型轧机。一般情况下，Y型轧机由13～15副机架组成。奇数架次机架与偶数架次机架分别布置成下传动与上传动，上、下传动的交替布置保证了轧制过程中轧件本身无扭转，这不仅为高速轧制创造了条件，还相应提高了产品的质量。

Y型连轧机采用成组传动，齿轮按工艺要求调整好速比，使各机架都能得到符合工艺要求的转速。此外，Y型轧机采用整体机架加工孔型的方法，机架在每次换辊或修、磨孔型时都必须拆下来。采取整体更换轧辊是Y型轧机的特点。

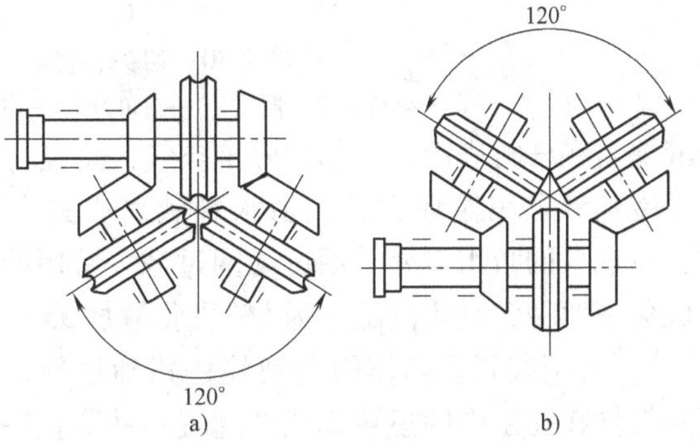

图2-28　Y型轧机轧辊布置示意图

a）上传动　b）下传动

Y型连轧机的孔型结构，一般采用“弧三角-圆孔”型系统。在轧制过程中金属处于三向压缩状态，这是弧三角-圆孔型系统区别于其他轧机所特有的优点。因为这种轧机的孔型是由三个互成120°中心角的片状轧辊轧槽组成，轧件在交替轧制过程中受六个方向的压缩，因此变形及其周边冷却都比较均匀，对保证成品质量极为有利。尤其是用于轧制合金及特种合金杆材，其优点更为突出。该孔型系统的另一个优点是根据使用不同机架数，可以在中间环节轧制出规格不同的成品。

2. 两辊式轧机

两辊式连轧机按机架组合形式可分为45°杆材连轧机和平-立辊杆材连轧机。

（1）45°杆材连轧机

机架与传动系统安装在同一底座的轧制设备。因机架平面与轧辊轴线成45°角而得名。两相邻轧机间轧辊轴线成90°交叉，如图2-29所示。

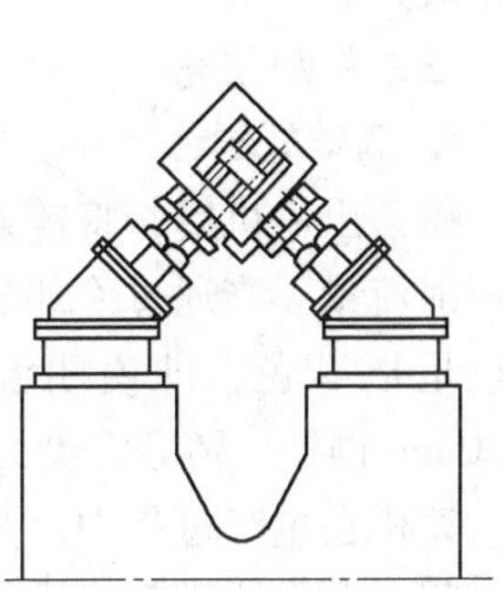

图2-29　45°轧机示意图

（2）平-立辊轧机

轧辊依次成水平、垂直布置，每道机架相差90°。其孔型多采用“箱-椭-圆”体系。这种轧机结构坚固，在粗轧部分可发展大辊径，进行大压下量轧制，对改善铸件铸造组织有很大优越性。当铸锭较大时，可采用平-立辊轧机开坯，轧两道，再进入三辊轧机轧制。

3. 辅助设备

为保证轧制设备的正常运行，还有润滑系统、冷却系统、电气控制系统、安全保护装置、收排线系统等辅助设备，保证轧机正常工作，如图2-30所示。下面主要介绍轧机所特有的几种辅助装置。

1）铣边机。铣边机的铣刀一般用斯得立合金（一种钨铬钴合金）或高温陶瓷制成，用于铣掉铸条的两个锐角边及铸造飞边等缺陷。

2）冷却系统。冷却系统用以降温，以调整轧件温度，使其以合适的温度进入轧机。高压冷却液喷射到铜杆表面，还可以清除表面的氧化皮、粘附的渣粒和铣边机铣下的刨屑。冷

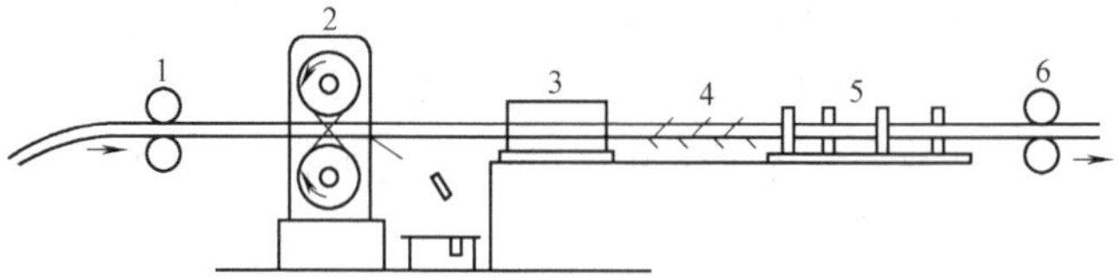

图 2-30 切头、刨角、冲洗和调直装置

1—牵引轮 2—辊剪 3—刨角刀 4—高压水清洗 5—调直器 6—牵引轮

却液覆盖在杆材表面，还起到隔绝空气，减轻高温杆材的氧化。

冷却液采用循环方式，由水箱和离心式水泵和管路构成，在水泵的吸水口处采用过滤网过滤。常用的冷却液有水和乳化液两种，乳化液配方为5%乳化液加95%水。

3）导卫装置。其作用是把轧件正确地导入孔型中，以消除轧件在孔型中的扭转或轧件缠辊，并防止一旦轧件产生堆挤现象时，不至于使其进入机架轧辊内部，如图 2-31 所示。在导卫装置入口上端，接近轧件表面处安装保护装置，一旦发生堆挤碰到保护装置，立即自动停车。

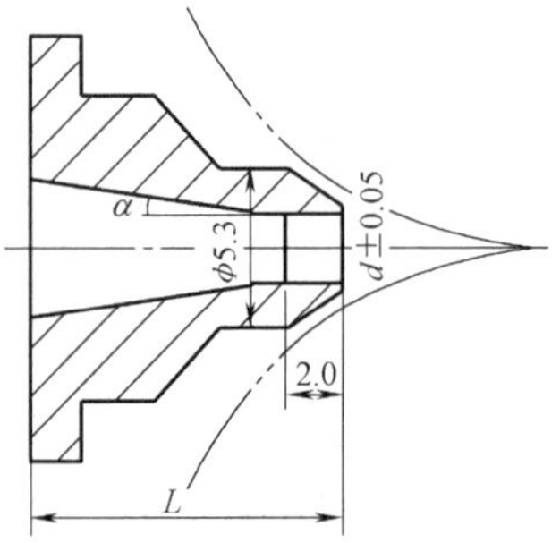

图 2-31 Y 型轧机的滚动导卫装置

4）辊剪。其用以剪去有质量缺陷的锭材，或者在轧机暂停时，剪断铸锭，保证铸机连续运行，以减少浪费。

5）收绕线装置。轧制完成的铜杆多采用“摇头沉降式”成圈机，其容量大，成圈紧密，效果好。

三、轧制工艺

1. 铜锭轧制

铸条出铸机后，将铸条导入铸条导辊并准确导入辊剪，剪去不合格铸条，并调整乳化液的喷射流量。当通过冷却的铸条工艺温度达到轧制温度时，用肉眼观察，铸条不成波浪式，颜色呈橘黄色，即说明温度接近轧制条件。此时，可将铸条导入轧机进行轧制。轧制 ϕ8.0mm 铜杆，铸条温度为 800 ~ 810℃，ϕ8.0mm 以上的铜杆，铸条温度为 810 ~ 830℃。

铸机在生产过程中，为保证铸机各项工艺的正确运行，应严格控制浇煲的液位和铸条温度，随时调整脱模剂喷嘴的乙炔流量，并要注意观察铸机水温及结晶轮温度的变化，随时对水套压力进行调整。

终轧温度为 600℃。终轧杆温度较高，要通过冷却系统进行冷却，这个过程应在清洗管内完成。冷却剂为酒精含量为 5% ~10% 的乙醇水溶液，并用喷嘴逆流喷到铜杆表面进行降温。通过冷却，使杆材的温度降到 80℃ 左右再进行收线，以改善在绕线过程中由于自退火效应而产生的抗拉强度不均匀和表面氧化。冷却后的杆材要经压缩空气吹干。

冷却液还可以对表面极薄的氧化层进行还原，热杆在整个轧制过程中轧制时间极短，同时轧件有表面的冷却液与空气隔离，所以只在表面生成极薄的氧化层，乙醇还原表面氧化层的原理为

$$CH_3CH_2OH + CuO \xrightarrow{\triangle} CH_3CHO + Cu + H_2O$$

为防止铜杆在运转过程中氧化，在成圈前对铜杆要进行涂蜡处理。一般是让铜杆通过蜡箱或喷蜡头，在表面形成极薄的蜡层，约为 1×10^{-9} ~ 2×10^{-9}m。所谓的“蜡”实际是铜钝

化剂，钝化剂与铜反应在表面与铜形成薄薄的络合物层，其是具有保护作用的致密钝化膜，起到缓蚀剂的作用，可防止氧化继续进行。

2. 铝锭轧制

铸坯进入轧机前要剪去20m左右回炉重熔，因为开始浇注时系统处于不正常状态，铸件内部缺陷较多，会影响到铸锭的质量。

铸坯进入轧机的温度应控制在490～510℃，冷却乳化液温度为30～40℃，出杆温度为250～300℃。

轧机与收线绕杆机之间应有连续冷却装置，一般采用水冷。通过水槽把水喷到杆上，冷却后的杆材经压缩空气吹干，使杆材降到150℃以下再收线，以改善在线绕线过程中由于自退火效应而产生的抗拉强度不均匀。

3. 轧机的孔型

在连轧机的设计上，除考虑轧机的强度和刚度外，还要考虑轧辊的调整和更换方便，铜屑易于清除，机架之间尽可能采用微张力或无张力轧制。在孔型设计时，应尽可能使轧辊磨损均匀一致，孔型调整方便，以及采用乳浊液的润滑和冷却。另外，在轧机的密封上还要防止油和乳浊液的相互渗透，这些对提高轧辊寿命和消除氧化皮来说都是很必要的。

（1）孔型分类

1）孔型和孔型系统。刻在每个轧辊上的槽称为孔槽，两个和三个轧辊上的孔槽所围成的空间，就构成了孔型。而孔型的断面积不等于轧件的断面积，在热轧过程中有断面收缩，而冷轧过程中有轧辊的弹性变形。

在轧制过程中，由于铸件通过一系列逐渐减小的孔型，最终获得符合尺寸要求的制品。把这些不同尺寸形状的孔型，按工艺要求组合成一定数量的孔型系列，叫孔型系统。

2）孔型的分类。孔型按用途可分为

①　粗轧开坯孔型，主要用于开坯和压缩断面，增大长度；

②　延伸孔型，用于减小轧件断面；

③　成品前孔型，用于使轧件形状尺寸更接近于成品；

④　成品孔型，确定轧件最终尺寸的孔型。

（2）孔型系统设计时应注意的几个问题

1）体积不变定律。金属在轧制过程中，当给出一定的压下量后，在高度方向被压缩的金属部分将流向纵向和横向。流向纵向的金属使轧件产生延伸，流向横向的金属使轧件产生宽展，但轧制前后金属的总体积是不变的。

实际上在金属轧制过程中，其体积总有一些变化，这是因为：①轧制过程中，发生塑性变形的同时也会发生弹性变形，使物体的体积有一定的变化；②在轧制过程中，金属内部的缩孔、气泡和疏松被压合，密度将提高，从而改变了金属的体积；③金属因温度变化而发生内部微观结构的改变，也会引起金属体积的变化。不过这些变化引起体积的变化是极其微小的。

2）连轧的基本原理。一根轧件同时在两个或两个以上的机架中轧制时称之为连续轧制，亦称连轧。在连轧过程中，任意一个瞬间通过各道轧孔的金属体积流量应该是相等的，称之为秒体积流量相等。

实际上，在生产中是难以恒久保持秒体积不变的，轧制过程中存在着三种状态：

① 自由轧制状态（无张力、无推力），第 n 道轧出流量等于第 $n+1$ 道的咬入流量，在连轧过程中不存在流量差，遵循秒流量相等原则，这是我们所希望的理想轧制状态。

② 推力轧制状态，第 n 道的轧出流量大于第 $n+1$ 道的咬入流量，这种轧制处于供大于求状态，这将在两机架间产生堆料现象。

③ 张力轧制状态，第 n 道的轧出流量小于第 $n+1$ 道的咬入流量，这种轧制处于供小于求状态，这将在两机架间产生张力。

理想的自由轧制状态，在实际生产中由于设备、工艺、轧件、孔型等因素的影响是无法实现的。因此，连续轧制是在以上三种状态下交替进行的。而后两种轧制状态的堆、拉值即堆拉（或张力）系数是保证连续轧制正常进行的关键。如果堆、拉值超过允许值，则会造成挤线或拉断轧件的情况，破坏了正常轧制状态。实际生产中为保证正常生产，一般采用微张力轧制状态。

轧制孔型设计时应使前两道出现负张力（即堆挤），这样可使铸件中的微裂纹得到压合，其他各道采用正张力，由大逐渐变小。

（3）铜铝轧制时的孔型

1）两辊平-立辊无扭转悬臂式轧机。其特点是辊缝调整方便，能快速换辊。根据不同的坯料截面可采用 2 ~ 4 道粗轧机和 8 ~ 10 道精轧机。孔型采用“箱-椭-圆”。以锭截面从 3650mm^2 轧至 ϕ8.0mm 铜杆为例，12 道轧件截面形状如图 2-32 所示。轧件尺寸见表 2-2。

2）Y 型轧机。轧机架次为 2 + 8 架，第 1、第 2 架为二辊式开坯轧机，孔型为“椭圆-圆”，第 3 ~ 10 架为三辊 Y 型轧机，孔型为“三角-圆”，孔型如图 2-33 所示。

表 2-2 两辊连轧机 12 道“箱-椭-圆”轧件截面尺寸

道次	0	1	2	3	4	5	6
截面积/mm^2	3650	2000	1250	880	660	466	354
延伸系数（%）		1.83	1.61	1.42	1.33	1.42	1.32

道次	7	8	9	10	11	12
截面积/mm^2	240	180	126	94.5	66.1	50.24（ϕ8.0mm）
延伸系数（%）	1.48	1.33	1.43	1.33	1.43	1.315

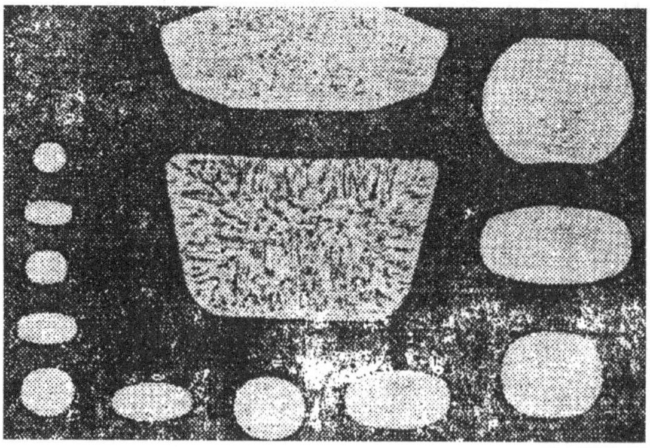

图 2-32 两辊连轧机 12 道“箱-椭-圆”轧件形状图

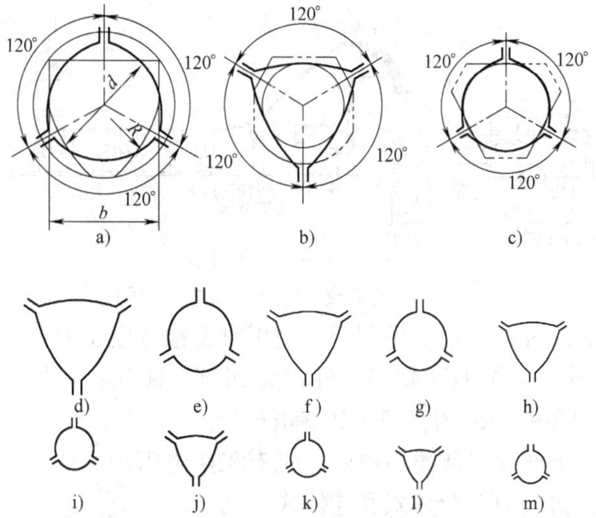

图 2-33 Y 型连轧机孔型图

第五节 上引法生产无氧铜杆

浸涂成型法、上引-冷轧（冷拉）法所生产的铜杆都是无氧铜杆，质量基本相当，工艺简单。这两种方法的缺点是耗费电能较多，并要求用高质量的阴极铜。上引法生产无氧铜杆是在 20 世纪 60 年代末由芬兰的 Outokumpa 公司最先开发应用的。

一、工艺原理

上引法生产无氧铜杆设备的上引机机架上装有石墨结晶器，石墨结晶器的下端浸入到保温炉中的铜液一定深度，铜液进入结晶器并在其中冷却结晶，通过牵引机构的牵引，将铸坯从结晶器中慢慢上引拉出。凝固的铜杆上引，新的铜液又进入结晶器再冷却结晶，并随先期形成的铜杆被牵引出来。如此循环，形成大长度的铜杆。

铜杆的尺寸取决于结晶器的内管，可根据需要进行尺寸调整。铜杆引出后，经过张力调节轮进入绕杆机，由绕杆机收绕成圈，然后成圈的铸造杆经过冷轧（或冷拉）得到所需尺寸的成品杆。这种方法还可用于铜管的上引生产。

二、生产线组成

上引-冷轧（冷拉）法生产线包括上引成型和冷轧（或冷拉）机组两部分。上引成型部分主要包括熔化炉、流槽、保温炉、上引机、绕杆机等，如图 2-34 所示。冷轧（或冷拉）主要由冷轧机（或巨拉机）完成。

上引法生产的主要工作部分是结晶器，结晶器结构如图 2-35 所示。结晶器主要由铜质水冷套、石墨质内衬管及外套三层管组成。在结晶器内有真空室，连接到抽真空装置。根据虹吸原理，铜液可在抽成真空的石墨管内上升至一定高度。在结晶器上部、外侧的中管和内管由纯铜制成，内部可以通以软化水冷却，具有良好的导热性，利于铜杆冷却结晶。结晶器外管和接头由锡青铜制成，具有极高的耐腐蚀性。铸杆的速度受冷却强度限制，生产效率较低，因此，上引法通常都采用多个结晶器同时进行生产。结晶器装在牵引机架上的悬挂装置上，伺服电机依靠对电源的控制，使其在规定的时间内完成转动，以牵引铜杆上行。

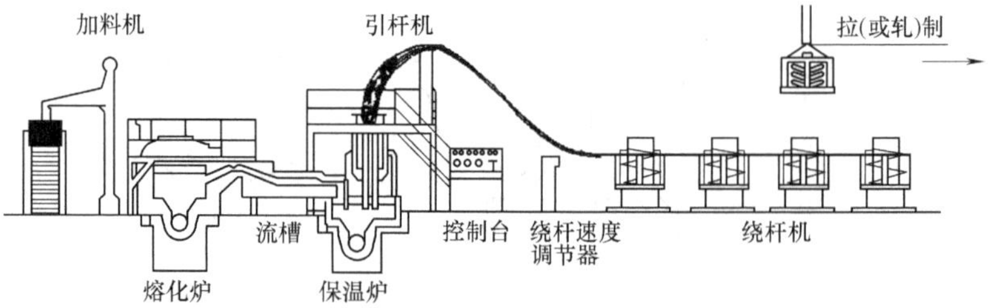

图 2-34 上引成型生产线组成示意图

铸坯的铸造模具为结晶模，由石墨制成，使用时要检查模子的内外质量，要求表面光滑，无裂痕和划痕，外部无凹坑，碰伤，松散等。一般一个模子能用 3 ~ 4 天，生产 7 ~ 10t 铜杆。

熔铜炉和保温炉一般采用工频感应电炉，也有采用电阻炉。从熔化炉和保温炉的配置区分，分为分体式和连体式。

分体式即熔化炉和保温炉分别独立，中间通过流槽使铜液由熔化炉流入保温炉。铜液在熔化炉内经过精炼质量可控，具有铜液成分控制均匀、保温炉温度波动小的优点；但流槽结构密封性差，铜液在转移过程中保护困难，铜液经流槽进入保温炉时温度大约下降 10 ~ 20℃，且易在流槽处结渣，加上倒铜液时冲击气流，易造成铜杆质量不稳定，消耗也较大。

现在多采用熔化和保温在同一个炉内的组合炉形式，分为熔化区、过渡区和保温区，熔融铜液通过两熔池间的过渡区自动进入保温炉。这种生产方式的铜液位稳定、铜液保护好、操作简便，其缺点是精炼作用差，原料对产品质量影响明显。

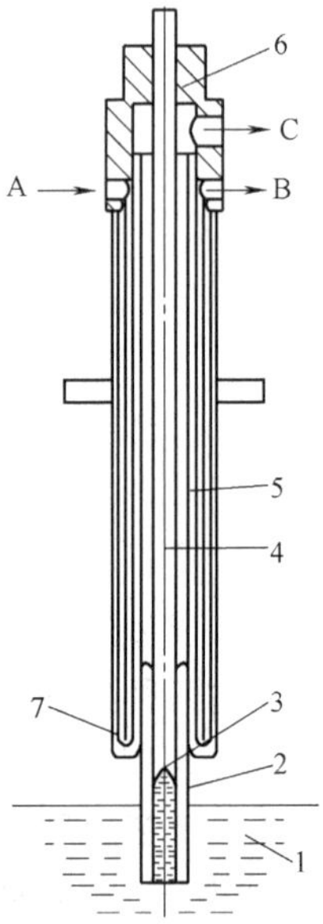

图 2-35 结晶器结构

1—铜液 2—石墨结晶器 3—结晶液相面 4—铸杆 5—抽真空部分 6—密封套 7—冷却水套 A—冷却水入口 B—冷却水出口 C—接真空泵

三、工艺流程

上引法生产铜杆的工艺流程如图 2-36 所示。

1. 熔化

阴极铜板入炉前首先进行烘烤，去除水分，然后再加入炉内熔化。采用分体炉时，熔化后的铜液通过还原性气体一氧化碳保护的流槽，进入保温炉。保温炉分为两个腔：过渡腔和上引腔。在熔化炉和保温炉的过渡腔中用木炭覆盖，在上引腔中用鳞片石墨覆盖，以保证熔铸过程在稳定的还原性气氛中进行。采用组合炉形式时，在熔化区用木炭覆盖，在过渡区和保温区用鳞片石墨覆盖。

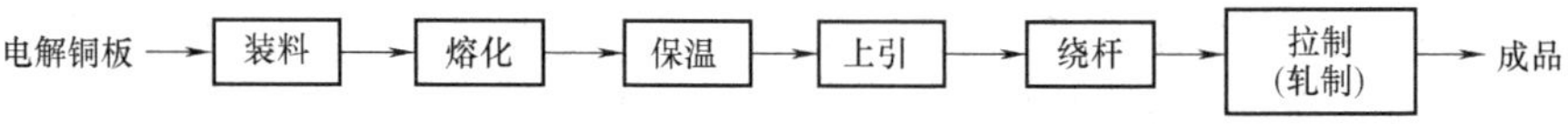

图 2-36 上引-冷轧（冷拉）法生产工艺流程图

生产过程中，熔化炉的工作温度一般控制为（1160 ± 10）℃。

2. 引杆

保温炉内铜水温度控制在（1145 ± 5）℃。上引机固定在保温炉上方，结晶器装在上引机架上，结晶器插入铜液中的深度恒定不变，结晶器分两排各自固定在上引机的两侧。使结晶器插入铜液深度不变的装置是液位跟踪系统，它根据铜水液面来控制上引机活动机架上下运动。每一根结晶器可以单独的提起和更换，并且都有各自的控制器和绕杆机，一根结晶器的更换并不影响其他结晶器的正常运转。

铸坯的冷却也在结晶器内完成，冷却水采用经过软化的冷水。冷却强度越大，上引铜杆线径越小，上引速度越快。上引 $\phi 8 \sim 10$mm 铸坯的速度为 2.5 ~ 3.5 m/min、$\phi 12 \sim 15$mm 铸坯的速度为 0.7 ~ 1.5 m/min、$\phi 16 \sim 20$mm 铸坯的速度为 0.5 ~ 1.0 m/min。冷却强度：水流量控制在 18 ~ 35 L/min，回水温度不大于 50℃，防止冷却管结垢。铜杆离开结晶器时的温度约为 155℃。

为提高生产效率，一般引出 $\phi 14 \sim 20$mm 的较大直径铸坯，经导轮进入绕杆机，收绕成圈，然后送入冷轧机或巨拉机进行冷轧或冷拉，制得所需直径铜杆。

冷轧一般采用两辊或三辊冷轧机，在轧制过程要用润滑液冷却和润滑。冷拉采用巨拉机，它的工作原理与连续滑动式拉线机相同，我们将在第三章中进行讲述。

第六节 浸涂成型法生产无氧铜杆

浸涂成型法是美国通用电气公司受制蜡技术的启发，于 1969 年研制成功的一种特种铸造方法，简称 DFP。

一、工艺原理

1. 浸涂成型原理

浸涂成型法生产无氧铜杆是用一根较冷的纯铜芯杆（种子杆）垂直通过一个盛有一定量铜液的石墨坩埚，自下向上运行。由于芯杆与铜液间存在很大温差，芯杆吸热，熔融铜放热，而使熔融铜沉积在芯杆上并自内向外凝固，从而使芯杆在向上运行过程中直径变粗，重量增大，得到浸涂铸造杆。工艺原理如图 2-37 所示。

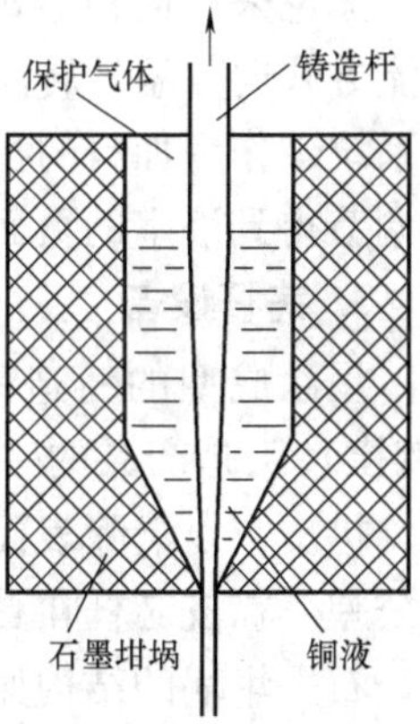

图 2-37 浸涂成型原理图

铸造杆直径与芯杆直径、芯杆温度、移动速度、铜液温度、铜液面高度等有关，生产中维持这些因素不变，则铸造杆直径为一定值。

2. 生产工艺流程

浸涂成型法的生产过程示意图如图 2-38 所示。首先，装料装置将电解铜板送入预热炉预热，接着送入感应熔化炉变为熔融铜液，进而通过流槽流入保温炉。保温炉建立工艺要求的准确熔液温度，铜液进入坩埚并达到一定液面高度。

种子杆是经拉伸和扒皮的铸造杆。种子杆经拉伸、扒皮后进入真空室。围绕主传动鼓轮垂直上升进入石墨坩埚。铸造杆从坩埚出口垂直进入冷却室，进而通过上传动，将铸造杆引向冷却管进入张力调节器。

浸涂成型工艺过程要求至少有两个尺寸产品，即种子杆和成品杆。种子杆返回到浸涂工艺过程中去，成品杆可直接供拉线使用。

二、关键设备及作用

1. 预热炉

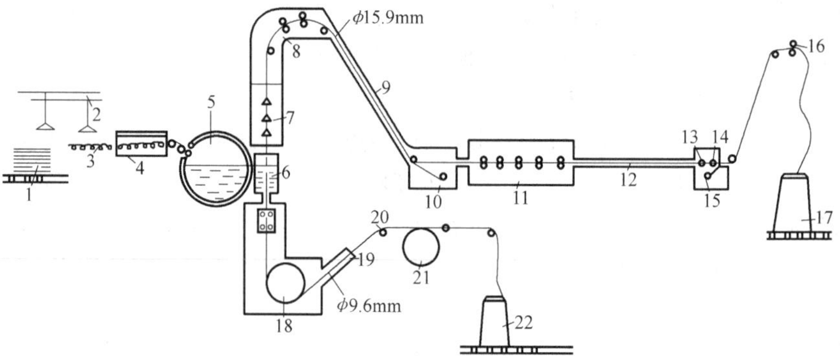

图 2-38 浸涂成型法生产过程示意图

1—电解铜板 2—装料机 3—辊道 4—预热炉 5—组合炉 6—石墨坩埚 7—冷却室 8—上传动 9—冷却管 10—张力调节器 11—轧机 12—冷却管 13—吹干器 14—探伤仪 15—张力调节器 16—绕杆机 17—成品杆 18—主传动 19—扒皮装置 20—导向装置 21—拉丝机 22—种子杆

装料装置把电解铜板送入预热炉进行预热，并可以清除铜板表面的水分及硫酸根离子，采用天然气或电加热，炉内保持正压保护气体，保证铜板不被氧化。铜板在炉内被预热到 250～800℃，然后经入炉辊道靠重力作用进入熔化炉。

2. 熔化炉和保温炉

熔化炉和保温炉都采用密封良好的有铁心的感应电炉，有的采用熔化、保温分离的分体式，有的采用两炉组合为一体的组合式炉。在铜液表面覆盖木炭进行保护。

无论采用何种形式都必须保证两炉内金属熔池液面和熔体温度的稳定。熔化炉通过连续溢流方式向保温炉转注铜液，而保温炉内装有液位探杆以控制液面高度。液面信号反馈给加料系统，作为加料的指令信号。保温炉由压力室和出液室组成，通过压力室内还原气氛的压力调节得到液室的页面，从而使送入浸涂坩埚炉内的铜液面保持在恒定位置。

3. 铸杆设备

浸涂成型的铸造系统由石墨坩埚和芯杆组成，芯杆既是“铸模”又是产品的一部分，因此芯杆在进入坩埚前必须经拉伸、扒皮，以清除表面氧化物、油污和气体等，并严格保证尺寸公差。扒皮芯杆在真空中经校直后进入坩埚。

石墨坩埚的结构如图 2-39 所示，其通过感应加热，它实际是一台以石墨作为坩埚的无芯感应电炉。石墨坩埚由保温炉供给铜液，并且保持炉内金属液面始终恒定。

芯杆通过坩埚底部的钼质套筒穿入铜液，从铜液中引出时成为铸造杆。在坩埚的上部充入保护气体，保护气体成分为氮气和微量的氢气和一氧化碳，防止高温铸造杆的氧化。

在石墨坩埚上方，通过主传动将垂直提升的铸造杆直接送入冷却室。主传动鼓轮和轧机间的张力控制及速度同步调整由张力调节器进行。

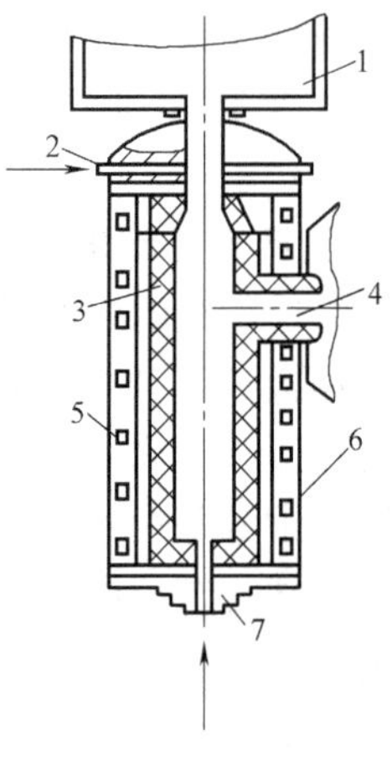

图 2-39 石墨铸造坩埚

1—冷却室 2—保护气体口 3—石墨内套 4—流槽 5—加热线圈 6—保温层 7—入口

4. 冷却室

冷却室在坩埚上部，装有喷嘴，用水冷却铸杆，并充有保护气体氮气，防止铜杆氧化。调节冷却水流量可使杆冷却至轧前温度。

5. 轧机

浸涂成型生产线的轧机为直线排列，45°交叉封闭式轧机每个机架由一个电动机驱动，并有螺杆机构对轧辊间隙进行调整。轧机内通入保护气体，防止铜杆氧化，并通入乳浊液冷却铜杆和轧辊，并可清除微量氧化物。

铜杆经轧制后立即进入冷却管，冷却液压力和温度由循环系统控制。杆进入绕杆机前冷却至38℃ 。冷却管出口端终止在箱式装置中。其中有张力控制器、测速发电机和磁力探伤线圈，可进行杆的张力调节及质量连续检测。

6. 绕杆机

绕杆机可分为静头型和摆杆型，其成圈尺寸可根据需要选择，成圈重量亦可按需要在2~10t调节。

在整个生产过程中，从预热炉直至生产出成品杆，包括熔化炉、保温炉、石墨坩埚、冷却室、轧机均需要在封闭和保护气氛中进行，氮气、一氧化碳等都可以作为生产线的保护气。

三、无氧铜杆的特性

浸涂成型法和上引法生产的铜杆为无氧铜杆，其特性为

1）含氧量低。含氧量在2~18ppm，具有无氧铜的优点：柔软、工艺性能好、拉伸缩减率可达99%、无氢脆、耐高温、可焊性优良、无氧化颗粒等。

2）导电率高。纯度高，杂质含量低，导电率可达101.5%IACS。

3）表面清洁、光亮无氧化，拉伸前不需酸洗，降低了铜的损耗。

4）长度大，减少拉伸接头次数，降低成本。

5）晶粒细小，金相组织均匀，适于细线拉制和高速拉制。

第三章　拉线与退火

在电缆导体、屏蔽、护层以及承力元件加工中，欲使被加工材料成为所需的线状、带状以及异形等形状，除可采用热轧、冷轧等工艺方法外，应用最多的是拉伸的方法，尤其是在导体的加工中。因为通过对坯料的拉伸而成为线材，因此这个工艺过程也叫拉线。

第一节　拉线的基本原理

一、基本原理

1. 概念

拉线就是将金属杆（或棒）通过模孔，在一定拉力作用下，使截面积减小，长度增加，获得与模孔尺寸形状相同的线材制品的塑性加工方法。在拉线过程中要使尺寸较大的坯料通过进线端大、出线端小的模孔，要在被拉金属前端施加拉力，从而克服阻力，实现将坯料加工成形状尺寸符合要求的成品，如图 3-1 所示。

2. 拉线的特点

1）拉制的线材尺寸精确，表面光洁，断面形状可以多样。

2）能拉伸大长度和各种直径的线材，在整个长度上断面形状一致。

3）以冷压力加工为主，能提高产品的机械性能。

4）缺点：每道加工率小，拉制道次多，能耗大。产生加工硬化，使线材塑性、导电性能变差。

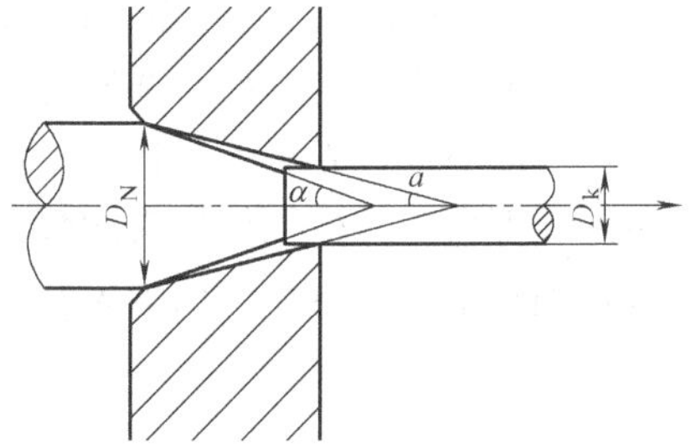

图 3-1　拉线过程示意图

3. 拉线过程的变形指数

（1）延伸系数 μ

延伸系数为线材拉制后长度与拉制前长度的比值，用 μ 表示。

$$\mu = \frac{L_k}{L_0} \tag{3-1}$$

式中　L_0——拉制前线材长度；

L_k——拉制后线材长度。

因为拉制前后线材体积不变，即 $V_0 = V_k \rightarrow A_0 L_0 = A_k L_k$，可得

$$\frac{L_0}{L_k} = \frac{A_k}{A_0} = \frac{d_k^2}{d_0^2}$$

所以有

$$\mu = \frac{L_k}{L_0} = \frac{A_0}{A_k} = \frac{d_0^2}{d_k^2}$$

式中　A_0——拉制前线材截面积；

A_k——拉制后线材截面积。

（2）延伸率 δ

延伸率是用百分数表示的拉制前、后线材长度之差与拉制前线材长度的比值，用 δ 表示。

$$\delta = \frac{L_k - L_0}{L_0} \times 100\% = (\mu - 1) \times 100\% \tag{3-2}$$

（3）断面减缩系数 φ

断面减缩系数为线材拉制后的横截面积与拉制前的横截面积的比值，用 φ 表示。

$$\varphi = \frac{A_k}{A_0} = \frac{L_0}{L_k} = \frac{1}{\mu} \tag{3-3}$$

（4）断面减缩率 ψ

断面减缩率是用百分数表示的线材拉制前、后横截面积之差与拉制前横截面积的比值，用 ψ 表示。

$$\psi = \frac{A_0 - A_k}{A_0} \times 100\% = (1 - \varphi) \times 100\% \tag{3-4}$$

以上四个指数都是通过线材拉制前后长度或面积的变化比较得出的，它们之间存在着相互转换关系。表3-1 列出了线材拉伸变形指数之间的关系。

表3-1　线材拉伸变形指数的关系

指数	μ	δ	φ	ψ	L_0、L_k	A_0、A_k	d_0^2、d_k^2
μ	—	$1+\delta$	$\frac{1}{\varphi}$	$\frac{1}{1-\psi}$	$\frac{L_k}{L_0}$	$\frac{A_0}{A_k}$	$\frac{d_0^2}{d_k^2}$
δ	$\mu-1$	—	$\frac{1-\varphi}{\varphi}$	$\frac{1-\psi}{\psi}$	$\frac{L_k-L_0}{L_0}$	$\frac{A_0-A_k}{A_k}$	$\frac{d_0^2-d_k^2}{d_k^2}$
φ	$\frac{1}{\mu}$	$\frac{1}{1+\delta}$	—	$1-\psi$	$\frac{L_0}{L_k}$	$\frac{A_k}{A_0}$	$\frac{d_k^2}{d_0^2}$
ψ	$\frac{\mu-1}{\mu}$	$\frac{\delta}{1+\delta}$	$1-\varphi$	—	$\frac{L_0-L_k}{L_0}$	$\frac{A_0-A_k}{A_0}$	$\frac{d_0^2-d_k^2}{d_0^2}$

二、实现正常拉制的力学条件

1. 连续拉制的力学条件

（1）实现正常拉制的必要条件

要实现线材的拉制，就要使拉制处的线材产生塑性变形，这必须使作用于变形区金属上的拉伸应力大于金属的变形抗力，即

$$\sigma_1 > \sigma_K$$

式中　σ_1——拉伸应力；

σ_K——变形区金属的变形抗力。

（2）实现正常拉制的充分条件

为使拉制能连续进行，就不能在拉制过程中产生断线和拉细现象。因此，拉制条件还须满足拉伸应力小于模具出口处线材的屈服极限的条件，即

$$\sigma_1 < \sigma_S$$

式中　σ_S——模具出口处线材的屈服极限。

因此，实现正常拉制的力学条件为：作用于变形区金属上的拉伸应力应大于金属的变形抗力，同时小于模具出口处线材的屈服极限。

$$\sigma_K < \sigma_1 < \sigma_S$$

因为材料的屈服极限很难精确求出，并且金属拉伸硬化后屈服极限与抗拉强度接近，常用金属的抗拉强度 σ_b 代替屈服极限，即

$$\sigma_K < \sigma_1 < \sigma_b \tag{3-5}$$

2. 安全系数

线材的屈服极限 σ_S 要大于拉应力 σ_1，两者的比值表示了拉制过程中拉制力的保留程度，即线材拉制不至于断线的安全程度。通常把 σ_S 与 σ_1 的比值称为安全系数，以 K_S 表示，即

$$K_S = \frac{\sigma_S}{\sigma_1} = \frac{\sigma_b}{\sigma_1} \tag{3-6}$$

安全系数取值为1.4~2.0，安全系数过大，说明没有充分利用金属的塑性，增加拉制道次和能耗；过小则易断线，影响制品质量和生产效率。安全系数取值与制品线径有关：粗线径，安全系数小；线径减小，安全系数增大。这是因为线径越细，线材内部的缺陷，生产中的不确定因素如抖动、模具缺陷等造成断线的可能性就越大，所以细线的 K_S 取值要大于粗线。K_S 的取值可参考表3-2。

表3-2 不同线径的安全系数取值

线径/mm	型线粗线	>1.0	1.0~0.4	0.4~0.1	0.1~0.05	<0.05
安全系数	≥1.4	≥1.4	≥1.5	≥1.6	≥1.6	≥2.0

三、变形区的应力状态与金属的流动

1. 金属在变形区的应力状态

金属的变形区被看成由两个球面和模孔壁构成，如图3-2所示。被拉制的金属线材首先受到拉线轮施加的拉制力 F 的作用，在 F 的作用下强行通过锥形模孔时，线材施加压力作用于模壁上，模壁阻碍线材运动施反作用力 F_1 于线材上。反作用力 F_1 的方向垂直于模壁并指向线材内部。其次金属在模孔中运动时，还将受到模壁表面对其运动质点的摩擦阻碍作用，即摩擦力的作用，用 F_2 表示。其方向与金属运动方向相反，大小由下式计算：

$$F_2 = \mu F_1$$

式中 μ——摩擦系数。

由上述分析可知，作用于金属变形区的外力有：拉力 F、反作用力 F_1 和摩擦力 F_2。拉力 F 提供了金属变形所需全部能量，其主要克服金属的变形抗力和金属与模壁间的摩擦损耗。在 F 作用下，金属内部产生了主拉应力 σ_1。反作用力 F_1 是由拉力 F 作用而产生的，它的能量也是由 F 提供的。

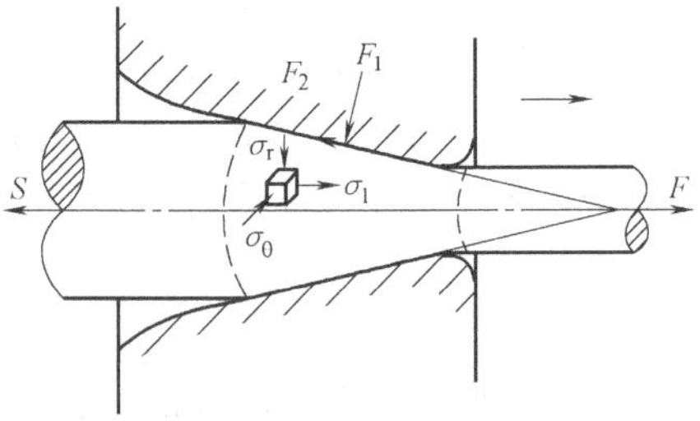

图3-2 拉线变形区受力分析

但其作用非常重要，它使变形区金属的抗力降低，使拉制变形得以实现。一般认为反作用力 F_1 产生的应力即为径向主压应力 σ_r 和周向主压应力 σ_θ，由于圆柱形线材轴向对称，故 $\sigma_r = \sigma_\theta$。摩擦力 F_2 将在金属表层产生剪切应力并引起附加剪切变形，由此会造成变形不均匀和表面质量同题，所以拉线中都采用润滑剂使摩擦力减少到最小。

在滑动式拉线机中，变形区金属还受到反拉力 S 的作用，反拉力与拉制力的方向相反，它将抵消部分拉制力的作用，但不会引起主应力的变化。

当道次加工率较高，摩擦系数或模角较大时，在模具入口会出现隆起，即棒材直径增大的现象，这是由于金属受到阻碍向后运动的结果。这就造成了部分金属内三向压缩的主应力状态和一向压缩变形、两向延伸变形的主变形状态，如图 3-3 所示。

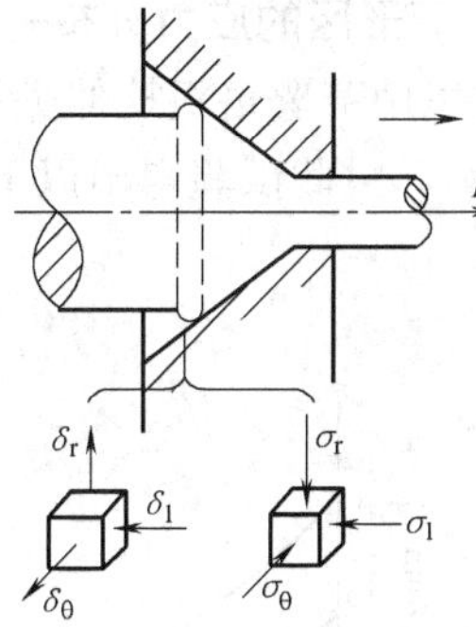

图 3-3　拉线受阻时的受力分析

2. 金属在变形区的流动——坐标网格法

研究金属在变形区流动的最简单的方法是坐标网格法。这种方法是把圆柱形试样沿轴向剖成两半，在其中一个剖面上精确地刻出正交网格，并在方格内画内切圆。试验时，将两半试样合拢拉入模孔。当试样通过一半时退出，打开合拢在一起的试样，从刻有网格和内切圆的试样上将会看到如图 3-4 所示情形，坐标网格的变化反映了塑性变形物体的应力应变状态。

观察坐标网格法拉伸前后图形的变化可以看出如表 3-3 的结果。

进一步研究还可发现：试样边缘层网格产生歪扭，正方形格子变成平行四边形，内切圆变成斜椭圆，并且离中心层越远，歪扭越严重，如图 3-5c 所示。此外，还可发现网格竖线的弯曲程度随模角和摩擦系数的增大而加剧。当模角一定时，竖线弯曲程度随预先变形程度的增大而变小，如图 3-6 所示。

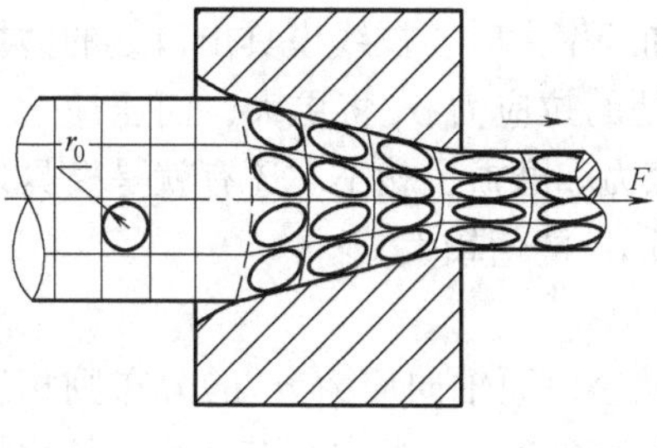

图 3-4　坐标网格法

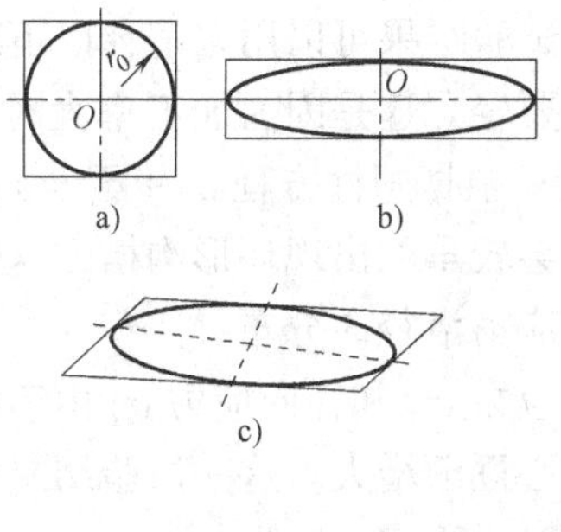

图 3-5　拉制后坐标网格的变化

表 3-3　坐标网格法拉伸前后图形的变化

项目	拉伸前		拉伸后	
	位置		位置	
	中心	外层	中心	外层
形状	圆		正椭圆	斜椭圆
	正方形		长方形	平行四边形
	竖线		前突弧线	弧线

通过实验表明：边缘层网格歪扭和竖线弯曲主要是由于摩擦力 F_2 引起的附加剪切变形造成的，剪切变形量由中心层向外层逐渐增加。由于变形不均匀，导致拉制线材内外层机械性能不一致，外层的机械强度高于内层。

3. 变形区的应力分布——赛璐珞板光弹性试验

这里用赛璐珞板拉伸进行的光弹性试验来研究线材变形区内应力分布的。实验结果如图 3-7 所示。由此试验得出以下结果：

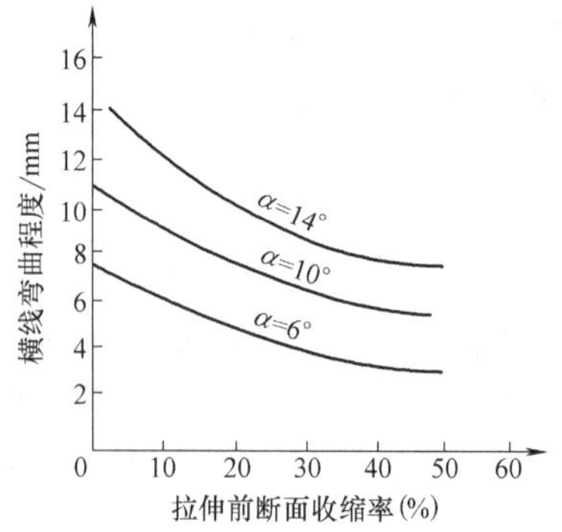

图 3-6 模角和材料变形程度与竖线弯曲程度的关系

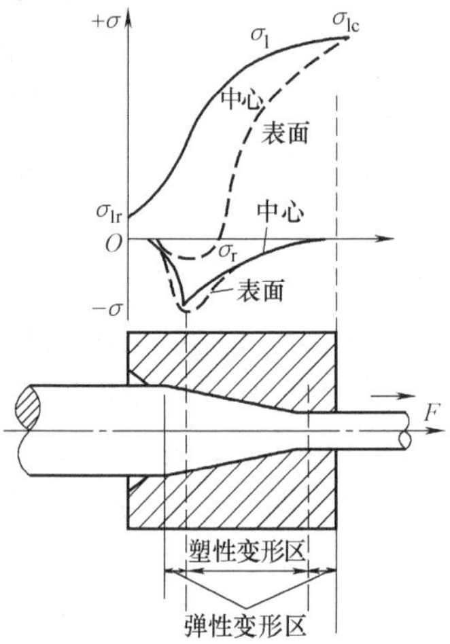

图 3-7 拉线变形区应力分布

（1）应力沿轴向的分布

轴向应力 σ_1 由变形区入口端向出口端逐渐增大，即 $\sigma_{1r} > \sigma_{1c}$；周向应力 σ_θ 和径向应力 σ_r 从入口端向出口端逐渐减小。

以上试验结果可以用来解释以下现象：当道次加工率大时，拉线模具出口处的磨损比加工率小时要轻。这是因为加工率大时，在模具出口处的拉应力 σ_1 将更大，而压应力 σ_θ（或 σ_r）将更小（根据塑性方程 $\sigma_1 + \sigma_r = \sigma_S$），产生的摩擦力和磨损也就小。还有就是模具入口端磨损快，会较早的出现环形沟槽，这证明模子入口处 σ_r 的值较大。

（2）应力沿径向分布

周向应力 σ_θ 和径向应力 σ_r 由表面向中心逐渐减小，而轴向应力 σ_1 的分布则相反，由表面向中心逐渐增大。这一试验结果可以用来解释为什么金属线材中心有气孔、氧化物或脆硬化合物时，更容易断裂。

第二节 拉线模和拉线润滑

一、拉线模

1. 模具结构

拉线时用以实现金属变形的主要工具是拉线模，拉线模的工作部分是模孔，模孔分为四个部分：润滑区、变形区（工作区）、定径区和出口区，如图 3-8 所示。

（1）润滑区

润滑区做成有一定锥角的喇叭口状，便于润滑剂进入模孔，保证制品得到充分的润滑以减少摩擦，并带走摩擦产生的热量。此外，还可避免坯料轴线与模孔轴线不重合时划伤金属。

如果润滑锥角过大，则润滑剂不易储存，润滑效果差；如果锥角过小，则拉制时产生的金属屑粉末不易被冲走，易致制品表面划伤，严重时使模孔堵塞产生缩丝和断线。

一般的润滑锥角为40°～45°，润滑锥多呈圆弧状，长度应不小于变形区长度。

（2）变形区

变形区（也叫工作区）是模具的工作部分，在此区域使金属产生塑性变形，获得所需形状和尺寸。变形区形状有锥形和弧线形。弧线形变形区适于较大范围的减缩率加工，对于大减缩率和小减缩率加工它都有适当的接触面积，并且符合最佳模角和加工量的对应关系。但由于加工难度大，弧线形模主要用于拉制 $\phi 1.0$mm 以下的线材，中型和大型线模多为锥形变形区。

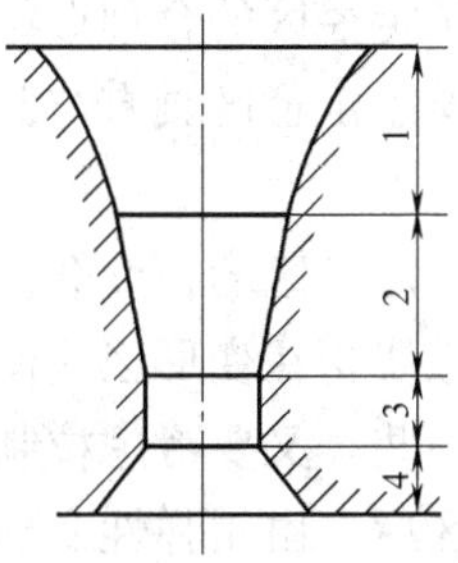

图 3-8　模孔形状

1—润滑区　2—变形区

3—定径区　4—出口区

模具变形区长度 L_g 应大于金属变形长度 L_b，否则在制品与模孔不同心时会发生变形区外变形，如图 3-9 所示。变形区的长度可由下式计算确定，即

$$L_g = aL_b = a \times 0.5(D_{0max} - D_1)\text{ctg}\alpha \qquad (3\text{-}7)$$

式中　D_{0max}——坯料的最大直径；

D_1——出线直径；

L_b——拉制线材的变形长度

a——中心系数 1.05～1.3，细线取上限；

α——变形区的模角，最佳模角 α =6°～9°，一般软金属大，硬金属小。

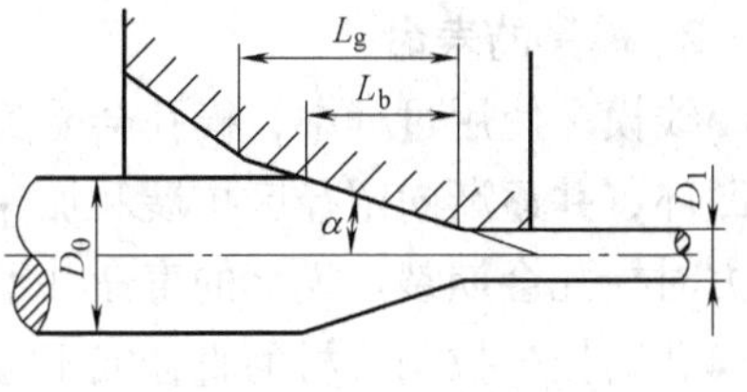

图 3-9　拉线模变形区

变形区的模角 α 是线模的主要参数之一，α 过小将使坯料与模壁接触面积加大，进而使摩擦力增大，导致拉制力增大，并且变形仅在线的表面上，变形不均匀。α 过大，使金属在变形区的流线急剧转弯，导致附加剪切变形增大，继而拉制力和非接触变形增大。其次，α 越大，单位正压力加大，润滑剂很容易从模孔挤出而使润滑条件恶化。如前所述，对于一定的加工率和摩擦条件存在一个最佳模角（或合理模角）。在这个模角下，拉制力最小。根据实验，α 在 5°～15°时拉伸力最小，最佳模角为 6°～9°。应该指出，此合理区间随着条件的不同将有所变化。随变形量增加，合理模角值也将增大，这是因为变形量增加会使接触面积增大，继而摩擦力增大。为减小接触面积，必然要相应增大模角。合理模角与摩擦系数也有关系，随着摩擦系数的增加，合理模角值增大。因而对不同的金属、不同材料的线模合理模角也不同。一般软金属的摩擦系数较大，故合理模角值也较大；硬金属的摩擦系数小，合理模角亦小。对钻石模而言，其合理模角为：拉制铝、银：8°～9°、铜：6°～8°、黄铜和青铜：5°～6°、钢：3°～6°。

模角的选择还要考虑有利于坯料轴线与模孔轴线重合，使拉制力的作用方向正确，以及尽可能增加模子的强度。这就要求模角小些为好，因此实际采用的模角多为合理模角值的下限。特别是发现小模角（α =2°～3°）有利于建立流体润滑条件以后，近年来生产中已开始采用小模角的模子。

（3）定径区

定径区的作用是使制品具有精确的尺寸和稳定的形状。所说的模孔直径即指定径区直径。定径区的合理形状是柱形，对于细线拉线模，由于打磨模孔时必须带0.5°~2°的锥度，故模子定径区具有与此相同的锥度。拉铜线时定径区的长度为(0.3~0.5)D_1(D_1为出线直径)。

定径区的长度会影响到模具使用寿命和拉制阻力。确定定径区的长度时，必须保证能够消除线材在变形区残留的弹性变形，以产生塑性变形。考虑到模具的使用寿命，定径区应该长一些。又要考虑拉制阻力的大小，以保证断线次数少和拉制能耗低，金属由变形区进入定径区后，由于弹性变形而受到一定的压力，故金属与定径区表面有摩擦，所以定径区长度增加会使拉制力增加。粗线定径区长度应比细线长，拉制硬质材料应比软质材料长。

(4) 出口区

出口区的作用是防止停车时线材出现竹节形、刮伤和防止定径区出口处崩裂。

模具的四个部分是人为划分的，相互之间并没有严格的界限，要求模具内壁光滑，四部分之间过渡处要顺滑，模孔表面要做到静面抛光。

2. 模具的寿命

线模在使用过程中，模孔会受到不可避免的磨损，首先是在变形区与线材直径接触处形成凹环，并逐渐向定径区扩展和加深，凹环边缘被磨损得比较尖薄，当经不起拉线的压力和拉力时模孔会崩裂。模具的寿命并不是指模具完全破坏，不能使用，而是指某一规格的模具在模孔磨损，拉制线材的直径或不圆度超过允许公差，或模孔损坏，不能再继续进行线材拉制时，我们说达到该模具的使用寿命。经磨损不能进行该规格线材拉制的模具，可经过修模扩孔使该模具进行大规格线材拉制，直至模孔不能再扩为止。

影响拉线模使用寿命是多种因素综合作用的结果。如制模材料的质量，模孔形状和尺寸，模孔的抛光质量(特别是工作区和定径区抛光质量)，道次变形程度及被拉伸金属线材的质量，润滑剂的质量及添加润滑剂的方式和冷却效果，反拉力的存在和大小及拉线速度等。需要简略估算线模需要量时，可采用平均寿命来进行计算，见表3-4 。

表3-4 拉铜线时线模的平均使用寿命

制模材料		拉线直径 d /mm	平均使用寿命	
			以长度计/km	以重量计/kg
钢	不镀铬	15.00~10.0	1	$7d^2$
	镀铬	15.00~10.0	4	$28d^2$
硬质合金		16.00~10.0	50	$350d^2$
		9.90~1.0	143	$1000d^2$
		0.99~0.70	100	$700d^2$
		0.69~0.40	71	$500d^2$
天然钻石	0.4Car	1.59~1.00	5100	$4000d^2$
	0.2Car	0.99~0.40	7200	$5000d^2$
	0.1Car	0.39~0.20	8000	$6000d^2$
	0.05Car	0.19~0.10	10000	$7000d^2$
	0.032Car	0.09~0.03	11400	$8000d^2$

3. 线模的种类

（1）线模的种类和应用

1）按材质分类：硬质合金模——大量生产时，大拉机的各种规格；
聚晶模——用于拉制中小线；
钻石模——用于生产细线；
钢　模——用于生产量少，大截面型线、紧压绞线。

2）按线材形状分类：圆线模——生产圆单线；
型线模——生产型线。

3）按结构分类：整体模——生产圆单线、型线；
组合模——生产型线；
辊压模——生产型线，也用于大直径圆线的中间道次。

（2）模具材料的种类和特性

普通模具由模芯和外镶钢套组成，根据模芯材料来命名和选择模具。

1）硬质合金模。又叫碳化钨模。硬质合金是钨钴合金，由碳化钨和钴组成，碳化钨是整个合金的基体，起坚硬耐磨的作用，钴是粘结金属，是合金韧性的来源。

硬质合金模具有以下优异性能：

① 耐磨性好，能长期使用，保证线材尺寸准确；

② 粘附性好，线材的金属屑不易粘附在模孔表面，保证线材质量；

③ 抛光性好，能加工出表面粗糙度低的模孔；

④ 摩擦系数小，可降低能量消耗，降低拉制时的不均匀变形；

⑤ 抗腐蚀性好，对各种润滑剂适应性广，尤其是当润滑剂的酸碱性高时或采用酸溶液作为润滑剂时更为优越。

⑥ 价格低廉，应用最广，主要用于 ϕ1.0mm 以上线的拉制。

2）钻石模。以单晶钻石为坯料，具有最大的硬度与耐磨性，使用寿命长，是硬质合金模的几十倍，但价格昂贵。天然钻石具有方向性，加工时需正确确定打孔的方向，使用时易产生磨损的不均匀性。钻石模要镶装在有加强套的模套内（见图 3-10），以吸收拉制时的冲击力，并保证有良好的热传导性。

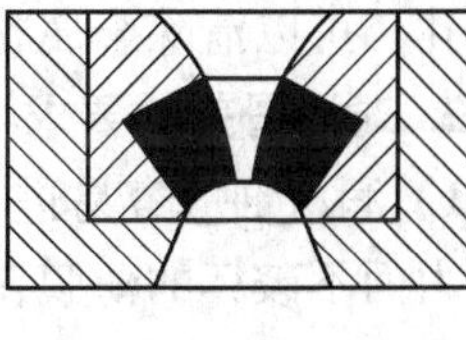

图 3-10　钻石模剖面图

拉线时最经济的选择是成品模采用钻石模，其他各道采用硬质合金模。当前钻石模主要应用于拉制 ϕ1.0mm 以下细线，其经济限度最大为 ϕ2.0mm。

3）聚晶模。聚晶模是由人造金刚石粉末加上硅、钛等结合剂在高温、高压条件下制成聚晶模芯坯料。该坯料是一个整体的“多晶钻粒”，没有方向性，具有极高的硬度和耐磨性，有的甚至已超过天然钻石。适合做中、小拉线模，其模孔可由 ϕ0.15mm 做到 ϕ7.6mm，寿命甚至超过钻石模，某些场合下有代替碳化钨模之势。

4）钢模。修制容易，价格低，但硬度和耐磨性差，寿命低。钢模用材料是碳素工具钢和合金钢，主要用于小批量产品生产。

5）金刚石涂层模具。这种模具是近年发展起来的新模具种类，在合金模表面喷涂纳米金刚石涂层，具有可与钻石模相媲美的耐磨性，但价格又大大低于钻石模，并且涂层可重复喷涂，可用于大规格线材拉制和紧压导体生产。

（3）几种其他型式的模具

1）辊式模。它由垂直安放，上面刻有槽的两对辊子所组成。在拉制圆线时，入口侧辊的孔型为椭圆形，出口侧辊子孔型为圆形。和普通模相比，使用这种模的道次加工率高，一般可达30% ~40%。

2）组合模。组合模是由4块异形硬质合金，固定于特制的模壳中的拉线模。它适用于形状简单，要求有特别倾角的型线生产，其特点是大小规格可任意调节，利用率高。

3）旋转模。圆线模在工作时是模具围绕拉线轴心旋转。使用旋转模可使模面压力分布均匀，可延长模具使用寿命，还可以降低制品的椭圆度，故多用在连续拉线机的成品模上。

二、拉线润滑

在金属拉伸过程中，由于线材和模壁发生摩擦，会产生大量的摩擦热，使被拉伸金属与拉线模孔壁发生粘着，造成拉伸力急剧增加，轻者使线材表面起槽，线径缩小，重则会使线材拉断，破坏拉伸过程。为此，必须在被拉伸金属和模壁间注入必要的冷却润滑液，避免此类现象发生。

1. 润滑剂的作用

（1）润滑作用

在变形金属与模孔间，保持一层润滑膜可减小摩擦，避免模具与金属直接接触及粘结，降低摩擦系数，使金属沿受力方向变形，并可增加金属的变形程度，减小能量消耗和加工道数，延长模具使用寿命。

（2）冷却作用

通过润滑液的流动可将摩擦产生的热量迅速带走，降低金属线材与模孔的温度，防止温度过高造成粘结及线材氧化变色。

（3）清洗作用

金属在拉伸过程中，不断产生细微的金属屑，堆积在模孔处易堵塞模孔，润滑液不断冲洗模孔，可以清除金属粉末，保持模孔通畅。

2. 对润滑剂的要求

1）润滑剂应容易进入模孔，并能在拉伸金属和模孔表面形成一层能承受拉伸模孔中的高压力而不破坏的薄膜良好地润滑金属与模孔表面，极大地降低摩擦系数，减少拉伸时的热量产生。

2）残留物少，经退火后在金属表面无残留物或虽有少量残留物但极易去除。

3）冷却性能佳，液体润滑剂还要有良好的冷却性能。

4）稳定性好，无腐蚀性。润滑剂经拉伸和保存不变质，不分层，具有稳定的化学性能，无刺激气味、无挥发、不易燃，对拉伸金属、设备、人体和环境无腐蚀和污染。

3. 润滑剂性质对拉线的影响

（1）浓度

润滑剂润滑效果与润滑剂的浓度密切相关。润滑剂浓度大，金属线材与模壁摩擦系数减小，摩擦力减小，拉伸力下降。反之，拉伸力增大。

润滑剂浓度大，润滑剂粘度也随之上升，清洗作用减弱，并且金属屑悬浮在润滑剂中，不易沉淀，会影响润滑效果及拉伸后线材表面质量。

（2）温度

润滑剂温度高，拉伸金属线材时产生的热量不易带走，会使线材及模具温度升高，严重时引起氧化变色，降低模具的使用寿命，也会降低油脂润滑膜的强度，使润滑效果下降。温度过低，润滑剂的粘度会上升，不利于拉伸。拉线时应控制润滑剂具有适宜的温度，拉铜线时，润滑液温度应控制在25～55℃。

（3）清洁度

润滑剂中若混入酸类物质，会造成润滑剂分层，失去润滑效果。含碱量增加，拉伸后的金属线材表面残留的润滑剂会对金属线材有腐蚀的危害，影响使用寿命。

杂质增加，会在拉线时出现道子，还会影响润滑系统的畅通，造成润滑剂供应量不足，影响润滑冷却效果。

4. 润滑剂的种类

按照润滑剂的状态，可将润滑剂分为固态润滑剂、半固态润滑剂、液态矿物润滑油、动植物油、乳化液润滑剂等。常用润滑剂的成分和应用范围见表3-5。

表3-5　常用润滑剂的成分和应用范围

组成状态	常用成分	优　点	缺　点	应用范围
乳液状	合成润滑油＋消泡剂＋乳化剂＋水	润滑性能好，制品表面光洁	价格较贵	铜线拉伸
	肥皂＋机油＋水	比较经济，使用方便，冷却性能好	润滑性能较差	
半液体状	38#～62#气缸油，可加表面活性剂	润滑性能好	冷却差，脏	铝线拉伸

5. 润滑剂的供应方法

（1）单个模槽分散润滑

主要用于单模拉线机和非滑动积蓄式连续拉线机。润滑剂主要是固态粉状、半固态膏状。为了冷却线模和润滑剂，模槽壁可以做成空心的，通入冷却水，带走拉线产生的热量。

该润滑方式是靠线材经过润滑剂时，润滑剂附着在线材表面，随线材运动将润滑剂带入模孔，达到润滑的目的。模槽是敞开的，易弄脏设备和场地。模槽形式如图3-11所示。

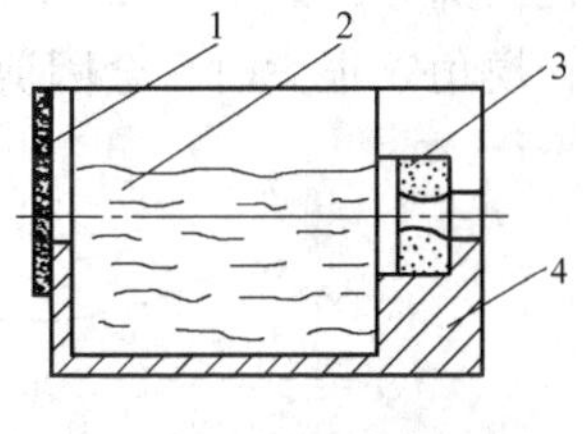

图3-11　模槽结构示意图
1—密封垫　2—润滑液
3—模具　4—模槽

（2）浸入式润滑

采用乳液状和液体油状的润滑剂，适用于滑动式连续拉线机。润滑剂盛注在润滑槽内，鼓轮、线段和线模浸入润滑剂中。系统简单，能保证线模、线材、鼓轮连续润滑和冷却，作用可靠。但润滑剂不停地运动，使拉线生成的金属屑无法沉淀，并不断被带入线模和鼓轮上，影响模具和鼓轮寿命。可以在其中装冷却水管，以利散热。

（3）循环式润滑系统

循环式润滑系统由润滑剂储存池(箱)、泵、进出水管路、冷却和加热装置，沉淀或过滤装置等几部分组成。通过循环系统将润滑液供应给各拉线模具，该系统可以单台设备使用，也可以数台设备集中使用。

在润滑剂循环过程中，通过沉淀或过滤装置除去其中混入的金属屑和其他杂质。通过冷却、加热系统使润滑剂保持一定的温度范围。要定期进行成分检验分析，对储存池底的金属屑和其他沉淀物要定期清理，适时补充润滑剂，保证润滑剂的成分稳定和清洁。

第三节 影响拉制力的因素

拉制力是指为实现拉伸过程，克服金属在变形区的变形抗力和金属与模壁的摩擦力的合力。拉制力的大小是制定各道加工率、确定拉制道次和计算电动机容量的重要依据。拉线过程中影响拉制力的因素很多，下面对主要影响因素进行分析。

一、影响拉制力的因素

1. 材料的机械性能

拉制应力 σ_1 与被拉材料的抗拉强度 σ_b 成线性关系，随着 σ_b 的增大，拉制应力 σ_1 增大。相同条件下，铜线比铝线拉伸应力大，铝线易断，所以应取较大的安全系数。

2. 变形量

拉制力与变形量之间有近似线性的关系，随着变形量的增加，拉制力成比例增加。如断面减缩率增加，在出线断面积相同的情况下，增大了进线断面积和变形区长度，必然增加模孔对线材的正压力和线材与模孔间的摩擦力，变形区内变形抗力的平均值也必然增大，故拉制力增大。在生产中，不能为追求高效率而盲目增大单道的加工量。

3. 模孔的几何形状

拉线时，金属与线模的工作区和定径区接触，因此对拉制力有影响的只是这两部分。

1）模角的影响。随着模角 α 的增大，拉制力最初下降，以后又增加（见图 3-12），存在着最佳模角，使拉制力最小。这是因为拉制阻力包括了纯金属的变形抗力、剪切阻力和摩擦损耗三部分，如图 3-13 所示。模角 α 减小时，变形金属与模具接触长度增加，摩擦损耗增大；模角 α 很大时，会因剪切阻力增大而增加了拉制力。

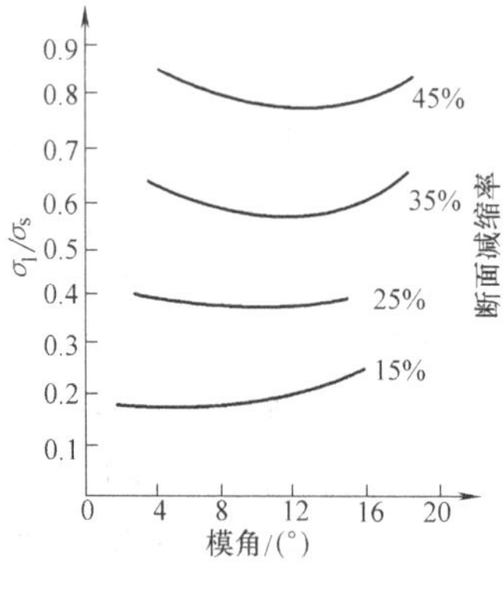

图 3-12 拉制力与模角的关系

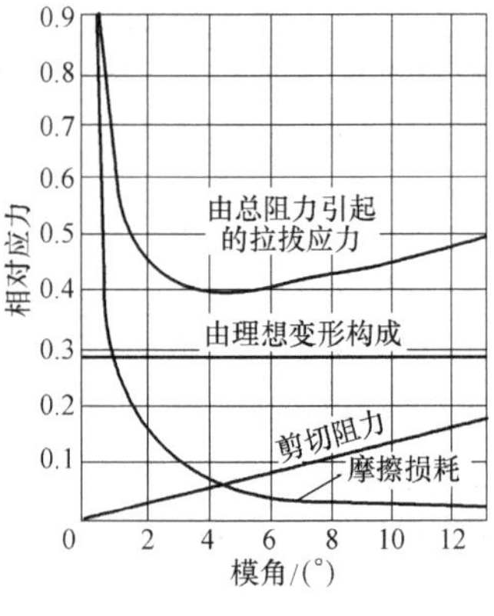

图 3-13 拉制力的组成

2）增长定径区会由于线材与定径区接触面积增大而使摩擦力增加，导致拉制力增大。但定径区短会使模孔磨损加快，考虑到模孔寿命，所以定径区长度不宜太短。

4. 反拉力

拉制时存在反拉力会减小金属对模壁的压力，进而减轻模具的磨损。同时它的存在还改善了拉制材料机械性能的均匀性。增加反拉力还会使模角对拉制的影响减小，使模具的选择范围变宽。但反拉力的存在增大了拉制力。

反拉力主要来自放线架的制动力、前道拉线离开拉线轮(鼓轮)的张力等。

5. 摩擦与润滑

拉制时摩擦条件对拉制力有很大影响，摩擦力增大，拉制力增加。影响拉制摩擦的条件很多，如模具材料、模具表面状况、线材表面状况、润滑方式、润滑剂性质等。

6. 拉制速度

速度较低时，拉制力随拉制速度的增大而增加。较高速度时，提高速度对拉制力影响不大。这是因为高速拉制时，不能及时散发的摩擦热使变形区内金属变形抗力减小。同时，速度增加有助于润滑剂进入模孔而减小拉制力。

7. 振动

对拉制工具施加振动可显著降低拉制力，提高道次加工率。振动频率分为声级(25～500Hz)、超声波(16～800 kHz)两种。振动方向有轴向、径向和转动。

8. 外来因素

例如线模安放不正或模座歪斜，进线(杆)不直，放线时打结，拉线过程中线的抖动，都会使拉制力增大，严重时引起断线。特别是在拉制细线时，机器的振动、线的抖动、线旁的风力、润滑剂黏度过大都会引起断线。

二、拉制力的计算

正常拉制时不需关心拉制力的大小，但是当需要判断润滑效果、模孔形状、拉线机结构或部件设计的合理性、选择或校核拉线电动机功率时，都需要确定拉制力的大小。

确定拉制力有试验法和计算法。

试验法确定拉制力可以在拉力试验机上进行，在夹头上固定线模，用附加的拖动机构拉线，开动拉线机从拉力机上读出拉制力的大小。

拉制力的计算可以用以下公式：

$$F=\frac{\pi}{4}D_b^2\sigma_{xb} \quad 或 \quad F=\frac{\pi}{4}D_b^2\sigma_{xL}$$

式中　F——拉制力；

D_b——拉制后导线直径；

σ_{xb}——模具工作区出口处拉应力；

σ_{xL}——模具定径区出口处拉应力。

当对拉制力数值要求不太高时，还可采用简化公式进行计算，即

$$F=(0.5\sim0.7)\frac{\pi}{4}D_b^2\sigma_b$$

式中　$\sigma_b=\frac{\sigma_{b0}+\sigma_{bK}}{2}$；

σ_{b0}——拉伸前金属的抗拉强度；

σ_{bK}——拉伸后金属的抗拉强度。

第四节 拉线机及辅助设备

一、拉线机

拉线机的分类方法很多，根据拉线模具数量可分为单模拉线机和多模拉线机；根据工作特性可分为滑动式拉线机和非滑动式拉线机；根据鼓轮（拉线轮）形状可分为塔形鼓轮拉线机、锥形鼓轮拉线机和圆柱形鼓轮拉线机；按拉制线径分为大、中、小、细、微拉线机，见表3-6；按同时可拉制的单线根数分为单头拉线机和多头拉线机。

表3-6 按拉制线径划分的拉线机系列

级别	出线直径/mm	最大进线直径/mm	拉线模数	主电机功率/kW	出线速度/(m/s)	鼓轮直径/mm
大拉机	4.00~1.20	8.0	13	185	6.6~16.5	400
中拉机	1.20~0.40	3.0	17	55	15~25	280
小拉机	0.40~0.12	1.6	17	22	15~25	200
细拉机	0.15~0.05	0.60	17	4	15~25	150
微拉机	0.05~0.02	0.12	20	1.1	15~20	69

生产中常以单模拉线机、多模拉线机来进行区分，又根据工作特性将多模拉线机分为滑动式和非滑动式拉线机，这种混合分类方法如图3-14所示。

拉线机工作时，拉线轮通过传动轴与减速箱连接，电动机带动拉线轮旋转，被拉制线材要在拉线轮表面绕一定圈数，通过拉线轮与线材的摩擦产生拉制力，带动线材通过逐道减小的模孔，完成拉线过程。

- 拉线机
  - 单线拉模机
  - 多模拉线机
    - 非连续式(积蓄式)
      - 单储线轮
      - 双储线轮
    - 连续式
      - 滑动式
      - 非滑动式

图3-14 拉线机的分类

多模拉线机有多道拉线模，每道拉线模都有单独的拉线轮。拉线时如果各道拉线轮上（最后一道除外）绕线的圈数不发生变化，因为每道模孔的直径不变，也就说明在单位时间内通过每道模孔的线材体积流量是相等的，简称秒体积相等。遵循秒体积相等原则的多模拉线机就是连续式拉线机，如果拉线时各拉线轮上绕线圈数发生变化，即秒体积流量不相等，这种拉线机就是非连续式拉线机，又叫积蓄式拉线机。

现在多采用将拉线与退火组合在一起的连续的拉线退火生产线，如图3-15所示。连拉连退机组将拉线、退火工序合二为一，减少了工序周转，缩短了生产周期，降低了能耗，大大提高了生产效率。

拉线机今后是以提高生产效率为目标的高速、连续、多头发展趋势。将拉线与退火、挤塑（或漆包）等工序连在一起的连续生产方式可以大大减少产品的周转时间；在一台拉线机上同时拉制多根单线的多头拉线机具有比多台单头拉线机更高的经济效益。

二、焊接机

拉线和绞线过程中线坯和断线的接续，要求采用焊接的形式进行，常用的焊接方式有电阻焊、冷压焊和钎焊。

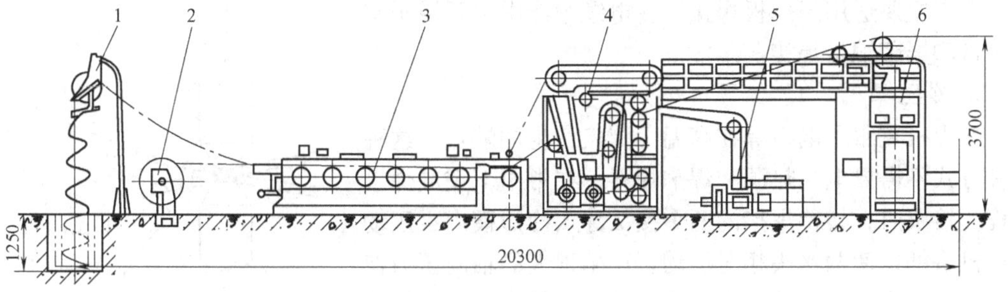

图 3-15 LHD 400/13 型连续退火大拉机组外形图

1—成圈放线架 2—线盘放线架 3—拉线机 4—连续退火装置
5—线盘式收线架 6—成圈收线装置

1. 电阻焊

将待焊接的焊件对接在一起，接触处的接触电阻大于焊件电阻，当电流流过焊件时在接触处产生较高的热量，将焊件接触处局部加热到高塑性或熔化状态，然后再施加压力，实现焊接的方法。电阻焊可采用很大的电流，焊接时间短，生产效率高。电缆生产中常用的电阻焊分为对焊和点焊。

（1）对焊

对焊即为对接电阻焊，其工作原理如图 3-16 所示。焊接时，将两个线头分别夹入左右两个夹头里，施加预压力使使两被焊件断面接触，并压紧，端头对接须平整。夹头同时也是电极，接通电源后，变压器的二次绕组即产生大电流通过夹头间的单线，将两导线线端头加热到塑性状态，再将两夹头相向平移加压顶锻，使工件接触处在压力下发生交互结合，形成焊接接头。断开电源，使焊接区在压力下冷却，把焊接凸出部分修光锉平即可。

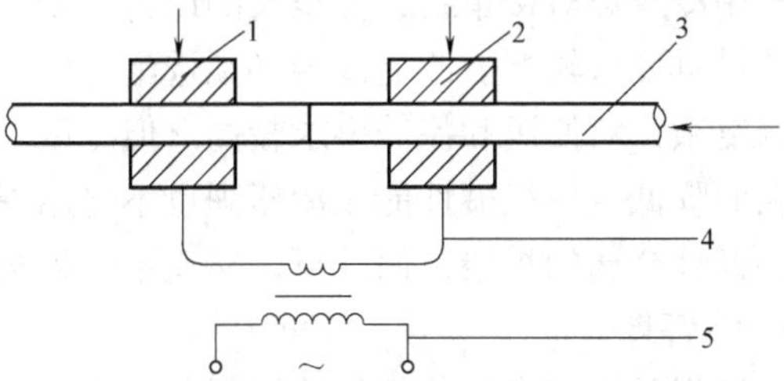

图 3-16 电阻对焊原理图

1—固定夹头（兼作电极） 2—活动夹头（兼作电极）
3—单线 4—二次绕组 5—一次绕组

对焊接头可靠、效率高、消耗低，但这种焊接是在高温下使待焊接线的端部处于半熔融态通过压力焊接的，因此两个电极之间的接头在高温作用下被退火，使接头处强度降低，易于氧化，对提高产品质量不利。这种焊接方法多用于大规格金属单线的焊接。

（2）点焊

点焊是利用电流通过圆柱状电极和两块搭接工件接触面产生的电阻热，熔化接触面处的固态金属，在压力下将工件焊接在一起的焊接方法，其工作原理如图 3-17 所示。

电焊时，先加压使工件紧密接触，然后接通电流，因接触处被电极压紧，接触电阻最小，其他处两工件接触不够紧密或没有接触，因此在两电极压紧处电流密度最大，产生热量最多，金属被熔化成熔核，断电后继续保持或增大压力，熔核在压力下凝固结晶，形成焊点。焊完第一点后，移动工件，可依次焊成其他焊点。

点焊的主要工艺参数有焊接电流、电极压力、通电时间及被焊件接触点的状态等。电流大、通电时间长、电极压力大、极间压力大对焊接有利，但控制不当易造成烧穿；反之，不利焊接。

点焊主要适用于薄板焊接，在电缆生产中主要用于铠装钢带和屏蔽铜带焊接。

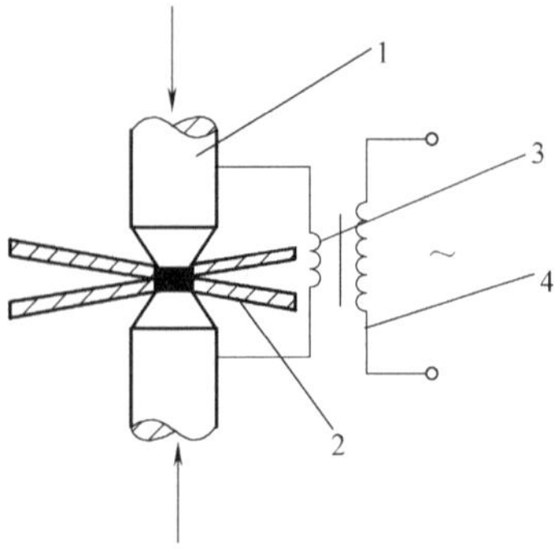

图 3-17 点焊原理图
1—电极 2—金属板
3—二次绕组 4—一次绕组

2. 冷压焊

冷焊机克服了电阻焊在高温下焊接产生的缺点。这种焊接方式不需要电、热源和焊剂焊料，在常温下完成焊接过程。接头时，将待焊接的两个接头穿入冷焊模内，压动冷焊机手柄，使两接头相对运动，产生很大的轴向压力使待接续的两个金属端面产生塑性变形，金属表面氧化物及其他杂质在高压被挤出，使暴露出的纯净金属基体紧密接触，两端面原子相互进行扩散。当扩散到电子引力范围内时，产生金属原子间的接近和结合，获得牢固的焊接质量。两焊接端面在高压作用下，犬牙交错地结合使得接触面积比线材的横截面积增大许多，保证了焊接强度。

冷焊须控制两个主要因素：一是对加工件施加相当大的压力，这是冷压焊的关键；二是在该压力下，金属必须产生塑性变形。

用冷压焊对接单线，在很大的压力下进行加工，必须保证焊接单线对正，因此对夹紧单线的模具要求较严。改变线径必须选配与之相适应的模具，模具通用性差，设备精密度高，结构复杂，对使用和保养要求较高。但冷压焊不要加热，因此不发生金属内部组织再结晶和退火而降低金属机械性能，冷压焊也不需用焊剂，避免了金属被腐蚀，劳动条件好，适用于多种韧性金属的焊接，而且可以实现不同种金属的焊接。

3. 钎焊

钎焊是把熔点比待焊接金属低的低熔点合金(简称钎料)熔化后，填充接头间隙并与固态的待焊接金属相互扩散，冷凝后实现连接的焊接方法。焊接时待焊表面并不接触，而是通过两者毛细间隙中的中间液相相联系。在待焊的同质或异质固态金属与中间液相之间存在两个固-液界面，通过固液相间充分进行扩散，从而实现很好的原子结合。接头间应有适当的间隙，以保证焊料对接触部位的渗入与湿润，达到良好的焊接效果。

焊接时还要使用钎焊剂，其作用是去除焊件表面的氧化物和杂质，同时改善钎料对焊件的湿润作用，并促进焊料流动和填满焊缝。

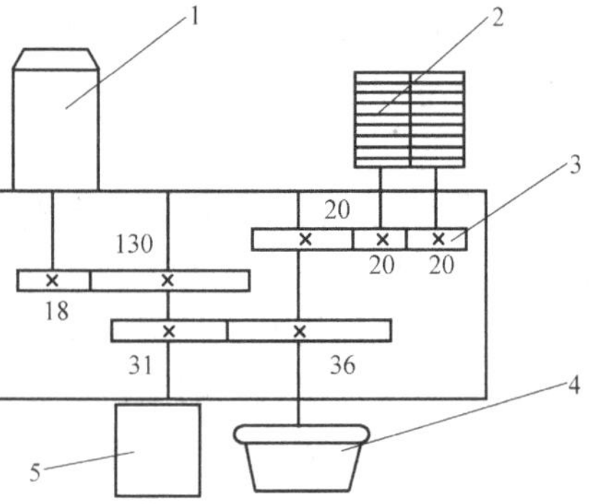

图 3-18 轧头穿模机传动示意图
1—电动机 2—轧头轧辊 3—齿轮
4—拉头鼓轮 5—模座

根据热源不同，钎焊又分为烙铁钎焊、火焰钎焊、电阻钎焊、感应钎焊等。电子元器件连接常用锡铅合金作焊料，松香作为焊剂的烙铁钎焊方式。

钎焊在电缆导体生产中主要用于细铜线和铜线束的焊接，如束绞线的股线和单线的焊接。对于 $\phi 2.5$mm 及以下的铜单线焊接效果也比较理想。常用的焊料为银、铜、锌合金，焊剂为硼砂、硼酸、氯化物等。对于抗拉强度和电阻有严格要求者，焊料中银的含量要比普通焊料中高很多。焊接时的热源：大规格铜线焊接时可采用电阻钎焊方式加热焊接端头，细线可采用酒精灯、煤油灯火焰等作为热源。

三、轧头穿模机

为使大截面线材穿过较小的模孔，需采用专用轧头穿模机。轧头机主要由两个偏心孔型的轧辊组成，当轧辊转动时，孔型由大变小，再由小变大，往复进行180°的周期运动。当孔型最大时将线材推进，随轧辊孔型的变小，线材截面均匀变化减小，并被轧辊向外推出。为防止产生飞边影响穿模，在操作时每轧一次将线材转动90°。在轧辊上平行排列有不同孔径的多个偏心孔，以实现将线头轧成所需直径。

穿模机类似一个单模拉线机，将轧出尖头的线材穿过模孔，夹入拉头鼓轮上的夹头内，启动鼓轮，将线材从模孔中拉出所需的长度。然后就可将拉细的线材逐道穿过拉线机的模孔，实现拉线。轧头穿模机传动如图3-18所示。

第五节 拉线机的工作原理

一、多模非滑动连续式拉线机

1. 工作原理

这种拉线机工作时线材在拉线轮表面的速度与拉线轮的线速度一致，它们的同步运行使得两者之间不产生滑动，而且线材在多道拉线模之间遵循秒体积相等原则即拉制过程是连续的。拉线过程如图3-19所示。

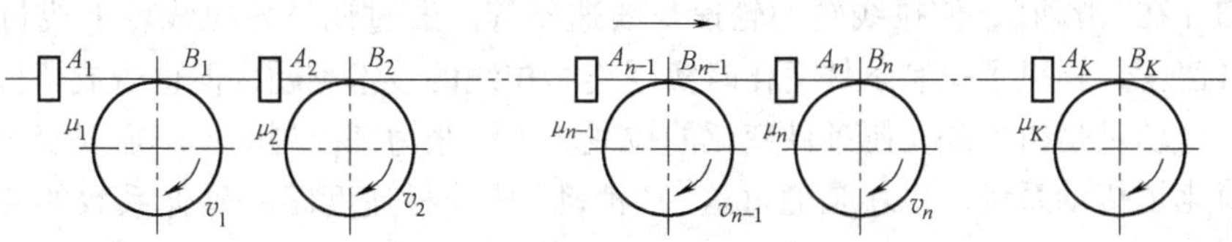

图3-19 多模非滑动连续式拉线机拉制过程示意图

A_1、A_2、$\cdots A_K$—相应各道拉线模出线断面积 B_1、B_2、$\cdots B_K$—相应各道拉线轮上线材速度

v_1、v_2、$\cdots v_K$—相应各道拉线轮表面的线速度 μ_1、μ_2、$\cdots \mu_K$—相应各道拉线模的延伸系数

根据拉线过程无滑动的特点可得出：

$$B_{n-1} = v_{n-1} \qquad B_n = v_n$$

又根据拉线过程连续，秒体积相等的特点可得出

$$A_{n-1}B_{n-1} = A_nB_n$$

因此有

$$\frac{A_{n-1}}{A_n} = \frac{B_n}{B_{n-1}} = \frac{v_n}{v_{n-1}}$$

因为 $\dfrac{A_{n-1}}{A_n} = \mu_n$（第 n 道模的延伸系数）

定义相邻后道与前道拉线轮线速度的比值为速比 γ。则有

$$\frac{v_n}{v_{n-1}} = \gamma_n$$

所以，对于多模非滑动连续式拉线机有

$$\mu_n = \gamma_n \tag{3-8}$$

因为式(3-8)中的 n 是任意设定的，因此这个条件对于多模非滑动连续式拉线机各道拉线模具有普遍意义。所以各道拉线轮只要满足该处的延伸系数值等于速比值就能满足连续、无滑动拉线。

实际中，单纯通过配模来满足 $\mu_n = \gamma_n$ 这个条件是比较困难的，即使可以实现，在拉制过程中由于模孔磨损会使 μ 发生变化，从而使 $\mu_n \neq \gamma_n$，使连续拉线的条件被破坏。因此，必须在设备上增加造价较高的速比调节系统，随时调节各道拉线轮的速度，跟踪 μ 的变化，从而实现连续无滑动拉线。这样，就使得这种设备的速度控制系统复杂化，所以设备造价高。主要应用于表面质量要求高、耐磨性差的线材拉制，如铝和铝合金线等。

2. 特点

根据以上分析，得出多模非滑动连续式拉线机的特点为

1）线材与拉线轮同速，两者之间无滑动，不会对线材表面产生磨损；

2）线材在各道模之间是连续拉制，遵循秒体积相等原则；

3）线材运行过程中不产生扭转，线材质量高，能拉细线和型线；

4）有跟踪延伸系数的速比控制系统，调速系统复杂，造价相对较高。

二、多模滑动连续式拉线机

1. 工作原理

多模滑动连续式拉线机的最大特点是拉线轮和线材之间有滑动，除最后一道轮外，其余各道轮上均存在“滑动”，使拉线轮的轮速与线速不等。通过调节各拉线轮上线材的滑动量来调节线材速度，解决了拉制条件变化时实现连续拉线的技术难题，但也造成了拉线轮与线材的磨损。滑动量是由反映拉制条件变化的拉线轮出线张力来控制的，不需要复杂的速度调节系统，简化了传动系统。也就是通过这一“滑动”使线材速度跟踪延伸系数的变化，从而实现连续拉制。

该拉线机拉线轮的形状有塔形和筒形两种。由于拉线速度后面各道次比前面的大，若使几道拉线轮装到一根传动轴上，后面道次拉线轮直径要比前面的大，故形成了塔形结构。采用塔轮结构的优点是减少了轴的数目，简化了传动机构。但其缺点也很明显，即前面道次线的直径大用小直径轮，而后面道次的线径细反而要用大直径拉线轮。使用塔形拉线轮拉线过程如图 3-20 所示。

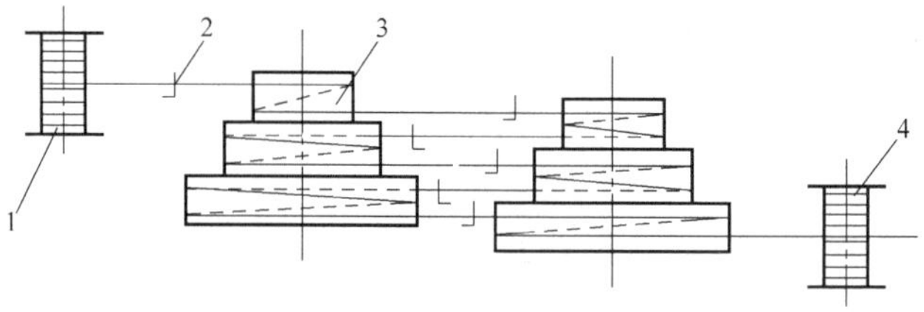

图 3-20　塔形拉线轮拉线示意图

1—放线　2—拉线模　3—塔轮　4—收线

筒形轮克服了这一缺点，采用等直径拉线轮，每个轮有单独的传动轴，但因此也带来体积大的缺点。

由此得出这种拉线机的特点：

1）除最后一道拉线轮线速度与线材速度相等，其余各道拉线轮与线材之间都存在相对

滑动，会对拉线轮和线材表面产生磨损，这也决定了这种拉线机适用了中等强度的铜线拉制，不适合铝线拉制。

2）线材在各道模之间是连续拉制，遵循秒体积相等原则；

3）拉线路径简捷，附加张力很小，并且线不受扭转，因此能拉细线和型线；

4）设备传动和机械结构比较简单，适合电线电缆工业使用。

2. 工作过程分析

多模滑动连续式拉线机拉线过程与多模非滑动连续式拉线机拉线过程类似，主要区别在于线材与拉线轮的相对速度不同，拉线过程参见图3-19。

（1）滑动的表示

1）绝对滑动量 ΔB。

$$\Delta B_n = v_n - B_n$$

2）相对滑动率 P_n。

$$P_n = \frac{v_n - B_n}{v_n} \times 100\% = \frac{\Delta B}{v} \times 100\%$$

3）相对前滑系数(局部滑动系数)τ。

$$\tau_n = \frac{\mu_n}{\gamma_n} \tag{3-9}$$

相对前滑系数反映的是 n 道配模(相对速比)关系对 $n-1$ 轮上线材滑动的影响。

4）相对滑动系数(累积滑动系数)T。

$$T_n = \frac{v_n}{B_n} \tag{3-10}$$

相对滑动系数是一般情况下 v 与 B 的比值，它和绝对滑动量 ΔB、相对滑动率 P_n 一样是反映多模拉线机实际滑动的参数。

根据秒体积不变原理和最后一道无滑动，$v_K = B_K$，拉线机任一道线材速度均可用最后一道的轮速表示，即

$$B_n A_n = B_K A_K \Rightarrow \frac{B_n}{B_K} = \frac{A_K}{A_n}$$

$$B_n = \frac{B_K}{\dfrac{A_n}{A_K}} = \frac{v_K}{\dfrac{A_n}{A_{n+1}} \dfrac{A_{n+1}}{A_{n+2}} \dfrac{A_{n+2}}{A_{n+3}} \cdots \dfrac{A_{K-1}}{A_K}} = \frac{v_K}{\mu_{n+1}\mu_{n+2}\mu_{n+3}\cdots\mu_K}$$

根据传动关系，拉线机任一道拉线轮的轮速均可用最后拉线轮的轮速表示：

$$\frac{v_K}{v_n} = \frac{v_K}{v_{K-1}} \frac{v_{K-1}}{v_{K-2}} \frac{v_{K-2}}{v_{K-3}} \cdots \frac{v_{n+1}}{v_n} = \gamma_K \cdot \gamma_{K-1} \cdot \gamma_{K-2} \cdots \gamma_{n+1}$$

$$v_n = \frac{v_K}{\gamma_{n+1}\gamma_{n+2}\gamma_{n+3}\cdots\gamma_K}$$

$$\text{由 } T_n = \frac{v_n}{B_n} = \frac{\mu_{n+1}\mu_{n+2}\cdots\mu_K}{\gamma_{n+1}\gamma_{n+2}\cdots\gamma_K} = \tau_{n+1}\tau_{n+2}\cdots\tau_K$$

上式展示了相对前滑系数和相对滑动系数的关系，即滑动存在累积的关系。所以也称 T_n 为累积滑动系数，τ_n 为局部滑动系数。

（2）滑动的条件

拉制过程中，除最后一道拉线轮的轮速等于线速外，其余各道轮均为拉线轮轮速高于线速，即都是拉线轮拖动线在前进，线材相对于轮的逆运动的方向“滑动”而不是相反。

$$T_n = \frac{v_n}{B_n} = \tau_{n+1}\tau_{n+2}\cdots\tau_K > 1 \tag{3-11}$$

对于倒数第二道拉线轮有

$$T_{K-1} = \tau_K > 1 \tag{3-12}$$

因为 τ_K 必须大于1，由式(3-11)可知，其他各道轮的 τ 值大于1、等于1甚至略小于1，也可以保证每道拉线轮上均有滑动。这是现代微滑动配模设计的理论基础，它的核心思想是：只要倒数第二道轮有适当滑动量，由于滑动的累积作用，其余各道即使 $\tau_n=1$，各道拉线轮也能有适当的滑动量。

有关研究指出，在正常拉制过程中，满足上述条件是完全可以实现有滑动的连续拉线的。但当模具偏差较大时，在穿模和起动时会发生断线。因为滑动的积累尚未形成，相邻道次的影响则是最主要的，所以在以往的拉线配模设计中要求各道的 τ 值都大于1。这样即使后一道拉线轮上线材速度为最大($B_n=v_n$)时，前一道轮上仍有一定的滑动量，满足了任何情况下的连续生产，但这样配模的滑动量很大，前面几道的相对滑动率高达60%或更大，这不仅影响了线材表面质量和拉线轮的寿命，而且限制了设备能力的发挥。所以改进穿模工艺、提高线模精度，采用低滑动量配模是滑动式拉线工艺的努力方向。

(3) 反拉力

拉线时线材在各道均受到反拉力作用，如图3-21所示。首道的反拉力来自放线张力，其余各道均来自前一道拉线轮。

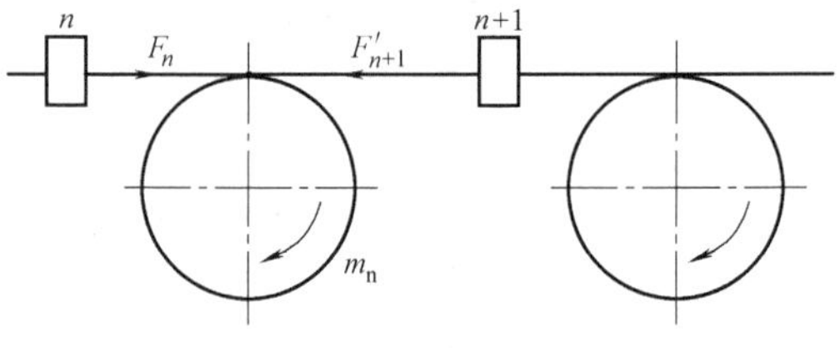

图3-21　反拉力作用示意图

拉线是靠拉线轮与线的摩擦产生拉制力，进而拖动线材通过模孔实现塑性变形的。拉制力 F_n 克服 n 道模处线材产生的抵抗变形力、剪切阻力、摩擦阻力和 n 道模金属受到的反拉力组成的拉制阻力，对一定的线模、一定的线径，摩擦力决定了拉制力的大小。拉线轮与线材间的摩擦力与摩擦系数、绕线圈数和绕线张紧力(箍紧力)有关，绕线的张紧力产生下一道金属变形区的反拉力，两个力是一对作用力和反作用力。反拉力和绕线圈数决定了线对轮子的正压力。各参数间的关系符合柔性物体在圆柱形表面的摩擦定理，即欧拉定理。

$$F_n = F'_{n+1}e^{2\pi m_n f}$$

$$\text{或}\quad F'_{n+1} = \frac{F_n}{e^{2\pi m_n f}} \tag{3-13}$$

式中　F_n——第 n 道轮的拉力；

F'_{n+1}——第 $n+1$ 道模金属变形区的反拉力；

m_n——第 n 道轮上的绕线圈数；

e——常数，等于2.718；

f——线材与拉线轮的摩擦系数。

系数 $e^{2\pi m_n f}$ 的值可以按表3-7确定。

表 3-7　系数 $e^{2\pi m_n f}$ 数值表

m_n	μ				
	0.05	0.10	0.15	0.20	0.25
1	1.36	1.87	2.57	6.51	4.81
2	1.87	3.51	6.59	12.35	23.14
3	2.57	6.59	19.90	43.38	111.32
4	3.51	12.35	43.38	151.40	535.49
5	4.81	23.14	111.32	535.49	

由上表可以看出，当拉制条件一定时，绕线圈数越多，反拉力越小，相反则反拉力越大。当绕线圈数多时，滑动对张力的变化反应迟钝，滑动困难，失去调速作用，同时线材在拉线轮上轴向移动困难，易造成压线断线，使拉线无法连续进行。绕线圈数少，反拉力过大，增加后一道的拉制力，并且可能导致断线。所以要合理确定绕线圈数。根据线径不同，一般绕线圈数为：粗线 3～4 圈，中等线 2～3 圈，细线 1～2 圈，特细线 1 圈。

（4）滑动的必要性

拉线轮上线材滑动量变化的直接原因是线张紧力的变化，即反拉力的变化，它是由相邻两道拉线模线材秒流量不平衡所起的。在图 3-21 所示拉线过程中，存在以下两种情况。

第 n 道线材秒流量不变，而第 $n+1$ 道因模孔磨损使出线线径增大，继而使线材秒流量增加（$B_nA_n < B_{n+1}A_{n+1}$），将导致 n 轮上线的张紧力增大，滑动量减少，从而 n 轮对 n 模线材的拉力增大，线速 B_n 提高，进入 n 轮的线量相应增加，并在新的水平上实现第 n 和 $n+1$ 道模线材秒流量的平衡，即 $B_nA_n = B_{n+1}A_{n+1}$。

相反，当 $n+1$ 道线材秒流量不变，而 n 道因模孔磨损出线径增加时，n 模秒流量增加（$B_nA_n > B_{n+1}A_{n+1}$），n 轮上线的张紧力减小，滑动量增加，拉制力减小，从而使线速 B_n 降低，n 轮送出线材量减少，秒流量降低到原来水平，重又实现秒流量的平衡，即 $B_nA_n = B_{n+1}A_{n+1}$。

三、多模非滑动积蓄式拉线机

1. 工作原理

这种拉线机的拉制过程是不连续的。每个拉线轮除了起拉线作用外，还储有很多圈数的线，根据后一道拉线轮的需要自如地放出单线，从而起到后一道拉线的放线轮的作用。拉线轮是特殊设计的锥形轮，轮上有拨线杆。拨线杆的作用是始终使线紧绕在拉线轮上，同时按下道拉线轮的需要放出单线。多模非滑动积蓄式拉线机拉制过程如图 3-22 所示。

这种拉线机的特点如下：

1）拉线轮除起到拉线作用外，还兼有储线作用，轮上绕线圈数多，同时还是下一道拉线模的放线轮；

2）线与拉线轮间不存在滑动，即 $B_n = v_n$，对线没有磨损，可用于铝线拉制；

3）非连续拉线，秒体积不等，即 $A_{n-1}B_{n-1} \neq A_nB_n$；

4）行线轨迹曲折，阻力大，适合拉中等以上规格线材；

5）拉制时各拉线轮放出的单线将绕自身轴线扭转，不能拉制型线；

6）各拉线轮可单独启动，当因故某道拉线轮停止拉线时，后面各轮仍可继续拉线。

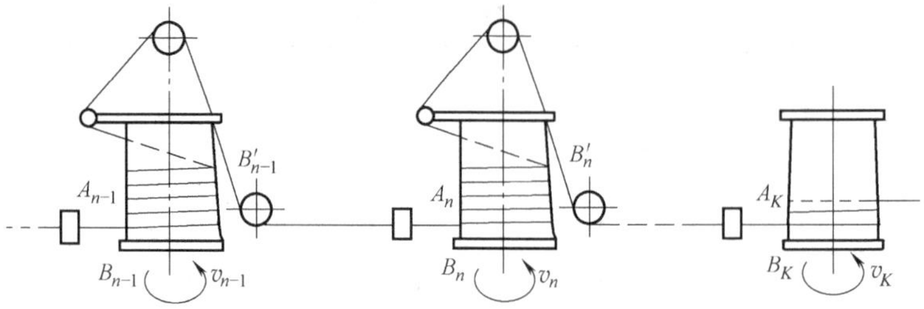

图 3-22 多模非滑动积蓄式拉线机拉制过程示意图

A_{n-1}、A_n、$\cdots A_K$—相应各道拉线模出线断面积 B_{n-1}、B_n、$\cdots B_K$—相应各道拉线轮进线速度

B'_{n-1}、B'_n、$\cdots B'_K$—相应各道拉线轮放线速度 v_{n-1}、v_n、$\cdots v_K$—相应各道拉线轮表面的线速度

2. 工作过程分析

这种拉线机上没有速比调节系统，线与拉线轮之间也不存在滑动，拉制过程是非连续的，不遵循秒流量相等原则。拉线轮兼有拉线、收线、储线、放线四重作用，在同一拉线轮上，进线速度与放线速度之间存在三种关系，拉线轮也就有三种工作状态。

1）$B_n = B'_n$ 进线速度等于出线速度。拉线轮上储线圈数不变，拨线杆停止不动，放出的线无扭转。

2）$B_n > B'_n$ 进线速度大于出线速度。拉线轮上储线圈数增加，拨线杆转动方向与拉线轮转动方向相同，放出的线绕自身轴线逆时针扭转。

3）$B_n < B'_n$ 进线速度小于出线速度。拉线轮上储线圈数减少，拨线杆转动方向与拉线轮转动方向相反，放出的线绕自身轴线顺时针扭转。

当拉线轮上进出线速度不等时，不仅会影响线轮的储线量，而且还会影响放线的扭转。当第 n 道线轮停车 $B_n = 0$，$n+1$ 道轮继续工作，线材以 B'_n速度放出时，每放出一圈线，线就逆时针扭转 360°；此时，$n-1$ 道轮继续工作，以 B_{n-1}速度收线，每收入一圈线，$n-1$ 轮和 n 模间的线段将顺时针扭转 360°，线将很快被扭断。所以，当某道次拉线停止时，其后面各道仍可继续拉线，而前面各道则必须同时停止拉线。

为使拉线轮有足够的储线量，满足拉线模磨损时对线量超常需求和拉线轮停止后后面各道仍能拉线的要求，在开始穿模时就要使每个中间轮上绕有 15 圈以上的线，并且使进线速度大于出线速度。

对于 $n-1$ 轮有

$$B_{n-1} > B'_{n-1}\text{，又有 } B_{n-1}A_{n-1} > B'_{n-1}A_{n-1}$$

在 n 模前后有

$$B'_{n-1}A_{n-1} = B_nA_n$$

所以

$$B_{n-1}A_{n-1} > B_nA_n$$

$$\frac{A_{n-1}}{A_n} > \frac{B_n}{B_{n-1}}$$

由于无滑动，有

$$B_{n-1} = v_{n-1},\ B_n = v_n$$

$$\frac{A_{n-1}}{A_n} > \frac{v_n}{v_{n-1}}$$

即 $\mu_n > \gamma_n$

令
$$\tau_n = \frac{\mu_n}{\gamma_n} \tag{3-14}$$

则
$$\tau_n > 1 \tag{3-15}$$

τ 是反映储线速度的参数，τ 增大，储线速度快；若 τ 减小，则储线速度变慢。由于线轮储线容量有限，因此 τ 值不应过大，否则就会因线轮储线过满而经常停车。τ 值也不应过小，否则会因为轮上储线过少而导致在断线接头和处理故障时而同时停下后面的各道线轮。配模时，应根据拉线轮容量及断线焊接时间等选择适当的 τ 值，一般取 1.02～1.05。

第六节　单模拉线机配模

单模拉线机在实际中几乎没有应用了，但配模方法、步骤是多模拉线机配模的基础，所以首先介绍单模拉线机的配模。

一、配模的原则

选配拉线模孔形状和尺寸的工作称配模。

1）拉出线材的形状尺寸、表面质量和机械性能应符合标准要求，硬线要有一定加工量以达到合适强度；

2）充分利用材料的塑性，使每道加工量尽量大，以提高生产效率；

3）有适当的安全系数，保证拉线过程持续稳定。

二、圆单线配模计算

配模的任务主要是根据坯料和成品线径计算拉制道次和线模孔径。

1. 确定拉制道次

用平均延伸系数确定拉制道次

已知坯料线径、截面积分别为 d_0、A_0，成品线径、截面积分别为 d_K、A_K，则有

$$\mu_{总} = \frac{A_0}{A_K} = \frac{A_0}{A_1}\frac{A_1}{A_2}\frac{A_2}{A_3}\cdots\cdots\frac{A_{K-1}}{A_K} = \mu_1\mu_2\mu_3\cdots\mu_K \tag{3-16}$$

若各道延伸系数取相同值，均等于μ_t，则 $\mu_{总} = \mu_t^K$，取对数，有

$$\lg\mu_{总} = K\lg\mu_t$$

拉制道次：

$$K = \frac{\lg\mu_{总}}{\lg\mu_t} \tag{3-17}$$

2. 延伸系数取值

（1）取值规律

实际拉制中，各道的延伸系数值并不相等，而是基本按照逐道递减的规律变化，这是因为：

1）随累积变形量增加，材料硬化程度增大，塑性降低；

2）单线直径越细，越易断线，要取大一些的安全系数(加工量减小)；

3）减小最后一道的变形量，可减小线材的离模弹性恢复和模孔的磨损，提高成品线精度。

因此，拉线的加工量要逐道减小，即 μ 值要递减。

但是，由于坯料弯曲、表面粗糙、尺寸偏差大等原因，首道的加工量不宜取的很高。当经过一或两道拉伸，消除了上述不利因素，同时金属变形硬化程度还很小，可充分利用材料塑性时，就可以进行大加工量的拉制了。所以延伸系数的最大值不是出现在材料塑性最好的第一道拉线模上，而是出现在第二(或第三)道模上，以后逐道减小，如图 3-23 所示。

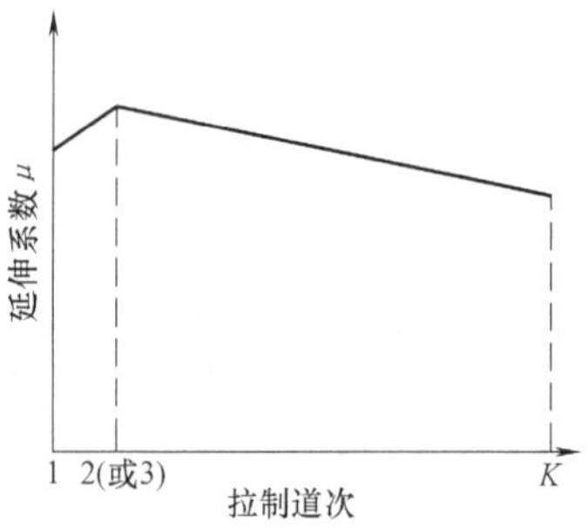

图 3-23 延伸系数分布规律

延伸系数的取值与材料性质、成品线直径、拉线机性能等因素有关，在实际配模中可按照表 3-8 选取。

表 3-8 延伸系数取值

线径/mm	延伸系数取值范围		
	铜	铝	热处理型铝镁硅合金
≥1.0	1.30～1.55	1.20～1.50	1.25～1.42
0.1～1.0	1.20～1.35	1.10～1.20	—
0.01～0.1	1.10～1.25	—	—

(2) 平均延伸系数的取值

用于确定拉制道次的平均延伸系数可以根据实际经验选择，亦可按式(3-18)计算得出。

$$\lg\mu_t = C' - a\lg\frac{A_0}{A_K} \tag{3-18}$$

式中 C'、a——与被拉制材料和直径有关的系数，见表 3-9。

表 3-9 系数 C'、a 与被拉制材料关系

被拉制线材直径/mm	a	C'	
		铜	其他重有色金属
16～4.5	0.03	0.20	0.18
4.49～1.00	0.03	0.18	0.16
0.99～0.40	0.02	0.14	0.12
0.39～0.20	0.01	0.12	0.11
0.19～0.10	0.01	0.11	0.10
0.09～0.05	0.005	0.10	0.09
0.04～0.03	0.005	0.09	0.08
0.02～0.01	0.005	0.08	0.07

根据式(3-17)、式(3-18)计算出的 K 值带有小数时，应取接近的较大整数，这是出于拉制安全的考虑。

(3) 各道的延伸系数

1) 试算法。根据表 3-8 和图 3-22，参考 μ_t 值，先选定 $K-1$ 个 μ 值，最后由 $\mu_K = \dfrac{\mu_{总}}{\mu_1 \cdot \mu_2 \cdots \mu_{K-1}}$，求出第 K 个 μ 值，经几次试算，达到要求的分布规律。

2）等比数列计算法。根据图3-22，除第一道μ值外，其余各道取延伸系数为递减的等比数列，以最后一道延伸系数μ_a为参考值，公比为q，各道延伸系数为

$$\begin{matrix} \mu_a q^{K-2}, & \mu_a q^{K-3}, & \mu_a q^{K-4}, & \cdots \mu_a q^2, & \mu_a q, & \mu_a \\ \mu_2 & \mu_3 & \mu_4 & \cdots \mu_{K-2} & \mu_{K-1} & \mu_K \end{matrix}$$

$$\mu_{总} = \mu_a^{(K-1)} q^{[1+2+\cdots+(K-2)]} \mu_1 = \mu_a^{(K-1)} q^{\frac{(K-2)(K-1)}{2}} \mu_1$$

公比q为

$$q = \sqrt[\frac{(K-1)(K-2)}{2}]{\frac{\mu_{总}}{\mu_1 \cdot \mu_a^{(K-1)}}}$$

任意一道的延伸系数为

$$\mu_n = \mu_a q^{K-n} = \mu_a \sqrt[\frac{(K-1)(K-2)}{2(K-n)}]{\frac{\mu_{总}}{\mu_1 \cdot \mu_a^{(K-1)}}} \quad (n = 2,3,4\cdots k) \tag{3-19}$$

μ_1根据经验参考表3-8选取。第一道拉伸时，若采用铜、铝杆μ_1取1.40～1.60，用拉过的半制品作线坯时，μ_1取1.30～1.40。

3. 确定各道线模孔径

已知坯料直径d_0，成品线径d_K，由$\mu_n = \frac{A_{n-1}}{A_n} = \frac{d_{n-1}^2}{d_n^2}$得

$$d_n = d_{n+1}\sqrt{\mu_{n+1}} \quad （从成品向前推算到 d_0） \tag{3-20}$$

$$d_n = d_{n-1}/\sqrt{\mu_n} \quad （从坯料向后推算到 d_k） \tag{3-21}$$

如果计算精确，最后算出的坯料直径d_0和成品线径d_K应等于给定值。

计算出的模孔值应按库存模具规格进行调整，然后再根据调整后的孔径值计算各道延伸系数，检验其是否符合预定规律，严重脱离者应重新调整计算。

4. 配模计算步骤

1）确定拉线道次K。

2）确定各道延伸系数，各道延伸系数应满足三个条件：①在材料塑性允许范围之内；②逐道分布符合预定规律；③各道延伸系数的乘积应等于总延伸系数。

3）计算各道模孔直径。

4）按库存模具规格进行调整，进行重新计算，至符合预定规律。

5. 配模举例

例3-1：单模拉线机拉线配模，将直径为10mm的铝杆拉制为直径2.0mm的铝线，确定各道拉线模孔径。

解：（1）确定拉制道次

根据成品线直径和拉制条件，根据表3-8结合经验，取μ_t=1.4。

由式(3-17)求得拉制道次，有

$$K = \frac{\lg\mu_{总}}{\lg\mu_t} = \frac{\lg\frac{10^2}{2^2}}{\lg 1.4} = 9.51$$

向上取整，取拉制道次为K=10。

（2）分配各道延伸系数

参考表 3-8，μ 应满足：

$$\mu = 1.30 \sim 1.45$$

$$\mu_1\mu_2\cdots\mu_{10} = \frac{10^2}{2^2} = 25$$

μ_1 较小，μ_2 最大，$\mu_2 \sim \mu_{10}$递减

分配结果列表如下：

μ_1	μ_2	μ_3	μ_4	μ_5	μ_6	μ_7	μ_8	μ_9	μ_{10}
1.28	1.45	1.44	1.43	1.42	1.40	1.38	1.36	1.35	1.30

（3）计算各道直径

由下式计算：$d_n = d_{n+1}\sqrt{\mu_{n+1}}$

计算举例：$d_9 = d_{10}\sqrt{\mu_{10}} = 2.0\ \sqrt{1.30} = 2.28$

结果列表如下：

d_0	d_1	d_2	d_3	d_4	d_5	d_6	d_7	d_8	d_9	d_{10}
10	8.84	7.34	6.12	5.12	4.30	3.63	3.09	2.65	2.28	2.0

（4）根据库存调整后的模孔直径及延伸系数

n	0	1	2	3	4	5	6	7	8	9	10
d_n	10	8.90	7.35	6.10	5.10	4.30	3.65	3.10	2.65	2.28	2.0
μ_n	—	1.262	1.466	1.452	1.43	1.407	1.388	1.386	1.368	1.351	1.30

（5）试拉

试拉成功，表示配模结束。

第七节　多模拉线机配模

因为有可靠的调速机构，非滑动多模连续拉线机可按单模拉线机配模。而滑动式和积蓄式多模拉线机则必须考虑相邻拉线轮速度的影响，须先根据各拉线轮速比确定相对前滑系数，然后根据 $\mu_n = \tau_n\gamma_n$（n =2、3、4…K）计算延伸系数。这是多模拉线机和单模拉线机配模的最大不同之处。

在拉制工艺中，相对前滑系数取值有很大差异。低滑动率拉线机，除倒数第二道有较大数值（例如 $\tau_n = 1.06$）外，其余各道的值都很小，可取相同值（$\tau_1 = \tau_2 = \cdots = \tau_{K-1} = 1.01$）。第一道轮无速比，也没有相对前滑问题，仍须按坯料情况事先选择（比如铜 $\mu_1 = 1.35 \sim 1.55$）。大滑动率拉线机在速比为递减规律分布时，相对前滑系数可取相同值；在速比为相同值时，各道相对前滑系数按递减规律分布。考虑倒数第二道轮没有后级滑动影响，故为满足正常拉制，其上应有足够的滑动，所以 τ_K 以不小于 1.04 为宜。

一、配模计算步骤

（1）确定拉制道次 K 并选定 μ_1

1）延伸系数平均值确定，可根据经验值，参考表 3-8 确定，或由式(3-18)计算求得。

2）拉制道次 K 由式(3-17)计算。

3）根据经验值，参考表3-8选定μ_1。

（2）根据各拉线轮速度计算速比γ

$$\gamma_{总}=\gamma_2\gamma_3\cdots\gamma_K=\frac{v_K}{v_1}$$

$$\gamma_n=\frac{v_n}{v_{n-1}}\qquad n=2,\ 3,\ \cdots,\ K$$

注意：首道轮无速比。

（3）计算总相对前滑系数和各道相对前滑系数

$$\tau_{总}=\frac{\mu_{总}}{\mu_1\gamma_{总}}=\frac{\mu_{总}}{\mu_1\dfrac{v_K}{v_1}}=\frac{\mu_{总}v_1}{\mu_1 v_K}$$

1）速比为递减规律分布时，τ_n可取相同值，$\tau=\sqrt[K-1]{\tau_{总}}$。

2）速比为相同值时，各道相对前滑系数应逐道递减以使各道延伸系数按递减规律分布，且τ_K不小于1.04。

设各道相对前滑系数按等比数列递减，公比为b，取$\tau_K=\tau_a$，各道相对前滑系数为

$$\begin{matrix}\tau_a b^{K-2}, & \tau_a b^{K-3}, & \tau_a b^{K-4}\cdots\tau_a b, & \tau_a\\ \tau_2 & \tau_3 & \tau_4\cdots\tau_{K-1} & \tau_K\end{matrix}$$

得$\tau_{总}=\tau_a^{K-1}b^{\frac{(K-1)(K-2)}{2}}\Rightarrow b=\sqrt[\frac{(K-1)(K-2)}{2}]{\dfrac{\tau_{总}}{\tau_a^{K-1}}}$

根据经验选定$\tau_K=\tau_a$的值，由$\tau_{总}=\dfrac{\mu_{总}}{\mu_1}\dfrac{v_1}{v_K}$可得各道的$\tau$值为

$$\tau_n=\tau_a b^{K-n}=\sqrt[\frac{(K-1)(K-2)}{2(K-n)}]{\frac{\tau_{总}}{\tau_a^{K-1}}}$$

根据现行工艺，滑动式拉线机的相对前滑系数取值为1.015～1.08（有时可达1.10），积蓄式拉线机取值为1.02～1.05。

（4）计算各道延伸系数

$$\mu_n=\tau_n\gamma_n$$

（5）计算各道线径

$$d_n=d_{n+1}\sqrt{\mu_{n+1}}$$

$$d_n=d_{n-1}/\sqrt{\mu_n}$$

（6）根据库存模具调整并验算是否符合预定规律。

$$\tau_2\tau_3\cdots\tau_k=\tau_{总}$$

$$\mu_1\mu_2\cdots\mu_k=\mu_{总}$$

（7）试拉

（8）几点说明

1）由于库存模具规格有限，模具又有偏差，所以过分精确计算的实际意义不大，凭工作经验分配相对前滑系数可使配模工作简化。

2）相对前滑系数的递减分布仅对充分利用材料塑性有利，而与拉线过程中对相对前滑

系数的要求是相反的。较好的方法是在拉线机的设计中采用递减速比，而相对前滑系数采用相同值。

二、多模连续拉线机圆单线拉制配模举例

例 3-2：用多模拉线机将 $\phi7.2$mm 铜杆拉至 $\phi1.6$mm，拉线轮的速度及速比见表 3-10，计算拉制道次及各道模孔直径。

表 3-10 拉线轮的速度及速比

项目	拉线轮序号								
	1	2	3	4	5	6	7	8	9
拉线轮速度/(m/s)	1.59	2.13	2.86	3.84	5.15	6.91	9.29	12.45	15.17
速比	—	1.34	1.34	1.34	1.34	1.34	1.34	1.34	1.22

解：(1) 确定拉制道次

根据成品线直径和拉制条件，根据表 3-8 结合经验，取$\overline{\mu}=1.4$。

由式(3-16)求得拉制道次为

$$K=\frac{\lg\mu_{总}}{\lg\overline{\mu}}=\frac{\lg\frac{7.2^2}{1.6^2}}{\lg1.4}=8.9$$

向上取整，取拉制道次为 $K=9$。

(2) 分配各道延伸系数

1) 第一道延伸系数，根据进料情况取 $\mu_1=1.35$。

总滑动系数为

$$\tau_{总}=\frac{\mu_{总}}{\mu_1}\frac{v_1}{v_K}=\frac{\frac{7.2^2}{1.6^2}\times1.59}{1.35\times15.17}=1.572$$

2) 确定各道相对前滑系数。由于拉线机速比基本为常数，应使相对前滑系数成递减规律分布。采用等比递减数列分配相对前滑系数，取

$$\tau_a=\tau_9=1.04$$

数列公比 $b=\sqrt[\frac{(K-1)(K-2)}{2}]{\frac{\tau_{总}}{\tau_a^{K-1}}}=28\times\sqrt{\frac{1.572}{1.048}}=1.005$

各道相对前滑系数计算结果为

$$\tau_2=\tau_a b^{K-2}=1.04\times1.005^7=1.077$$

τ_2	τ_3	τ_4	τ_5	τ_6	τ_7	τ_8	τ_9
1.077	1.071	1.066	1.061	1.056	1.050	1.045	1.040

各道延伸系数计算结果为

$$\mu_2=\tau_2\gamma_2=1.077\times1.34=1.443$$

μ_2	μ_3	μ_4	μ_5	μ_6	μ_7	μ_8	μ_9
1.443	1.435	1.428	1.422	1.415	1.407	1.400	1.269

(3) 各道模孔值计算举例及结果

$$d_8=d_9\sqrt{\mu_9}=1.6\times\sqrt{1.269}=1.8$$

d_0	d_1	d_2	d_3	d_4	d_5	d_6	d_7	d_8	d_9
7.20	6.20	5.16	4.31	3.60	3.02	2.54	2.14	1.80	1.60

(4) 根据库存调整后的模孔直径及延伸系数

n	0	1	2	3	4	5	6	7	8	9
d_n	7.20	6.20	5.15	4.30	3.60	3.00	2.54	2.14	1.80	1.60
μ_n	—	1.3501	1.4491	1.434	1.427	1.4401	1.395	1.407	1.400	1.269

延伸系数分布基本符合递减分布。

(5) 试拉

试拉成功，则配模结束，下达正式工艺。断线率高，则应重新调整，验算，试拉，直至成功。

第八节　线材退火

退火又称韧炼、软化，是对于受到冷加工变形，产生硬化的铜、铝等线材采用热处理的加工方式，使线材消除硬化，恢复塑性保持良好电气和机械性能的工艺过程。

一、退火的作用

在拉线过程中线材出现加工硬化现象，加工硬化会使导体的电阻率增大，导电性能变差。特别是降低了金属塑性，增加了加工设备的功率，延长了加工时间，增加了生产成本。随着加工硬化现象的产生要不断增加机械功率，随着材料塑性韧性的下降，可能发生脆性破坏。为使线材满足使用要求或恢复塑性，继续进行冷变形加工，要进行退火处理。

1. 退火的作用

1) 为使经过冷加工硬化的金属塑性恢复加工前的水平，便于继续拉制，线材须经中间退火。

2) 为使拉线的成品恢复拉线前的机械和电性能，要进行成品退火。

3) 对于成品铝线，采用适当的退火和拉线工艺可以得到性能介于硬线和软线之间的半硬线。

4) 对于一些软铜绞线成品(如铜电刷线)，在束绞和绞制完成后进行退火，还有消除由于束绞和绞制单线的内应力，使成品柔软的作用。

5) 对于在较高温度场合使用时导体本身发热的合金产品，为避免使用过程中发生电性能变化，应预先进行退火。这种退火温度仅略高于使用温度，且退火时间较短。

2. 中间退火

当铜铝坯料拉制成一定规格的成品时，如果总的延伸系数大于两次退火间的最大延伸系数，就要进行中间退火。然后再继续拉制，中间退火次数 N 为

$$N=\frac{\lg\mu_{总}}{\lg\mu_{退}}-1$$

式中　$\mu_{总}$——由坯料至成品的总延伸系数；

$\mu_{退}$——两次退火间线材能承受的最大延伸系数。

二、退火工艺参数

由第一章的介绍我们知道，金属在退火过程中经过回复、再结晶和晶粒长大三个阶段。在回复阶段能基本消除变形内应力，而加工硬化现象却基本保留，这种热处理方法称为去应力退火。为完全消除加工硬化现象，必须加热到更高温度，进入再结晶退火阶段。如果温度继续升高或延长保温时间，就进入了晶粒长大阶段。这时就容易出现粗晶粒组织，强度、塑性及韧性都将变差，生产中应当避免。

1. 退火温度

再结晶温度受许多因素影响，没有固定的临界点，是一个温度区间，而且与保温时间有关。实际生产中，退火温度与退火方式、线径、热传导条件等因素有关。退火温度要高于再结晶温度，但要低于晶粒过分长大的温度。要比再结晶温度要高100～200℃或更高。

$$T_{退} = (0.35 \sim 0.4)T_{熔} + (150 \sim 200)\mathrm{K}$$

去应力退火温度相当于最低再结晶温度，一般工业纯铜、纯铝的退火温度可参照表3-11。

表3-11 工业纯铜、纯铝的退火温度 单位：℃

材　　料	最低再结晶温度	去应力退火温度	再结晶退火温度
工业纯铜	200～270	200～300	500～700
工业纯铝	150～240	140～160	350～400

2. 退火时间

退火时间应能使整个金属体积内的再结晶过程充分进行，而又不至于产生晶粒长大，退火时间与加热温度、金属材料的体积、退火方式等因素有关，没有统一的临界点，但必须保证传热均匀、退火完全。如采用接触式电阻连续退火方式退火时间只有几秒至几十秒，而采用罐式炉、钟罩式等非连续退火方式退火时间要达几个小时。

3. 冷却

退火时的冷却速度对性能基本没有影响，可采取水冷、风冷及空气自然冷却等方式。

4. 气体保护

在空气中，铜线表面的氧化物疏松，会不断氧化，所以铜线退火及冷却时须在无氧的真空或充满惰性气体的环境中进行。常用的气体有氮气、二氧化碳、一氧化碳、水蒸汽等，也有采用酒精蒸气的。所有气体中不能含有硫的成分。

铝和铝合金线由于表面的氧化层薄膜致密，能保护基体金属不被氧化，可以暴露在空气中退火。

第九节　退 火 工 艺

传统的退火方式是将拉线与退火作为两个工序分开进行的非连续式退火，主要方式有罐式炉退火、钟罩式炉退火、水封炉退火等。传统的退火方式生产效率低，占用场地大，应用逐渐减少。采用拉线退火连续进行的接触式电阻连续退火、感应加热退火等退火工艺，提高了生产效率和产品质量，降低了能量消耗，应用日益普及。

一、接触式电阻连续退火（短路电流加热连续退火）

1. 工作原理

连续退火设备装在拉线机最后一个拉线轮与收线装置之间，构成拉线—退火—收线的连续生产线，参见图 3-15。从最后一个拉线轮出来的线连续通过几个金属滚轮，滚轮同时也是电极，与加热电源相连。当导线在这些滚轮上接触通过时，导线上就有电流通过，因为导线本身电阻的存在，将电能转变成热能加热自身，实现了退火。因为是通过导线与滚轮的接触传输退火电流的，所以被称为“接触式”，滚轮也被称为“接触轮”；电流在作为电极的滚轮间的导线上短路产生热量，故也称为“短路电流加热”连续退火。

连续生产线的退火部分有两种形式，如图 3-24 所示。一种是预热-退火的两段式，另一种是预热-退火-再热的三段式。各部分作用如下：

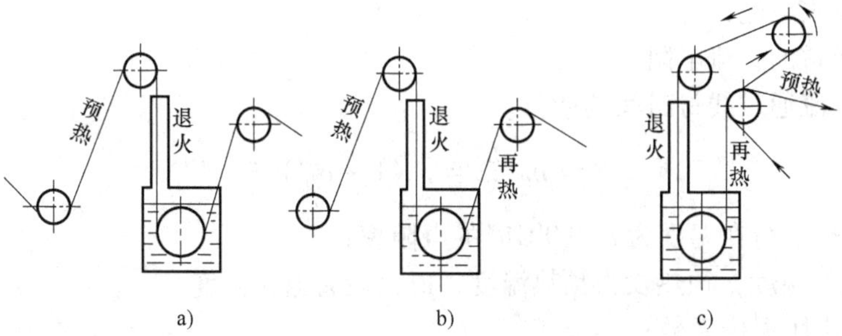

图 3-24 接触式连续退火示意图

a）二段式 b、c）三段式

预热段：将铜线加热到在空气中不致氧化的最高温度（250～280℃），以减轻退火段的功率负担。

退火段：把线材加热到退火温度，一般为 500～570℃，使之产生再结晶。在该段线材经过充有低压蒸气或惰性气体保护的保护管，退火后进入加有少量拉线乳液的冷却水中冷却，拉线乳液起到减少导轮磨损的作用。在冷却水中加入适量钝化剂，可对导线起到防氧化作用。导线离开冷却水时应用压缩空气吹干或用毛毡擦干。

再热段：通电加热以加速表面水分蒸发，以取得表面光亮的铜线。温度以可以将线材表面烘干即可，不宜过高。

细线的退火多采用三角形装置，它的特点是轮间距离短，避免了线的抖动和由于抖动引起的线与滚轮间的电火花，这就防止了线与轮表面出现烧痕。通电的滚轮与传动相连，以减轻线的张力，防止细线拉断和拉细。由于线受热要伸长，为保证线与滚轮间接触紧密，避免产生火花，各通电的滚轮在转速相同的条件下，直径应逐个增大。无论哪种型式，退火装置的退火速度与拉线速度应始终保持一致，拉线速度提高时，退火电压也要随之自动地相应增加，提高退火温度，缩短退火所需时间。所以，在连续机组的控制上，除采用速度反馈或张力反馈控制收线盘速度与连续退火速度一致外，还应取速度为同步信号控制加热电源电压跟踪速度同步变化，断线或停机时应同时切断加热电源。

这种退火方式具有以下几个特点：

1）可与拉线连续生产，速度高，生产工序少，提高了生产效率；

2）退火均匀，线材质量高；

3）耗电少，约为钟罩式、罐式炉退火耗电的一半；

4）退火同时线材承受张力，张力控制应适当，否则易将线材拉细；

5）线材在接触滚轮时不允许抖动，以免产生火花，烧坏接触轮和线材表面。

2. 短路电流连续退火参数计算

连续退火的技术参数有退火电压、电流、温度、速度等。

（1）退火电流的计算

短路电流流过线材产生热量应等于退火线材温升所需热量，这是电流退火的基本公式。

1）退火电流通过线材时产生的热量为

$$Q_1 = I^2 R\mathrm{d}t \tag{3-22}$$

式中 Q_1——电流通过线材产生的热量；

I——退火电流；

R——线材的直流电阻；

$\mathrm{d}t$——电流通过线材时间的微分。

$$R = \rho_{t'}\frac{L}{S} = \rho_0(1+\alpha t')\frac{L}{A} \tag{3-23}$$

式中 ρ_t、ρ_0——线材在温度为 t' 和 0℃时的电阻率；

t'——线材的温度，预热段为预热温度，退火段为退火温度；

α——铜的电阻温度系数；

L——预热或退火段线材长度；

A——线材的截面积。

2）线材温升所需热量为

$$Q_2 = cG\mathrm{d}t' = cV\gamma\mathrm{d}t' = cAL\gamma\mathrm{d}t'$$

式中 Q_2——线材温升 dt'时所需热量；

c——铜的比热容；

G——线材重量；

V——线材体积；

γ——铜的密度；

$\mathrm{d}t'$——线材温度变量的微分。

3）实际中暂不考虑辐射等其他热量损失，然后加 10% 的系数，则有 $Q_1=Q_2$，将式(3-23)带入式(3-22)，得

$$I^2\rho_0(1+\alpha t')\frac{L}{A}\mathrm{d}t = cLS\gamma\mathrm{d}t' \tag{3-24}$$

退火(或预热)过程中，线材温度由 t_1' 升高到 t_2'。

线材在退火段的运行速度为 v，则退火时间 $\tau = L/v$。

对式(3-24)积分，得

$$\frac{I^2\rho_0}{cA^2\gamma}\int_0^{\tau}\mathrm{d}t = \int_{t'_1}^{t'_2}\frac{1}{1+\alpha t'}\mathrm{d}t'$$

$$\frac{I^2\rho_0\tau}{cA^2\gamma} = \frac{I^2\rho_0 L}{cA^2\gamma v} = \frac{1}{\alpha}\ln\frac{1+\alpha t_2'}{1+\alpha t_1'} \tag{3-25}$$

退火电流为

$$I = A\sqrt{\frac{c\gamma v}{\alpha\rho_0 L}\ln\frac{1+\alpha t_2'}{1+\alpha t_1'}} \tag{3-26}$$

将 $A=\frac{\pi}{4}d^2$(d 为线材直径)以及 c、γ、α、ρ_0 以铜线常数带入式(3-26),得

$$I = 180d^2\sqrt{\frac{v}{L}\ln\frac{1+\alpha t_2'}{1+\alpha t_1'}} \tag{3-27}$$

(2) 退火电压的计算

将 $U=IR$ 及式(3-23)带入式(3-24)得

$$\frac{U^2A}{\rho_0(1+\alpha t')L}\mathrm{d}t = cLA\gamma\mathrm{d}t'$$

$$\frac{U^2}{\rho_0 c\gamma L^2}\mathrm{d}t = (1+\alpha t')\mathrm{d}t'$$

积分得

$$\frac{U^2}{\rho_0 c\gamma L^2}\int_0^{\tau}\mathrm{d}t = \int_{t'_1}^{t'_2}(1+\alpha t')\mathrm{d}t' \tag{3-28}$$

将 $\tau = L/v$ 带入式(3-28),化简得

$$U = \sqrt{\rho_0 c\gamma vL\left[t_2' - t_1' - \frac{\alpha}{2}(t_2'^2 - t_1'^2)\right]} \tag{3-29}$$

将 c、γ、α、ρ_0 以铜线常数带入式(3-29),得

$$U = \sqrt{0.065vL\left[t_2' - t_1' - \frac{\alpha}{2}(t_2'^2 - t_1'^2)\right]} \tag{3-30}$$

二、罐式炉(地坑式)和钟罩式炉的退火

罐式炉是一个地坑式圆形电阻加热炉,另有一个装入被退火铜线的铁罐,将铁罐放入地坑中。为保证退火时铜线不被氧化,铁罐是可以密封的,装线加盖后,通过盖上的阀门抽出罐内气体,然后向罐内充入保护气体(常用氮气、二氧化碳等)。随后通电加热,保温一定时间后,退火完成,从坑内吊出铁罐进行冷却。罐式炉的结构如图 3-25 所示。

钟罩式炉的退火与地坑式类似,只是把需要退火的铜线放在小车上,外罩铁罐,抽真空、充保护气体后将小车推到电炉下面,加热电炉像钟罩一样罩在铁罐外面,进行退火、保温,退火完成后,然后升起钟罩炉,开始冷却。其结构形式如图 3-26 所示。

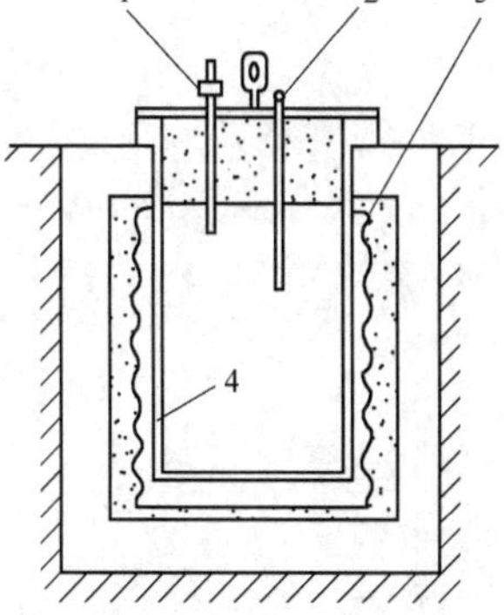

图 3-25 罐式退火炉示意图

1—阀门 2—热电偶 3—电加热器 4—装料罐

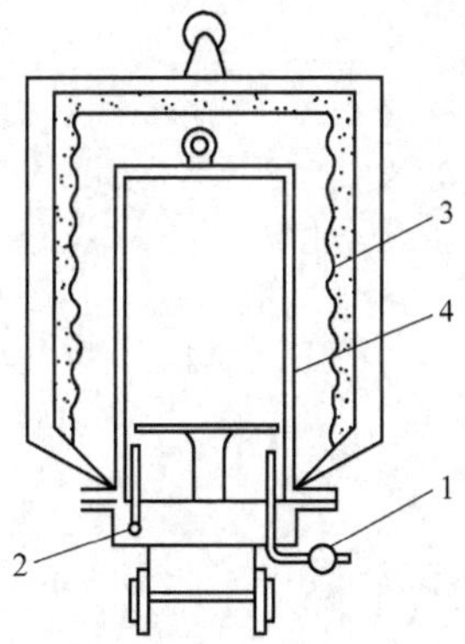

图 3-26 钟罩式退火炉示意图

1—阀门 2—热电偶 3—电加热器 4—装料罐

这两种退火炉内线材堆挤紧密，体积较大，退火时需维持一定的保温时间，使线材内外温度均衡，退火温度根据线径不同控制在400～500℃，保温时间为2～3h。操作中应注意的其他工艺问题：①抽真空后，罐内残余压力要小，要避免氧气的存在；②充入保护气体的压力要考虑受热膨胀的增压；③装罐时要避免罐体和铜线粘有油污等，以免加热时分解而造成铜线氧化和污染。

这两种退火方式存在的问题：①生产占地面积大，劳动条件差；②生产周期长；③热效率低，耗电量大；④小规格铜丝退火时容易粘连。

优点是装料容量大，可进行较大件产品退火。相比于水封式电热炉退火，铜线的表面光亮度好。

三、水封式电热炉退火

这种方法是将铜线绑在传送链上，不断地进入加热炉膛，从另一端不断地出料。进出料口用水封闭，炉内充满水蒸汽，炉膛内压强稍大于一个大气压，使空气不能进入，保证在无氧条件下退火。这种方法的特点是产量大、占地面积小；缺点是劳动条件差，线材易变色、磕伤，缺少金属光泽。从炉内出来的铜线表面及内部沾有水，存放时间稍长，铜线易氧化，必须提高线材出炉后的干燥速度。

这种方法铜线的退火温度：ϕ1.0mm以上的铜线为550～650℃，ϕ1.0mm以下的铜线为450～550℃；铝线为350～400℃，保温时间为1～2h。

四、铝线退火

铝线表面容易生成一层致密的氧化薄膜，保护里层不被继续氧化。但该氧化层的电阻较大，用接触法连续退火，铝线和接触轮间易打火，会烧断铝线。

铝线连续退火，一般采用工频（或中频）感应连续加热法，退火温度为350～400℃，线速度可达20～25m/s，这种加热方式还可用于绝缘挤出前导电线芯的预热。

铝线退火时不必考虑氧化问题，可以采用罐式炉、钟罩式、水封式退火，可不进行气体保护，使用热风循环退火，可提高退火效率。此时，主要应使装入的线材之间有空隙，以利于热量的循环，使退火均匀。

第四章　绞 线 工 艺

第一节　绞线的意义及分类

绞线就是将若干根直径相同或不同的单线，按一定的方向和规则扭绞在一起，成为一个整体线芯的工艺过程。绞线是裸电线和绝缘电缆导电线芯生产的主要工艺方法，是电线电缆生产技术中广为应用的一项基本工艺。

一、绞线的意义

1. 导体绞合的意义

绞线生产必须同时满足下列要求：一是使所有单线围绕一个中心轴线作旋转运动，即绞笼的旋转；二是使绞合制品沿着这个轴线方向做水平的直线运动，即牵引的运行。通过绞笼旋转和牵引运动的配合，以一定的规则将单线扭绞到一起，成为绞合导线，绞合过程的原理如图 4-1 所示。

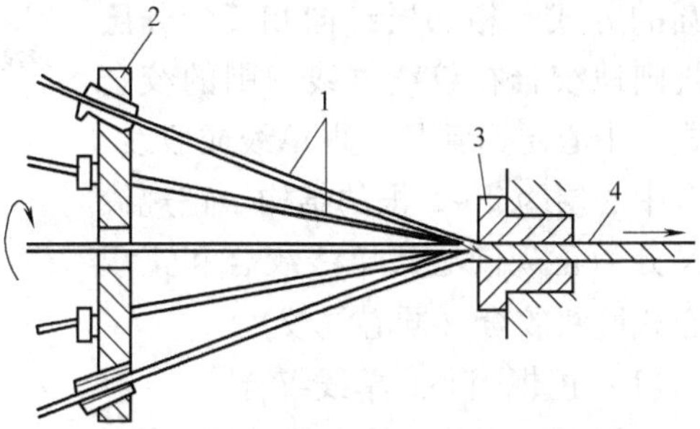

图 4-1　绞合原理图

1—单线　2—分线板　3—并线模　4—绞线

绞合的导线直接作为电线使用时，称为裸绞线，如铝绞线、钢芯铝绞线和铜绞线等，一般用于架空输电线路及电气设备的连接线。绞合导线如用作绝缘电线电缆的导体时，称为导电线芯。

2. 绞合导线的特点

(1) 柔软性好

从图 4-2 中可以看出，未经绞合的平行线束在弯曲时，线束外侧单线受拉伸，内侧单线受压缩，两者对弯曲产生阻力，在弯曲、拉直的过程中，各单线都受到一次弯曲变形。而绞线在弯曲时，由于每根单线是呈螺旋状绕在绞线的轴线周围，当绞线弯曲时，每根单线都同时受到拉伸和压缩，受压缩部位向拉伸部位移动，只需克服单线移动时的摩擦，这个摩擦力比平行线束中单线弯曲产生的阻力要小得多。

相同规格的绞线，绞合节距越小，弯曲时单线移动距离越短，摩擦力越小，绞线越柔软。

(2) 可靠性高

用单线做电线电缆的导体时，受制造过程产生的缺陷和材料不均匀性影响而会降低单根导线的可靠性。用多根单线绞合的线芯，缺陷得以分散，导线的可靠性明显提高。这样的情况对于单线接头表现尤为突出，按规定绞线中

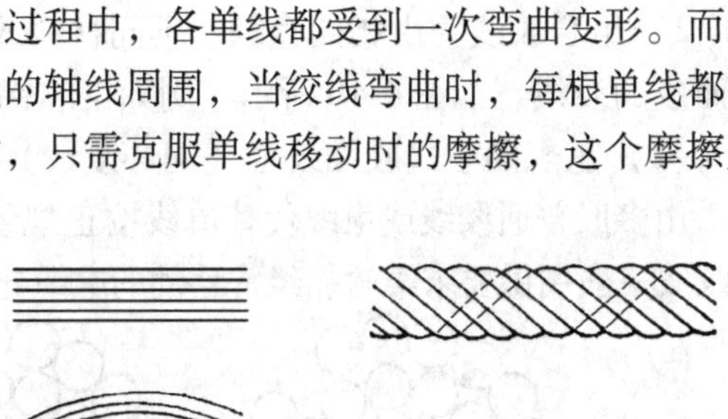

图 4-2　平行线束和绞线的弯曲变形分析

a) 平行线束　b) 绞线

不同单线的接头应间隔一定距离，而单线无法做到这一点。

（3）强度大

相同截面积的绞线与单根导线相比强度要大得多。相同材料，线径越细，其抗拉强度越高，因此，由多根细线绞合而成的绞线的综合拉断力要大于相等截面积的单根导线的拉断力。

（4）稳定性好

绞线在弯曲时，每一根单线的位置轮流处在绞线上部伸长区和下部的压缩区，单线不会产生伸长和压缩，也不会发生单线位置的变动，结构具有良好的稳定性。平行线束弯曲时，上面的单线受拉伸而嵌入线束中，下面的单线由于受压缩而向线束中心压缩，从而使线束形状发生了变化，参见图 4-2。

二、绞线的形式

绞线形式主要有如图 4-3 所示几种形式。

1. 正规绞合

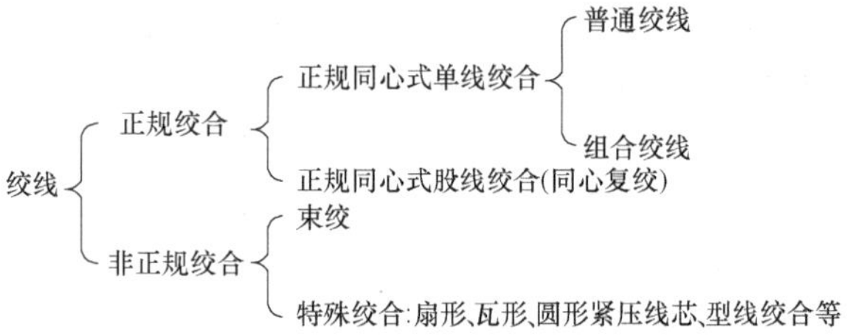

图 4-3　绞线的形式

正规绞合就是把单线或股线按同心圆的方式，相邻层绞向相反，分层有规则地绞合在绞线轴线周围的绞合方式。中心层通常是一根单线或股线，也有中心层为 2 ~ 5 根的结构。正规绞合又分为正规同心式单线绞合和正规同心式股线绞合（同心复绞）。

（1）正规同心式单线绞合

正规同心式单线绞合就是把单线按正规绞合规则绞合的绞线。正规同心式单线绞合又可分为普通绞线和组合绞线两种。

1）普通绞线为相同直径和材料的单线按正规绞合方式绞合在一起的绞线，如图 4-4a 所示。例如非紧压铜、铝导电线芯，裸铝线等。

2）组合绞线为由相同直径、不同材料或不同直径、不同材料的单线按正规绞合方式绞合而成的绞线，如图 4-4b 所示。例如钢芯铝绞线、铝包钢芯铝绞线等。

（2）正规同心式股线绞合（同心复绞）

由多股普通绞线或束线代替单线按正规绞合的方式绞合而成的绞线，如图 4-4c 所示。这类绞线一般用做要求柔软、经常移动的电缆导体，如矿用电缆、移动用橡皮绝缘软电缆等。

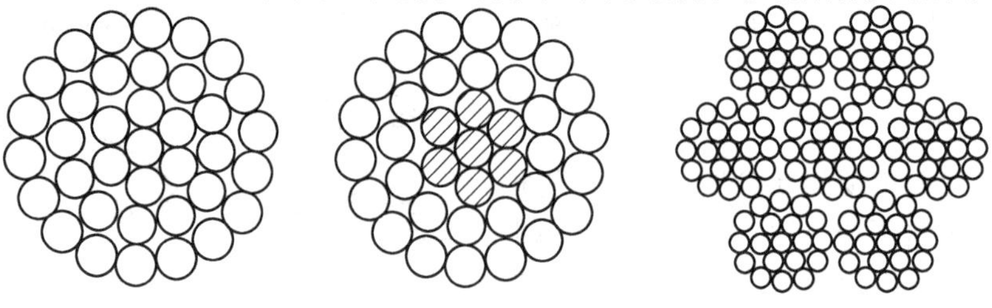

a)　　　　b)　　　　c)

图 4-4　正规绞合的几种形式

a）普通绞线　b）组合绞线　c）同心复绞

2. 非正规绞合

（1）束绞

束绞就是将多根单线以同方向、同节距不分层地扭绞在一起的绞合方式。这样形成的绞线各单线之间的位置互相不固定，束线外形也不一定圆整。但与普通绞线相比束线具有线芯柔软，弯曲性能好的特点。

（2）特殊绞合

1）扇形、半圆形和瓦形线芯。多芯的中、低压电力电缆的导电线芯大多采用紧压型线，两芯电缆采用半圆形，三芯、四芯采用扇形，五芯电力电缆导体多采用瓦形结构，如图4-5所示。与采用圆形导体相比，这种电缆的成缆直径较小，绝缘线芯之间紧密程度增加，可减少填充及护层材料用量，降低生产成本。大截面积导体采用分割导体形式，各股块亦为扇形，扇形块之间以电缆纸分割，减小了集肤效应对导体电阻的影响。

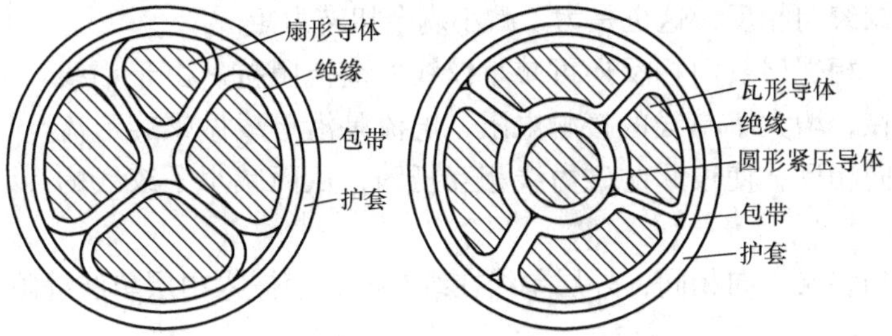

图4-5 采用扇形、瓦形和圆形紧压导体的电缆

2）圆形紧压线芯。把正规绞合的圆形绞线通过圆孔形紧压轮或拉拔模紧压，就成为圆形紧压线芯。线芯经紧压后，单线变形，减小了单线之间的间隙和导线外径，提高了导线表面的光滑程度，减少了绝缘层、填充和护层材料的用量。

3）型线绞合。用形状为“Z”或“S”形或梯形的单线进行绞合，如图4-6所示。单线之间只有很小的间隙，而且绞线表面光洁，圆整度高。成型单线绞合后，相互之间具有一定的挤压支撑作用，从而可成型为中空的绞线。中间的孔道可用做高压充油电缆中电缆油的通道、各种架空导线中充填加强元件的空隙、在扩径导线中中空导体用以扩大导线外径，以减小导线表面场强，避免电晕产生。

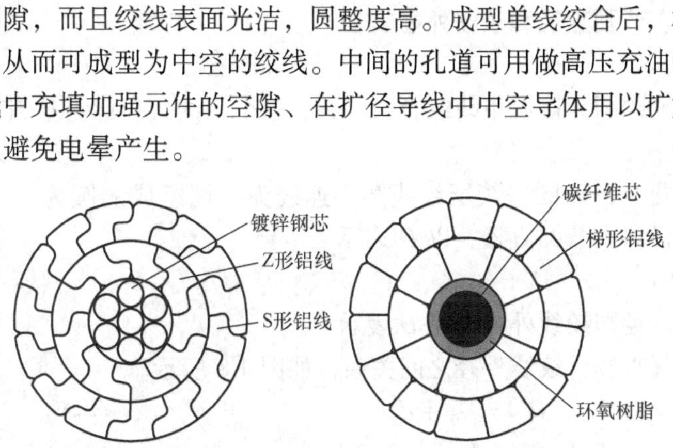

图4-6 采用异形单线绞合而成的架空导线

三、束线与绞线的特点

束线由多根单线按同一绞向绞合而成，属不规则绞合。束线中各单线位置不固定，所以由7根以上单线组成的束线外形很难保持圆整。由于束线中各单线向一个方向扭绞，在弯曲时，各单线之间滑动余量很大，抗弯曲力小，所以束线的弯曲性能好。因各单线绞向、节距

相同，因此可以用束绞机一次绞合而成，生产效率高。矿用橡套软电缆、电焊机电缆、橡皮绝缘软线等要求柔软的产品的导电线芯，多采用束绞形式。束线类产品一般为铜芯，单线直径一般不超过0.5mm。

绞线的相邻层单线绞向相反，这样可以使绞线获得比束线更好的稳定性。由图4-7可以看出，当绞线受到总拉力 F_0 作用时，某一绞层上单线受到拉力为 F，F 可以分解为沿单线轴向方向的力 F_1 与轴向垂直方向的分力 F_2，F_1 沿单线轴向起拉伸作用。F_2 在垂直于绞线轴线的平面上的投影为 F'_2，F'_2 所产生的扭矩欲使该绞层旋转，使绞线松散。若各层绞向相反，层间的 F'_2 方向相反，相邻层的扭矩会相互抵消，使绞线受到拉力也不会回松。

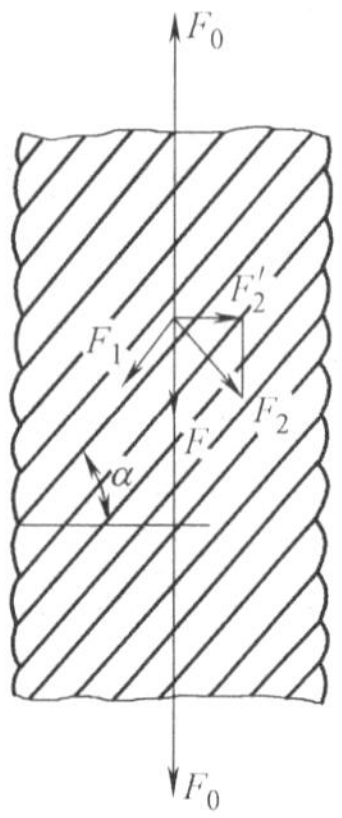

图4-7 绞线受力分析

绞线时，层数越多，剩余扭转力矩越小，稳定性越好。复绞线中，股线的绞向与复绞绞向相反，这也是为了减小剩余扭转力矩。

对于铝绞线，相邻层绞向相反还可减小绞线的交流阻抗。由于铝线表面氧化层的存在，增大了单线的接触电阻，电流是沿单线做螺旋形流动的，相邻层绞向相反，使彼此的磁力线相互抵消，从而减小了绞线的交流阻抗。

另外，假如相邻层绞向相同，外层单线在绞制时，会嵌入内层单线缝隙中，难以保证绞线的圆整度。

综上所述，束线具有柔软，外径小，生产效率高的优点，但外形不圆整，结构稳定性差。绞线结构稳定，不易松散，圆整度好，但线间间隙大，生产效率比束线低。

第二节　绞线的工艺参数

一、基圆直径、节圆直径和绞线外径

1. 基圆直径 D_0

绞合前线芯的轮廓圆为该层单线绞合的基圆，这个圆的直径称为基圆直径，以 D_0 表示。

2. 节圆直径 D'

以绞线中心为圆心，以同一绞层绞线圆心连线为圆周组成的圆为节圆。这个圆的直径即为节圆直径，以 D'表示。

3. 绞线外径 D

绞线外接圆的直径即绞线外径，用 D 表示。

基圆直径、节圆直径、绞线外径之间关系，如图4-8所示。

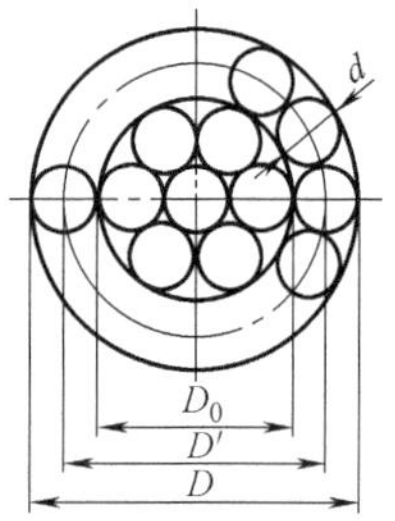

图4-8 绞线直径计算图

$$D' = D_0 + d \tag{4-1}$$

$$D = D' + d = D_0 + 2d \tag{4-2}$$

式中　d——单线直径。

二、螺旋升角（绞合角）、节距和单线展开长度

1. 螺旋升角 α

绞合的圆单线轴线与绞线横截面的夹角称为绞合角。

2. 节距 h

单线在绞线表面形成一个完整螺旋，在轴线方向移动的距离称为绞线的节距。根据绞线生产时节距的形成也可定义为：放线绞笼旋转一周，绞线沿轴向前进的距离。因此可根据节距与绞笼转速和牵引速度的关系进行节距计算

$$h = \frac{v}{n} \tag{4-3}$$

式中 h——绞合节距，单位为 m；

v——收线速度，单位为 m/min；

n——绞笼的转速，单位为 r/min。

3. 单线展开长度 l

在一个节距长度上单线展开后的实际长度称为单线展开长度。

图 4-9 中的直角三角形可得出绞合角、节距和单线展开长度之间关系为

$$l^2 = h^2 + (\pi D')^2 \tag{4-4}$$

$$h = l\sin\alpha \tag{4-5}$$

$$\tan\alpha = \frac{h}{\pi D'}$$

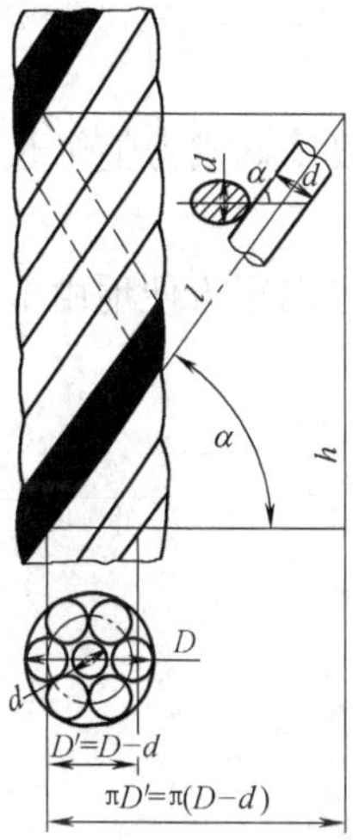

图 4-9 绞线工艺参数计算图

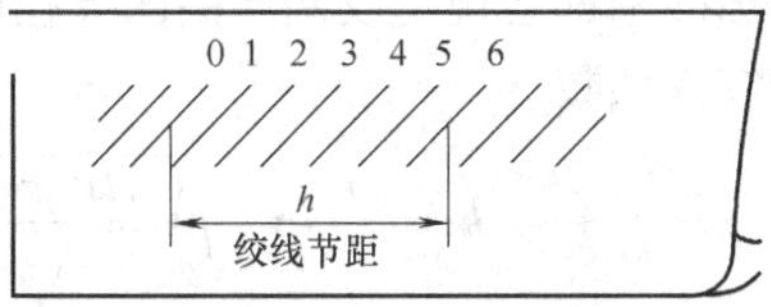

图 4-10 纸带法测量绞线节距示意图

4. 绞线节距测量——纸带法

用长度大于节距的纸带绷紧在平直的绞线上，用铅笔沿绞线轴平划过去，可得到一组印痕。印痕的数目应多于测量层单线根数，在其中之一的中点做一标记，从与它相邻的一个开始编号，当编号数等于测量层的单线根数时，在最后编号的印痕中点也做一标记，测量两个标记中间的距离，这就是该层的绞线节距，绞层为 6 根时的节距测量如图 4-10 所示。

三、节径比、绞入系数和绞入率

1. 节径比

（1）节径比 m

绞线的节距长度 h 与该层绞线外径 D 的比值叫做节径比，又叫节距比，即

$$m = \frac{h}{D}$$

（2）理论节径比 m'

用绞线节距与绞线外径表示的节径比称实用节距比，以 m 表示；用绞线节距和绞线节圆直径表示的节径比称理论节径比，以 m'表示。

$$m' = \frac{h}{D'} = m\frac{D}{D'} = m\frac{D}{D-d}$$

节径比是衡量不同直径绞线绞合程度的重要指标，是绞线工艺中最重要的工艺参数之一。节径比的大小对绞线的柔软性和紧密程度有很大关系，节径比（或螺旋升角）越小，绞线柔软性越好，绞线越紧密，同样长度绞线所使用的单线长度越长。理论节径比和螺旋升角之间的关系如下：

$$\tan\alpha = \frac{h}{\pi D'} = \frac{m'D'}{\pi D'} = \frac{m'}{\pi}$$

2. 绞入系数 k

（1）绞入系数

在绞线的一个节距长度上，单线展开长度 l 与绞线节距 h 之比称为绞入系数，用 k 表示。

$$k = \frac{l}{h} = \frac{1}{\sin\alpha}$$

上式中的节距 h 可以引申为绞线的长度，相应的单线展开长度 l 就成为整个长度上使用的一根单线的实际长度。

在产品标准中都会规定绞制产品的节径比，利用下面的关系可以很方便地由节径比计算绞制产品的绞入系数。

$$k = \frac{l}{h} = \sqrt{\frac{(\pi D')^2 + (m'D')^2}{(m'D')^2}} = \sqrt{\frac{\pi^2}{m'^2} + 1}$$

将上式按级数展开，得：

$$k = 1 + \frac{1}{2}\left(\frac{\pi}{m'}\right)^2 - \frac{1}{8}\left(\frac{\pi}{m'}\right)^4 + \cdots$$

取其前两项：

$$k \approx 1 + \frac{1}{2}\left(\frac{\pi}{m'}\right)^2$$

（2）平均绞入系数

在实际生产中还经常用到各层绞线的平均绞入系数 k_m，平均绞入系数是绞线中各单线绞入系数的算术平均值，即

$$k_m = \frac{k_{总}}{Z} = \frac{Z_0k_0 + Z_1k_1 + Z_2k_2 + L + Z_nk_n}{Z_0 + Z_1 + Z_2 + L + Z_n}$$

式中 $k_{总}$——绞线的总绞入系数；

Z——绞线中单线总根数；

Z_0、Z_1、Z_2、…、Z_n——中心层、第一、第二、…、第 n 层的单线根数；

k_0、k_1、k_2、…、k_n——中心层、第一、第二、…、第 n 层的绞入系数。

3. 绞入率 λ

在绞线的一个节距长度上，单线展开长度 l 与节距 h 之差与节距 h 的比值，以百分数表

示的值称绞入率，用 λ 表示。

$$\lambda = \frac{l-h}{h} \times 100\%$$

绞入系数与绞入率的关系如下：

$$k = \lambda + 1$$
$$\lambda = (k-1) \times 100\%$$

四、绞向

绞向是指绞线的绞合方向，分为左向和右向。具体判别方法是：摊开手掌，四指并拢，大拇指自然张开，掌心向上，让四指指向绞线的前进方向，单线的斜出方向与伸开的大拇指方向一致，如果与左手相符，绞向就是左向，因为与英文字母“S”的中间部分相似，所以也叫S向；如果与右手相符，绞向就是右向，与英文字母“Z”的中间部分相似，也叫Z向，如图4-11所示。

对于正规绞合，为保证绞线外形圆整和结构稳定，要求相邻绞层绞向相反，外层节径比不大于内层。有些产品标准中规定了绞线最外层的绞向，如铝绞线和钢芯铝绞线产品，标准规定最外层绞向为右向，而一些电气装备用电线电缆用的铜铝导电线芯标准规定最外层绞向为左向，这是为了使产品统一，便于连接。

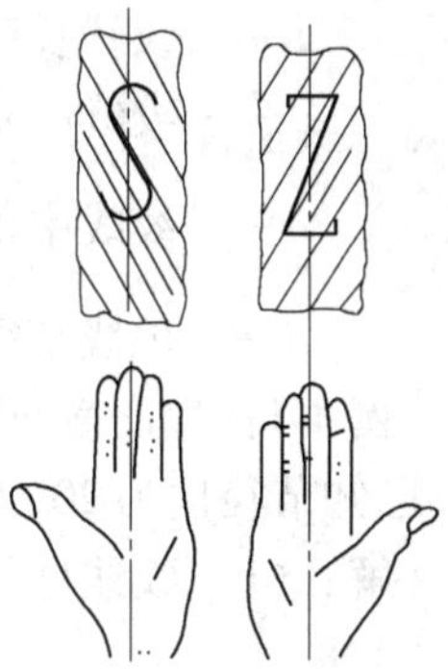

图4-11　绞向判断

五、绞入系数（绞入率）和节径比的应用

绞入系数和节径比是绞制工艺和性能计算中非常重要的工艺参数，例如在工艺上确定绞线或成缆的生产速度，计算一定长度导电线芯或成品所需单线或绝缘线芯的长度，计算产品净重，计算导体直流电阻等。

1. 绞线中单线长度计算

1）第 n 层的单线展开长度 l_n 为

$$l_n = k_n L$$

式中　L——绞线长度，单位为m；

k_n——第 n 层的绞入系数。

2）绞线中单线的平均长度 l_m 为

$$l_m = k_m L$$

式中　k_m——绞线的平均绞入系数。

3）绞线中所有单线的总长度 l

$$l_{总} = Zl_m = Zk_m L$$

式中　Z——绞线中单线总根数。

2. 绞线单位重量计算

产品重量是进行材料供应、成本核算、运输配重中经常要用到的重要数据，一般计算每千米长度的总重量，绞线的重量计算如下：

$$G = \frac{aZLk_m\rho}{L} = ak_{总}\rho = A\rho$$

式中　G——每千米长度绞线的总重量，单位为kg/km；

a——单线的横截面积，单位为 kg/km；

A——绞线的实际截面积，单位为 mm^2；

L——绞线的长度，单位为 km；

ρ——材料的密度，单位为 g/cm^3。

有多种金属组成的绞线，应分别计算各种金属的重量后再求和。

3. 绞线直流电阻计算

通过单线的直流电阻计算绞线的直流电阻，必须考虑绞合时单线长度增加对绞线直流电阻的影响。

$$R_{20} = \rho_{20}\frac{l}{A'} = \rho_{20}\frac{l}{Za}k_m = \frac{4}{\pi}\rho_{20}\frac{l}{Zd^2}k_m$$

式中 R_{20}——20℃时绞线的直流电阻，单位为 Ω/m；

ρ_{20}——20℃时导体材料的电阻率，单位为 $\Omega \cdot mm^2/m$；

L——绞线长度，单位为 m；

A'——绞线的实际截面积，单位为 mm^2；

a——绞线中单线的截面积，单位为 mm^2，$s = \frac{\pi}{4}d^2$；

d——单线直径，单位为 mm。

例 4-1： 生产截面积为 $35mm^2$ 铜导电线芯 2500m，采用 ϕ2.57mm 单线，绞线结构为 1 + 6，已知节径比为 20，计算绞线外径、绞合节距、各单线长度和单位长度绞线重量。

解：（1）绞线外径

$$D_1 = 3d = 3 \times 2.57mm = 7.71mm$$

（2）绞合节距

$$h = mD = 20 \times 7.71mm = 154.2mm$$

（3）单线配盘

首先计算 6 根层的绞入系数 k_1

由 $h = m_1'D_1' = m_1D_1$，得

$$m_1' = m_1\frac{D_1}{D_1'} = m_1\frac{D_1}{D_1 - d} = 20 \times \frac{3d}{2d} = 30$$

$$k_1 = 1 + \frac{1}{2}\left(\frac{\pi}{m_1'}\right)^2 = 1 + \frac{1}{2}\left(\frac{\pi}{30}\right)^2 = 1.005$$

各单线长度：

中心层 1 根，$k_0 = 1$，　　单线长 $l_0 = Lk_0 = 2500 \times 1 = 2500$（m）

第一层 6 根，$k_1 = 1.005$，　　单线长 $l_1 = Lk_1 = 2500 \times 1.005m = 2512.5m$

需准备 2500m 单线 1 盘，2512.5m 单线 6 盘。

（4）单位长度绞线重量

绞合中所需单线总长度为

$$l_{总} = l_0 + 6l_1 = 2500 + 6 \times 2512.5m = 17575m$$

单线截面积

$$a = \frac{\pi}{4}d^2 = \frac{\pi}{4} \times 2.57^2 mm^2 = 5.18mm^2$$

绞线的导体总体积

$$V = al_{总} = 5.18 \times 10^{-4} \times 17575 \times 10\text{dm}^3 = 91.04\text{dm}^3$$

单位长度重量

$$G = \frac{G_{总}}{L} = \frac{\rho V}{L} = \frac{8.89 \times 91.04}{2500 \times 10^{-3}}\text{kg/km} = 323.7\text{kg/km}$$

也可以采用如下方法：对多层绞线采用总（或平均）绞入系数计算绞线重量，可简化计算过程

$$k_{总} = Z_0 k_0 + Z_1 k_1 = 1 \times 1 + 1.005 \times 6 = 7.03$$

1km 绞线的重量为

$$G = A\rho = ak_{总}\rho = 5.18 \times 7.03 \times 8.89 \times 10^3\text{kg/km} = 323.7\text{kg/km}$$

第三节 绞线的结构参数

一、正规绞合绞线结构计算

1. 相邻层间根数差及每个绞层的单线根数

（1）相邻层间根数差

正规绞合绞线采用直径相同的单线绞合，中心层可以为 1、2、3、4、5 根单线，此时各层单线的排列如图 4-12 所示。

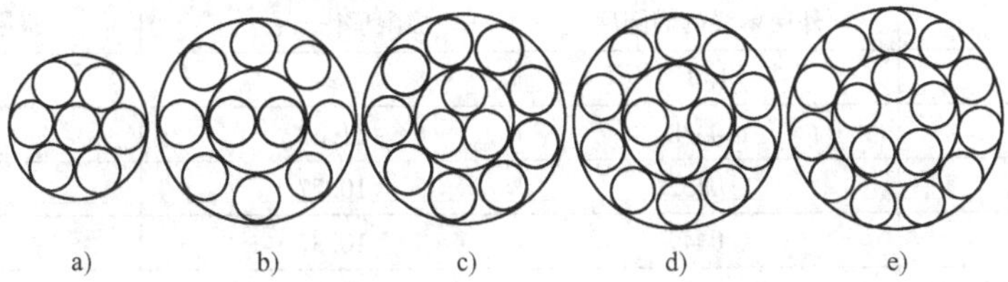

图 4-12 正规绞合绞线中心层的结构

a）中心层 1 根 b）中心层 2 根 c）中心层 3 根 d）中心层 4 根 e）中心层 5 根

绞线各层根数为

中心层 1 根，结构：1 + 6 + 12 + 18 + 24 + …

中心层 2 根，结构：2 + 8 + 14 + 20 + 26 + …

中心层 3 根，结构：3 + 9 + 15 + 21 + 27 + …

中心层 4 根，结构：4 + 10 + 16 + 22 + 28 + …

中心层 5 根，结构：5 + 11 + 17 + 23 + 29 + …

由以上可以看出，只有中心层为 1 根时，其外层为 6 根而不是 7 根，其余所有相邻层的层间根数差均为 6 根。根据图 4-13 所示，对这个结果进行简单推导，计算绞线中任意的第 n 层和第 $n+1$ 层的根数差。

1）第 n 层的单线根数为

$$Z_n = \frac{\pi D_n'}{d}$$

2）第 $n+1$ 层的单线根数为

$$Z_{n+1}=\frac{\pi D_{n+1}'}{d}=\frac{\pi(D_n'+2d)}{d}=\frac{\pi D_n'}{d}+2\pi$$

3）任意相邻层根数差为：

$$Z_{n+1}-Z_n=\frac{\pi D_n'}{d}+2\pi-\frac{\pi D_n'}{d}=2\pi=6.28$$

取整数为6，即除中心层为1根以外，同心式正规绞合每层单线的根数比相邻内层多6根。根据这个规律就可以由绞线的层数来计算某层的单线根数 Z_n，进行计算时，第一层绞线是从中心层外的第一个绞层开始计算，从内向外依次为第1、第2、第3、…第 n 层，中心层不包括在内。

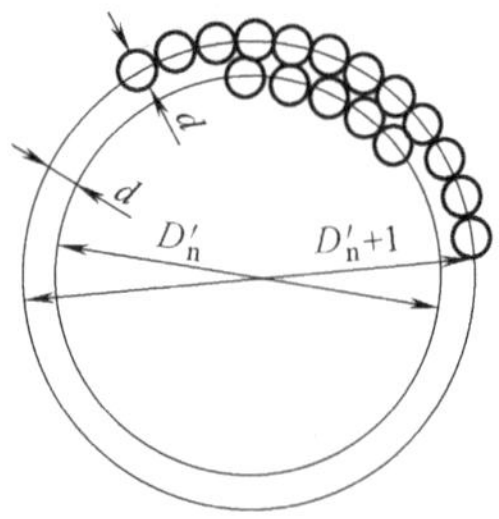

图4-13　正规绞线相邻层单线根数

D_n'—第 n 层绞线节圆直径

D_{n+1}'—第 $n+1$ 层绞线节圆直径

d—单线直径

4）极限节径比。上面的计算是以单线截面为圆形进行的，实际绞线中单线以一定角度绕绞线轴线缠绕，因此在绞线的横截面上，各单线的剖面呈椭圆形（参见图4-9），椭圆长轴与该层绞线节圆相切，节径比越小，螺旋升角越小，截面的椭圆度越大。某层的单线根数与单线直径、节径比、螺旋升角有关。当节径比、螺旋升角小到一定程度时，绞线中各层单线恰好紧密相接，线间间隙减小为零，这时的节径比是该绞层的最小极限节径比。经过计算，不同根数的正规绞合绞线，其最外层的极限节径比见表4-1。

表4-1　绞线最外层的的极限节径比

单线总根数	外层单线的椭圆度	极限理论节径比	极限实际节径比
7	1.0	∞	∞
19	1.0388	11.32	9.05
37	1.0432	10.57	9.07
61	1.0449	10.37	9.22
91	1.0457	10.28	9.31
127	1.0462	10.22	9.43
169	1.0465	10.18	9.50
217	1.0466	10.17	9.57

在实际生产中，由于考虑到用料、直流电阻、劳动生产率、弯曲性能等因素以及单线直径的偏差，故实际采用的节径比远大于表中的计算值。因此，各层实际上都有间隙存在，且随着单线根数及绞层的增加，节径比增大，间隙也逐渐增大。

（2）各绞层单线根数

进行以下计算时，绞线中心层不作为一层，从中心层外面的一层开始向外依次为第1、第2、第3…第 n 层。

1）中心层1根时，有

$$Z_n=6n$$

式中　Z_n——第 n 层的单线根数。

n——绞线的层数。

2）中心层为2~5根时，有

$$Z_n=Z_0+6n$$

式中 Z_0——绞线中心层的根数。

2. 绞线中单线总根数 Z

（1）中心层 1 根

中心层 1 根时，各层根数：1、6、12、18…6n

总根数为

$$Z = 1 + 1\times6 + 2\times6 + 3\times6 + \cdots + 6n = 3n(n+1) + 1$$

（2）中心层为 2 ~5 根

中心层为 2 ~5 根时，各层根数：Z_0、Z_0+6、$Z_0+(2\times6)$、…、Z_0+6n

总根数为

$$Z = Z_0 + (Z_0+6) + (Z_0+12) + \cdots + (Z_0+6n) = (Z_0+3n)(n+1)$$

3. 绞线外径

（1）绞线中心层直径

1）中心层为 1 根时，中心层直径为单线（或绝缘线芯）直径，即中心层直径 $D_0=d$。

2）中心层为 2 根时，中心层直径为 $2d$，即 $D_0=2d$。

3）中心层为 3 根时，由 3 根单线（或绝缘线芯）绞合而成的中心层直径 D_0 的计算如图 4-14a 所示。

$$D_0 = 2\left(\frac{d}{2} + AO\right) = 2\left(\frac{d}{2} + \frac{AE}{\cos\alpha/2}\right)$$

$$= 2\left(\frac{d}{2} + \frac{d/2}{\cos30^\circ}\right) = \left(1 + \frac{2}{\sqrt{3}}\right)d = 2.154d$$

即中心层为 3 根时，$D_0=2.154d$。

4）中心层为 4 根时，如图 4-14b 所示。

$$D_0 = d + AC = d + \sqrt{AD^2 + DC^2} = d + \sqrt{d^2 + d^2} = (1+\sqrt{2})d = 2.414d$$

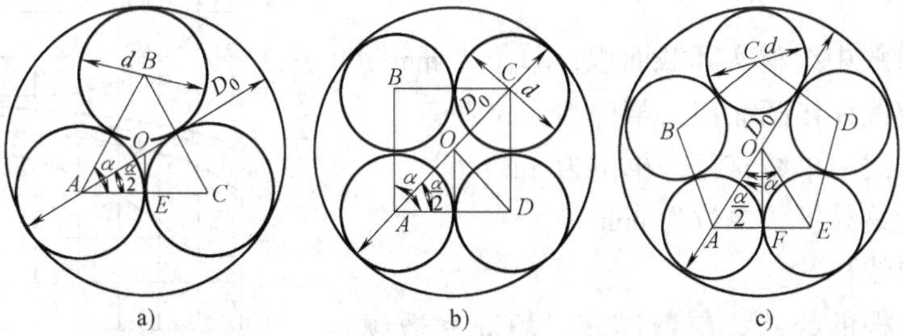

图 4-14 不同根数绞线中心层直径计算示意图

a）3 根绞合 b）4 根绞合 c）5 根绞合

即中心层为 4 根时，$D_0=2.414d$。

5）中心层为 5 根时，如图 4-14c 所示。

$$D_0 = 2\left(\frac{d}{2} + AO\right) = 2\left(\frac{d}{2} + \frac{AF}{\sin\alpha/2}\right)$$

$$= 2\left(\frac{d}{2} + \frac{d/2}{\sin36^\circ}\right) = d + \frac{d}{0.588} = 2.701d$$

即中心层为 5 根时，$D_0=2.701d$。

（2）绞线外径

在绞线中心层外绞以单线时，每增加一个绞层，其外径就增加2个单线直径，因此绞线外径 D 可按下式计算：

$$D = D_0 + 2nd$$

因此得出中心层为1～5根单线时绞线外径，见表4-2。

表4-2　中心层单线根数不同时绞线外径

中心层单线根数	1	2	3	4	5
中心层直径	d	$2d$	$2.154d$	$2.414d$	$2.701d$
绞线外径	$(2n+1)d$	$2(n+1)d$	$(2n+2.154)d$	$(2n+2.414)d$	$(2n+2.701)d$

二、束线外径

束线过程中单线都是同方向不分层一次绞合而成，在线束中单线的相对位置不固定，排列不规则，线束的外形不一定是正圆，单线间紧密相接，在单线直径和单线根数相同的情况下，束线的外径比普通绞线略小。其近似计算公式为

$$D_{束} = D_{绞} k$$

式中　$D_{绞}$——单线直径和根数相同时的正规绞线外径，单位为mm；

k——与束线根数有关的调整系数，根数越少，k 值越大（$k = 0.991 \sim 1.0$）。

三、填充系数

由于绞线中各单线之间存在空隙，线材的实际面积要小于绞线的轮廓面积，为表示绞线的紧密程度，把绞线中线材实际面积与绞线外接圆面积的比值称为填充系数，用 η 表示。采用相同直径单线绞合而成的绞线，不考虑单线截面椭圆变形时，填充系数可用下式计算：

$$\eta = \frac{A_{实}}{A_{廓}} = \frac{\frac{\pi}{4}d^2 Z}{\frac{\pi}{4}D^2} = Z\frac{d^2}{D^2}$$

式中　$A_{实}$——绞线中线材实际截面积，单位为mm^2；

$A_{廓}$——绞线外接圆面积，单位为mm^2；

d——绞线中单线直径，单位为mm；

D——绞线外径，单位为mm；

Z——单线根数。

中心层为1根的绞线，层数越多，填充系数越小。中心层为多根的绞线，层数越多，填充系数越大，极限填充系数为0.75，如图4-15所示。采用正规绞合，不同根数的填充系数见表4-3。

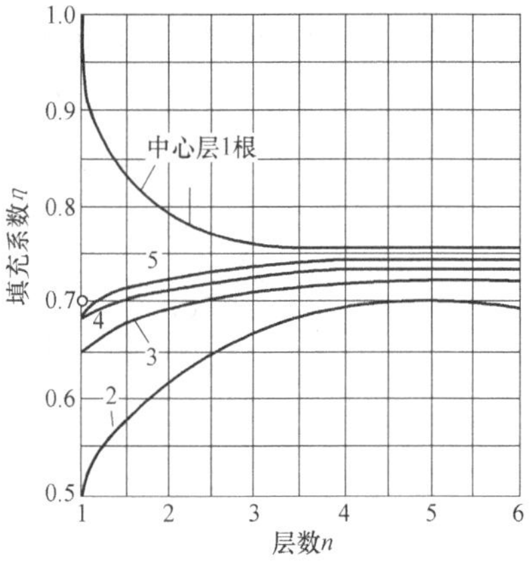

图4-15　填充系数与层数的关系

复绞线填充系数的计算：先把股线看作直径与股线相等的单线，先求出股线填充系数，再将股线的填充系数与复绞时的填充系数相乘，即

$$\eta_{复} = \eta_1 \eta_2$$

式中　$\eta_{复}$——复绞线的填充系数；

η_1——绞合股线的填充系数；

η_2——复绞时的填充系数。

表 4-3　正规绞线的根数、外径及填充系数

结构项目		各绞层数据						
绞线层数		中心层	1	2	3	4	5	6
中心层1根	本绞层单线根数	1	6	12	18	24	30	36
	绞线单线总根数	1	7	19	37	61	91	127
	绞线外径	1*d*	3*d*	5*d*	7*d*	9*d*	11*d*	13*d*
	填充系数（%）	1.00	0.78	76	75	75	75	75
中心层2根	本绞层单线根数	2	8	14	20	26	32	38
	绞线单线总根数	2	10	24	44	70	102	140
	绞线外径	2*d*	4*d*	6*d*	8*d*	10*d*	12*d*	14*d*
	填充系数（%）	50	62	67	69	70	71	72
中心层3根	本绞层单线根数	3	9	15	21	27	33	39
	绞线单线总根数	3	12	27	48	75	108	147
	绞线外径	2.15*d*	4.15*d*	6.15*d*	8.15*d*	10.15*d*	12.15*d*	14.15*d*
	填充系数（%）	0.65	69	71	72	73	73	74
中心层4根	本绞层单线根数	4	10	16	22	28	34	40
	绞线单线总根数	4	14	30	52	80	114	154
	绞线外径	2.4*d*	4.4*d*	6.4*d*	8.4*d*	10.4*d*	12.4*d*	14.4*d*
	填充系数（%）	0.69	72	73	74	74	74	75
中心层5根	本绞层单线根数	5	11	17	23	29	35	41
	绞线单线总根数	5	16	33	56	85	120	161
	绞线外径	2.7*d*	4.7*d*	6.7*d*	8.7*d*	10.7*d*	12.7*d*	14.7*d*
	填充系数（%）	69	73	74	74	74	74	75

第四节　圆形绞线的紧压

紧压圆形绞线主要用于中、高压电力电缆的导电线芯，低压电力电缆的中性线芯、保护线芯，架空绝缘电缆用导电线芯等。

线芯经紧压后，单线变形，减小了单线之间的间隙和导线外径，提高了导线表面的圆整度，使表面电场更加均匀。采用圆形紧压线芯不仅可以节约绝缘、填充、护层材料，降低生产成本，还具有改善导电线芯表面电场均匀性的作用，对高压电缆尤其有意义，如图 4-16 所示。

圆形绞合线芯在紧压时，绞线层数越少，紧压程度越高。紧压绞线的外径与同规格的普通绞线相比，可缩小8%～10%，其中7～19根单线构成的绞线可缩小10%左右，37根单线绞成的绞线可缩小9.5%左右，61根单线绞成的绞线可缩小9%左右。

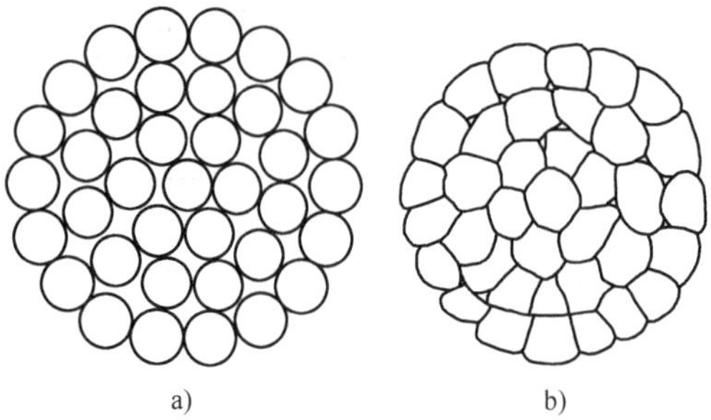

图4-16 圆形绞线紧压前后截面图
a）紧压前 b）紧压后

经过紧压后绞线中的单线会产生塑性变形和弹性变形，其中塑性变形是主要的。塑性变形的结果：一方面使各单线的断面由圆形变成不规划的多边形，并填充到绞线断面的缝隙中；另一方面是使单线的长度延伸。紧压的压力越大，绞线的填充系数越大，单线的延伸程度也越大。单线延伸程度常以延伸系数（单线延伸后的长度与原长度之比）来表示。影响紧压绞线填充系数和延伸系数的因素很多，包括紧压过程中的压力、速度、压辊（或拉拔模）表面光洁程度、单线材料的力学性能等。因此要准确计算出绞线紧压前后数据是比较困难的。通常，有关紧压计算都是采用经验数据和经验公式，以此进行工艺试验，然后再调整数据，达到良好的工艺效果。

一、绞线紧压的方式

紧压绞线是在同心层绞的基础上，使绞线通过具有一定孔型的压模紧压而制成的。采用辊式紧压模紧压的方式称压辊紧压，采用拉拔模紧压紧压的方式称拉拔模紧压。

紧压工艺有一次紧压和分层紧压两种。所谓一次紧压，就是绞线的各绞层全部绞好后，总的紧压一次。一次紧压压缩量较小，它常用于要求表面光滑而填充系数不要求很大的制品，如压缩型架空绞线等。绞线经过紧压后，材料变硬，电阻有所增加，为不使电阻过大，有些紧压绞线和电缆的紧压绞合线芯也采用一次紧压方法。分层紧压是指每绞一层就紧压一次，这种紧压方法压缩量较大，紧压出的绞线填充系数也较大，但工艺比较复杂，需要用多副压辊或拉模。

用硬质合金模冷拔紧压圆形线芯，表面质量好于压辊紧压，且表面光滑度高，外径偏差较小，一般都在0.03mm以下，操作方便。使用硬质合金模拉拔，必须分层紧压，因此填充系数可达到0.9～0.93，这对于生产110kV级以上的交联电缆线芯优点很明显，对于改善电缆电场均匀性可起到良好的作用。

二、紧压绞线设计

1. 用压辊紧压圆形绞线

绞线经过紧压后，填充系数由正规绞合的0.75，提高到0.90～0.92。由于紧压时单线产生延伸，紧压后的绞线截面积比紧压前要小，根据试验约为紧压前的84%，用下列公式表达：

$$A = A'/0.84 = 1.19A'$$

$$A' = 0.84A$$

式中 A——紧压前绞线截面积，单位为mm^2；

A'——紧压后绞线截面积，可采用称重法确定，单位为mm^2。

该紧压绞线由Z根单线绞合，则紧压前单线直径d为

$$\frac{\pi}{4}d^2Z = A = 1.19A'$$

$$d = 1.13\sqrt{\frac{A}{Z}} = 1.23\sqrt{\frac{A'}{Z}}$$

紧压圆形绞线的压制，无论是一次紧压还是分层紧压，一般都是采用两副压辊分道进行。第一道为横压，第二道为立压，第三道为横压，第四道为立压（大截面积的线材才需要第三道及以上的压紧）。其一道压轮的孔型如图4-17所示。

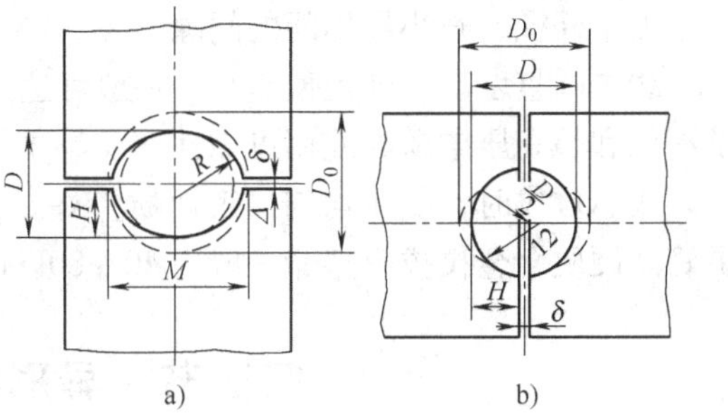

图4-17 紧压圆形绞线压辊孔型图
a）横压辊 b）立压辊

主要尺寸如下：

$$M = D_0 + Z_n\Delta + 0.5$$
$$H = (D - 0.2)/2$$
$$R = M/2$$

式中 M——横压辊孔型宽度，单位为mm；

H——一个压辊的孔型高度，单位为mm；

R——横压辊孔型曲率半径，单位为mm；

D_0——紧压前的绞线外径，单位为mm；

D——紧压后的绞线外径，单位为mm；

Δ——最外层的单线直径正偏差，单位为mm；

Z_n——最外层单线的根数。

2. 用硬质合金模冷拔紧压圆形绞线

1）根据设备情况确定大致的填充系数η。

$$\eta = \frac{4A'}{\pi D_0^2}$$

式中 A'——称重法测出的实际截面积，单位为mm^2；

D_0——压紧前绞线外径，单位为mm。

2）根据填充系数确定导体的实际截面积，推算紧压前的导体截面积和外径。

3）决定拉拔模的工艺尺寸。一般按入口区约0.3H，变形区约0.4H，工作区约0.2D，变形区约0.2H（其中H为拉拔模总高度，D为拉拔模孔径）选取。

入口区一般要大，比一般标准规定角度大40%～60%，变形区角度亦相应增大，一般情况下加大20%～40%，承线区长度应适宜太长拉拔阻力很大，太短拉拔模寿命短。

4）拉拔模材料一般选用YG_3、YG_6的硬质合金。

5）根据紧压前截面积，确定导体结构和单线直径，拉拔模道次。

6）应用分析：

拉拔紧压绞线填充系数由压前的0.75，提高到0.89～0.92（分层紧压），其牵引动力增加30%。截面积总压缩率一般为15%～25%，实际填充系数可达到0.89～0.91。延伸系数为1.07～1.10。

7）效果：

缩小外径，减小导体间的间隙。

线芯圆整度高，外径偏差小，一般可达到0.02～0.05mm，电场均匀性得到提高，增加了高压和超高压电缆的使用可靠性。

线芯拉拔时，受压均匀，表面质量好。尤其是生产110kV及以上电缆的导电线芯效果更好。硬质合金拉拔模寿命一般为40～80km。

第五节 异形导电线芯的生产

中低压的多芯电缆采用异形紧压线芯，这种导电线芯是把绞合后的绞线通过半圆形、扇形、瓦形孔型的紧压轮紧压而成，紧压后减小了单线之间的空隙，提高了绞线的填充系数。这样的导电线芯挤包绝缘经成缆绞合成圆形，绝缘线芯间的间隙比圆形线芯大大减少，减少了填充材料的用量，并且成缆线芯的外径减小，使得包带材料、护层材料的用量都得到有效节约，降低了电缆成本，还减小了电缆外径。

一、扇形线芯的绞合和紧压

1. 扇形线芯的绞合

（1）扇形线芯绞合的规则

从图4-18可以看出，扇形导电线芯结构必须满足下列两个要求：第一，中心层中心线上的单线应同样排列在扇形线的中心上，如不满足这个要求，则线芯在弯曲时，这些单线会受到拉伸或压缩，造成单线隆起，从而改变扇形线结构和外形；第二，滑移要求，即扇形外周的单线应能在中心层上滑移，中心层中侧两边两根单线也能滑动，因为包绝缘后的扇形线芯在成缆时没有退扭，外周各单线力求环绕扇形线中心有所滑动，如不满足这个要求，同样会产生单线隆起，破坏扇形线的外形。

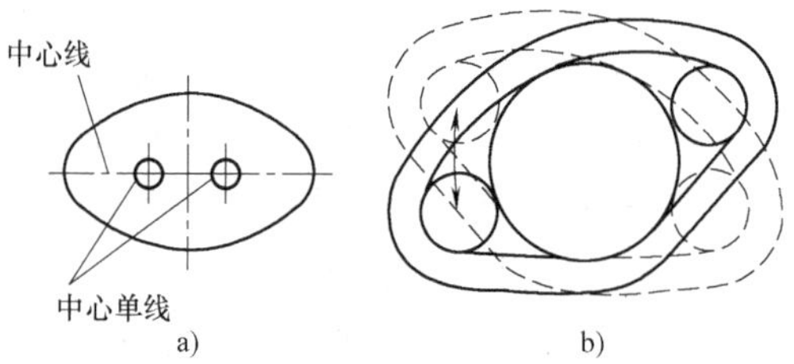

图4-18 扇形导电线芯结构的基本情况
a）中心层单线的正确排列 b）单线沿中心层滑动的情况

（2）扇形线芯结构

1）单线根数的选择。为了成型需要，有些扇形线芯中心有平行单线，中心层外的绞层如采用相同直径单线，其相邻绞层相差6根，如用不同直径的单线，可按节圆周长所容许的根数构成。此时应考虑绞层的绞入系数或节径比，两种不同单线直径比不大于2。

电力电缆扇形导体常用的结构（第一种结构形式）有以下三种：

① 6（平行）+12（绞合）根，适用于25～70mm^2；

② 7（绞合）+2（平行）+16（绞合）根，适用于95～120mm^2；

③ 7（绞合）+2（平行）+15（绞合）+21（绞合）根，适用于150～300mm^2。

但这种结构的导电线芯单线根数多，线径细，生产效率低，材料消耗大，对于中心层多根平行线，外绞层一层绞线的结构，弯曲平直后平行线易支出变形。采用如下结构形式对上述缺点进行改进：

1+6（绞合）根，适用于25～50mm^2；

1+6（绞合）+12（绞合）根，适用于70～150mm^2；

6（平行）+12（绞合）+18（绞合）根，适用于185 ~ 300mm²。

这种结构中单线根数比第一类结构大大减少，一些采用中心层一根的正规绞合形式，结构最稳定，中心层有多根平行线的结构，外绞两层绞向相反的绞线组成网状拦阻，中心层平行线束不易支出变形。

近年来，扇形线芯有很多采用正规绞合结构，然后用扇形模紧压而成。

下面以最早应用的第一种导线结构形式为例介绍扇形导体的结构设计。

2）绞线的结构尺寸。绞线的结构尺寸（以第一种结构形式为例）可按下列公式计算：

① 6（平行）+12（绞合）根结构，如图4-19所示。

$$a = 5.73d$$
$$b = 2.07d$$
$$H = 2.52d$$
$$R = 3.43d$$
$$r = 1.5d$$

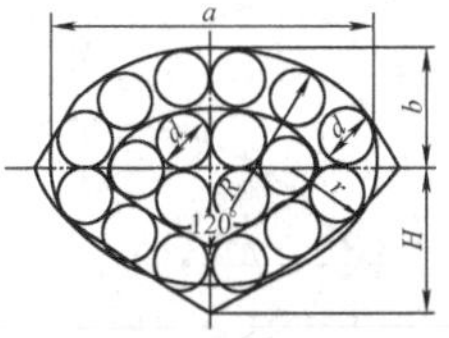

图4-19　6+12根扇形线芯

式中　d——单线直径，单位为mm。

② 7（绞合）+2（平行）+16（绞合）根结构，如图4-20所示。

$$a = 5d_1 + 2d_2$$
$$b = 1.5d_1 + d_2$$
$$H = 1.73d_1 + 1.13d_2$$
$$R = 3d_1 + d_2$$
$$r = 0.5d_1 + d_2$$
$$d_2 = (0.875 \sim 0.923)\ d_1$$

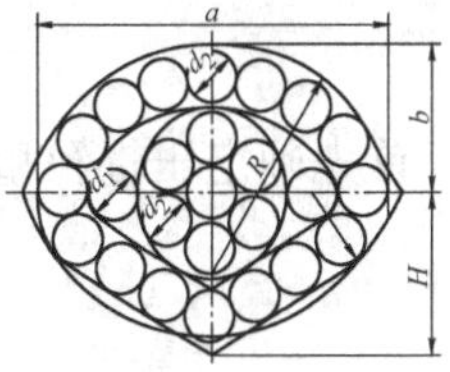

图4-20　7+2+15根扇形线芯

式中　d_1——中心层单线直径，单位为mm；

d_2——外层单线直径，单位为mm。

③ 7（绞合）+2（平行）+15（绞合）+21（绞合）根结构，如图4-21所示。

$$a = M + 1.342d$$
$$b = N + 0.875d$$
$$c = 0.125\ d$$
$$H = a'/2 + 1.28d$$
$$R = R' + d$$
$$r = 1.5d$$

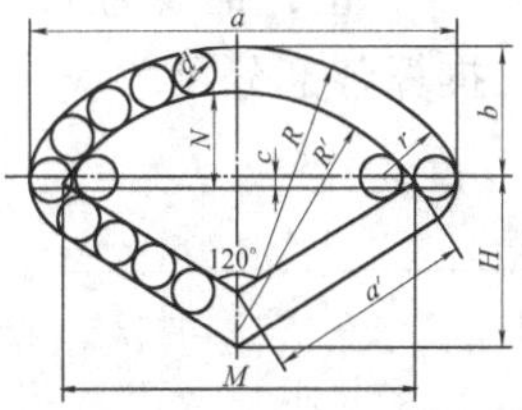

图4-21　7+2+15+21根扇形线芯

式中　d——单线直径，单位为mm；

M、N、a'、R'——15根线芯紧压后的外形尺寸，参见图4-20，单位为mm。

2. 扇形线芯的紧压

紧压扇形线芯的绞合与压型是连续进行的，单线通过并线模绞合后即进入压辊成型。

（1）并线模的孔型尺寸

并线模的孔型尺寸必须适应扇形线芯结构，根据扇形线芯的结构尺寸，6+12根及7

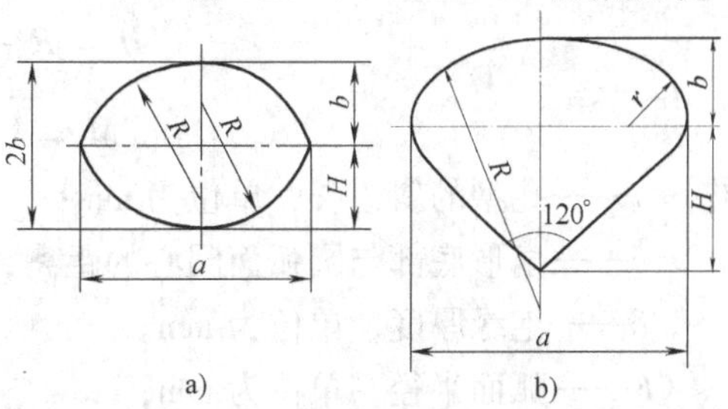

图4-22　扇形线芯并线模孔型

a）第一层孔型图　b）第二层孔型

+2 +16 根的并线模孔型如图 4-22 所示，7 +2 +15 +21 根的并线模：绞合 7 +2 +15 时采用图 4-22a 所示的孔型尺寸，绞制第三层 21 根时采用图 4-22b 所示的孔型尺寸，按结构尺寸的计算方法计算相关尺寸。

（2）压辊孔型尺寸

压辊的孔型尺寸，可根据紧压扇形线芯的标称截面积来确定，现以三芯电缆用紧压扇形为例，其压辊孔型如图 4-23 所示，压辊的布置形式如图 4-24 所示。各部分尺寸计算方法如下：

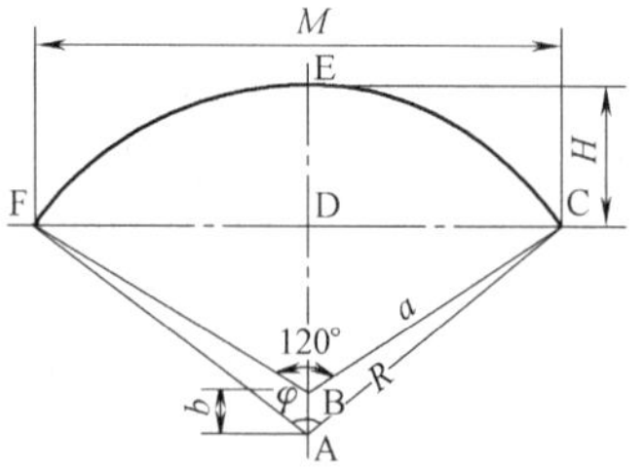

图 4-23　三芯扇形芯压辊孔型

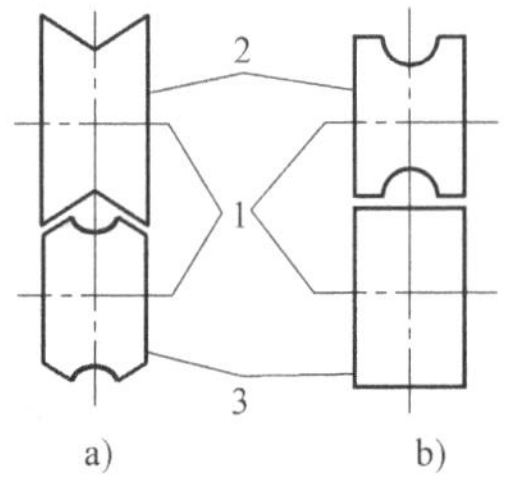

图 4-24　扇形压辊布置形式图
a）扇形线芯用　b）半圆形线芯用
1—压辊轴线　2—上压辊　3—下压辊

1）首先确定压辊孔型的截面积 A_B，即

$$A_B = \frac{0.97A_P}{\eta}$$

式中　A_B——压辊孔型面积，单位为 mm^2；

A_P——紧压扇形线芯的标称截面积，单位为 mm^2；

η——紧压扇形线芯的填充系数，0.82 ~0.86；

0.97——修正系数，考虑到所用铜线材质较好和单线直径处于正偏差时对截面积的修正，铝线为 1。

2）推算各部分尺寸。

$$a \approx \sqrt{A_B}$$

$$b = \frac{\delta}{\sin 60^\circ}$$

$$R = \sqrt{a^2 + b^2 + ab}$$

$$H = R - \frac{a}{2} - 1.674$$

$$M = 1.73a - 0.2$$

式中　a——孔型的斜边长，单位为 mm；

b——扇形底部与圆弧面圆心的距离，单位为 mm；

δ——绝缘厚度，单位为 mm；

R——弧面半径，单位为 mm；

H——弧面高度，单位为 mm；

M——扇形宽度，单位为 mm；

0.2——上下压辊的间隙，单位为 mm；

上述计算中由于扇形斜边长 a 采用近似值，故需对最后结果进行验算。

3）验算步骤。

① 按下公式计算出压辊孔型的实际面积：

$$A_B' = \pi R^2 \frac{\varphi}{360} - \frac{\sqrt{3}}{2}ab = \pi R^2 \frac{\varphi}{360} - 0.865ab$$

式中　φ——扇形圆心到两顶点连线的夹角，单位为度，$\varphi = 2\arcsin\frac{\sqrt{3}a}{2R} = 2\arcsin\left(0.865\frac{a}{R}\right)$。

② 计算此时的填充系数，即

$$\eta' = \frac{0.97A}{A_B'}$$

如果 η' 与 η 数值接近，在设计范围内，则说明设计的压辊孔型比较适用。否则就要调整 a 值，重新计算，直到达到要求为止。

例 4-2：设计标称截面积为 120mm^2 的三芯扇形紧压线芯所用轧辊孔型尺寸，并选择单线直径。

解：设定填充系数为 0.84，有

$$A_B = (0.97 \times 120)/0.84\text{mm}^2 = 138.57\text{mm}^2$$

由孔型尺寸的计算公式计算可得：

$$a \approx \sqrt{138.57}\text{mm} = 11.76\text{mm}$$

取 $b = 1.44\text{mm}$

则 $R = 12.53\text{mm}$

$H = 4.98\text{mm}$

$M = 20.1\text{mm}$

验算得：

$A'_B = 135.8\text{mm}^2$

$\varphi = 119°48'$

$\eta' = 0.857$

填充系数的计算值与设定值相差不大，在规定范围内，所以本例设计的孔型尺寸均可采用。

按公式计算出 $0.97 \times 120\text{mm}^2 = 116.4\text{mm}^2$ 并非紧压前扇形的实际截面积，因为在扇形导体紧压时，各单线都有延伸，延伸系数为 1.035～1.08，所以紧压前实际截面积为 $116.4 \times (1.035 \sim 1.08)\ \text{mm}^2 = 120.5 \sim 125.7\text{mm}^2$。

根据扇形导体紧压前的实际截面积来计算所有单线的直径。紧压线芯采用 7 + 2 + 16 结构，中心为 7 + 2 根直径为 d_1 的单线，外层为 16 根直径为 d_2 的单线，根据外层绞线节圆周长确定两者关系，通常取 $d_2 = (0.895 \sim 0.923)\ d_1$。本处取 $d_2 = 0.923d_1$。

设直径为 d_1 单线的截面积为 A_1，直径为 d_2 单线的面积为 A_2，则有

$$120.5 = 9A_1 + 16A_2 = 9A_1 + 16(0.923)^2 A_1 = 22.63A_1(\text{mm}^2)$$

求得：$d_1 = 2.60\text{mm}$

$d_2 = 2.40\text{mm}$

上述并线模及压辊孔型尺寸计算都是指线芯中心层不紧压，也不采用实心扇形导体的情况。

为了提高填充系数，还常对 120 ~ 240mm² 扇形线芯的 7 + 2 根中心层先进行紧压，然后再对外层进行绞合紧压。另一种结构是扇形线芯的中心层由 7 根单线构成，它也采用紧压的办法，其填充系数可达到 0.92。如果 7 根单线中心层用实心导体代替，则填充系数可达到 0.96，这种扇形紧压过程如图 4-25 所示。

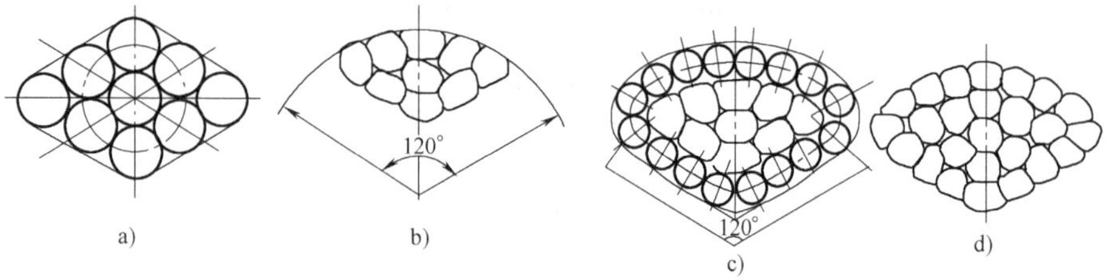

图 4-25 扇形线芯中心层及第一第二层紧压结构示意图

a）紧压前的中心层 b）紧压后的中心层 c）紧压层上绞合外层单线 d）外层紧压后的线芯

二、半圆形线芯的绞合与紧压

1. 线芯绞合

（1）绞线结构

两芯电力电缆采用半圆形绞合线芯，结构与扇形线芯很相似，它的结构有以下三种：

① 7（平行）+13 根结构，适用于截面积为 25 ~ 70mm² 导电线芯。

② 7 +2（平行）+15 根结构，适用于截面积为 95 ~ 120mm² 导电线芯。

③ 7 +2（平行）+15 +21 根结构，适用于截面积为 150 ~ 240mm² 导电线芯。

三种导电线芯紧压前结构如图 4-26 所示。

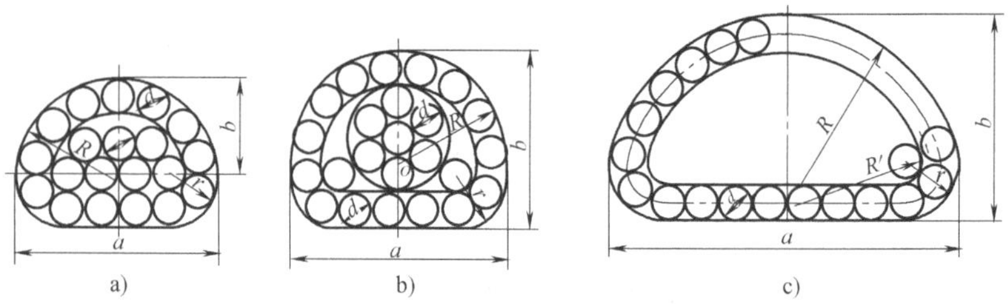

图 4-26 半圆形线芯紧压前结构图

a）7（平行）+13 根结构 b）7 +2（平行）+15 根结构 c）7 +2（平行）+15 +21 根结构

（2）结构尺寸

结构尺寸计算如下（单位为 mm）：

1）对于 7（平行）+13 根半圆形线芯有

$$a = 6d$$

$$b = R - \frac{d}{2\sqrt{3}} + 1.5d = 4.25d$$

$$R = \sqrt{(3d)^2 + \left(\frac{d}{2\sqrt{3}}\right)^2} = 3.014d$$

$$r = 1.5d$$

式中 d——单线直径。

2）对于7+2（平行）+15根半圆形线芯有

$$a = 6.5d$$

$$b = 5d$$

$$R = d\sqrt{3} + 0.5d + d = 3.23d$$

$$r = 1.5d$$

3）对于7+2（平行）+15+21根半圆形线芯有

$$a = 2R$$

$$b = R + d - \Delta$$

$$R = R' + d$$

$$r = 1.5d$$

式中 R'——15根层紧压后的曲率半径；

Δ——绝缘层厚度。

（3）线芯绞合

半圆形线芯绞合与扇形线芯绞合一样，也是先通过并线模，再用压辊紧压成型。并线模孔型如图4-27所示。

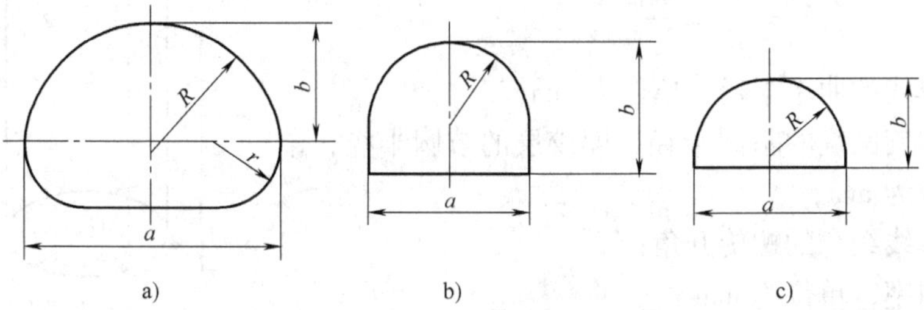

图4-27 半圆形线芯并线模孔型图

a）用于7+13根结构线芯孔型及7+2+15+21根结构线芯第一道孔型

b）用于7+2+15根结构线芯孔型 c）用于7+2+15+21根结构线芯第二道孔型

2. 线芯紧压

半圆形线芯压辊的孔型如图4-28所示。相关尺寸计算如下：

$$R = \frac{2\delta + \sqrt{4\delta^2 + 2\pi A_B}}{\pi}$$

$$H = R - \delta$$

$$M = 2\sqrt{R^2 - \delta^2}$$

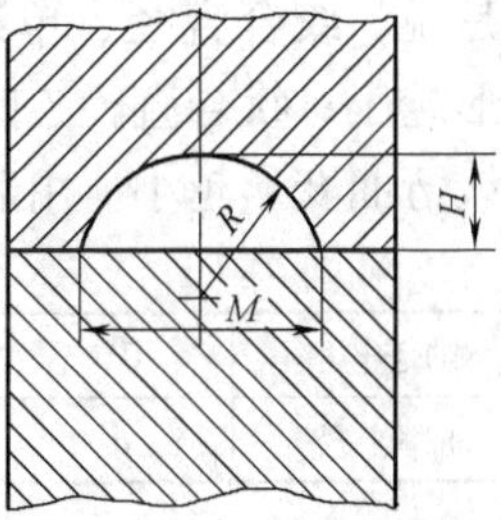

图4-28 半圆形线芯压辊孔型

式中 δ——绝缘层厚度，单位为mm；

A_B——压辊孔型面积，$A_B = A_P/\eta$ 单位为mm^2；

A_P——紧压后线芯截面积，单位为mm^2；

η——填充系数。

第六节　单线在绞合过程中的变形

绞合时，单线以螺旋形卷绕在截面为基圆的圆柱上，会产生弯曲和扭转变形。因基圆相当是一个圆柱体，单线绞合时处处都存在弯曲。但单线在绞合时，围绕自身轴线产生的扭转变形就不那么明显。单线在绞合时，产生的弯曲变形和扭转变形会使绞线产生内应力，影响产品质量。

一、单线绞合时的弯曲变形

绞线中围绕中心轴线绞合的单线都形成一条空间曲线，形状为柱形空间螺旋线，如图4-29所示。通过对这种空间曲线方程的研究即可得出单线的弯曲状况。绞合中单线轴线形成螺旋线，单线所在绞层的节圆即为螺旋线围绕的圆柱面。

螺旋线的弯曲程度以曲率半径（又叫弯曲半径）表示，绞线中单线轴线在切线方向的变化程度称为曲率。曲率越大，弯曲程度越大，曲率半径就越小，两者互为倒数。曲率半径为

$$\rho = \frac{a}{\cos^2\alpha}$$

曲率为

$$k = \frac{1}{\rho} = \frac{\cos^2\alpha}{a}$$

式中　ρ——单线的曲率半径，单位为mm；

a——螺旋围绕的基圆半径，即绞层的节圆半径，单位为mm；

α——单线绞合的螺旋升角；

k——曲率，单位为mm^{-1}。

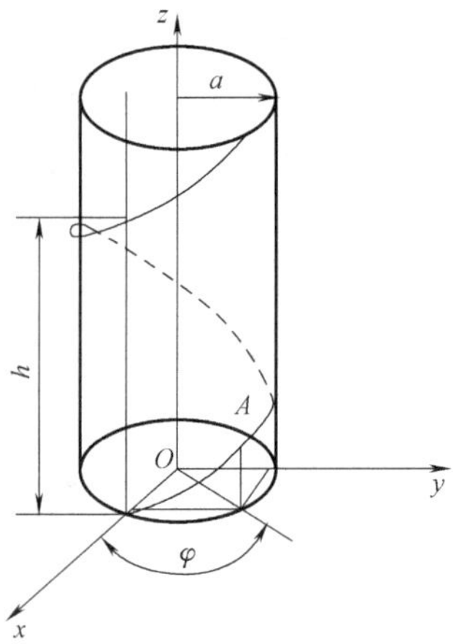

图4-29　绞合中单线形成的柱形螺旋线

由上式可知，绞线中单线受到的弯曲变形与节圆半径和螺旋升角有关，单线绞合曲线的曲率半径与所处绞层的节圆半径成正比，与螺旋升角余弦的二次方值成反比。也就是说，绞合直径、单线绞合时螺旋升角越大，单线弯曲变形越小；绞合直径、螺旋升角越小，单线弯曲的越厉害。即相同的绞线，绞合节距越大，单线弯曲变形越小。由表4-4可以直观看出两者之间的关系。

表4-4　螺旋升角 α 与曲率半径 ρ 的关系

螺旋升角	0°	30°	45°	60°	70°	80°	85°	90°
曲率半径	a	$1.33a$	$2a$	$4a$	$9a$	$33a$	$132a$	∞

二、单线的扭转变形

单线在绞合中的扭转，即螺旋线围绕圆柱扭转，是单线轴线沿圆柱切线方向的扭转，只要单线按一定的螺旋升角在基圆上绞合，就要产生沿自身轴线的扭转，如图4-30所示。这个扭转用挠率表示，挠率就是绞线中单线绕螺旋线切线方向的转动。

1. 无退扭绞合中单线的扭转

（1）挠率

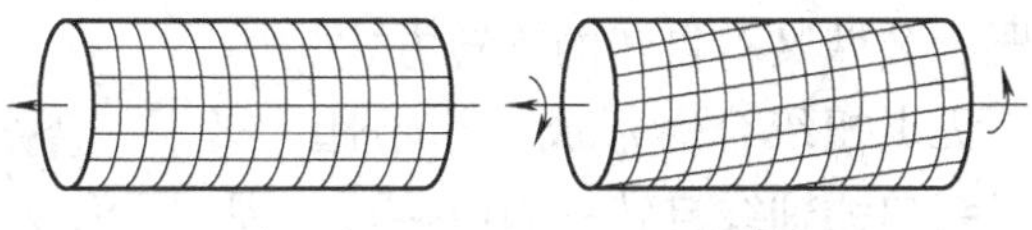

图 4-30　绞合时单线扭转变形示意图

a）扭转前　b）扭转后

挠率可以表示为

$$T = \frac{\sin 2\alpha}{D'}$$

式中　T——单线绞合时的挠率，单位为 rad/mm；

D'——节圆直径，$D' = 2a$，单位为 mm；

由挠率的单位可以看出，挠率表示了单位长度单线的扭转。

（2）一个节距长度上单线的扭转

一个节距长度上单线的扭转为

$$T_h = Tl = \frac{\sin 2\alpha}{D'} \frac{\pi D'}{\cos\alpha} = \frac{\pi \sin 2\alpha}{\cos\alpha} = 2\pi \sin\alpha$$

式中　T_h——一个节距长度上单线的扭转，单位为 rad；

l——一个节距上单线的展开长度，单位为 mm。

由上式看出，在一个节距中，单线自身扭转角度与螺旋升角 α 的正弦值成正比，α 越大，$\sin\alpha$ 越大，单线扭转就越大。当 $\alpha = 90°$ 时，$\sin\alpha = 1$，$T_h = 2\pi$，此时，单线在一个节距内自身扭转 360°。绞线的螺旋升角 α 大多在 80°～85°之间，因此单线在一个节距内自身扭转多在 354°～358°之间，即 $T_h = 354° \sim 358°$，接近 360°。

单线扭转变形产生的内应力，使绞线有回弹、松散的趋势。对于软单线绞制的绞线，因软单线塑性好，弹性模量小，扭转变形以塑性变形为主，弹性变形很小，因此问题不大。对于硬单线绞制的绞线，扭转不可忽视。

硬铝线、铝合金线和镀锌钢线都是由硬单线，绞合时不希望单线产生大的扭转，为此应可采用消除单线扭转影响的绞合方式，如：采用退扭绞合方式或在分线盘处增加预弯曲装置进行绞制。以减小和消除单线自身的扭转变形。

绞合线芯在剪断后，会有松散回弹现象。这是因为金属单线的弯曲和扭转变形包括弹性变形和塑性变形，去掉强制外力束缚后，弹性变形回复，从而使绞线端部变得松散，单线的弹性模量越大，松散长度越大。对于弹性模量不是太大，又具有一定韧性的材料（如铝合金线、硬铝线、硬铜线等），如果在绞合时采用单线预扭（预弯曲）装置，使单线按照在绞线上的弯曲方向预先产生过度弯曲变形，则单线的弯曲变形以塑性变形为主，绞合后，单线在绞线表面服贴，剪头后松散现象大大减轻。

三、退扭和无退扭绞合

在绞线生产时，摇篮架与绞盘固定连接，此时放线盘在摇篮架中只能做放线旋转。当绞笼旋转一周，形成一个节距时，放线盘围绕设备轴线翻转一周，单线被扭转一周，此即为无退扭绞合，如图 4-31a 所示。采用这种绞线形式的绞线设备有框式绞线机和叉式绞线机。

为了消除或减小绞合时单线的扭转变形，在绞线机（或成缆机）上增加退扭装置，从而将导线的绞合方式分为退扭和无退扭绞合。

退扭绞合是将绞线机的放线摇篮与绞盘浮动连接，并将摇篮与退扭装置连接。放线盘随绞笼旋转同时，在退扭装置带动下绕放出单线轴线方向同步旋转，使放线盘与地面始终保持相同角度，例如一直处于水平位置，如图 4-31b 所示。此时放线盘的运动类似于地球围绕太阳既有公转又有自转的旋转方式。

无退扭绞合时形成一个节距，放线盘绕单线轴线自转一周或接近一周，使单线回转 360°或接近 360°。由于退扭机构带动放线装置产生的扭转与绞合产生扭转方向相反，故最终单线扭转为两者之差，其方向与绝对值大者相同。此时，绞合单线在一个节距长度上自身扭转为

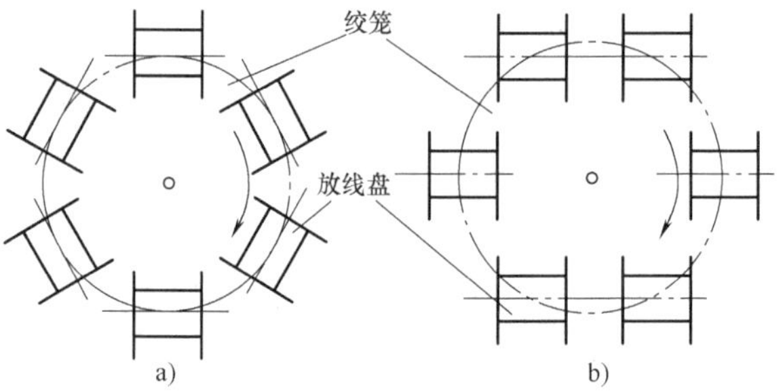

图 4-31 无退扭和退扭绞合绞笼和放线盘的运动
a）无退扭绞合 b）退扭绞合

$$T_h' = T_0 - T_h = 2\pi - 2\pi\sin\alpha$$
$$= 2\pi(1 - \sin\alpha)$$

式中 T_h'——一个节距长度上单线的扭转角度，单位为 rad；

T_0——退扭绞合时一个节距长度上单线的退扭角度，单位为 rad。

如果绞线的螺旋升角为 80°～85°，单线在一个节距长度上的扭转不再是 354°～358°，而是 360° - （354°～358°）=6°～2°，方向与单线原扭转方向相反。这样单线扭转应力大大减少。退扭绞合时，单线并不是不产生扭转，只是扭转变小。

退扭绞合时，单线扭转与螺旋升角和节圆直径有关，螺旋升角增大、节圆直径增大，扭转减小。因此，对同一绞线，外层单线的扭转要小于内层的扭转。

行星齿轮退扭与绞合所产生的扭转同步，可以完全消除单线扭转，盘式成缆机即采用这样的原理制成。四连杆退扭时，绞笼旋转一周，四连杆退扭一周，等于一个绞合节距退扭 2π，绞线中单线仍存在 2°～6°的扭转，随螺旋升角增大，而逐渐趋近于零，笼式绞线机即为这样的绞线设备。行星齿轮退扭与四连杆退扭机构参见第八章中的相关内容。

从绞线弯曲时单线受拉伸和压缩的表面来看，假设在单线表面画一条纵线，退扭绞合时（以完全退扭为例）可以看到，该纵线与绞合基圆始终保持固定方位，即单线的某一纵向表面或一直与基圆接触，或一直不接触。这样在绞线弯曲时单线某一纵向外表面处于绞线一侧受拉伸，处于另一侧时受压缩，这样周期性地承受拉伸和压缩交替使单线受到平移变形所产生的内应力较小。无退扭绞合时，单线表面画的纵线在单线表面呈螺旋形，与基圆的接触面始终处于变化中，绞线弯曲时，单线纵向一侧始终受拉伸，另一侧始终受压缩，在绞制时基本不变，单线受到平移变形所产生的内应力较大。

第五章　挤塑工艺

塑料是电线电缆绝缘层和护套所使用的主要材料，塑料性能优越，具有良好的加工工艺性能。塑料绝缘层、护套生产的基本方式是采用螺杆挤塑机连续挤压进行的。但是所用的材料不同，电线电缆规格的差异，耐压等级的不同，设备配置不一样，工艺参数也有很大差别。下面就以常用的聚氯乙烯、聚乙烯为例对塑料的流变性能、挤出原理、挤出工艺进行探讨分析。

第一节　聚合物的结构与性能

高分子聚合物分子是由许多单体通过聚合反应连接而成的链状分子，是含有原子数很多、相对分子量很高、分子很长的巨型分子。正是这种结构特点，使聚合物具有许多与低分子化合物相差很大的特性。

一、高分子聚合物的结构

1. 聚合物的长链结构

组成聚合物的高分子呈链状，链状结构有以下三种类型：

(1)线型高分子

整条高分子链像一条长链，在主链上基本没有分支，具有这样结构的高分子称为线型高分子，如图 5-1a 所示。由线型高分子构成的聚合物称为线型聚合物或热塑性聚合物。这种聚合物具有热塑性，在适当的溶剂中可溶胀或溶解，可以进行循环利用。

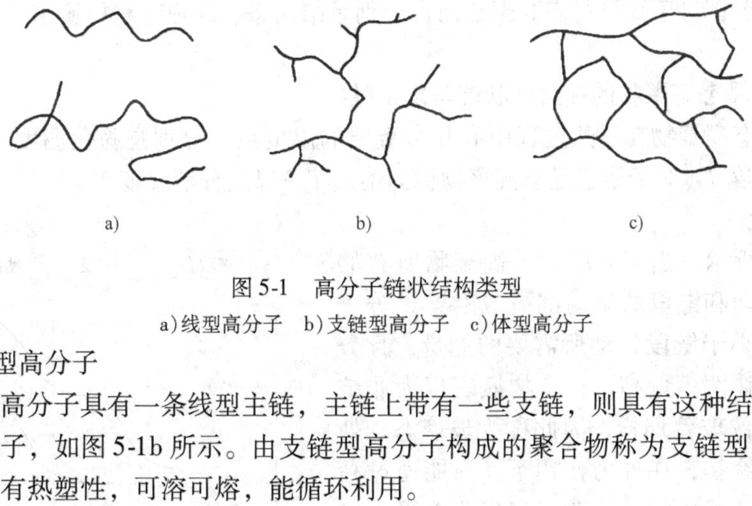

图 5-1　高分子链状结构类型

a)线型高分子　b)支链型高分子　c)体型高分子

(2)支链型高分子

如果整条高分子具有一条线型主链，主链上带有一些支链，则具有这种结构的高分子称为支链型高分子，如图 5-1b 所示。由支链型高分子构成的聚合物称为支链型聚合物。这种聚合物一般具有热塑性，可溶可熔，能循环利用。

(3)体型高分子(网状高分子)

多条高分子链之间通过物理或化学反应，使它们彼此互相连接，形成网状结构，具有这种结构的高分子称为体型或网状高分子，如图 5-1c 所示。由这种高分子构成的聚合物称为体型或热固性聚合物。这种聚合物只能在交联时进行一次加热，交联之后便被永远固化，在高温下不会熔化，在溶剂中也不能溶解，不能再次成型。

2. 聚合物的聚集态结构

聚合物由于分子间的力较大，容易聚集为液态或固态，而不形成气态。固体聚合物的结构按照分子排列的几何特点，可分为结晶型和无定形两种。

结晶型聚合物由“晶区”（分子作有规则紧密排列的区域）和“非晶区”组成，如图5-2所示。晶区占总重量的百分数称为结晶度，例如低压聚乙烯在室温时的结晶度为85%～90%。通常聚合物分子结构简单，主链上带有的侧基体积小，对称性高，分子间作用力大时，有利于结晶；反之，不易形成结晶区。结晶只发生在线型聚合物和含交联键不多的体型聚合物中。

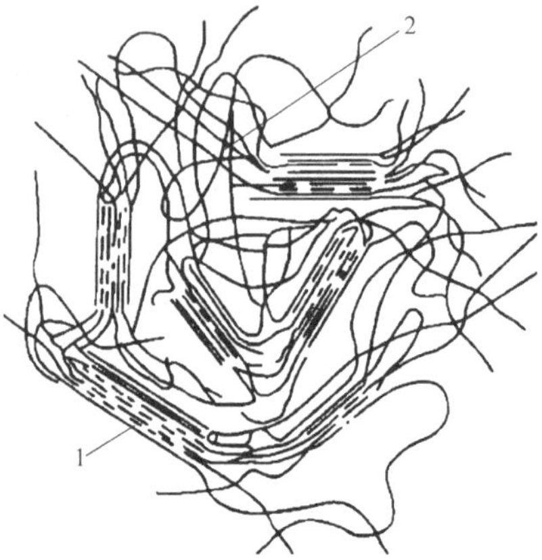

图5-2 结晶型聚合物结构示意图
1—晶区 2—非晶区

结晶对聚合物的性能影响很大，由于结晶造成了分子的紧密聚集状态，增强了分子间作用力，使聚合物的强度、刚度及熔点、耐热性和耐化学性能等都有所提高。而与链运动有关的性能如弹性、伸长率和冲击强度等则有所降低。

无定形聚合物的分子排列并非杂乱无章，而是大距离范围内无序，小距离范围内有序，即“远程无序，近程有序”。体型高分子由于分子链间存在大量交联，分子链难以有序排列，所以都具有无定形结构。

二、聚合物的热力学性能与加工性

聚合物在不同的热力状态下具有不同的聚集态。对于线型非晶态高聚物分别是玻璃态、高弹态和粘流态；对于线型晶态高聚物而言分别是结晶态、高弹态和粘流态。下面分别进行讨论。

1. 线型非晶态高聚物的热力学状态与加工性

线型非晶态高聚物在受热过程中有几个重要的温度点，分别是脆化温度 T_x、玻璃化温度 T_g、粘流温度 T_f（对于线型晶态高聚物称为熔点 T_m）以及分解温度 T_d。

（1）玻璃态

如图5-3所示，当 $T < T_g$ 时，高聚物所有的分子链间的运动和链段的运动都被“冻结”，分子所具有的能量小于链段转动所需要的能量，且分子内聚力大，弹性模量高，整个物质表现为非结晶相的固体，像玻璃那样，因此称为玻璃态。处于此状态的高聚物，在外力作用下，只能通过高分子主链键长、键角的微小改变来发生变形，故变形很小，断裂伸长率一般在0.01%～0.1%。同时在极限应力范围内形变具有可逆性，当外力除去后立即恢复原状。

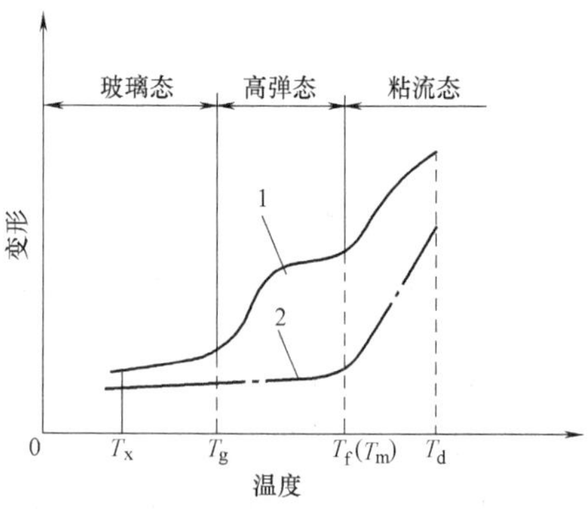

图5-3 聚合物物理状态与温度的关系
1—线型非晶态高聚物 2—线型晶态高聚物

上述力学特点决定了在玻璃态下聚合物不能进行大变形量的加工，只适于进行机械加工，如车削、锉削、钻孔等，所以 T_g 是大多数高聚物成型加工的最低温度。

如果将温度降低到 T_g 以下某一温度 T_x 时，即使分子振动也几乎被冻结，所以材料的韧性会显著降低，在受到外力作用时极易脆断，故将 T_x 称为脆化温度，它是所有高聚物性能的终止点，即高聚物使用的下限温度。

(2)高弹态

当高聚物受热温度超过 T_g 时，由于分子动能逐渐增加，链段开始运动，此时高聚物在外力作用下会产生变形，当除去外力后又会缓慢地回复原状，类似橡胶状态的弹性体，即称为高弹态。橡胶在常温下处于高弹态，也就是橡胶的 T_g 低于室温，当高聚物的 T_g 高于室温在常温下处于玻璃态时，我们称之为塑料。

聚合物表现出这种现象的原因如下：当温度升高时，分子动能增大，足以使大分子链段运动，但还不能使整个分子链运动，但分子链的柔性已大大增加，此时分子链呈卷曲状态，这就是高弹态，它是高聚物所独有的状态。处于高弹态的高聚物受力时，卷曲的分子链沿外力方向逐渐舒展拉直，产生很大的弹性变形，其宏观弹性变形量可达100% ~1000%。去除外力后，分子链又逐渐地回缩到原来的卷曲状态，弹性变形逐渐消失。由于大分子链的舒展和卷曲需要时间，所以这种高弹性变形的产生和回复不是瞬时完成的，而是随时间逐渐变化。

在这种高弹态下，对于非晶态高聚物可进行压力(压延、冲压、弯曲等)成型、真空成型、中空成型等。值得注意的是，进行上述成型加工时，为得到所需形状和尺寸的塑件，必须在成型后快速地冷却到 T_g 以下。

(3)粘流态

当高聚物温度超过一定温度范围时，分子动能增加到使链段与整个高分子链都可移动的程度，这时即成为能流动的粘稠状液体，称为粘流态，也称熔体。此时的温度 T_f 称为粘流温度。

在粘流态下，可依次进行挤出、吹膜、注射、贴合及熔融纺丝等成型加工。当温度继续升高时，聚合物的粘度将大大降低，流动性大大增加，容易引起诸如注射成型中的溢料、挤出塑件的形状扭曲、收缩和纺丝过程中纤维的毛细断裂等现象。

当高聚物再升高到分解温度 T_d 附近时，聚合物开始分解变色，以致降低制品的物理、化学性能，或引起制品外观不良现象。

2. 线型晶态聚合物的物理状态、力学性能及加工状态

线型晶态聚合物和线型非晶态聚合物的温度-形变曲线有两处不同：一是 T_f 对应的温度叫熔点 T_m，是线型晶态聚合物熔融与凝固之间的临界温度；二是完全结晶的聚合物在 T_g 与 T_m 之间基本不呈现高弹态(应变量基本保持不变)，这对扩大聚合物的使用温度范围非常重要。

一般来说，线型晶态高聚物的结晶过程不可能很彻底，总有非结晶的部分。由于非晶区的存在，因此非晶部分在不同温度下，也一样要发生玻璃态与高弹态、高弹态与粘流态之间的转变。然而，随着结晶度的不同，结晶聚合物的宏观表现是不同的，在轻度结晶的聚合物中，微晶体起着类似交联点的作用，这种聚合物仍然存在明显的玻璃化转变；随着结晶度的增加，非晶部分处在高弹态的结晶聚合物的硬度将逐渐增加。当结晶度大于40%后，微晶体彼此衔接，形成贯穿整个材料的连续结晶相，此时结晶相承受的应力要比非结晶相大的多，使材料变得坚硬，宏观上将觉察不到它有明显的玻璃化转变，其温度-变形曲线如图 5-4 所示。晶态聚合物的晶区熔融后，是否进入粘流态，将视其相对分子质量而定。

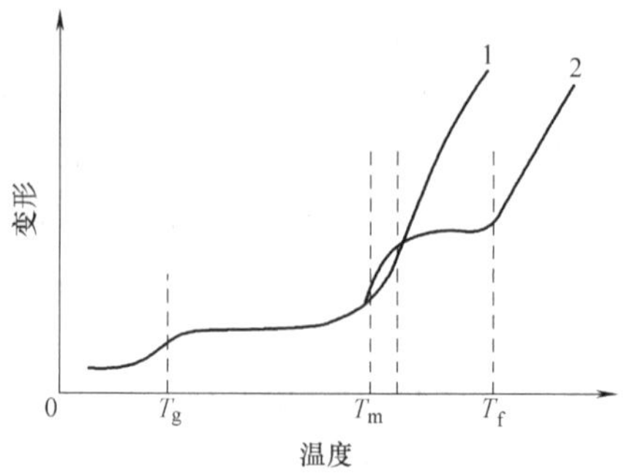

图 5-4 晶态聚合物的温度-变形关系曲线
1—相对分子质量较低，$T_f < T_m$
2—相对分子质量较高，$T_f > T_m$

如果相对分子质量不太大，非晶区的粘流温度 T_f 低于晶区的熔点 T_m，则晶区熔融后整个聚合物便成为粘性液体；如果相对分子质量足够大，以至于 $T_f > T_m$，则晶区熔融后将出现高弹态，直到温度进一步升高到 T_f 以上才进入粘流态。从成型加工的角度来看，后一种情况通常是不希望的，因为这样的聚合物需要提高加工温度，而且在高温下出现高弹态，将会给加工带来困难。正是这个原因，通常应使晶态聚合物的相对分子质量小一些，下限一般以满足力学性能的要求为度。

另外，线型晶态聚合物的加工性还与其结晶度有关。结晶程度高时加热过程中没有明显的高弹态，可以认为这种结晶型聚合物只有两种状态：在 T_m 以下处于晶态，与非结晶型高聚物的玻璃态相似；当温度高于 T_m 时，聚合物处于粘流态。结晶程度较低时加热过程中也有三态，也呈现出高弹态，这与线型非晶态聚合物的加工性类似。其实，一般情况下，晶态高聚物的结晶过程不可能很彻底，总有非结晶的部分。随着结晶度的不同，结晶聚合物的宏观表现在此阶段仍能产生一定程度的变形，可进行薄膜、纤维的冷、热拉伸成型。

综上所述，对于线型结构聚合物而言，玻璃态是材料的使用状态，T_g 是衡量材料使用范围的重要标志之一，T_g 越高对环境温度的适应性越强。$T_f(T_m)$ 和 T_d 可用来衡量聚合物的成型性能，$T_f(T_m)$ 较低时，有利于熔融，生产时热能消耗小；$T_f(T_m) \sim T_d$ 的温度区间大时，聚合物熔体的热稳定性好，可在较宽的温度范围内变形和流动而不易分解，即聚合物成型加工就越容易进行。

3. 体型聚合物的物理状态和力学性能

体型聚合物的大分子链由于受交联键的束缚，大分子链不能产生相对滑动，因此没有粘流态，只有玻璃态和高弹态。体型聚合物受热后仍然保持原来状态，当加热到很高温度时才发生分解而导致化合物的破坏，具有不溶不熔的特性，机械强度、耐热性都高于同种同分子量线型聚合物。

三、影响粘流温度的因素

聚合物在粘流温度（或熔点）以上时呈粘流态，称熔体。多数成型加工都在这一状态下进行。如电缆生产中的挤塑和挤橡。粘流温度的高低直接影响到高聚物的加工性能，影响粘流温度的因素主要有以下几个：

1. 分子结构

聚合物熔体的流动不是整个大分子链的简单迁移，而是通过链段的相继跃迁来实现的。

对于柔顺性好的分子链，链内旋转的位垒低，流动单元链段就短，柔性分子链流动所需的空穴就小，流动活化能也较低，因此在较低温度下即可发生粘性流动。

对于刚性较强的分子链，需要较高的温度才能流动，这是因为刚性分子链，流动单元链段较大，需要较大的空穴，这只有在较高的温度下才能形成。同时，刚性分子链较大的内旋位垒也只有在较高温度下获得较高能量才能克服。所以分子链越柔顺，粘流温度越低，分子刚性越强，粘流温度越高。

如果聚合物的分子链极性大，分子链间的作用力就大，要使分子链间相对移动，则必需在较高温度才能实现，故分子极性大，粘流温度高。例如聚氯乙烯树脂的粘流温度很高，甚至高于自身的分解温度，无法在粘流温度下进行加工。改性时，在树脂中加入增塑剂以降低粘流温度，再加入稳定剂，提高分解温度，从而使聚氯乙烯塑料的粘流温度低于分解温度，使它具备成型加工条件。而聚苯乙烯分子链极性小，粘流温度低，易于成型加工。

2. 分子量

玻璃化温度 T_g 是聚合物分子链的链段开始扩散运动的温度，因此 T_g 与分子结构有关，与分子量关系不大。而粘流温度 T_f 是整个大分子链开始运动的温度，因此 T_f 就不仅与聚合物的分子链结构有关。而且还与分子量大小有关。分子量大，分子链运动时的内摩擦阻力也大，而且分子链本身的热运动阻碍分子链定向运动的作用也强，所以分子量大，粘流温度高。从成型加工工艺角度出发，在不降低制品性能要求的前提下，采用较低分子量的聚合物材料是有利的。

3. 外力

外力起着抵消分子链沿与外力相反方向的热运动，增加链段沿外力方向向前跃迁的几率，使分子链发生位移。因此有外力时，在较低的温度下，聚合物即可发生流动，并且外力作用持续时间长也有助于聚合物分子链产生粘性流动。因此，增大外力和延长作用时间都能降低聚合物的粘流温度。

第二节 聚合物的流变性质

流动和变形是塑料成型加工中最基本的工艺特征。聚合物流变学主要是研究聚合物在外力作用下产生的应力、应变和应变速率等力学现象与自身粘度之间的关系，以及影响这些关系的温度、压力以及分子结构等因素的学科。研究这些内容对于塑料的选择、成型工艺条件的确定、模具和成型设备的设计和选择，以及提高塑件质量都有着重要的指导意义。

一、聚合物的粘弹性质

1. 成型过程中的应力和应变

塑料在成型过程中的变形和流动，都是成型设备对其施加外力的结果。塑料受力后会产生与外力相平衡的内力，单位面积上的内力称为应力。按照受力的方式不同，可以将应力分为切应力 τ、拉应力和压应力 σ。塑料在应力作用下产生的形状和尺寸的变化称为应变。与三种应力相对应的应变分别为反映形状变化的切应变 γ、反映尺寸变化的拉应变和压应变 ε。实际上，塑料在成型过程中受到的应力是非常复杂的，往往是两种或三种应力的叠加。

2. 聚合物变形流动时的粘弹性质

聚合物在不同的物理状态下受力变形都是由于聚合物高分子链运动的结果。通常情况下，聚合物从微小链段运动(或振动)开始发生弹性变形，至整个高分子链内的解缠、伸直和滑移引起的粘性变形为止，总是一个循序渐进的发展过程。因此，聚合物从粘流态下受力流动，其高分子变形必须经过一个弹性阶段才能过渡到粘性阶段。由此可见，塑料熔体在成型过程中的变形和流动同时具有弹性和粘性性质，一般统称为塑料变形时的粘弹性质，或称为塑料在成型过程中的粘弹性行为。

3. 塑料变形的滞后效应与松弛

塑料熔体的高弹变形和粘性变形都与时间有关，即聚合物熔体从开始变形到变形与应力相适应的平衡状态必须要经过一定的时间过程。这种变形对应力的滞后响应称为滞后效应，而变形与应力之间的平衡过程称为松弛。

在注塑生产时，充型后的塑料在保压压力作用下，以较快的速度冷却固化，高分子没有足够的时间进行紧密的排列，所以变形量与注射压力和保压压力的作用不相适应，塑件脱模后内部存在较大的残余应力。在使用过程中，内部残余应力将通过聚合物中分子的变形与重排而逐步释放，这种与松弛有关的现象称为时效变形。时效变形持续的时间可达数年之久。有时为了防止残余应力过大或时效变形过大而影响使用性能，常常还要采取一些措施对脱模后的塑件进行后处理，如退火处理。

二、聚合物的流动规律

1. 牛顿型流体

流体在平直圆管内受切应力而发生的流动形式有层流和湍流两种。层流被看成一层层彼此相邻且平行的薄层流体沿外力作用方向进行的相对滑移，而且各层之间无相互影响。湍流则是流体各点的速度大小与方向都随时间而变化，且流体内相互干扰严重。塑料成型在加工过程中的流动基本上属于层流。

描述流体层流的最简单规律是牛顿流动定律，其内容为：在一定温度下，当切应力 τ 作用于两个相距为 $\mathrm{d}r$ 的液体平行层面并以相对速度 $\mathrm{d}v$ 移动时（见图5-5），则切应力 τ 与剪切速率 $\mathrm{d}v/\mathrm{d}r$（也称速度梯度）之间呈下列直线关系：

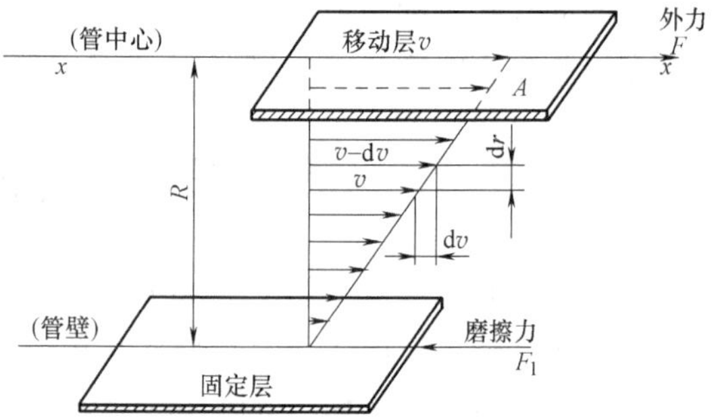

图5-5　液体在流道中流动时的速度梯度图

$$\tau = \eta(\mathrm{d}v/\mathrm{d}r) = \eta\dot{\gamma} \qquad (5\text{-}1)$$

式中　η——比例常数，通称为牛顿粘度，单位为Pa·s或N·s/m²；

τ——切应力，单位为Pa；

$\dot{\gamma}$——单位时间内的切应变，称剪切速率，单位为 s^{-1}。

凡是液体层流时符合牛顿流动定律的统称为牛顿流体，其特征为应变随应力作用的时间线性地增加，且粘度保持不变，应变具有不可逆性质，应力解除后应变以永久变形保持下来。

2. 非牛顿型流体

由于大分子的长链结构和缠结，聚合物熔体的流动行为远比低分子液体复杂。在宽广的剪切速率范围内，这类液体流动时剪切力和剪切速率不再成比例关系，液体的粘度也不是一个常数，因而聚合物熔体的流变行为不服从牛顿流动定律。通常把流动行为不服从牛顿流动定律的流动称为非牛顿型流动，具有这种流动行为的液体称为非牛顿。聚合物加工时大多处于中等剪切速率($\dot{\gamma}=10\sim10^4\ s^{-1}$)范围。此时，大多数聚合物都表现为非牛顿流体。

图 5-6 所示为以切应力 τ 对剪切速率$\dot{\gamma}$ 作图时聚合物在非牛顿流体状态下的流动曲线。可以看出，作用于不同流体的切应力变化时，剪切速率与切应力比值不再是一个常数，它随剪切速率或切应力而变化。将非牛顿流体的粘度定义为表观粘度 η_a(即非牛顿粘度)。图 5-7 为不同类型流体的表观粘度与剪切速率的关系。

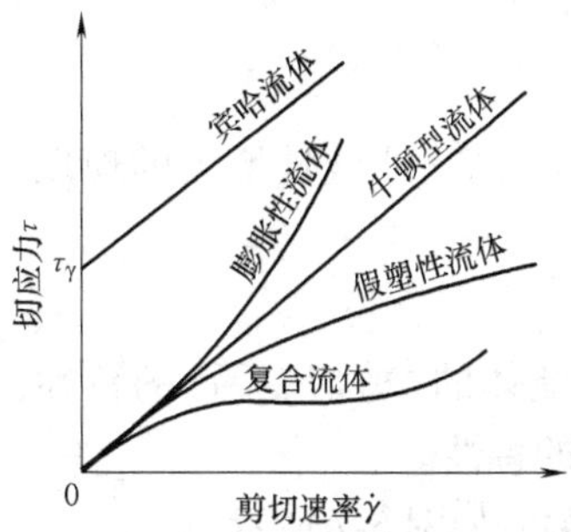

图5-6 不同类型流体的流动曲线

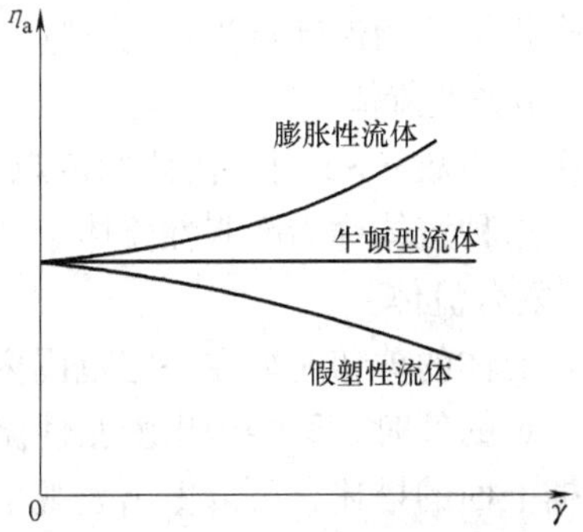

图 5-7 不同类型流体表观粘度与剪切速率的关系

指数定律方程是一种较能反映粘性流体流变性质的经验性表达式，对一定的成型加工过程来说，剪切速率总不可能很宽。指数定律在分析流体的流变行为、加工能量的计算以及加工设备或模具的设计等方面都较成功。该定律认为：聚合物粘性流体在定温下于给定的剪切速率范围内流动时，切应力和剪切速率具有指数函数关系，其表达式为

$$\tau=K\left(\frac{\mathrm{d}v}{\mathrm{d}r}\right)^n=K\left(\frac{\mathrm{d}\gamma}{\mathrm{d}t}\right)^n=K\dot{\gamma}^n \tag{5-2}$$

式中 K——稠度系数，与聚合物和温度有关的常数，可反映熔体的粘稠性；

n——非牛顿指数，与聚合物和温度有关的常数，可反映熔体偏离牛顿流体性质的程度。

将式(5-2)变化为

$$\tau=(K\dot{\gamma}^{n-1})\dot{\gamma}$$

$$取\quad \eta_a=K\dot{\gamma}^{n-1}$$

式(5-2)即可改写为

$$\tau=\eta_a\dot{\gamma} \tag{5-3}$$

式中 η_a——非牛顿流体的表观粘度，单位为 Pa · s。

表观粘度表征的是非牛顿液体(服从指数流动规律)在外力作用下抵抗剪切变形的能力。表观粘度除与流体本身性质以及温度有关外，还受剪切速率影响，这就意味着外力大小及其作用的时间也能改变流体的粘稠性。

(1)牛顿型流体

非牛顿指数 $n=1$，且流体的 $\tau-\dot{\gamma}$ 曲线是一条通过坐标原点的直线，表观粘度与剪切速率无关，其直线的斜率即为牛顿粘度 η。

（2）宾哈流体

非牛顿指数 $n=1$，且切应力达到或超过一定的值后流体才能流动的流体。需要使流体产生流动的最小切应力 τ_y 称为屈服应力。一般具有凝胶结构的聚合物属于这种类型。

（3）假塑性流体

非牛顿指数 $n<1$ 时，流体的表观粘度是随剪切速率的增加非线性下降的现象，称为剪切变稀现象，这种流体称为假塑性流体。除了热固性的聚合物和少数热塑性的聚合物外，大多数聚合物熔体的流动行为均属于这类假塑性流体。

（4）膨胀性流体

非牛顿指数 $n>1$ 时，流体的表观粘度随剪切速率的增高呈非线性增大的现象，称为剪切增稠，这种流体称为膨胀性流体。

（5）复合流体

复合流体的剪切速率在一定范围内，表现出假塑性流体的"剪切变稀"的特性；剪切速率超过一定的值时，又表现出膨胀性流体的"剪切增稠"的特性。

根据上面的描述，可以做出表观粘度与剪切速率的关系如图 5-7 所示。

在一定的成型工艺条件下，塑料的剪切速率的范围通常是固定的，常用熔融塑料的粘度为 $10\sim10^7$ Pa·s，分散体的粘度约为 1 Pa·s。

3. 影响高分子聚合物粘度的因素

粘度是描述塑料熔体流变行为最重要的量度。决定聚合物粘度的因素有两个：一是自由体积，自由体积是聚合物中未被分子链占领的空隙，是大分子链段进行扩散运动的场所，凡是使自由体积增加的因素都能使大分子运动增强，使熔体粘度降低；二是链缠结密度，缠结使分子链运动困难，所以减少缠结有利于聚合物分子链运动和熔体粘度降低。一切结构因素和所有外界条件都是通过对这两个因素的改变影响熔体粘度的。

（1）聚合物的分子结构和相对分子质量对粘度的影响

1）分子结构。聚合物的分子结构对粘度的影响比较复杂，大分子链柔顺性较大的聚合物，链间的缠结点多，链间的解缠、伸长和滑移都较困难，熔体流动时的非牛顿性（熔体的粘度和粘度对剪切速率的敏感性）就强；而对于链的刚硬性高且分子间的吸引力较大的聚合物，熔体的粘度对温度的敏感性增加，非牛顿性减弱，提高成型温度有利于改善流动性能，如聚碳酸酯（PC）、聚苯乙烯（PS）、聚酰胺（PA）等。

2）相对分子质量。聚合物相对分子质量比较大时，大分子链会有所加长，大分子链重心移动减慢，链段间相对位移被抵消的机会增多，链的柔顺性增大，缠结点增多，解缠、伸长和滑移困难，一般都需要较大的剪切速率和较长的剪切时间，所以，熔体的非牛顿性会增大。对于相对分子质量较大而流动性不好的聚合物通常要添加一些低分子物质（如增塑剂），以减小相对分子质量并降低其熔体粘度，改善塑料熔体的流动性。

3）分子量分布。聚合物平均分子质量相同，当分子量分布较宽时，聚合物熔体的粘度较小，非牛顿性较强。虽然这种低的粘度易于成型，但是成型出的制品的性能却比较差。所以，要选用分子量分布较窄的聚合物并通过其他途径改善其粘度，从而得到性能较好的制品。

（2）温度对粘度的影响

由于温度影响聚合物大分子链的热运动，所以聚合物的粘度也受温度的影响。通常随着聚合物温度的升高，其体积也会膨胀，大分子链之间的自由体积也会膨胀，分子间的范德华力减小，有利于大分子的变形和流动，从而降低了熔体的粘度。不同熔体的粘度对温度的敏感程度并不相同，一般与聚合物相对分子质量和分布范围有关。由图5-8可知，聚甲基丙烯酸甲酯(PMMA)、聚碳酸酯(PC)及聚酰胺66（PA66），在成型过程中对温度极为敏感，而聚乙烯(PE)、聚丙烯(PP)、聚甲醛(POM)对温度的敏感性要小一些。

(3)压力对粘度的影响

由于聚合物大分子长链的结构非常复杂，自由状态下堆砌密度低，分子间有较大的自由空间。当压力增大时使分子间自由空间减小，也就使得分子链间的移动变得困难，从而使得熔体的粘度增大。

(4)配合剂对粘度的影响

为了保证使用性能和加工需要，多数高分子聚合物都要添加一些配合剂才能使用。这些助剂包括各种填充剂、增塑剂、润滑剂、着色剂、稳定剂和改性剂等。配合剂不同对高聚物熔体的粘度影响也不同。如增塑剂和润滑剂能明显地降低熔体的粘度；而一些很细的填充剂如亚硫酸钙和二氧化硅等也会降低熔体的粘度。

以假塑性流体为例，当以上各种因素增加时，熔体粘度的变化趋势可以用图5-9进行粗略表示，其中向上的箭头表示使熔体粘度增大，向下的箭头表示使熔体粘度减小。

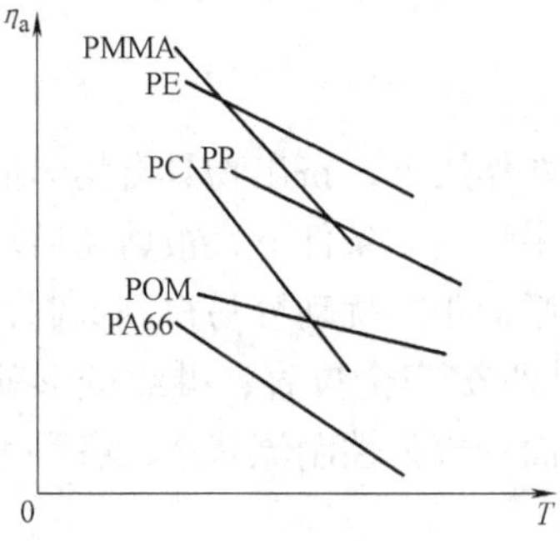

图5-8　温度对材料表观粘度的影响

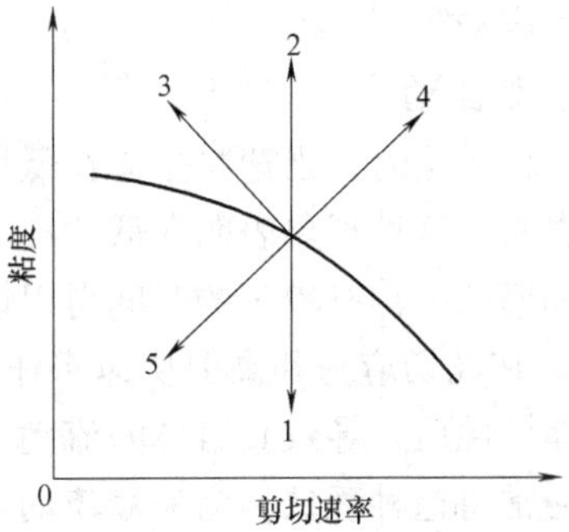

图5-9　各种因素对聚合物熔体粘度的影响
1—温度　2—压力　3—相对分子质量
4—填充剂　5—增塑剂

三、聚合物熔体流动过程的弹性行为

聚合物是一种具有弹性固体和粘性液体双重性质的粘弹性材料。当聚合物熔体受到外力时，一部分能量消耗在用于熔体流动的粘性变形，这部分变形在外力去除后不能回复；而另一部分变形的能量被储存起来，在外力去除后得到回复，即弹性行为，例如塑料挤出成型时的离模膨胀(见图5-10)就是一个典型实例。聚合物在流动过程中最常见的弹性行为是端末效应和失稳流动。

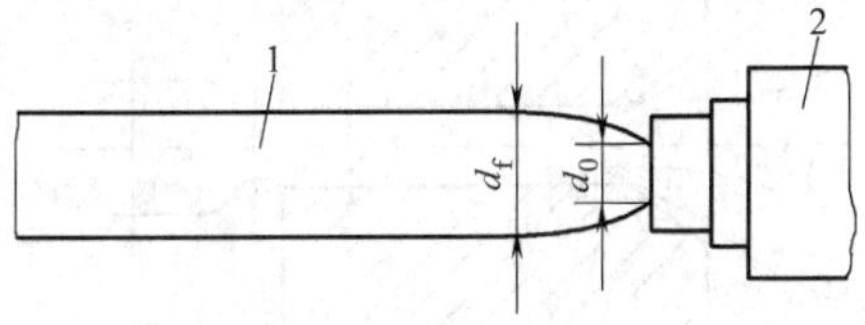

图5-10　聚合物挤出时的离模膨胀
1—挤出物　2—挤塑机机头　d_0—模芯内径
d_f—挤出膨胀后直径

1. 端末效应

因为聚合物熔体在导管中流动时受到摩擦和产生高弹性变形的作用，所以要消耗一部分压力而导致沿流动方向压力的下降，同时熔体在进入导管入口端一定的区域内的收敛流动中也会产生一定的压力降。另外，在聚合物流出导管端口时由于高弹变形的回复又会引起熔体的膨胀。这种在导管入口和出口端出现的与聚合物熔体弹性行为有紧密联系的现象称为入口效应和出口膨胀效应，合称为端末效应。离模膨胀可导致制品变形扭曲、不稳定，并在制品中产生内应力，降低产品力学性能。高聚物结构、工艺参数、设备情况都会影响离模膨胀的产生。膨胀的情况用膨胀比表示，膨胀比为聚合物挤出膨胀后的直径 d_f 与模口直径 d_0 的比值。

(1)分子量及分子量分布

分子量大，剪切粘度增大，变形中弹性成分大，分子链移动慢，需要的松弛时间长，离模膨胀现象严重。分子量分布宽，非牛顿性强，比分子量分布窄的膨胀大。

(2)剪切速率

剪切速率增大，会引起更大的弹性能存储，从而使膨胀比增大。

(3)温度

温度升高，熔体变形中弹性成分下降，松弛时间缩短，膨胀比下降。

(4)模具

模具定径区长径比增大，熔体在模具中存留时间长，大分子链有更长的松弛时间，弹性能减小，膨胀比下降。

生产中可采取降低剪切速率、提高加工温度、增加模具定径区长度，对制品牵引和拉伸来减轻离模膨胀。

2. 失稳流动

在挤出成型时，当塑料熔体在低切应力和低剪切速率作用下，挤出物具有均匀的形状和光滑的表面，这种现象表明在低切应力和低剪切速率的牛顿流动条件下，被剪切破坏的大分子卷曲和缠结结构有较长的时间得以恢复，各种因素引起的小的扰动容易得到抑制，如图5-11 所示。在高切应力和高剪切速率作用下，大分子链几乎被完全拉直，继续变形就会呈现很大的弹性性质，导致其熔体的流动无法保持稳定层流而变成弹性湍流状态，各种因素相互干扰，通常将这种现象称为失稳流动。

当聚合物熔体在失稳状态流动时，挤出物的表面会变得粗糙，失去光泽，形状也变得粗细不均和扭曲，严重时会得到波浪形和竹节形或周期性螺旋形挤出物。在极端严重的情况下，甚至会出现断裂的、形状不规则的碎片或圆柱，如图 5-12 所示。这种现象也被称为“熔体破裂”。

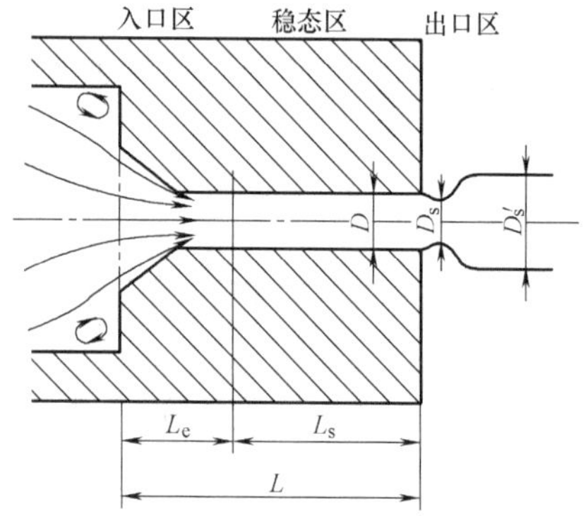

图 5-11 熔体在模具入口区和出口区的流动图

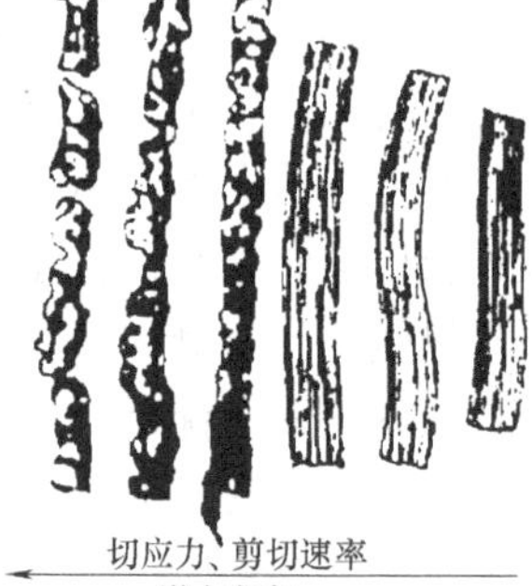

图 5-12 熔体在不同切应力作用下发生失稳流动时的挤出物试样

根据当前的研究结果可知，失稳流动和熔体破裂主要受分子结构、温度和流道结构的影响。

(1)分子结构

通常聚合物相对分子质量越大、分布越窄，则出现失稳流动的极限切应力越小，即熔体的非牛顿性越强，弹性行为越突出，越容易发生失稳流动。

(2)温度

提高聚合物熔体的温度能使极限切应力和极限剪切速率得到提高。但是温度对两者的影响程度不同，例如聚乙烯的极限剪切速率比极限切应力对温度要敏感的多。在这种情况下，确定注射温度时，可用的温度下限是根据极限切应力来确定的，如果单从降低粘度的观点出发，凭借极限剪切速率允许的温度进行，就有可能造成切应力过大而使流体出现失稳流动。

(3)流道结构

在大横截面流道向小横截面流道过渡处，要将突然过渡改为逐步过渡，避免“死角”产生，这对稳定熔体流动和提高挤出速度都有重要作用。

第三节　聚合物成型过程中的物理和化学变化

聚合物在成型加工中，会发生一些物理和化学变化，例如在某些条件下，聚合物能够结晶或改变结晶度，能借助外力作用产生分子取向等。当分子键中存在薄弱环节或有活性基团时，还能发生降解和交联反应。根据产品性能的要求，控制或利用这些变化，在聚合物加工中有重大的现实意义。

一、聚合物的结晶

1. 聚合物结晶特点

有许多聚合物，如聚乙烯、聚四氟乙烯、尼龙等在一定条件都能结晶。结晶聚合物是一种分子晶体，与小分子晶体一样。从宏观看，它具有一定的几何形状；从微观上看，组成晶体中的质点在空间呈有规则地周期排列。但聚合物结晶和低分子结晶有很大区别。一般低分子物结晶是以原子、离子或分子作为单一的结构单元排入晶格，在熔点时完全熔化。聚合物结晶结构的基本单元可以是整个大分子链，也可以是链段，绝大多数是链段重排堆砌成晶体。链段的运动要受大分子链的牵制，运动十分复杂。所以结晶聚合物的熔化是一个温度范围，从预熔开始至完全熔融称为熔程，常取完全熔融的温度为熔点(T_m)。结晶型聚合物由晶区和非晶区组成，结晶一般都是不完全的。

2. 聚合物结晶的过程

(1)结晶与温度的关系

结晶过程是大分子或链段借分子间的相互吸力(内聚能)进行重新排列，由无序变为有序的过程。因此，为使结构单元能够进入晶格序列，则其又必须具有游动性才行。热运动能为结构单元游动提供能量。但是热运动也有抵消内聚力、干扰晶格形成的作用，因此，热运动能和内聚能的适当比例是实现结晶的动力学条件。

绝大多数聚合物是以链段作为结晶单元进入晶格的，因此结晶只有在玻璃化温度以上熔融温度以下(即 $T_g < T_{结晶} < T_m$)才能进行。因为在 T_g 以下，链段受冻结不具备游动性；在 T_m 以上时，链段热运动能大于内聚能，有序排列困难。

如低分子物质结晶那样，聚合物结晶过程可分成晶核形成和晶粒长大两个阶段。第一步由聚合物大分子链规则地排列形成足够大的稳定晶核，然后以晶核为基础，逐渐长大。它们与温度有不同的依赖关系，如图 5-13 所示。图中曲线 1 表示成核速度与温度的关系，曲线 2 表示了晶粒长大速度与温度的关系。两条曲线叠加为结晶速度与温度关系曲线 3。当温度略低于 T_m 时，由于结构单元热运动能量高，生成的晶核不稳定，故晶核数目少，结晶速度低；随温度降低，晶核生成速度不断加快，结晶速度亦加快。当温度下降至某一温度，晶核生成和晶粒长大都有相当速度时，结晶速度达到最大，继续降低温度，虽然成核速度增快，但由于分子链的游动能力降低。晶粒的生长速度变慢，因此总的结晶速度降低。根据多种聚合物结晶的实验数据，得出具有最大结晶速度时的温度 T_{max} 的经验公式为

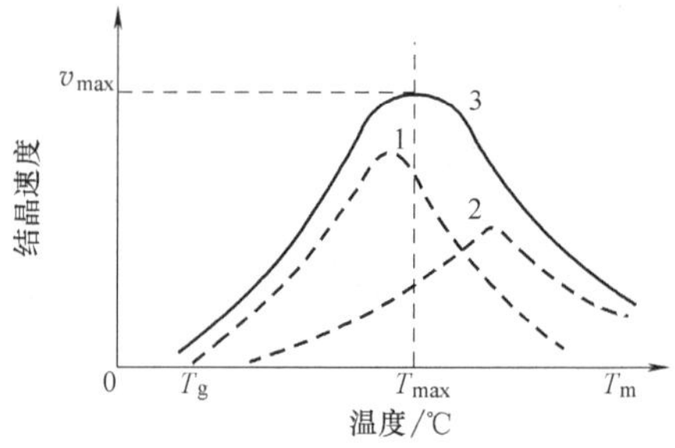

图 5-13　聚合物结晶速度与温度关系

$$T_{max} = 0.63\ T_m + 0.37\ T_g - 18.5$$

(2)结晶的速度

聚合物结晶速度是以结晶度随时间的变化率来表示的。结晶开始比较缓慢，表明有诱导期，中期速度最快，结晶后期逐渐减慢。

3. 加工过程中影响结晶的因素

聚合物在等温条件下的结晶称为静态结晶过程。实际上聚合物加工过程大都是不等温的，而且结晶过程还要受到其他因素的影响，常将这种情况下的结晶过程称动态结晶。

(1)冷却速度的影响

聚合物熔体从大于 T_m 的温度降低到 T_g 以下的冷却速度决定了晶核生成和晶粒长大的条件，冷却速度取决于熔体温度 T'_m 和冷却介质温度 T_c 之间的温度差。根据冷却温差的大小可大致将冷却速度分成缓冷、骤冷和中冷三种情况。

1)缓冷。当 T_c 接近熔体的最大结晶温度 T_{max} 时，ΔT 值小，这时熔体的冷却速度慢晶核数目少，属于缓冷过程，在制品中容易形成大的球晶。大球晶结构会使制品变脆，力学性能降低，同时冷却速度慢，生产周期长，硬化程度不足，还会使制品扭曲，故大多数加工很少采用缓冷。

2)骤冷。当 T_c 低于 T_g 很多时，ΔT 很大，熔体冷却速度很快，属骤冷过程。大分子链重排的松弛过程滞后于温度的变化速度，以致聚合物的结晶温度降低，骤冷甚至使熔体来不及结晶而成为过冷液体，制品有明显的体积松散性。但厚制品仍可能有微晶形成，制品内外结晶不一致导致内应力的产生，这将使制品的力学性能和尺寸形状发生变化，所以骤冷在一般成型加工过程中也不宜采用。

3)中冷。如果 T_c 在 T_g 以上不太大的温度范围内，则 ΔT 不很大，属于中等冷却速度，聚合物熔体较长时间处于 T_g 以上温度，既有利于晶核生成，也有利于晶粒长大，并有晶核生长速度和晶粒生长速度的最佳比例，结晶速度高，晶体完整性好，结构稳定，生产周期短，因此生产中常采用中等冷却速度。例如在电缆生产中挤出聚乙烯绝缘和护套，采用“热水—温水—冷水”逐渐降温的分段冷却方式，保证聚乙烯挤出层的结晶。

(2)熔融温度和时间的影响

加工时加热熔融温度和加热温度下的停留时间直接影响到残留晶核及晶体组织的数量。如果熔融温度高或保温时间长，原结晶组织破坏彻底，熔体冷却均相成核，结晶速度慢晶体尺寸大。相反，熔融温度低，保温时间短残留晶体组织多，熔体冷却结晶时异相成核，结晶速度快，晶粒尺寸小而均匀，有利提高制品的性能。

(3)应力作用的影响

聚合物成型加工中，聚合物熔体在高应力作用下，沿外力方向取向，取向组织诱发生核，使生成晶核速度加快，晶核数量增加，结晶时间缩短。如天然橡胶在室温下长时间也不结晶，零摄氏度下也要数百小时才结晶，但在拉伸时，则立即产生结晶。

(4)分子链结构的影响

具有结构简单、规整、对称大分子链结构的聚合物有较高的结晶能力；极性基团增加了分子间的内聚能，结晶能力强；能结晶的刚性分子的聚合物比柔性分子聚合物熔点高，如聚乙烯、聚异丁烯、聚四氟乙烯有简单规整结构，因此结晶能力强。分子量大的结构，移动困难，结晶速度慢。有支链的结构，结晶也较为困难。

某些低分子物和固体杂质在一定条件下也能影响聚合物的结晶过程。例如 CCl_4 扩散入聚合物中能加速结晶过程，吸湿性大的聚酰胺等吸收水分后能加速表面的结晶作用，使制品不透明。存在于聚合物中的固体杂质能阻碍或促进结晶过程，促进结晶过程的杂质称为成核剂。

4. 结晶对制品性能的影响

由于结晶中分子链有序排列，故聚合物晶态密度比无序的非晶态大，因而在结晶过程中，聚合物体积将发生收缩，通常密度和结晶度呈线性关系，结晶对聚合物的力学性能有显著的影响。当温度在非晶区的玻璃化温度以上时，结晶度增加使分子间作用力加强，因而聚合物弹性模数增加，抗张强度增加，断裂伸长率降低。另外，微晶起物理交联作用，使分子链滑移减少，故随结晶度增加，材料的蠕变及应力松弛降低。当温度在非晶区的玻璃化温度以下时，随结晶度增加，分子链排列趋向紧密，分子链段活动空间减少，材料抗冲击强度降低，脆性增加，抗张张度也降低。

结晶增加了聚合物的耐热性，如软化点和热畸变温度均有提高。当塑料聚合物的结晶度达40%以上时，晶区互相连接，形成贯穿材料的连续相。因此使用温度由 T_g 提高到 T_m。

结晶还使聚合物的耐溶剂和化学稳定性增加，但成型时收缩率增加，耐应力龟裂能力降低是其不足之处。

二、成型加工过程中聚合物的取向

聚合物分子链及其链段或结晶聚合物的微晶粒子在应力作用下形成的有序排列称为取向，如图5-14所示。

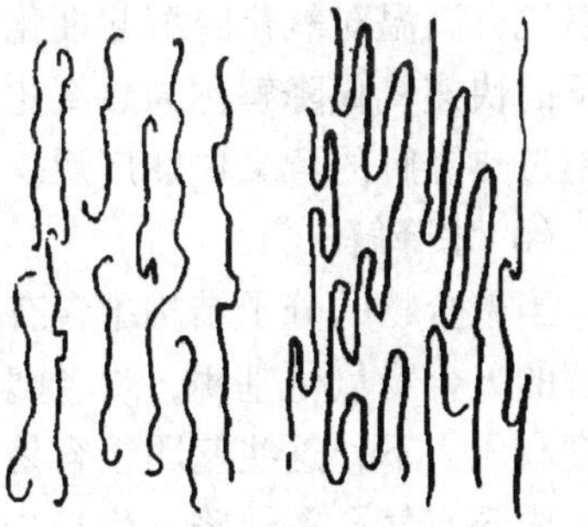

图5-14　聚合物分子链的取向

非晶聚合物链段取向是通过单键内旋造成的链段运动来完成，这种取向在高弹态下进行。整个分子链取向需要高分子各链段的协同运动来实现，只有当聚合物处于粘流态才能进行。两种取向过程运动单元所受阻力不同，因而取向速度也不同，链段取向快，分子链取向慢。取向过程也伴随有解取向发生，解取向是自发进行的，是由分子的热运动引起的。取向态需有外力帮助才能实现。在高弹态下，外力使分子链段取向，但外力消失后，链段便自发解取向，恢复原态；在粘流态下，分子链沿熔体流动方向取向，同一分子链各段竭力保持在同一流层中，保持相同流速。流动停止，分子链也要自发地解除取向。为维持取向状态，获得取向材料，则必须在取向后使温度迅速降到玻璃化温度以下，将分子链及链段"冻结"起来。

取向的结果是使聚合物材料的力学性质、光学性质及热性能等方面发生显著变化。在力学性能中，抗张强度和挠曲疲劳强度在取向方向上显著增加，而在与取向垂直的方向上则降低很多，其他如冲击强度、断裂伸长率等也会发生相应变化。

在电缆生产的橡塑材料挤出成型中，大分子链沿料流方向取向，在牵引力的作用下产生取向。轴向原子间以化学键相连接，有很高的强度，但在径向和周向分子间则仅有范德华力，力学强度降低很多，如果注意不到很可能造成质量问题。

三、聚合物降解

聚合物通常在高温、高压下进行成型加工，聚合物分子在受到热、应力、微量水、酸、碱等杂质以及空气中氧的作用都会导致聚合物链断裂、分子变小、相对分子质量降低，这种现象称为聚合物降解(也称裂解)。轻度降解会使聚合物变色；进一步降解会使聚合物分解出低分子物质，使制品出现气泡和流纹弊病，降低制品各项物理、力学性能；严重的降解会使聚合物焦化变黑并产生大量的分解物质。因此，所有的塑料制品，即使是只含有小部分焦化材料，也应该及时去除，否则不仅会影响塑件的外表，更重要的是会严重削弱该处材料的物理、化学性能。

1. 降解的种类

(1)热降解

聚合物在成型过程中在高温下受热时间过长而引起的降解称为热降解。在一般情况下，热降解的温度稍高于热分解温度。聚合物因加热温度过高而引起的热分解现象也属于热降解的范畴。因此，在塑料成型过程中要注意严格控制成型的温度和加热时间，以保证塑件的质量。

(2)氧化降解

聚合物在使用过程中和空气中的氧接触，某些化学链较弱的部分产生某些不稳定的过氧化结构，这种结构很容易分解产生游离基，从而导致聚合物发生降解。这种因为氧的作用而发生的降解称为氧化降解。如果没有热量和紫外线的作用，聚合物的氧化降解极为缓慢。也可以说，高温对氧化降解起催化作用，温度越高氧化降解越快。在实际生产中将这种高温氧化下的快速氧化降解称为热氧化降解。很明显，聚合物的热降解与热氧化降解基本上一样，只不过热降解的意义更加广泛。

(3)水降解

当聚合物的分子结构中含有容易被水解的碳-杂链基团(如酰胺基、醚基等)或容易被水解的聚合物氧化基团，或者塑料配合剂中含有极性基团时，极易吸湿或粘附水分。在成型温度和压力下，这些基团很容易被聚合物中的水分解，造成挤出物强度和粘度下降、表面粗糙、内部有气孔等缺陷，生产中将这种现象称为水降解。因此，为了避免水降解现象的发生，成型前应该对聚合物进行充分干燥，这对吸湿性较大的聚氯乙烯、聚酰胺、聚酯和聚醚等原材料尤其重要。

(4)应力降解

在成型过程中，聚合物高分子链在一定的应力作用下发生断裂而引起的降解称应力降解。值得注意的是，应力降解发生时，常常伴随着热量的释放，如果不将这些热量及时扩散出去，则可能同时发生热降解。

2. 防止降解的方法

通常降解是有害的，它将使塑料的性能变差，甚至使得成型过程难以控制。因此，在生产中必须采取一定的措施来防止聚合物降解。

1)严格控制成型原料的技术指标，避免因原材料不纯对降解发生催化作用。

2)成型前对物料进行充分的预热和干燥，严格控制其含水量，特别是对吸湿性强的聚氯乙烯、聚酰胺、聚酯和聚醚等原材料。

3)制订合理的成型工艺参数，保证聚合物在不易降解的条件下成型，这对热稳定性差、成型温度接近分解温度的原料尤为重要。为了尽可能避免降解的发生，对这类原料可以绘制成型温度范围图，以便正确合理地确定成型工艺参数，图5-15是硬聚氯乙烯的成型温度范围。

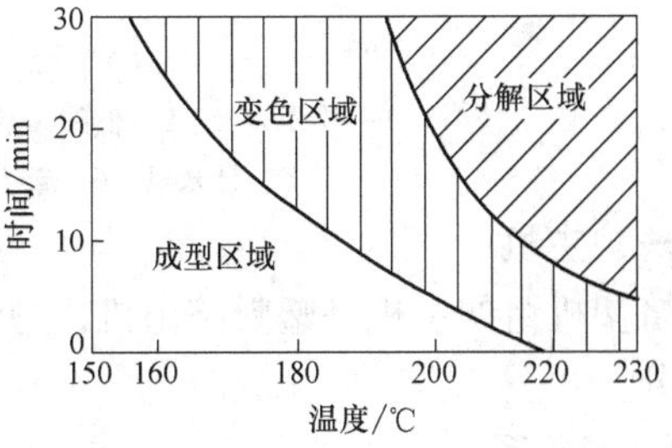

图5-15　硬聚氯乙烯的成型温度范围

4)成型设备和模具应该具有良好的结构和状态，与聚合物接触的地方不应该有死角和缝隙，流道长度要适中，加热和冷却系统应该有灵敏度较高的显示装置，以保证良好的温度控制和冷却速率。

5)对热、氧稳定性较差的聚合物，可以在配方中加入稳定剂和抗氧化剂等，以提高聚合物的抗降解能力。

四、聚合物的交联

聚合物由线型结构转变为体型结构的化学反应过程称为交联。经交联后，产品的强度、耐热性、化学稳定性和尺寸稳定性均有所提高。交联反应主要用于热固性聚合物的成型固化中。但在加工热塑性聚合物以及热固性材料成型过程中(如交联聚乙烯绝缘挤出中)，由于加工条件不当或其他原因(如原料不纯)也可能在聚合物中引起交联反应，使热塑性聚合物的流动、成型改变，对成型后的制品性能带来不利的影响。这种交联称为非正常交联，是加工过程要避免的。

第四节　塑料挤出机组

电缆的塑料绝缘和护套是采用连续挤压方式进行的。挤出设备采用单螺杆挤塑机。线芯从放线轮引出，穿过挤塑机头，将熔融的塑料挤包到线芯表面，形成密封的塑料套。在水槽中，熔融的塑料套冷却成型，通过收排线装置将挤塑成品整齐地收绕到线盘上，完成整个挤塑的生产过程。

根据塑料挤出机组(简称挤塑机组)中各设备所承担任务的不同，将设备分为主机、辅机和控制系统三大部分。对于不同的电缆品种及产品规格，系统中的辅机有很大差别，图5-16所示为小型塑料挤出机组。

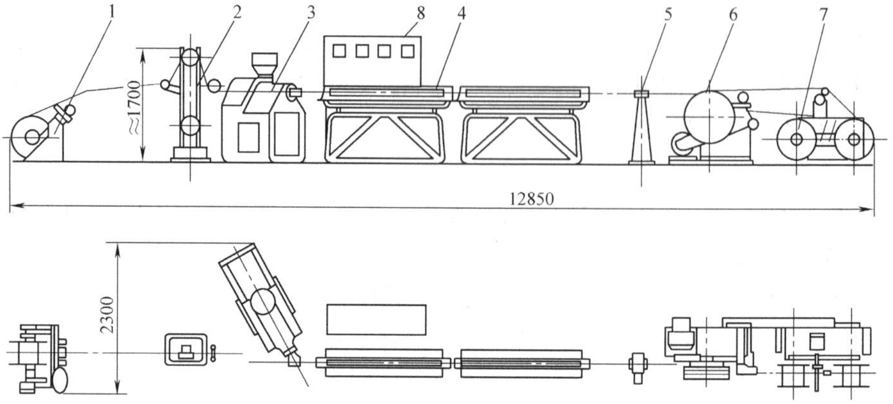

图 5-16　SJ-45 型挤塑机组

1—放线装置　2—储线及放线张力控制装置　3—挤出机　4—冷却水箱
5—计米器　6—牵引装置　7—双盘收线装置　8—控制柜

一、主机

挤塑机组的主机是塑料挤出机，习惯上将其划分为挤压系统、传动系统和加热冷却系统三部分。

1. 挤压系统

挤压系统包括料斗、螺杆、机筒、机头、模具。粒状塑料通过挤压系统被塑化成均匀的熔融体，在螺杆的推力作用下，从机头的模具中被连续挤出。

2. 传动系统

传动系统用来传递动力以驱动螺杆，供给螺杆在挤出过程中所需的力矩。通常由电动机、传动皮带、减速箱和轴承等组成。挤出时要求螺杆转速要稳定，不随其负荷的变化而变化，以保证制品质量均匀一致。

3. 加热冷却系统

加热冷却系统是塑料挤出的温度控制系统，起到对机筒进行加热和冷却的作用，以保证塑料始终在其工艺要求的温度范围内挤出。加热与冷却是塑料挤出能够持续进行的必要条件。加热系统由外部加热物料，使之升温，以达到工艺操作所需要的温度。冷却装置是为了保证塑料在不大于工艺要求的温度范围而设置的，具体说是为了排除螺杆旋转的剪切摩擦产生的多余热量，以避免温度过高使塑料分解或定型困难。

二、辅机

辅机主要包括放线装置、放线张力控制装置(或校直器、储线器)、线芯预热器(或连续退火装置)、冷却水槽、印字计米装置、火花检验、牵引装置、收排线装置等。

1. 放线装置

放线装置以一定的张力连续地放出要挤包的导电线芯。为保证连续、高速生产，许多设备配备双放线、双收线装置。

2. 放线张力控制装置或线芯校直器

放线张力控制目的是给线芯一定张力作用，保证线芯在挤出过程中平稳运行。线芯校直装置用以校正线芯的弯曲，保证平直度。只有放线张力均匀、线芯平直才能保持线芯的平稳运行，避免挤出质量问题的产生。

3. 线芯预热器或线芯连续退火装置

线芯预热器用于将线芯加热到一定温度，以保证挤包的塑料层与线芯有较高的粘合力。拉线、退火、挤塑连续生产的串列式机组，连续退火装置不仅用于实现线芯的连续退火，而且起到预热作用。

4. 冷却水槽

冷却水槽起到对挤包的塑料层固化定型的作用。冷却水槽一般为水平直线式，也有多层缠绕式。有的在前端水槽上部设有喷淋冷却，保证更好的冷却效果。一般水槽(或循环水箱)设有电(或蒸汽)加热装置，用以分段控制水温，使聚乙烯类结晶型塑料挤出成型后，能够经热水、温水和冷水逐步缓慢冷却。

5. 计米装置

计米装置用于产品生产长度的计量。

6. 牵引装置

牵引装置用于给挤出制品连续稳定向前运行的动力，常采用轮式牵引和履带牵引。

7. 收排线装置

收排线装置是将制品收绕到收线轮上并进行整齐排列的装置。收排线之间有严格的同步要求：为实现制品排列均匀、整齐，要求线盘每转一周，排线横向移制品的直径那样长的距离，这个距离是由排线丝杠的转速和螺纹节距确定的；同时收线盘的内宽与排线丝杠的行程必须一致，排线行程的两端与线盘的两个侧板对应。为此挤塑机组的收排线装置应为联合机构，以一定的形式进行机械联锁或电气联锁。

收排线装置的规格也是由主机的生产技术规范决定的。其排线结构型式有光杆排线和丝杆排线；收线装置的结构型式有单盘收线和双盘收线，有轴收线和无轴收线等。自动双盘收线装置是电线电缆生产中使用的一种新型收线装置，当一收线盘满盘后，自动切换到另一收线盘开始收线，可以保持连续生产，具有操作灵活，自动化程度高，收线速度快，节省辅助工作时间，降低劳动或强度等优点，在高速挤塑机组中多采用双盘收线装置。

8. 其他辅助装置

1)火花试验机是一种的特殊的耐电压测试装置，用于对挤出层的连续性进行在线检验。

2)切断器：切断电缆，便于分盘。

3)吹干器：能迅速吹干挤出层表面水分。

4)印字装置：在电缆挤出层表面印制要求的名称、型号等内容。

三、控制系统

控制系统的主要作用是控制和调节主、辅机的拖动电动机正常运行，以及主机加热、冷却系统的温度自动控制和测厚、测偏等，输出符合工艺要求的转速和功率，并能使主辅机协调工作；检测和调节挤塑机中的物料的温度、压力流量；实现对整个机组的控制或自动控制。

第五节　塑料挤出机

塑料挤出机(简称挤塑机)的类型很多，电缆塑料绝缘和护套挤采用单螺杆挤塑机，绝大多数都采用卧式布置。

一、挤塑机的主要参数

卧式布置是指设备的轴线与地面平行的布置方式，卧式单螺杆挤塑机的组成如图 5-17 所示。用于表征设备的主要技术参数有螺杆直径、螺杆长径比、螺杆转速范围、挤出量、产品最大挤出外径、主电动机型号和功率、机筒机头加热分区和加热功率、出线速度、冷却水槽长度、设备中心高和机组外形尺寸等。挤塑机型号用汉语拼音表示，规格用螺杆直径和长径比来表示，如 SPV 150/25 表示螺杆为直径 150mm、长径比为 25 的普通塑料挤出机。

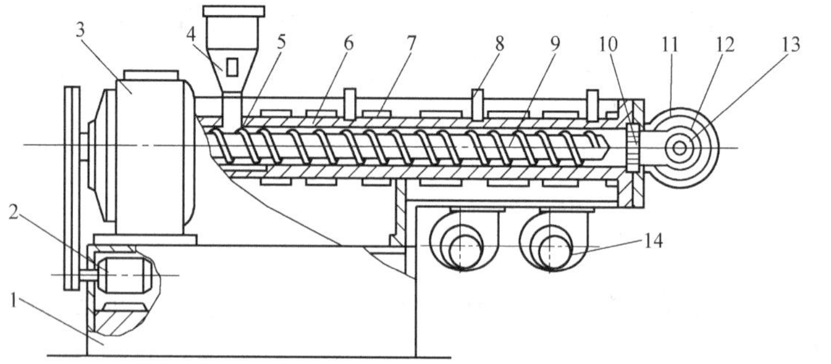

图 5-17 卧式单螺杆挤塑机组成

1—机座 2—电动机 3—传动装置 4—料斗 5—料斗冷却区 6—机筒 7—加热圈 8—热电偶测温点 9—螺杆 10—滤网和多孔板 11—机头加热圈 12—机头 13—模具 14—冷却风机

二、螺杆

塑料的塑化成形过程是在挤塑机的挤压系统完成，而挤压系统的核心组件又是螺杆，合理选用螺杆型式和参数是获得理想产品质量和产量的重要环节。

1. 螺杆的型式

为适应不同塑料加工的需要，螺杆的型式有许多种，以便能对塑料产生较大的输送、挤压、混合和塑化作用，图 5-18 所示为几种常用的螺杆的结构形式。

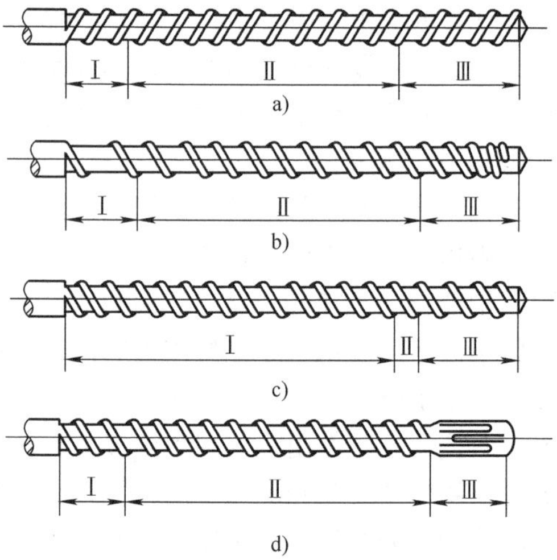

图 5-18 几种常用螺杆的结构形式

a)渐变型(等距不等深) b)渐变型(等深不等距) c)突变型 d)鱼雷头螺杆

Ⅰ—加料段 Ⅱ—压缩段 Ⅲ—均化段

1)等距不等深螺杆，即常用的等距渐变螺杆，如图 5-18a 所示。从加料段的第一个螺槽开始直至均化段的最后一个螺槽深度逐渐变浅，而螺距不变。这种螺杆加工制造容易，物料与机筒的接触面积大，传热效果好，是最常用的一种。但其缺点是螺杆尾部强度较差，在使用大长度和大压缩比时应特别注意。

2)等深不等距螺杆(见图 5-18b)的螺槽深度不变，螺距从加料段第一个螺槽开始至均化段末端由宽逐渐变窄，属渐变型螺杆。这种螺杆尾部强度较高，有利于进一步增大螺杆转速来提高生产能力。其缺点是螺杆加工较困难，使用较少。

3)不等深不等距螺杆螺槽深度和螺纹升程从加料段开始至均化段末端都是逐渐变化，

即螺纹升程从宽逐渐变窄，螺槽深度由深逐渐变浅。其缺点是机械加工复杂，也较少采用。

4）突变型螺杆（见图5-18c）的螺槽深度和螺纹升程在加料段和均化段均没有变化，熔融段较短，约为(1～4)D，在此处螺槽突然变浅，适用于结晶型聚合物挤出。

5）鱼雷头螺杆（见图5-18d）将螺杆均化段加工成鱼雷形状的螺杆。螺杆头与机筒的间隙小，这种头部结构对物料的受热和混合有良好的效果，有节制料流、消除脉动的作用，同时还可增加对物料的压力。

螺杆型式的选定主要根据塑料的物理性能。非结晶型聚合物的软化是在一个比较宽的温度范围内完成，例如软聚氯乙烯的软化温度区间为75～165℃，因此，一般选用渐变型螺杆。熔融的温度范围比较窄、粘度较低的结晶型聚合物，例如尼龙、聚烯烃等，宜选用突变型螺杆。如果高粘度塑料选用突变型螺杆，挤出时易引起局部过热，因此不宜使用。

随着挤出理论的成熟和发展，螺杆结构有了很大改进，还发展了许多新型螺杆，如分离型，以及在其基础上变化而来的屏障型、销钉型、波浪型、DIS型等。

2. 螺杆的技术参数

螺杆的主要技术参数有螺杆直径、长径比、压缩比、螺距、螺槽宽度、螺槽深度、螺纹升角、螺杆与机筒间隙等，如图5-19所示。

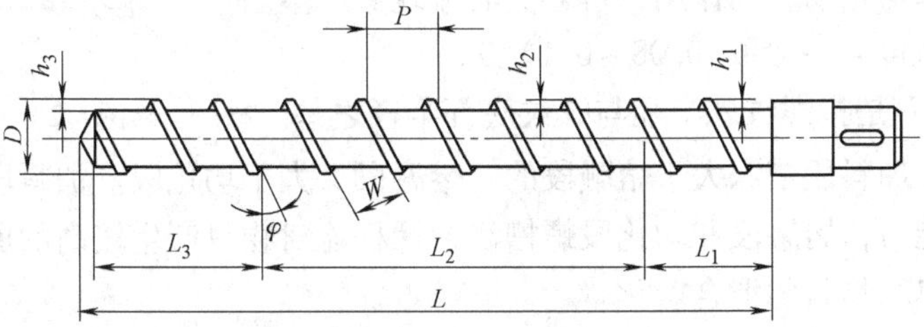

图5-19 螺杆的主要结构参数

D—螺杆直径 L—螺杆长度 h_1、h_2、h_3—螺槽深度 P—螺距 φ—螺纹升角

1）螺杆直径D，即螺杆外径。这是一个重要参数，挤出量近似与其二次方成正比，因此，D的少许增加，产量也会显著增加，所以用螺杆直径来表征挤塑机的规格。我国标准规定挤塑机螺杆直径系列为：20、30、45、65、90、120、150、200、250、300 mm。广泛使用的规格是ϕ65～150mm。

2）长径比L/D，即为螺杆工作部分长度和螺杆外径之比。

长径比的选取要根据被加工塑料的物理性能和对制品质量的要求来考虑。在其他条件一定时，增大长径比，即等于增加螺杆长度，则塑料在机筒中停留时间增长，有利于塑料的混合和塑化，塑化将更充分、更均匀，从而提高了产品质量。如果在塑化质量要求不变的前提下，长径比增大后，螺杆的转速可提高，从而提高了生产率。但是，选择过大的长径比，螺杆所消耗的功率也将相应增大，而且螺杆和机筒的加工与装配都比较困难，制造成本提高，螺杆弯曲的可能性也会增加，将会引起螺杆与机筒的刮磨，降低使用寿命。所以既要充分利用长径比加大后的优点，又不盲目追求过大的长径比。对于热敏性塑料，过长的长径比还易造成塑料停留时间太长而热分解。加工聚烯烃和聚氯乙烯螺杆的长径比一般以20、25居多。

3）压缩比i为加料段第一个螺槽容积和均化段最后一个螺槽容积之比。挤塑机的压缩比要比挤橡机的大，目的是为了使颗粒状塑料能充分塑化。塑料种类不同时，压缩比也应不同。普通型螺杆挤聚氯乙烯时的压缩比常取2.5～3，挤聚乙烯时取3～3.5。无卤低烟料加入了大量的无机阻燃剂，使材料流动性变差，挤制时宜选用压缩比为1～2.5的螺杆。

分离型螺杆适应性较强，而且由于回流较小，其压缩比可取得较小。对于挤软聚氯乙烯和聚乙烯的螺杆，可取 $i=1.9\sim2.0$。

4）螺杆和机筒内壁的间隙 δ 为螺杆顶部和机筒之间的距离。间隙值增大，会使间隙处反向流动的料流量增加，使挤出量减小。间隙值小，对加工精度的要求提高，通常控制在0.1～0.6mm。

5）螺距 P 为相邻两个螺纹的轴向距离。

6）螺纹升角 φ 为螺纹与螺杆横断面的夹角。对于送料段，30°螺旋角最适合于粉料，15°适合于方块料，17°左右适合于球状或柱状料，由均化段理论分析得知30°时挤出流率最高。实际上为加工方便，多取螺旋角为17°41′。

7）槽宽 W 为垂直于螺棱的螺槽宽度。

8）螺杆螺纹截面。常用的是锯齿形，如图5-20所示。其螺棱后缘有10°的斜角，且过渡圆弧较大，有利于物料的流动、较好地混合和均化物料的作用，可避免涡流现象产生。

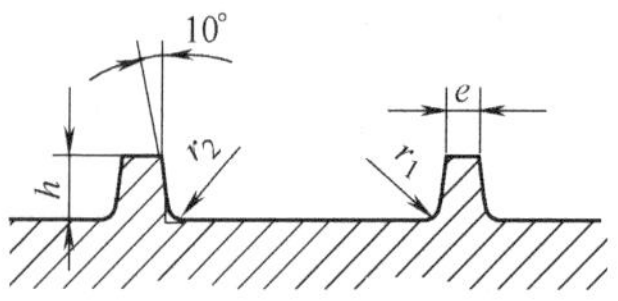

图5-20　螺纹断面形状

9）螺棱顶面宽度 e 一般取(0.08～0.1) D。

10）螺槽深度 h 是指螺纹外半径与螺纹底部半径之差。根据压缩比的要求，加料段槽深大于熔融段的，熔融段又大于均化段。加料段螺槽深度大，有利于提高其输送能力，熔融段和均化段螺槽浅，螺杆能对物料产生较高的剪切速率，有利于机筒壁向物料传热和物料的混合塑化。

普通等距不等深螺杆根部螺槽深度 $h_1=0.1\,D$，均化段螺槽深 $h_3=(0.02\sim0.06)D$。

11）螺杆螺纹的头数。在其他条件相同时，多头螺纹与单头螺纹相比，多头螺纹对物料的正推力较大，攫取物料的能力较强，并可降低熔料的倒流现象。但全长都是多头螺纹时，会由于各条螺槽的熔融、均化或对熔料输送能力不一致，引起挤出量的波动和压力波动。所以，有时只是为了提高加料段攫取物料的能力，在加料段设置双头螺纹，以提高固体输送能力。

12）螺杆头部结构。物料进入螺杆头部流道时，由螺旋状流动急剧变为直线流动，因此应选择合理的螺杆头部形状，以使物料能平稳地从螺杆进入机头，避免产生涡流，使局部滞留受热时间过长而产生热分解。

挤塑机螺杆头部常采用图5-21a、图5-21b所示的形状，图5-21c在锥形尖头上做出与螺杆均化段连续的螺纹，作用是使物料能借助头部的螺纹向前移动。

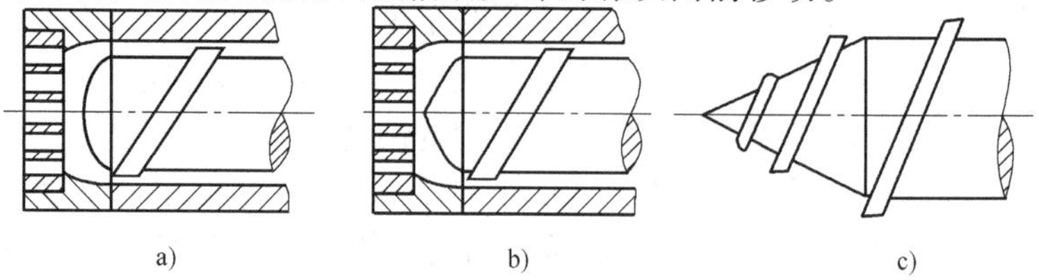

图5-21　常用螺杆头部的形状

a)球体　b)球体-流线型锥体　c)带螺纹锥体

3. 螺杆的分段及各区段的基本职能

螺杆的职能区划分是根据物料在挤塑机中不同部分物态变化时螺杆所起的不同作用划分的，其分段如图 5-18 所示。

1)加料段。其职能主要是对塑料进行压实和输送，并对塑料进行预热。此段的工作过程是塑料自料斗进入螺杆后，在旋转的螺杆作用下，通过机筒内壁和螺杆表面的摩擦作用向前输送和压实，塑料在加料段基本上保持固态。加料段螺杆占全长的比例随塑料的种类而不同，挤出结晶性塑料为 30% ~65%，对非结晶性塑料约为 10% ~25%。

为提高加料段的输送能力，要求物料与螺杆表面摩擦系数要小，以利于固体物料的向前运动，因此，对螺杆表面加工质量提出了较高要求。

2)压缩段又叫熔融段，其作用是使塑料进一步压实和塑化，使包围在螺杆内的空气压回到加料口处排出，并改善塑料的热传导性。当塑料从加料段推进到熔融段后，随着塑料继续向前输送，螺槽逐渐变浅，兼有多孔板、滤网、机头的阻挡作用，塑料中形成了高压，逐渐被压实。同时，在机筒外部加热和螺杆与机筒的强烈剪切、搅拌、混合作用下开始熔融，随着推进过程，液相不断增加，而固相不断减少，至熔融区的末端，塑料全部或绝大部分转变为粘流态。

压缩段的长度主要和塑料的粘流温度(或熔点)等性能有关。软化温度范围宽的塑料如聚氯乙烯熔融段最长，可占整个螺杆的长度；软化温度范围窄一些的聚乙烯熔融段为螺杆的长度的 45% ~50%；软化温度范围很窄的尼龙(聚酰胺)熔融段甚至只有一个螺距的长度。

3)均化段又叫熔体输送段或计量段，塑料进入熔体输送段后进一步塑化和均匀化，并使之定压、定量和定温地从机头中挤出。

均化段长度和螺槽深度是两个重要参数，螺槽深度过大，使其潜在的熔料输送能力大于熔料能力而使熔融不完全的物料进入机头，会影响制品质量。反之，太浅则熔料受到剪切力过大，会使熔料温度升高，甚至分解。均化段长度增加，可使物料均化时间延长，有利于物料的均匀混合，但过长会使加料段和压缩段在全长中所占比例变小，易引起塑料过热分解。非结晶性塑料均化段约占螺杆全长的 22% ~25%，结晶性塑料约占全长的 25% ~35%。槽深一般取(0.02 ~0.06)D。

4. 分离型(BM)螺杆

分离型螺杆是在普通螺杆的基础上进行改进而成。普通型螺杆生产能力低，挤出过程中常有压力和挤出量的波动，直接影响到产品的质量。随着挤塑工艺的发展，对普通型螺杆进行了改进和提高，建立了新的理论模型，出现了一些新型的螺杆。分离型螺杆就是根据物料传热原理研究出来的一种新型螺杆，螺杆结构如图 5-22 所示。

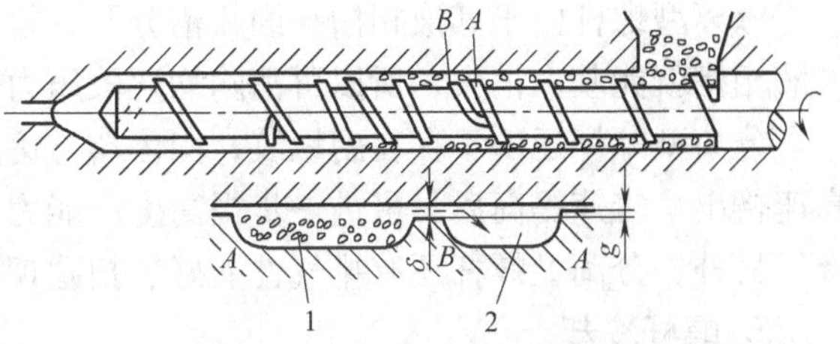

图 5-22 分离型螺杆结构

1—固相槽 2—液相槽 A—主螺纹 B—副螺纹

(1)结构特点

分离型螺杆的工作部分由三段组成，即等距等深的加料段、等距变深的压缩段和等距等深的均化段。自加料段到压缩段末端有一螺距约等于螺杆直径的螺纹 A，称为主螺纹。自加料段末端至均化段又有一条螺距较大螺棱高度稍低的螺纹 B，称为副螺纹(或附加螺纹)。副螺纹始端与主螺纹相交，主螺纹末端与副螺纹相交。所以，螺杆的压缩段是由螺纹螺距和螺棱高度都不相等的双螺纹组成。对于长径比为 20 的分离型螺杆，主螺纹约占全长 70% ~ 75%，自加料口第一节螺纹开始。副螺纹约占全长 75% ~ 80%，距加料口 20% ~ 25% 起直至均化段最后一节螺纹，即主、副螺纹相交叉这段约占全长的 50%，如图 5-22 所示。

主、副螺纹间形成加料螺槽(或称固相螺槽)和塑化螺槽(或称液相螺槽)。由于主、副螺纹螺距不等(在压缩段内副螺纹的螺距数比主螺纹少一个)，这就形成了两相螺槽容积的递变：液相槽从窄变宽，直通均化段和螺杆头部螺槽，即液相槽容积越来越大至螺槽全部变为液相槽。固相槽与加料段螺槽相通，固相槽从宽变窄，直至在塑化段末端结束，即固相槽容积越来越小直至消失。

在外部加热作用下，靠近机筒壁的部分物料熔融在机筒壁表面形成熔膜，螺杆旋转将熔膜刮下，积聚在螺棱前进方向的前方。主螺纹 A 的高度高于副螺纹 B，这样可以保证主螺纹首先与熔膜接触，使熔融物料积聚在主螺纹前方而形成液相槽，副螺纹不能接触到熔膜，避免固相与液相部分混合而降低熔融效率。

通过以上作用，螺杆将已熔融物料和未熔融物料及时分离。固相槽和液相槽的螺槽深度，都从加料段向均化段逐渐减小，使固相槽容积也逐渐减小，未熔融塑化的物料沿着容积渐小的固相槽前进，被强制推向机筒壁，随着温度的升高和作用时间的延长而陆续熔融塑化；而熔融塑化的物料，随时通过由副螺纹螺棱与机筒内壁形成的径向间隙 δ 进入容积越来越大的液相槽，直接输送到均化段而挤出。由于此径向间隙仅为 0.2 ~ 0.3mm，固相槽中未熔融颗粒不能进入液相槽而留在固相槽中继续塑化，即使有部分未熔融的小颗粒越过该间隙，也会受到剪切作用而被进一步熔融。

另外，分离型螺杆具有较深的螺槽，塑料挤出剪切应变率较小，使物料不易分解，这样可确保挤出质量，而且稳定。

(2)挤出特性

分离型螺杆与类似条件的普通型螺杆相比，可实现定量、定压、高速挤出。

普通型螺杆挤出时，挤出受其均化段实际长度的制约，而该长度又受挤塑机的温度、转速、压力等影响，所以它的均化段计量长度不是一个定值，挤出量也在变化。分离型螺杆不但因加深了螺槽深度而使挤出量增大，而且均化段的计量长度是永远不变的，所以能使挤出量稳定。

分离型螺杆由于其液相槽与固相槽分开，物料移动推力产生于固相槽，各种回流一经流入液相槽就能基本消失，所以可消除均化段压力的波动，实现定压挤出。

分离型螺杆还由于存在副螺纹，固体料与熔融料分开输送，有利于加料段的送料，实现高速挤出。转速提高后，可进一步提高生产能力。虽然功率消耗也要增加，但单耗仍有所下降。另外，分离型螺杆还有排气性能好、扫膛现象少等优点。

5. 螺杆冷却

螺杆冷却的目的主要是为了加料段物料的输送，同时也可以防止塑料因过热分解，有利于物料中所含的气体能从加料段的冷混料中返回并从料斗中排出。常用方式是在中空的螺杆内插入水管，通至螺杆前端，冷却水通过水管进入螺杆前端的中空部分，从螺杆尾部流出，冷却机构的形式如图 5-23 所示。

三、机筒

机筒与螺杆是塑料塑化和输送系统的基本结构。由于塑料在机筒内受到逐渐增高的压力和温度，机筒实际上可看是一个受压和加热的容器。

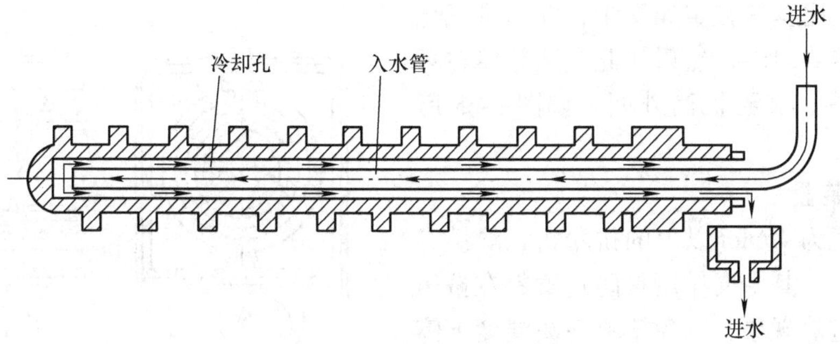

图 5-23　螺杆的冷却形式

机筒一般由加料座和机筒两段组成，表面硬度要稍高于螺杆表面硬度。为提高固体输送效率，常采用加大加料段机筒表面摩擦系数和物料通过面积及对加料强力冷却的方法。图 5-24 所示就是在机筒内壁开纵向沟槽及将内壁做成锥形的几种结构，套筒外壁开有通冷却水的槽，对加料斗底座处强制冷却，使料粒顺利进入机筒。机筒两端焊有法兰，分别与机头和加料座连接。

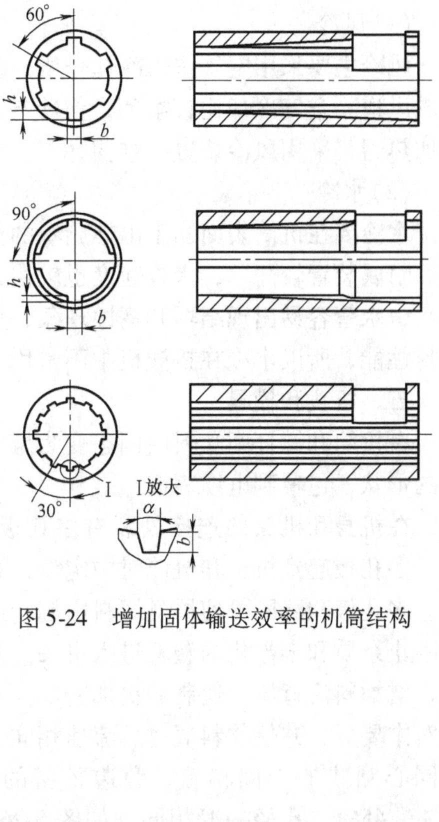

图 5-24　增加固体输送效率的机筒结构

加料口形状应使物料顺利进入料筒而不产生“架桥”现象。一般采用矩形，长边平行于料筒轴线，长度约为(1.3～1.8)D。

四、加热与冷却装置

通过加热和冷却调节机筒中物料温度，可使其保持在工艺要求范围内。在螺杆的不同分区，对物料的温度要求不同，对应于机筒的温度也各异，因此，挤塑机加热和冷却是分段设置和控制的。

1. 加热装置

机筒加热方式有载体加热和电加热。

(1) 载体加热

它是先将载体(水、油或有机溶剂)加热，再由它们加热料筒，温度调节可以通过改变液体流率来实现。这种方法的优点是加热均匀稳定，温度波动小；缺点是系统复杂，热滞较大。

(2) 电加热

电加热是目前挤塑机上应用最多的加热方式，又分为电阻加热和电感应加热两种。

1) 感应加热是通过电磁感应在机筒中产生电涡流使机筒发热来加热的。其具有温度控制灵敏，加热均匀，效率高，寿命长的优点，但径向尺寸大，成本高，应用较少。

2) 电阻加热是利用电流通过电阻较大的导线产生热量来加热的，用于机筒、机头的加热，是应用最广泛的加热方式。其具有体积小，重量轻，装设方便等优点。目前常用的铸铝加热器是将电阻丝装在金属管中，并填进氧化镁粉之类的绝缘材料，然后将此金属管铸在环形的铝合金中，装到机筒外面，如图 5-25 所示。

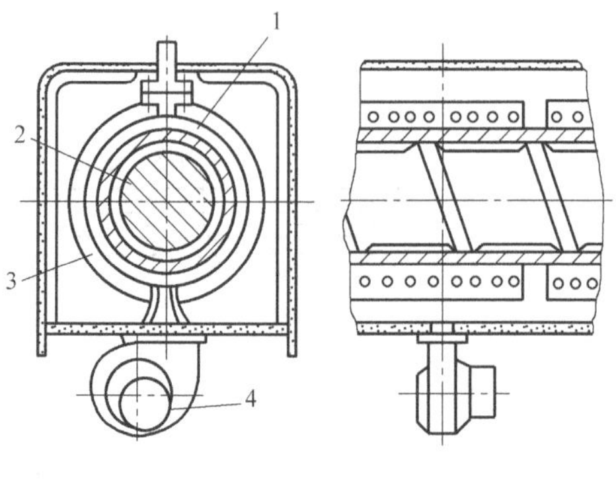

图 5-25　电阻加热器与采用风冷装置的结构
1—机筒　2—螺杆　3—电阻加热器　4—鼓风机

2. 冷却装置

螺杆直径为 45mm 以上的挤塑机，均设有机筒冷却装置，其主要作用是防止塑料在挤压过程中产生过热现象，以免塑料在高温度下停留过久而降解或分解。常用方式为风冷和水冷。

(1) 风冷

风冷主要采用空气作为冷却介质，在每一冷却段配备一个单独的鼓风机及在机筒表面要形成风道。空气冷却比较柔和，但冷却速度较慢，系统体积大，成本高。图 5-25 所示为电阻加热器与采用风冷装置的结构。

(2) 水冷

水冷要在机筒表面加工出螺旋状的沟槽，用以缠绕冷却水管。冷却介质采用自来水，所用的附属装置较简单，水冷速度也较快，但易造成急冷。如果使用的水是一般未经软化的自来水，水管容易出现结垢和锈蚀现象，从而降低水冷效果或水管堵塞、损坏，并且不易保证密封性能，所以水冷在挤塑机中不常用。

五、机头和模具

在机筒和螺杆间塑料由固态变为熔融态，熔融物料通过机脖进入机头和模具，形成所需要的形状，包覆到电缆表面。

在机身和机头的连接处装有多孔板(又叫蜂巢板)和过滤网。多孔板起到机头和机筒对中定位，并对过滤网起到支承作用。多孔板和滤网可使熔融塑料由旋转运动变为直线运动，同时阻止杂质和未塑化的塑料进入机头，并共同对熔体产生反压力，增加料流背压，使制品更加密实。对其结构的要求是装配时对中要好，并使物料通过后流速相同，所以在它的端面上钻有同心圆式的中间稍疏、旁边稍密的许多小孔，开孔率约 30% ~45%，孔径一般相同，如图 5-26 所示。多孔板与螺杆头部的间距不宜过大，否则容易积存物料，对热敏性物料易分解，但距离过小，将不利于螺旋形运动的熔料均匀地通过分流板，所以常使此段容积稍小于或等于均化段一个螺槽的容积。

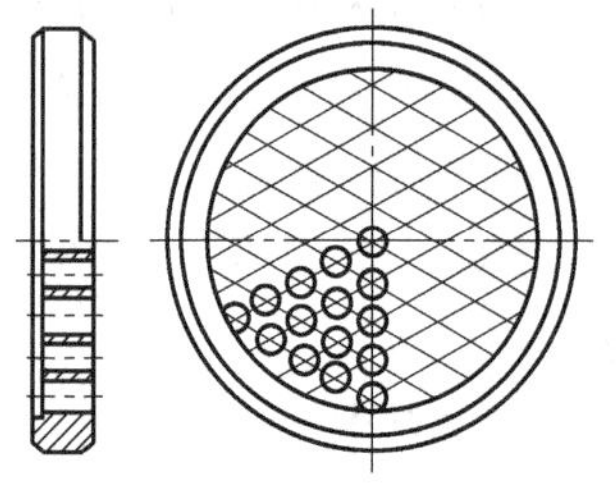
图 5-26　多孔板

机头的作用是将旋转运动的塑料熔体转变为平行直线运动，并将熔体均匀、平稳地导入模套中，赋予塑料以必要的成形压力。按照机头料流方向和螺杆中心线的夹角，将机头分成斜机头和直角机头两类。直角机头的机头中心线与螺杆中心线垂直。斜角机头的机头中心线与螺杆中心线相互成 120°角。机头与机筒的连接方法一种是将机头座的锥形法兰通过左右卡环和螺栓，紧固在机筒的锥形法兰上；另一种是通过法兰上的数个铰节螺钉连接。

机头的结构如图 5-27 所示。电缆线芯从内套筒后端进入机头，从前端穿出。内套筒后端要与机头紧密配合，避免熔融塑料从后端漏出。套筒前端装有模芯，模芯外的模套座内装有模套，模套座上还装有调节螺钉来调节模芯模套的同心度。通过内套筒后端的轴向调节装置，可调节模芯和模套的轴向间距，模芯模套适当配合可形成截面不断减小的环形间隙。熔体通过内套筒和机头外套的间隙进入模芯模套间的空腔，挤包在电缆线芯的周围，形成连续密实的管状包覆层。

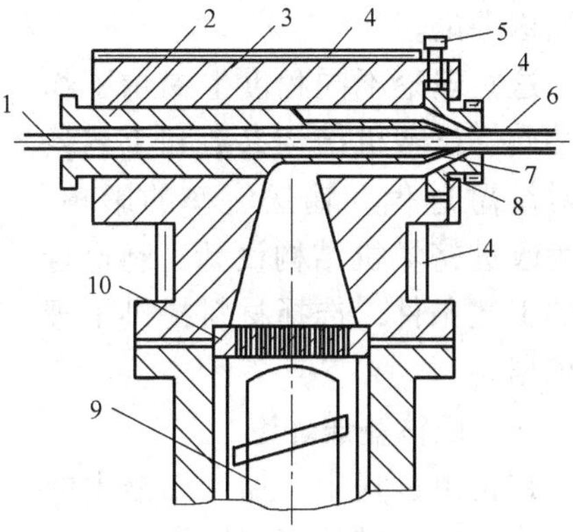

图 5-27　挤塑机机头结构示意图

1—电缆线芯　2—内套筒　3—机头体　4—加热器
5—调节螺钉　6—挤包层　7—模芯　8—模套
9—螺杆　10—多孔板

熔融物料进入机头后，在机头的通道中需做一定角度的转弯，物料在靠近机身的一侧首先与内套筒接触，随后围绕内套筒流向机头外侧，汇合成一个封闭的熔融塑料环后流向模具。物料到模具出口处的流动距离是不一样，靠近机身处物料的流动距离要小于机头外侧物料的流动距离，这会导致在机头的横断面上物料流动速度、挤出压力和塑化程度不同，以至会影响挤出厚度的均匀性。因此，机头的流道要进行特殊的设计。内套筒外形带有锥度并具有分流槽，大规格挤塑机的内套筒在靠近机身一侧还设计有心形的均压阻挡块(见图 5-28)，从而起到均衡料流流速和挤出压力的作用。

图 5-28　机头内套筒

应当注意，料流在机头远离机身的的外侧汇合到一起，如果塑料塑化不好，在外侧会形成明显的合胶缝，严重时会在此处开裂。

六、料斗

料斗是给挤塑机提供物料的装置，通常为锥形容器，其容积至少应能容 1h 的用料。料斗底部装有截断装置，以便调整和切断料流，料斗侧面装有视孔和标定计量装置。料斗上装有抽真空上料装置，利用抽真空造成的上料器与外界压力差形成的风力将料粒吹入输送管，再经旋风分离器将空气分离，物料进入料斗。要求料斗上带有预热装置，起到对物料干燥和预热作用。

第六节　塑料挤出的基本原理

在挤出过程中，装入料斗中的塑料借助重力或加料螺旋进入机筒中，由旋转螺杆的推力作用不断向前推进，同时塑料受到螺杆的搅拌和挤压作用，并且在机筒的外热及塑料与设备之间的剪切摩擦热的作用下转变为粘流态，在螺槽中形成均匀连续的料流。到达机头后，经模芯和模套间的环形间隙，挤包于电缆线芯周围，形成连续密实的绝缘或护套层，挤出过程如图 5-29 所示。在塑化过程中，塑料沿螺杆轴向被螺杆推向机头，在这个移动过程中，经历着温度、压力、粘度，甚至化学结构的变化，这些变化在螺杆的不同区段明显地可分为三种情况来进行研究：①加料段——固体输送理论；②熔融段——熔融理论；③均化段——熔

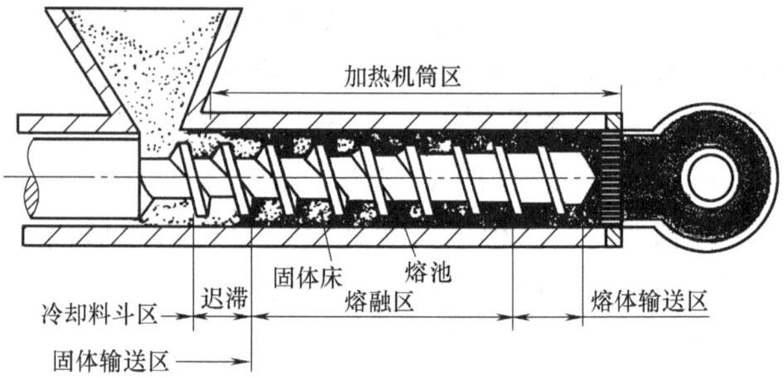

图 5-29 塑料的挤出过程

体输送理论。

这些理论不同程度上揭示了物料性质、挤塑机结构参数和工艺条件对熔融过程和输送流率的影响。这为改进挤塑机结构设计，制定合理的工艺条件，选择材料提供了理论依据。

一、固体输送理论

在挤出过程中，加入螺槽中的固体物料由旋转螺杆螺纹的推力作用向前推进，在机头阻力的作用下，物料不断被压实，开始塑化和尚未塑化物料连续整齐排列，形成充塞于整个送料段螺槽的有弹性的“固体塞”。如固体塞和机筒的摩擦力很大，而与螺杆的摩擦力很小时，物料将不随螺杆旋转，呈“固体塞”状向前推进。这如同丝杠排线器，丝杠旋转排线器只有轴向移动，不做周向旋转那样。一般情况下，固体塞的实际运动可分解为轴向移动和刚体转动两部分，因此，机筒作用在固体塞上的摩擦力也可以分解为轴向和切向两个分量，前者可以导出力的平衡方程，后者可以导出力矩的平衡方程。在固体输送理论研究中，较有代表性的是达涅耳（Darnell）和莫耳（Mol）以固体对固体摩擦的静力平衡方程为基础建立起来的固体输送理论。

1. 达涅耳-莫耳理论的假设

1）塑料在螺槽中形成固体塞，且流速恒定，密度不变，同时固体塞所受的压力只沿螺槽方向变化。

2）固体塞与螺槽的所有边相接触，且它们的摩擦系数与压力无关是常数。

3）忽略固体塞密度的变化以及重力、螺棱顶面与机筒间隙的影响。

4）螺槽是矩形的，且槽深不变。

5）机筒相对螺杆运动，螺杆则相对静止不动。

2. 固体输送速率

在以上假设条件下，通过对固体塞沿螺槽前进的运动分析，可得出加料段固体的输送速率的近似表达式为

$$Q_s = \pi^2 nH'D_b(D_b - H')\frac{\tan\varphi\tan\theta_b}{\tan\varphi + \tan\theta_b}\left(\frac{\overline{W}}{\overline{W}+e}\right)\times 10^{-6} \tag{5-4}$$

式中 Q_s——固体输送率，单位为 cm^3/s；

n——螺杆与机筒之间的相对转速，单位为 r/s；

H'——螺纹根部和机筒壁的间隙，单位为 m；

D_b——机筒内径，单位为 m；

φ——固体输送角；

θ——机筒内表面处的螺纹升角；

$\overline{W}$——螺槽平均宽度，单位为 m；

e——螺棱法向宽度，单位为 m。

由式（5-4）可以看出：

1)输送速率 Q_s 与转速 n 和 H' 成正比，并与螺杆直径的二次方也近似成正比关系。这与实验结果接近。

2)输送速率 Q_s 与固体输送角 φ 密切相关，即 φ 与螺杆的结构参数、物料压力、物料和螺杆表面及物料与机筒内表面的摩擦力有关。实际 φ 的取值范围为 0°~90°。考虑两个极限情况：

① 固体塞与螺杆间的摩擦力很大，使它与螺杆粘附在一起，而机筒与固体塞间的切向摩擦力很小。这时当机筒以速度 v_p 运动时，就会出现机筒与固体塞打滑，固体塞紧抱住螺杆一起旋转的情况，从图 5-30 和图 5-31 可以看出，固体塞沿螺杆轴向的分速度 v_{p1} 等于零，φ 也等于零，此时 $Q_s=0$。

② 固体塞与螺杆间的摩擦力很小，而机筒与固体塞间的切向摩擦力很大，当机筒转动时，就像拧螺母一样使固体塞沿螺杆轴线方向前进，且机筒与固体塞间的轴向摩擦力越小，固体塞前进就越容易。由于此时机筒与固体塞在切向运动同步，即两者沿切向无速度差，从图 5-30 和图 5-31 可以看出，$\varphi=90°$，此时 v_p 达到最大值，对应有 v_{p1} 达最大值，$Q_s=Q_{smax}$。

实际上，固体塞与机筒和螺杆间的摩擦力既不会是零，也不会无穷大，因此，$0<\varphi<90°$，输送速率的范围则是 $0<Q_s<Q_{smax}$。由此可知，要达到较高的输送效率，需要有光滑的螺杆表面和轴向摩擦力很小而切向摩擦力很大的机筒内表面。

上述结论已被试验所证实。

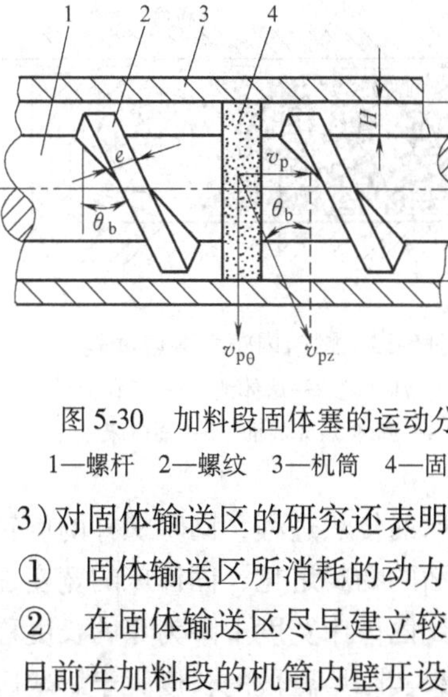

图 5-30　加料段固体塞的运动分析

1—螺杆　2—螺纹　3—机筒　4—固体塞

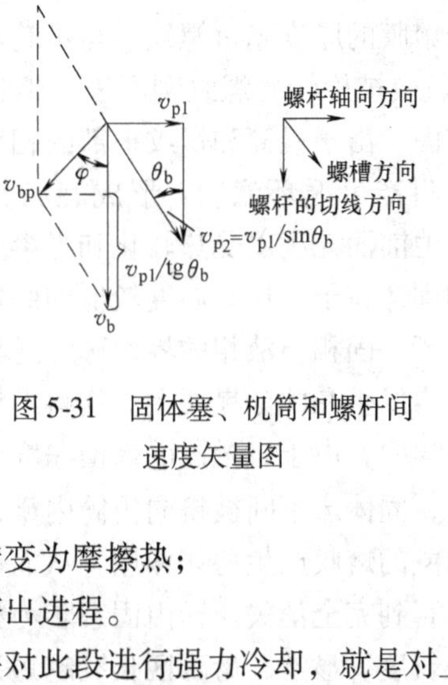

图 5-31　固体塞、机筒和螺杆间速度矢量图

3)对固体输送区的研究还表明：

① 固体输送区所消耗的动力主要在机筒上，且转变为摩擦热；

② 在固体输送区尽早建立较大压力有利于稳定挤出进程。

目前在加料段的机筒内壁开设带锥度的纵向沟槽并对此段进行强力冷却，就是对上述研究结果的具体应用。工作中对螺杆进行冷却，可以降低螺杆表面与物料的摩擦系数，有利于输送速率的提高。

二、熔融理论

熔融理论是建立在热力学、流变学基础上的一种理论。预测熔融段螺杆长度对熔融段螺杆结构设计及工艺参数确定有实际意义，而熔融段物料聚集态的变化给研究工作带来很大困难。

1. 熔融过程

塑料在挤塑机中的塑化过程是很复杂的，根据大量实验的观察，塑料在螺杆上由固态转化为熔融态的过程可用图5-32表示。从图中可以看出，在挤出过程中，螺杆加料段附近一段充满着固体料粒，接近均化段的一段内则充满着已熔化的塑料，在螺杆中部区段内固体料粒与熔融物共存，塑料的熔化就在此段内完成，故将这一段称为熔融区。

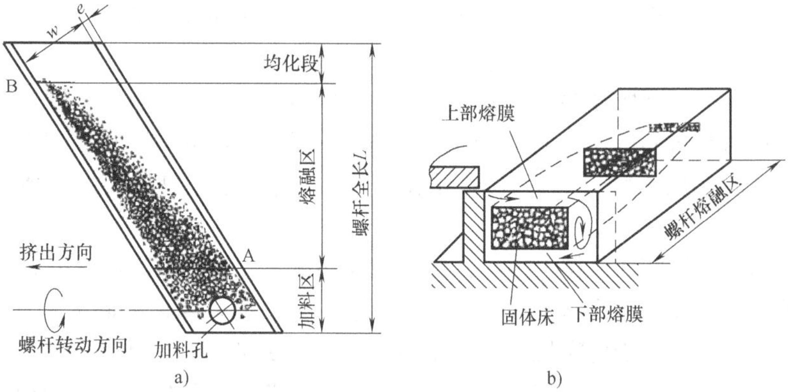

图5-32 螺槽全长范围固体床熔融过程示意图

a)固体床在螺槽的分布变化 b)固体床在螺杆熔融区的体积变化

在一个螺槽中物料的熔融过程可用图5-33表示。从图中可以看出，固体物料沿螺槽向机头移动的过程中，在加料段的末端由于机筒的传导热和摩擦热作用，与加热机筒接触的物料开始熔化，在机筒内表面形成一层聚合物熔膜，当熔膜的厚度超过螺纹顶与机筒之间的间隙δ时，就会被旋转的螺纹刮下来，聚集在推进螺纹的前面。由于机筒和螺纹根部的相对运动，使熔融物料产生循环流动，形成旋涡状流动的熔池。熔池前面充满着受热软化和半熔融后粘结在一起的固体粒子，还有温度较低的固体粒子，形成固体床。固相与液相的界面称为迁移面，大多数熔化均发生在此分界面上。物料沿螺槽向前移动的过程中，由于熔融段的螺槽深度向均化段逐渐变浅，固体床不断被挤向机筒内壁，加速了机筒向固体床的传热过程，同时螺杆的旋转对机筒内壁的熔膜产生剪切作用，从而使熔膜和固体床分界面的物料熔化，固体床的宽度逐渐减小，直到完全消失。即由固态转为粘流态，从熔化开始到固体床宽度下降为零的长度称为熔融区长度。显然，熔融区长度越短，熔融速率越高。如果实际熔融段的长度大于熔融区螺槽的长度，固体床就可能堵塞部分或全部螺槽，使挤出料流产生时断时续的波动现象。研究熔融理论就是为了预测螺槽中任何一点未熔化物料量和熔化全部物料所需螺杆的长度，以及两个变量对物料性质、螺杆几何尺寸和工艺条件的依赖性。

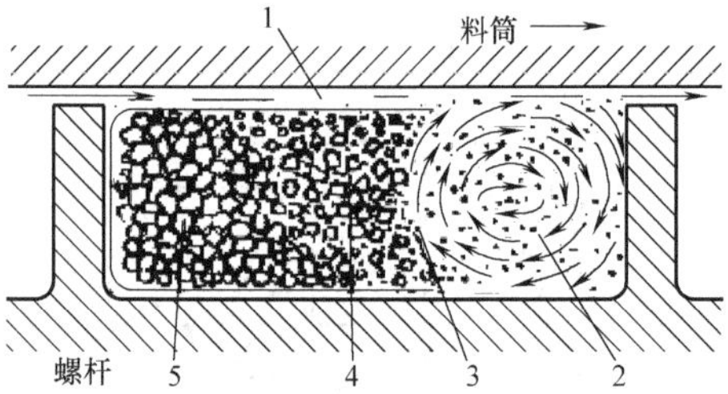

图5-33 螺槽内塑料融熔过程

1—熔体膜 2—熔体池 3—迁移面 4—固体-熔体界面 5—固体床

2. 影响熔融区长度的因素分析

(1)物料特性

影响熔融区长度的物料特性有物料的热性能和流变性能，如比热容、热导率、熔化潜热、熔融温度、粘度和密度等。比热容小、热导率和密度高，熔化潜热和熔融温度低的塑料，熔融区长度较短，或者是在设备不变的情况下，具有较高的生产能力。

(2)流率

在保持其他变量不变的情况下，提高流率，必然要延长熔融区长度，其结果是挤出物的均匀度和塑化性能变差。

(3)螺杆转速

在保持流率和机筒温度不变的条件下，增加螺杆转速将大大增加对物料的剪切作用，摩擦剪切热的增加提高了挤塑机的熔融速率，因此缩短了熔融区长度。但是对于大多数没有配置压力控制设备的挤塑机来说，螺杆转速增加，通常要伴随流率的增加。在这种情况下，由于螺杆转速增加带来的加速熔融作用会被流率增加带来的产品质量恶化所抵消，通常副作用还要大一些。

(4)机筒温度和物料初温

机筒温度提高有利于加热物料，促进熔融，但由于其提高了熔体的平均温度，使熔体粘度降低，从而导致剪切生热作用下降。通常能找到一个相对于最大熔融速率的最佳机筒温度。但物料初温增加对促进物料熔融总是有利的

(5)螺杆参数

一般认为螺槽深度在实用范围内较大些好。螺槽的渐变起着加速熔融的作用，它可使固体床变薄，与机筒的接触增加，熔融加快。螺纹与料筒间隙增大将使熔膜厚度加大，不利于传热并降低了剪切速率，因此不利于熔融。

三、熔体输送理论

1. 熔体输送理论的假设条件

熔体输送理论又称流体动力学理论，它是研究螺杆均化段如何保证塑料彻底塑化，并使之定压、定温和定量挤出，以获得稳定的产量和高质量制品的理论。为使问题简化，做了以下必要的简化和假设：

1)进入均化段的物料已全部熔融；

2)熔体为等温牛顿流体，粘度、密度均不变，在螺槽内做层流流动；

3)螺距不变，螺槽为矩形等深螺槽，螺槽曲率可以忽略；

4)因螺槽宽度比深度大得多，故可以认为速度分布沿整个螺槽不变。

2. 熔体在螺槽中的流率

在以上假设条件下，熔体在螺槽中的流动由以下四种流动组成：

1)正流(又叫顺流)。它是指熔体沿着螺杆螺槽向机头方向的流动，其流量用 Q_d 表示。它是由螺杆旋转的推挤力产生的，是四种流动形式中最主要的一种。正流量的大小直接决定着挤出量。正流速度与螺槽深度呈线性关系，如图 5-34a 所示。

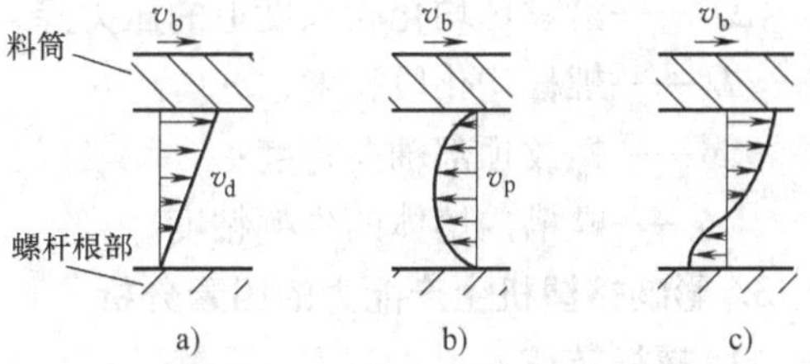

图 5-34 熔体的正流、逆流和净流

a)正流 b)逆流 c)净流

2)逆流(又称倒流)。它的方向与正流的流动方向正好相反。它是熔体向前移动，遇到机头、模具、筛板和滤网等的阻力引起的，其流量用 Q_p 表示。正流和逆流的合成称为净流。它会引起生产能力的损失。

正流、逆流、净流的速度分布如图 5-34 所示。

3）横流。它是熔体在螺槽内沿螺槽斜面法线方向所进行的翻转运动，在螺槽内形成环流，如图5-35a所示。环流使物料在机筒中产生搅拌和混合，并有利于机筒和物料的热交换，它对促进物料熔融、提高挤出质量有重要的意义，但对挤出流率的影响很小。

4）漏流。它是由机头、模具、筛板和滤网的阻力产生的，通过螺纹顶与机筒的间隙向加料段流动，其流量用 Q_l 表示，如图5-35b所示。它会引起生产能力的损失。但由于间隙通常很小，故在正常情况下漏流流量要比正流和倒流小的多。

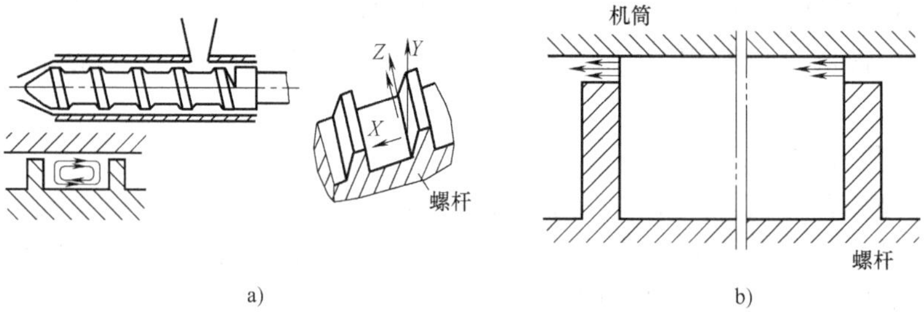

图5-35 熔体的横流和漏流

a）横流 b）漏流

熔料在螺槽中的流动就是这四种流动的组合，以螺旋轨迹向前流动，每种料流不能单独存在。决定均化段流率（即挤塑机的生产率）的是正流、逆流和漏流：

$$Q = Q_d - Q_p - Q_l$$

根据前面的简化与假设，应用流体力学的方法可以导出：

$$Q = \alpha n - (\beta + \gamma)\frac{\Delta P}{\eta} \tag{5-5}$$

式中 Q——以体积流率表示的挤塑机生产能力；

α——正流流率常数，$\alpha = \dfrac{\pi^2 D_b^2 H \sin\theta \cos\theta}{2}$；

β——倒流流率常数，$\beta = \dfrac{\pi D_b H^3 \sin^2\theta}{12 L_3}$；

γ——漏流流率常数，$\gamma = \dfrac{\pi^2 D_b^2 \delta^3 \tan\theta}{12 e' L_3}$；

ΔP——沿螺杆均化段长度上的压力降；

L_3——螺杆均化段长度；

e'——螺纹顶部轴向宽度；

η——螺槽内熔体的牛顿粘度。

3. 影响挤塑机生产能力的因素分析

（1）螺杆转速 n

因为 Q 与 n 呈线性关系，所以生产中控制挤出量最常用的方法就是通过调整螺杆转速来实现的。

（2）螺杆的几何尺寸

1）螺杆直径。因为 Q 近似与螺杆直径 D 的二次方呈线性关系，所以 D 的少许增加将导致生产能力 Q 的大幅提高，这就是把螺杆直径作为表示挤塑机规格主参数的原因；

2)螺槽深度。在固体输送段 Q 和螺槽深度 H 近似成正比。而在均化段，它们的关系较复杂，正流流量 Q_d 正比于 H，而倒流流量 Q_p 却正比于 H 的三次方，可见，均化段太深的螺槽深度反而有害，这也证明螺槽深度存在一个最佳值。

3)均化段长度 L_3。倒流流量 Q_p 和漏流流量 Q_l 与 L_3 成反比，当 L_3 增加，倒流和漏流减小时，总生产能力增大，这正是现代挤塑机长径比 L/D 不断加大的重要原因。

(3)螺杆与机筒间隙 δ

漏流流量 Q_l 正比于间隙 δ 的三次方，即间隙 δ 增大，Q 会明显降低。对于使用较久的挤塑机，因机筒和螺杆的磨损，间隙 δ 增大，会导致生产能力的大幅降低，此时应及时修复和更换螺杆。

(4)机头压力的影响

熔体在机筒出口处所受压力越大，逆流和漏流越大，使生产效率降低，但逆流和漏流的存在有利于物料塑化，这也是生产中在机头处设置多孔板和过滤网的原因之一。

四、挤塑机的综合工作点

从螺杆输送的熔料必须通过成型机头挤出才能成为制品，所以要了解挤出过程的特性就必须将螺杆的输送特性和机头的工作特性联合起来讨论。为此，引入螺杆特性和机头特性以及挤塑机的综合工作点的概念。

1. 螺杆特性线

在式(5-5)中，α、β、γ 的大小与螺杆的结构尺寸有关，当螺杆确定以后，α、β、γ 就是常数。Q 和 ΔP 呈线性关线，如图 5-36 中的 AB 线。若螺杆不变，改变螺杆转速，则会得到一组平行于 AB 的螺杆特性线族(螺杆转速 $n_3 > n_2 > n_1$)。螺杆特性线表示螺杆均化段熔料流率和压力的关系。随着机头压力的升高，挤出量降低(当转速不变时)，而降低的快慢决定于螺杆特性线的斜率〔其斜率为 $-(\beta+\gamma)/\eta$〕。螺杆特性线的斜率与螺槽深度的三次方和螺旋角正弦的二次方成正比，并与螺杆均化段长度成反比。螺槽深度 h_3 稍有变化，会对斜率产生明显的影响。一般说来，h_3 越大，螺杆特性线越陡，h_3 越小，螺杆特性曲线越平。前者意味着挤出量对机头压力敏感，后者意味着对机头压力不敏感。

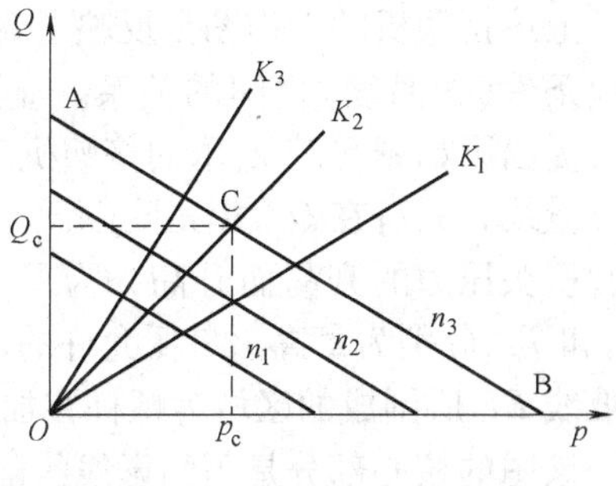

图 5-36 挤出机工作图(一)

2. 机头特性线

挤塑机的机头是整个挤塑机的重要组成部分，它是物料通过并获得一定几何形状和必要的尺寸精度的部件。研究熔料在机头内的流动规律对研究整个挤出过程、机头设计和获得高质量制品是非常重要的。

由前所述知，到达螺杆均化段的熔体是完全塑化并具有一定压力和温度均匀的熔料，在螺杆的输送下，被挤入机头。假定熔体为牛顿型流体，当它通过机头口模时，其流动方程为

$$Q = K\frac{\Delta P'}{\eta'} \tag{5-6}$$

式中 Q——通过口模熔体的的体积流率；

K——口模阻力系数，仅与口模的尺寸和形状有关；

$\Delta P'$——物料通过口模所产生的压力降，用机头压力 P 代替；

η'——机头内熔体物料的粘度。

根据式(5-6)做出 Q-P 图，可以得到一条通过坐标原点的直线，其斜率为 K/η。不同的直线代表着不同的口模。这些直线称之为口模特性线，如图 5-36 中的直线 K_1、K_2、K_3（机头阻力系数：$K_1>K_2>K_3$）。对给定口模来讲，压力越高，流过口模的流量越大。

3. 综合工作点

图 5-36 中螺杆特性线与机头特性线的交点称为挤塑机的综合工作点。图中 K 线与 n 线的多个交点。这意味着在给定的螺杆和机头下，当转速一定时，挤塑机的机头压力和流率应符合这一点所表示的关系。在给定的螺杆和机头下，工作点会因螺杆转速的改变而改变；同样，更换机头，工作点也会改变。由螺杆-机头特性线组成的坐标图又被称为挤塑机的工作图(见图 5-36)。

以上讨论都是将熔融塑料作为等温状态下的牛顿型流体得出的，但实际情况并非如此，实际的机头特性线和螺杆特性线均为曲线，如图 5-37 的 K_1、K_2 和 n_1、n_2。

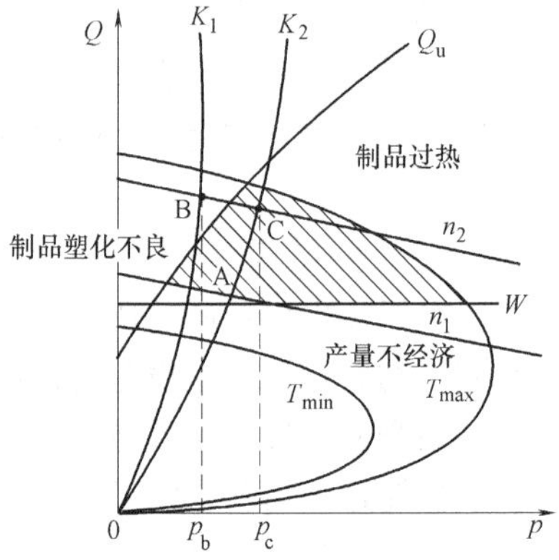

图 5-37　挤塑机工作图(二)

上述挤塑机的工作图只反映了流率和机头压力之间的关系，而没有反映挤出物的质量和其他条件(如温度)之间的关系。显然，用上述工作图来讨论挤出过程是不完善的。因此，有人提出了如图 5-37 所示的挤塑机工作图。Q_u 线为根据挤出产品的塑化均匀度来确定的塑化质量线，只有在 Q_u 线以下工作，塑化质量才能合格。此外，由于挤出熔料的温度随着转速和机头压力的升高而升高，为了不使料温超过允许的最大值，图中绘出了料温标准线，T_{max}和 T_{min}分别为最高、最低允许的熔体温度。W 为特定挤塑机的经济产量下限。最低产量标准线 EF 所围成的区域为螺杆在加工某塑料时的正常工作范围。

该图的核心部分是画阴影线的部分，称之为有效工作区，它是由三条线所组成的。质量线 Q_u，它将塑化不充分和塑化质满意的区域分开来；温度上限线 T_{max}，在此线以上，物料会因过热而分解、交联，或由于粘度太低而难以控制；经济线 W，低于此线，用规格低一档的挤塑设备比较合适，否则不经济。

图 5-37 可以较好地说明了挤塑过程对挤塑工作条件的控制。工作点 A 在有效工作试的左下方，稍微在 W 之上，对应着较低的 Q。当将螺杆转速由 n_1 提高到 n_2 之后，机头特性线 K_1 与螺杆特性线 n_2 交于 B，此时虽然 Q 提高了，但已超出有效工作区以外，并在 Q_u 线的左方，故塑化不充分。要想获得产量高质量又合乎要求的挤塑产品，简单的办法是在 n 不变的条件下提高 P，如图 5-37 所示，由 P_b 移至 P_c，这意味着机头特性线由 K_1 变到 K_2，工作点由 B 移至 C，即位于 Q_u 线右方，虽然这时 Q 稍有下降(但仍比 A 点对应的产量高)，但质量是合乎要求的。如果 P 增加得过大，工作点会超出螺杆特性线 n_2 和 T_{max}的交点以外，熔体温度过高，有过热分解的危险。很明显，最佳工作点位于 Q_u、T_{max}之间的 n_2 线之上处。

第七节　塑料挤出工艺

电缆绝缘、护套材料各有不同，尺寸大小各异，但挤出成型的工艺过程大致相同，基本程序如图 5-38 所示。

塑料 → 干燥 → 加料 → 挤出 → 冷却 → 印字 → 干试 → 收线

图 5-38　塑料挤出工艺过程

按照挤出过程塑料的变化，将整个挤出过程主要划分为三个阶段：①塑料熔融——在机身内完成；②挤压成型——在机头内完成；③冷却定型——在冷却槽内完成。

一、原材料的处理

电线电缆绝缘和护套用塑料主要为聚氯乙烯、聚乙烯、可交联聚乙烯、无卤低烟料，以及通信电缆绝缘用泡沫聚乙烯，此外还有聚四氟乙烯、聚全氟乙丙烯和聚酰胺（尼龙）等。对电缆的绝缘和护套材料，水分和固体杂质是常见的影响产品质量的因素，轻者造成产品外观不好，绝缘性能下降，重者会导致绝缘击穿、护套破损而产生废品。对原材料处理的最基本要求有干燥、除杂和混入配合剂。

1. 干燥

干燥就是对待挤出塑料去除其中过量的水分或潮气。塑料受潮或含有过量水分时，不仅会影响绝缘和护套层的机械性能，更为严重的是它将降低绝缘介电强度。材料中的水分在挤出过程中受热生成水蒸汽，还会导致材料水降解，在塑料层中产生气泡，使挤出层表面晦暗，严重时会使挤出无法进行。所以应严格控制绝缘（尤其是高压电缆的绝缘料）含水量，通常应控制水分含量在 0.5% 以下。

挤塑机多采用粒料，它采用塑料薄膜和纤维编织袋双层包装，对防潮性要求高的材料采用铝塑复合袋包装，具有较好的密封效果，一般情况下，不必再另行干燥。但对于存放时间较长以及空气湿度较大时，要对塑料进行干燥处理。

比较简便的干燥方法是：在挤塑机上采用真空干燥料斗，干燥随挤出用料连续进行，或采用电加热或蒸汽（外部）高温干燥。为控制挤出层中水分，还应控制导电线芯或缆芯表面附着的水分，为此在一般挤塑机前部都装有线芯预热器。

2. 去除固体杂质

为保证电线电缆产品的电气绝缘性能，必须对原材料中的机械杂质进行严格控制。为此，除对电缆料生产厂家提出较高的要求外，还应搞好生产环境的卫生，避免挤出过程中混入新的杂质。挤塑机应安装真空密闭料斗，在机头处装过滤网滤除混入的杂质，并在机头前加装线芯去污装置。高压电缆绝缘的生产，应采用密闭的单独加料间，并对进入加料间的空气进行净化处理，防止空气中的灰尘微粒进入料中。

3. 混合配合剂

对于某些批量小、有特殊要求的塑料，常在电缆生产时进行补充加工，比如在绝缘料中掺加色母料，二步法硅烷交联料的混合等。对此可以在装有搅拌器的加料斗中进行混料。较完善的办法是在捏合机上进行混合，然后再经塑化造粒，可以使混料更加均匀。

二、挤出工艺

挤出过程的工艺条件对制品的产量和质量影响很大，特别是塑化过程，更直接影响制品的性能和外观，影响这一过程的主要因素是温度和机械剪切作用。

1. 挤出温度

在塑料的挤出过程中，物料聚集态的转变以及决定物料的粘度都取决于温度，因此，温度是塑料挤出工艺中最重要的工艺参数。

由于温度影响着塑料的熔融过程和熔体的流动性，因此挤出温度直接会影响到挤出制品的质量。为使固体物料熔化为可进行挤出加工的粘流态，挤出物的温度应高于物料的粘流温度(或熔点)，而且加工温度还不应使物料出现大量分解。因此挤出温度上限为物料的分解温度，即 $T_f(T_m) < T_{挤} < T_d$。如熔融态的聚乙烯稳定的温度范围较宽，则有较宽的加工温度；而聚氯乙烯的稳定温度范围很窄，故其加工温度范围也窄，为提高材料的热稳定性，可在树脂中加入热稳定剂以提高稳定温度。

因为聚合物的挤出温度是一个较大的范围，靠近温度下限和接近温度上限都可以完成塑料的挤出，因此可以进行高温和低温挤出。低温挤出和高温挤出各有短长。

有研究指出，低温挤出有如下优点：保持挤出塑料层的形状比较容易，由于挤包层中内能较小，缩短了冷却时间。此外，温度低还会减少塑料降解，这对容易产生热降解的塑料(如聚氯乙烯)尤为重要，同时对挤出过程易发生其他物理、化学变化(如交联聚乙烯挤出温度高时容易发生先期交联，发泡制品易出现发泡度低)的塑料也是很重要的。但挤出温度低，临界剪切应力、临界剪切速率值也很低，会使挤包层失去光泽，并出现波纹、不规则破裂等“熔体破裂”现象。另外，温度低，塑料熔融区会延长，从均化段出来的熔体中仍夹杂有固态物料，这些未熔物料和熔体一起成型于制品上，使挤出层性能下降。

温度对产品的物理性能影响是复杂的，有研究指出，电缆用乙烯类塑料绝缘层抗张强度与挤出温度有关，对应于最大的抗张强度有一最佳的挤出温度，实验结果见表 5-1。还有研究指出，提高低密度聚乙烯护套的挤出温度，能提高抗应力开裂强度，因此，提高挤出温度可以提高挤包层的性能。但也应当指出，挤出温度过高，易使塑料焦烧，或出现“打滑”现象。另外，挤出温度过高也会使挤包层的形状稳定性差，收缩率增加，甚至会引起挤出塑料层变色和出现气泡等。

表 5-1 挤出温度对聚氯乙烯绝缘物理机械性能的影响

挤出温度/℃	延伸率(%)	抗张强度/MPa	挤出温度/℃	延伸率(%)	抗张强度/MPa
175.6	213	12.55	182.2	267	14.13
176.7	214	12.69	184.2	275	14.41
178.7	224	12.82	185.0	277	14.62
179.4	263	14.89	193.3	285	14.07

挤出物料的热量来自机筒加热和螺杆旋转的剪切及摩擦热，前者在起车初期是很重要的，后者在运行稳定后则是主要的。升高机筒温度很自然地会增加机筒传递给塑料的热量。在挤出稳定运行之后，螺杆旋转剪切和摩擦热量，常常会使塑料达到或超过所需温度。此时机内控制系统切断加温电源，挤塑机进入“自热挤出”过程，并应视情况对机筒和螺杆进行冷却。实践经验指出，冷却螺杆还有助于改善挤出质量，但同时也会降低挤出流率。改善质量是由于冷却使螺杆均化段的有效槽深减少，增强了剪切作用。

机筒温度和螺杆转速之间还有以下的相互影响：机筒温度升高，增加了机筒到物料的热传导，有利于物料的熔融。熔体温度升高使熔体粘度降低，使螺杆旋转产生的摩擦剪切热降低，趋向降低熔融速率。因此，对应于最大的熔融速率存在最佳的机筒温度。机筒温度升高，还会使螺杆消耗功率降低，如图 5-39 所示。

挤出过程中温度不是孤立的，在流率不变，螺杆转数不变时，提高挤出温度对挤出压力的影响如图 5-40 所示。在低流率下，温度对压力的影响是很明显的，但随流率的增加影响逐渐减小。

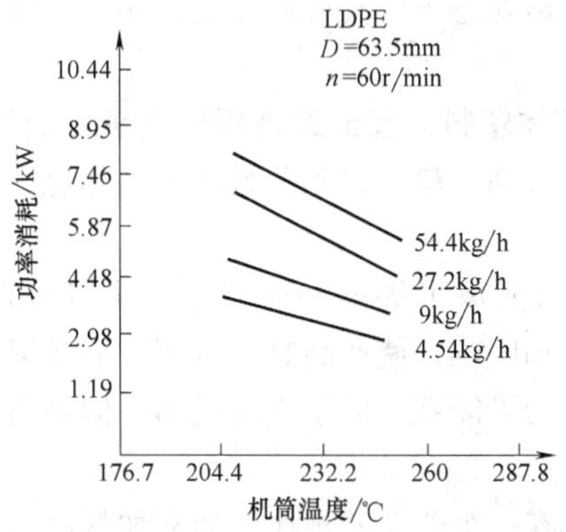

图 5-39 机筒温度和功率消耗的关系

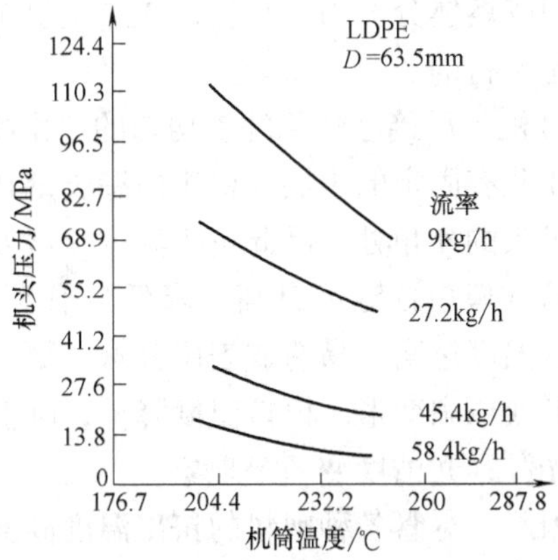

图 5-40 机筒温度和机头压力的关系

由于塑料品种的不同，甚至同种塑料(如聚乙烯)由于其结构组成的不同，其挤出温度也不尽相同。表 5-2 列出了电线电缆生产中几种常用塑料的挤出温度，应说明，表中操作温度的比较，只有对同一设备才有意义。设备不同，机筒壁厚薄不一样，测温点的深浅不一样，仪表误差不同，而且测温点是在机筒和机头外壁上，未深入熔体中，因此测得的实际是机筒和机头的温度，与物料的实际温度也存在差异。因此，挤出过程中应随时观察塑料的塑化质量，并调节温控。表 5-2 中所示的挤出温度仅供参考。

表 5-2 常用塑料的挤出温度

品种	加料段	熔融段	均化段	机脖	机 头	模 口
聚氯乙烯	150 ~ 160	160 ~ 170	175 ~ 185	175 ~ 180	170 ~ 175	170 ~ 180
聚乙烯	140 ~ 150	180 ~ 190	210 ~ 220	210 ~ 215	200 ~ 190	200 ~ 210
聚乙烯	130 ~ 140	160 ~ 170	175 ~ 185	170 ~ 180	170 ~ 175	170 ~ 180
氟-46	260	310 ~ 320	380 ~ 400	380 ~ 400	350	250
泡沫聚乙烯	150 ~ 160	180 ~ 190	210 ~ 220	210 ~ 215	200 ~ 210	210 ~ 220

采用这样温度设置的原因如下：

1)加料段采用低温。这是由于加料段要进行机械剪切并搅拌混合，形成固体塞，为熔体挤出产生足够的推力，如温度过高会使塑料早期熔融，不但会导致挤出过程中的分解，而且引起“打滑”，造成挤出压力波动，导致挤出量不均匀。还因过早熔融，会致混合不充分，塑化不均匀，所以这一段采用低温。在这一段还要对塑料进行预热，以保证能够在熔融段熔融，因此温度也不能比熔融段低太多。

2)熔融段的温度要有幅度较大的提高。在该段塑料要实现聚集态的转变，也就是变为粘流态的熔体，需要大量热量，只有达到一定的温度才能确保大部分组分得以塑化。

3)均化段温度最高。塑料在熔融段已大部分塑化，而其中小部分高分子组分尚未完全塑化就进入均化段，这部分尽管很少，但其塑化是必须实现的，而且这部分组分的塑化的温度往往需要更高。因此，均化段的挤出温度有所升高是必要的，有些时候(在挤出稳定之后)，可以维持不变，而是以塑化时间的延续，实现充分塑化。

4)机脖的温度要保持均化段的温度或稍有降低。这是因为此处要完成将旋转运动的塑料熔体转变为平行直线运动，并将熔体均匀、平稳地导入机头中。在此处滤网、多孔板上的孔将塑胶熔体分散为条状物，在进入机头时必须在其熔融态下将其彼此压实，显然温度下降太多是不行的。

5)机头承接已塑化的、均匀的、由机脖压实的熔体塑料，起继续挤压使之密实的作用。塑料在此有固定的表层与机头内壁长期接触，若温度过高，势必出现分解甚至是焦烧，特别是在机头的死角处，因此机头温度一般要下降。

6)在模口处温度升高、降低各有利弊。一般模口升高可提高表面质量，使表面光亮，但模口温度过高，易造成表层分解，更易导致成型冷却困难，使产品难于定型，形成下垂自行变形或压扁变形。模口温度降低，降低了表层分解的可能性，便于冷却成形，但易出现表面无光泽，光洁度变差等现象。

因此、尽管各种塑料的挤出温度高低不一，但都有一个普遍的规律，即从加料段起到模口止，都有一个温度从低→高→低的变化规律。如果挤出过程中温度控制的不合适，塑料就会产生很多缺陷，影响挤出制品质量。

2. 螺杆转速

由挤塑机物料输送和均化段粘流体的流率分析可知，塑料流率(即挤出速度)和螺杆转速成正比，由于调节方便，螺杆转速是挤出过程中表征挤出速度的重要操作变量。因此，在一般情况下，提高螺杆转速是提高生产速度、实现高速挤出的重要手段。但通过对塑料熔融长度分析得知，螺杆转速增加，一方面会增强剪切作用，使剪切摩擦热量增加；另一方面，在没有机头压力控制的情况下，螺杆转速增加，流率也会增加，物料在机内停留的时间缩短，导致塑料塑化程度下降。而且后者的影响超过前者，会因熔融长度延长至均化段而破坏正常的挤出过程。所以，需要增加螺杆转速来提高挤出速度时，还必须提高加热温度或采用控制机头压力来提高塑料的塑化程度，以保证高速挤出时的塑料挤出质量。

塑料的挤出速度或塑化的好坏与使用的塑料材质和温度控制有关，各种塑料的塑化温度是不同的。如果要快速挤出塑料，只有材质优良、温度适当才能实现。

3. 牵引速度

挤包制品是由牵引装置拖动通过机头的。为保证产品的质量，要求牵引速度均匀稳定，与螺杆转速协调，以保证挤出厚度和制品外径的均匀性。如果牵引速度不稳定，挤包层易形成竹节状。牵引过慢时会使挤出厚度大，且发生堆胶或空管现象；牵引速度过快时，易造成挤出拉薄拉细，甚至出现脱胶漏包现象。所以正常挤出过程中，一定要控制好牵引速度。

4. 冷却

挤塑工艺制度中的冷却也是很重要的一项。一般分成螺杆冷却、机身冷却以及产品冷却。

(1)螺杆冷却

螺杆冷却的作用是消除摩擦过热，稳定挤出压力，促使塑料搅拌均匀，提高塑化质量。但其使用必须适当，尤其不能过甚，否则机筒内塑料熔体骤然冷却，从而导致发生严重事故。而螺杆冷却在挤出前绝对禁止使用，否则也会酿成严重的设备事故。

(2)机身冷却

机身冷却的作用是增加机筒散热，以克服摩擦过热形成的温升。因为这一温升在挤出过程中，甚至在切断加热电源后也不能停止，从而使合理的温度不能得以长期维持，必须增加散热，使机筒冷却下来。机身冷却是分段进行的，主要以风机冷却为主，考虑到机身各段功能不同，对均化段冷却的使用尤其要注意。

(3)产品冷却

产品冷却是确保制品几何形状和内部结构的重要措施。塑料挤包层在离开机头后，应立即进行冷却，否则会在重力作用下发生变形。对于聚氯乙烯等非结晶材料可以不考虑结晶的问题，制品可采用急冷方式用冷水直接进行冷却，使其在冷却水槽中冷透，不再变形。

对于聚乙烯、聚丙烯等结晶型聚合物的冷却，则应考虑到结晶问题。如果采用急冷方式，会给塑料制品组织带来不利的影响，产生内应力，这是导致产品日后产生龟裂的原因之一。聚乙烯、聚丙烯等结晶型塑料的挤包层宜用逐步降温的温水冷却方法来进行。一般视设备辅机设施而定，冷却水槽应分段分节，水温可由塑料挤包层进入第一段水槽的60～70℃温度开始，逐段降低水温，直至室温，各段水温的温差越小越合理。

第八节　挤塑模具

模具是挤塑产品的成型装置，是挤出全过程最后的热压装置，其几何形状、结构型式和尺寸、温度高低、压力大小等直接决定制品的加工质量，因此任何挤塑产品模具的设计、选配都受到了高度重视。

一、模具类型

电线电缆用挤塑模具是由模芯和模套配合组成的。按照模芯前端直径不变部分的长度将模芯分为无嘴模芯、短嘴模芯和长嘴模芯，按模套前端平面的形状将模套分为平面模套、凸面模套和凹面模套。常使用的挤塑模具根据模芯和模套的配合来分类有三种类型，即挤压式、挤管式、半挤压式(又称半挤管式)，以满足不同的产品和工艺要求，其配合方式如图5-41所示。

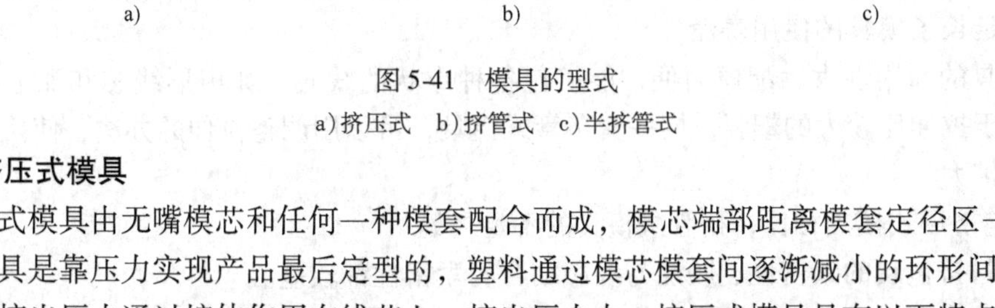

图5-41　模具的型式

a)挤压式　b)挤管式　c)半挤管式

1. 挤压式模具

挤压式模具由无嘴模芯和任何一种模套配合而成，模芯端部距离模套定径区一定距离。挤压式模具是靠压力实现产品最后定型的，塑料通过模芯模套间逐渐减小的环形间隙挤包在线芯上，挤出压力通过熔体作用在线芯上，挤出压力大。挤压式模具具有以下特点：

(1)优点

1) 挤出的塑料层致密度高，绝缘强度可靠。

2) 挤包的塑料能嵌入线芯的间隙中，与导体或线芯结合紧密、无间隙。

3) 外表面平整光滑。

(2) 缺点

1) 模具调整偏心不易，尤其是当线芯和缆芯有弯曲时，容易造成塑料层偏心严重。

2) 对配模的准确性要求高，产品质量对模具依赖性大。由于模芯和模套的配合角差决定最后压力的大小，影响着塑料层质量和挤出产量。模芯与模套尺寸也直接决定着挤出产品的几何形状尺寸和表面质量，模套成型部分孔径必须考虑解除压力后的“膨胀”以及冷却后的收缩等综合因素。而就模芯而言，其孔径尺寸也是很严格的。模芯孔径太小，显然线芯难以通过，易出现竹节；孔径太大，又会引起挤出偏心。这也使得模芯易出现磨损，影响使用寿命。

3) 由于挤压式模具在挤出模口处产生了较大的反作用力，挤出产量较挤管式的要低得多。

4) 挤出线芯弯曲性能不好。挤出时熔融物料对线芯压力很大，使物料嵌入线芯间隙，彼此间结合紧密，使制品刚性增强，弯曲性能变差。

因此，挤压式模具一般用于对绝缘性能要求较高的中高压电缆，小截面积线芯或要求挤包紧密、外表圆整、均匀的线芯，以及拉伸比较小的材料的挤出。

2. 挤管式模具

挤管式模具由长嘴模芯和任何一种模套配合，把模芯嘴伸到与模套口相平或以外而组成。挤管式模具是使熔融塑料挤包前在模具的作用下形成管状，然后经拉伸，包覆到电线电缆的线芯之上，如图 5-42 所示。与挤压式模具相比，挤管式模具有如下几个突出特点：

(1) 优点

1) 挤管式模具充分利用了塑料的可拉伸性，模芯与模套间所形成的塑料挤出层厚度超过包覆所需要的塑料层厚度，所以出线速度可依塑料拉伸比的不同有不同程度的提高，大大提高了挤出产量。

2) 挤包层的厚度均匀，易调偏芯，且能节省材料。由于塑料是以管状成型后经拉伸实现包覆的，其径向挤包厚度的均匀性只由模芯模套的同心度来决定，而不会因线芯任何形式的弯曲致使塑料层偏芯。

3) 塑料经拉伸发生“取向”作用，其结果是使塑料的机械强度提高，这对结晶性高聚物的挤出尤其有意义，能有效地提高制品的耐龟裂性。

4) 模芯与线芯的间隙可以有所增大，故磨损程度减轻除，不但防止了线芯的刮伤，而且大大地延长了模具的使用寿命。

5) 模具的通用性大，配模简便，能挤包各种形状的线芯，如扇形线芯和瓦形线芯的绝缘层。对于拉伸比较大的塑料，同一套挤管式模具，可以用调整拉伸的办法，使挤制产品的规格范围扩大。

(2) 与挤压式模具相比，挤管式模具的不足之处

1) 塑料挤包层的致密性、胶层与线芯结合的紧密性都较差。

2) 制品表面有线芯绞合节距或绕包节距的痕迹，这在绝缘层挤制时应予以重视。

为克服这些缺陷，在挤管式挤出中往往增加拉伸比，以使分子排列整齐而达到提高塑料

层密度的目的，并采用抽真空的方式来提高塑料层与线芯结合的紧密程度。

3. 半挤管式模具

半挤管式模具又称半挤压式模具，用短嘴模芯和任意一种模套配合，模芯嘴的端部伸到模套承线区约1/2处。半挤管式模具与挤管式模具大致相同，只是模套的承线区稍短，模角也略小。它吸取了挤压式和挤管式的优点，改善了挤压式不易调偏心的缺点，特别适用于挤包大规格绞线的绝缘和要求包紧力大的护套。

当采用半挤管式模具时，模芯的尺寸可以适当增大，从而在挤包较大外径的绞线时不致出现刮伤、卡牢，也能防止因导线外径变小而在模芯内摆动所致的偏心。同时，半挤管式模具在挤出中有一定的压力，所以在内护套及要求结合严密的外护套挤出中也有应用。但柔软性较差的线芯或缆芯不宜采用这种模具进行塑料层的挤包，因为当线芯或缆芯发生各种形式的弯曲时，将引起偏心。

二、工艺配模

配模是否合理直接影响挤塑的质量和产量，故配模是重要操作技能之一。由于塑料熔体离模后的变化，使得挤出线径并不等于模套的孔径。这种情况一方面是由于牵引、冷却使制品挤包层截面收缩，外径减小；另一方面是由于离模后压力降至零，塑料弹性回复而胀大。离模后塑料层的形状、尺寸的变化与物料性质、挤出温度及模具尺寸和挤出压力有关。模具的具体尺寸是由制品的规格和挤塑工艺参数决定的，选配好适当的模具，是生产高质量、低消耗产品的关键。

1. 模具的选配依据

1）挤压式模具选配主要是依线芯尺寸选配模芯，依成品（挤包后）的外径选配模套，并根据塑料工艺特性，决定模芯和模套角度及角度差、承线区长度等模具的结构尺寸，使之配合得当。

2）挤管式模具配模的依据主要是挤出塑料的拉伸比，所谓拉伸比就是塑料在模口处的圆环面积与包覆于电线电缆上形成的圆环面积之比，如图5-42所示。拉伸比的计算公式为

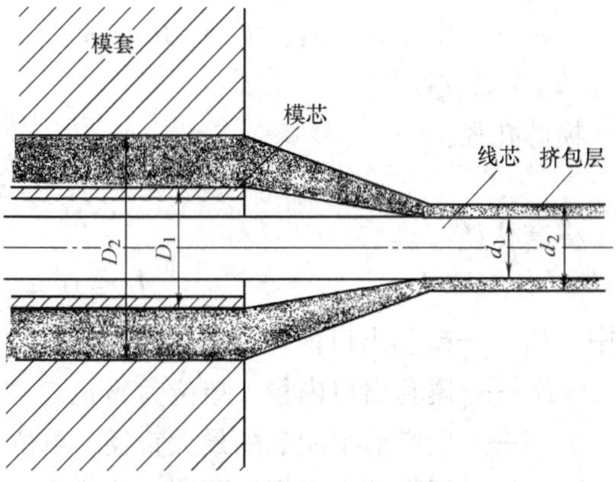

图5-42　挤包层拉伸过程示意图

$$K=\frac{D_2^2-D_1^2}{d_2^2-d_1^2} \tag{5-7}$$

式中　D_1——模芯出口处外径，单位为mm；

D_2——模套内孔径，单位为mm；

d_1——挤包前制品外径，单位为mm；

d_2——挤包后制品外径，单位为mm。

不同塑料的性能不同，其拉伸比也有很大差别，如聚氯乙烯$K=1.2\sim1.8$，聚乙烯$K=1.3\sim2.0$，尼龙$K=1.5\sim5.0$，低烟无卤料$K=2.5\sim3.2$，这样就可根据待挤包线芯的外径、挤包层的工艺厚度，来确定模芯模套孔径。但此方法计算较为繁琐，一般多用经验公式进行配模。

2. 模具的选配方法

1)测量半制品直径。对于绝缘生产，圆形导电线芯要测量直径，扇形或瓦形导电线芯要测量宽度；对于护套生产，要测量装铠(或缆芯)的最大直径。

2)选配模具时，铠装电缆模具要选得大些，这是因为有钢带接头存在，模芯太小，易挂钢带，将电缆挤裂、挤坏。绝缘线芯选配的模具不宜过大，使绝缘层与导电线芯有较紧密的结合，即导电线芯穿过时，既不过松也不过紧。

3)选配模具要以工艺规定的绝缘或护套标称厚度为准，模芯选配要按线芯或缆芯的最大直径(扇形或瓦形宽度)加放大值；模套要按模芯直径加塑料层标称厚度加放大值选取。

3. 配模的理论公式

(1)挤压式配模

模芯孔径：

$$D_1 = d + e_1 \tag{5-8}$$

模套孔径：

$$D_2 = d_1 + e_2 \tag{5-9}$$

式中 D_1——模芯出口内径，单位为 mm；

D_2——模套出口内径，单位为 mm；

d——生产前半制品的最大直径，单位为 mm；

d_1——挤包塑料层后制品的直径，单位为 mm；

e_1——模芯放大值，单线：0.05～0.20mm，绞线：0.2～1.0 mm；

e_2——模套放大值，0.05～0.15mm。

(2)挤管式配模

模芯孔径：

$$D_1 = d + e_1 \tag{5-10}$$

模套孔径：

$$D_2 = D_1 + 2\Delta + 2\delta + e_2 \tag{5-11}$$

式中 D_1——模芯出口内径，单位为 mm；

D_2——模套出口内径，单位为 mm；

d——生产前半制品的最大直径，单位为 mm；

Δ——塑料挤出层标称厚度，单位为 mm；

δ——模芯嘴壁厚，单位为 mm；

e_1——模芯放大值，见表 5-3；

e_2——模套放大值，见表 5-3。

表 5-3 e_1 和 e_2 的取值

放大值	绝缘生产/mm	护套生产/mm	
		铠装线芯	非铠装线芯
e_1	0.5～3	2～6	2～4
e_2	1～3	2～5	

(3)模具选配举例

例 5-1：生产 0.6/1 kV、$3\times185\ mm^2$ 电缆绝缘线芯，采用扇形导体，其扇形宽度为 21.97 mm(其最大宽度允许值 22.07 mm)，绝缘层标称厚度为 2.0 mm，模芯嘴壁厚为 1.0 mm，请选配模具。

解：1kV 绝缘线芯生产应选用挤管式模具。

模芯孔径为

$$D_1 = d + e_1 = 21.97 + 1.5\text{mm} = 23.47\text{mm}$$

考虑到实体扇形及最大宽度，选取 $D_1 = 24$ mm。

模套孔径为

$$D_2 = D_1 + 2\Delta + 2\delta + e_2 = 24 + 2\times1 + 2\times2 + 3\text{mm} = 33\text{mm}$$

线芯或缆芯外径不均时，放大值取上限，反之取下限。在保证质量及工艺要求的前提下，要提高产量，一般模套放大值取上限。

第六章　交联聚乙烯绝缘制造

1952年，美国的查尔斯在核反应试验中偶然发现了交联聚乙烯；1957年，美国GE公司首先采用过氧化物蒸气交联的方式生产了交联电缆；1960年，日本住友公司生产了干法交联电缆；1965年瑞典也开发了中高压交联电缆，从而揭开了交联聚乙烯在电缆工业中应用的序幕。20世纪70年代初期发展到110kV，70年代末期发展到275kV，1982年则达到了500kV电压等级。我国交联电缆起步较晚，1971年上海电缆厂、沈阳电缆厂生产了10～35kV交联电缆，从20世纪80年代中期开始，国内开始大规模引进交联机组，90年代以后，又掀起超高压电缆生产线引进热潮。目前，国产220 kV交联聚乙烯电缆已开始运行，500 kV电缆正在试生产中。

交联聚乙烯继承了聚乙烯击穿场强高、介质损耗小、绝缘电阻大、重量轻等优点，通过反应将聚乙烯分子的线性结构改变为体型网状结构，来提高力学和耐热性能，改善耐环境老化性，如聚乙烯绝缘电缆长期允许工作温度只有70℃，而交联聚乙烯绝缘电缆可达90℃，使相同截面积电缆的载流量得以提高。因此，交联聚乙烯绝缘电缆的应用越来越广泛。

近几十年来，交联电缆生产的自动化水平、工艺性能稳定性、产品质量都逐步提高，特别是多层同时挤出工艺、干法交联技术和超净料处理系统的出现，为高压、超高压交联聚乙烯电缆的生产提供了技术保证。现在有特色的交联方法有十多种，按交联实质可分为物理交联和化学交联两大类，辐照交联通过高能射线的辐照使聚乙烯线型分子产生交联，属于物理交联，主要用于绝缘厚度较薄的低压电缆，交联度能达到70%；中高压电缆一般采用过氧化物交联，它和用于绝缘厚度较薄的低压电缆生产的硅烷交联都属于化学交联，交联度可达70%～90%。在物理和化学交联中又按交联介质将交联方法进行分类，现将各种交联方法归纳分类如下：

- 交联方法
  - 化学交联
    - 过氧化物
      - 饱和蒸汽
      - 热辐射（红外线）
      - 熔盐
      - 硅油
      - 长承模
    - 硅烷接枝
      - 一步法
      - 二步法
      - 共聚法
  - 物理交联
    - γ、β射线辐照
    - 高能电子辐照
    - 紫外线辐照

聚乙烯交联生产方式有多种，分别适用于不同电压等级电缆绝缘的生产，但都是电缆生

产的主要工序，是质量控制的关键环节。

图 6-1 所示为 6 ~ 35kV 电缆采用过氧化物交联电缆生产的典型工艺流程，110kV 及以上高压超高压交联电缆，因单芯直径大，绝大多数都采用单芯形式，其生产工艺流程如图 6-2 所示。在绝缘工序采用交联绝缘，还要同时进行导体屏蔽层和绝缘屏蔽层的挤出，不仅要控制三层的挤出厚度和挤出质量，还要控制三层的交联状况。因此交联生产是技术要求高、控制系统复杂的关键工序。掌握不同交联方式的交联原理和生产工艺是选择正确工艺方法、提高产品质量的重要途径。

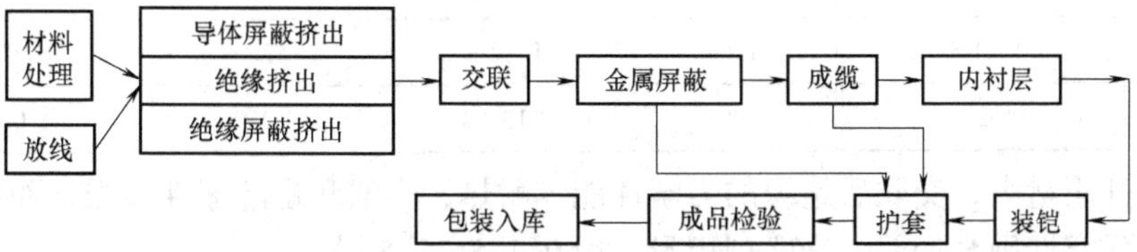

图 6-1　6 ~ 35kV 交联电缆生产的典型工艺流程图

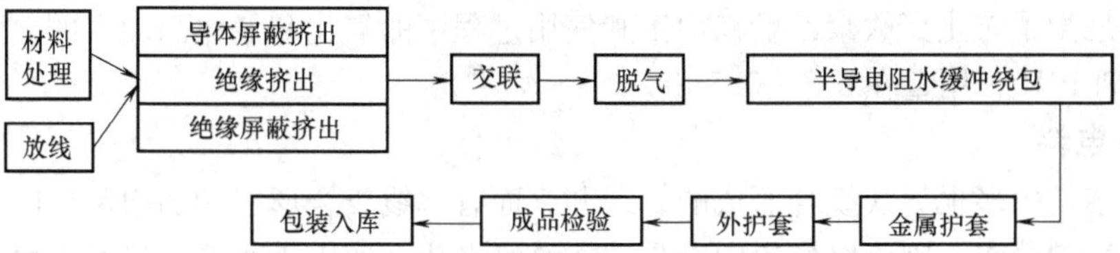

图 6-2　110kV、220kV 交联电缆生产工艺流程图

第一节　聚乙烯过氧化物交联原理

过氧化物交联是交联绝缘生产中应用最多的一种交联方法，广泛应用于低压、中压、高压和超高压交联绝缘电缆的生产。

一、化学反应

1. 可交联聚乙烯的组成

电缆用可交联聚乙烯是用聚乙烯树脂配合交联剂、抗氧剂等组成的混合料。

（1）聚乙烯树脂

聚乙烯树脂选用熔融指数为 2.0 左右的低密度聚乙烯作为基料。采用低密度聚乙烯是因为它结晶度低、加工温度低，可以在较低温度下挤出，并可降低交联剂过早分解造成先期交联而焦烧的风险。

（2）交联剂

交联剂是使交联反应进行的关键组份，交联剂应满足下列要求：

1）分解温度高于其本身的熔点，同时又要高于聚乙烯的熔点。交联剂的分解特性曲线陡峭，达到分解温度前交联剂很少分解，以保证储存、挤出过程中的不产生先期交联，而一旦达到分解温度能够迅速完全分解，使交联过程迅速完成。交联过程中先熔化后分解，容易使交联剂分散均匀。

2）交联剂加工范围宽，加工性好。

3）交联剂应具有高的纯度、低挥发性、交联效率高、用量少、分解物少，且分解物易挥发，在绝缘中留存杂质少的特点。

能满足上述条件的交联剂较少，目前用于可交联聚乙烯的交联剂以过氧化二异丙苯（DCP）为最好，DCP 在不同温度下的半衰期见表 6-1。

表 6-1　DCP 在不同温度下的半衰期

温度/℃	半衰期	温度/℃	半衰期	温度/℃	半衰期
60	2.12 年	130	1.33h	200	5.76s
80	3.45 天	150	9.32min	220	1.02s
100	2.14 天	170	1.32min	240	0.28s
120	4.22h	190	13.3s	250	0.143s

若交联剂用量大，交联后绝缘的力学性能、耐热、耐油和耐溶剂性增强，而电性能、抗冲击性能和耐寒性则会变差。交联剂用量一般在 1.5 ~2.5 份。

（3）抗氧剂

抗氧剂是为了防止交联聚乙烯在加工和使用过程中的氧化和老化而加入的。常用抗氧剂 300 和抗氧剂 1010，用量在 0.3 ~0.5 份。

2. 半导电料

导电线芯是由多根导线绞合而成的，线芯表面有单线绞合形成的凸起和凹陷，电场受其影响而呈不均匀分布。因为电场集中极易造成绝缘老化，所以为改善绝缘层中电场分布，国家标准规定 U_0 为 1.8 kV 以上的交联聚乙烯绝缘电缆绝缘内外应各有一层半导电屏蔽层。

半导电料是以乙烯-醋酸乙烯共聚物（EVA）或乙烯-丙烯酸乙酯（EEA）作为基料，加入 50% 左右的导电炭黑，加入适量抗氧剂、交联剂和润滑剂经混合造粒而成，一般采用分解温度较高的过氧化乙烷（DMDBH）作为交联剂。为保证绝缘层和半导电屏蔽层界面光滑，避免凹凸影响电场分布的均匀性，要求所采用原材料杂质含量低，配合剂粒径小、细度大。

3. 交联反应过程

可交联聚乙烯受热后，交联剂分解为化学活性很高的游离基，这些游离基夺取聚乙烯分子中的氢原子，使聚乙烯主链上产生活性游离基，被活化的聚乙烯分子链相互结合，产生 C-C 交联键，从而使聚乙烯分子由线性结构形成体型网状结构。下面以交联剂 DCP 为例介绍聚乙烯的交联过程。

1）DCP 分解为两个活性游离基，即

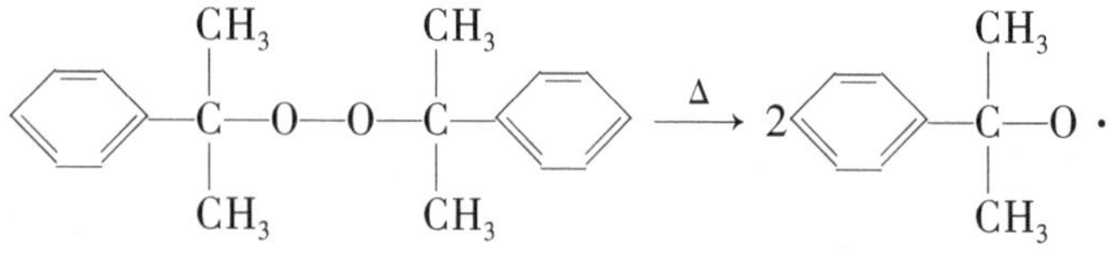

2）活化聚乙烯大分子链，游离基转移并生成小分子副产物，即

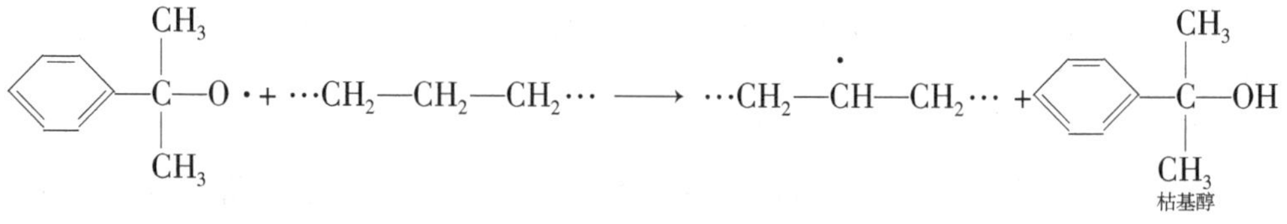

3）聚乙烯分子间交联，生成交联聚乙烯，即

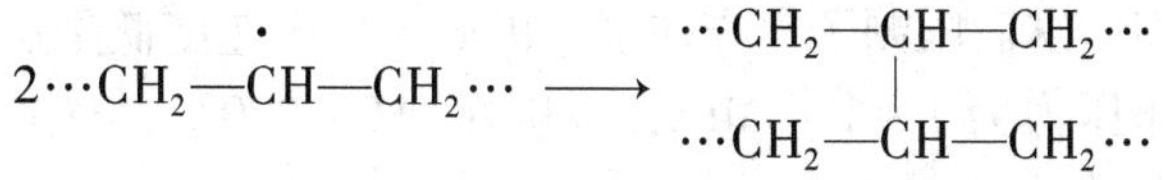

4）交联副产物枯基醇在高温下进一步分解，生成稳定的小分子物，即

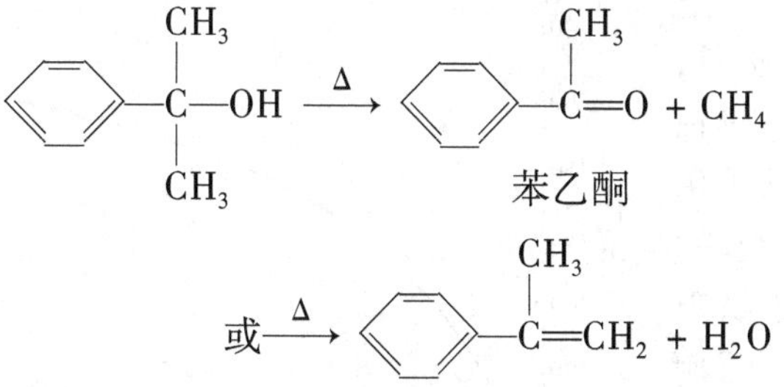

苯乙酮

α-甲基-苯乙烯

由表6-1看出，随温度升高，DCP的半衰期迅速降低，分解出产生交联反应所需要的游离基，因此交联反应必须保证有足够高的温度，加速交联剂分解，保证足够高的活性游离基浓度，以提高交联反应速度。在高温下，交联反应一旦开始即按连锁反应进行，使聚乙烯生成网状结构。

交联反应的副产物水、甲烷、苯乙酮、苯乙烯、枯基醇等低分子物在高温下以气体状态存在，为防止其在绝缘物中聚集生成危害绝缘质量的气泡，需要采用高压压缩，以减小绝缘物中气隙尺寸。

二、交联技术

交联聚乙烯绝缘生产技术的关键是能够为反应提供所需的足够高的温度和抑制气泡长大的压力。最早应用于交联电缆生产的工艺方法是沿用橡皮电缆连硫生产的蒸汽交联工艺方法。在这种方法中，绝缘物要和水蒸汽接触，所以又称湿法交联。随后又相继开发了各种没有水蒸汽参与的干法交联，如采用加压惰性气体保护的热辐射交联，以硅油、长承模、低熔点金属盐作为交联介质的交联方法等。交联介质是指交联中用以传递热能和压力的媒介。

1. 饱和蒸汽交联（SCP）

这是最早应用于交联电缆生产的工艺方法，以高压饱和蒸汽作为加热加压媒质。这种方法最早应用于橡皮电缆的生产，1957年被美国GE公司用于交联绝缘生产。其优点是热容量大，传热效率高，温度压力易控制。

这种方法中交联绝缘在高温高压下要与水蒸汽接触，绝缘内部将会吸收较多水分，绝缘冷却时部分过饱和水从绝缘中析出，形成大量微小孔隙，还有部分水分留在绝缘物中，造成绝缘含水量过高。相比于随后开发的各种干式交联方法，饱和蒸汽交联法生产的制品中含水量大，微孔多，尺寸大，易引发水树生成，绝缘质量不高。因此，饱和蒸汽交联一般只能用于10 kV及以下电缆生产。表6-2为不同交联方法生产的绝缘中水分含量和微孔尺寸。

表6-2 不同方法生产交联聚乙烯中水分含量和微孔尺寸

交联方法	水分含量（%）	微孔尺寸/μm	微孔密度/（个/mm）
饱和蒸汽	0.2～0.3	10～20	10^5～10^6
热辐射	0.02～0.03	1～5	10^3～10^4
硅油	0.02～0.03	1～5	10^3～10^4

另外，饱和蒸汽的温度与蒸汽压力有关，压力增大，温度升高。但在高蒸汽压力下，温

度随蒸汽压力增加而升高的速度明显降低（见图6-3），并且压力增大，设备运行安全性降低。这就决定了这种方法交联温度不高，继而限制了生产速度。因此，生产速度低是这种交联方法的又一明显不足。一般蒸汽工作压力为1～1.6 MPa，温度在180～200℃，最高不超过2MPa、210℃。目前主要用于橡皮电缆生产。

2. 惰性气体保护热辐射交联（RCP）

为改进湿法交联的缺陷，提高绝缘质量，1967年日本住友公司发明了惰性气体保护热辐射交联法（又叫红外线交联法）。这种方法采用红外线辐照加热，氮气加压使聚乙烯产生交联。在氮气或水中冷却，最大限度地避免了绝缘吸水和大量微孔产生。从表6-2中可以看出，采用此法生产的绝缘质量相比于蒸汽法有大幅提高，这对限制水树的生成，提高制品使用寿命无疑是重要的。其次决定生产速度的交联温度与管道内气体压力无关，故而可根据工艺要求设计交联管的加热温度，以尽可能提高生产速度。在管道内充入高压氮气既可以保证制品的致密性，也能起到传导热能、提高加热速度、防止制品表面氧化分解的作用。

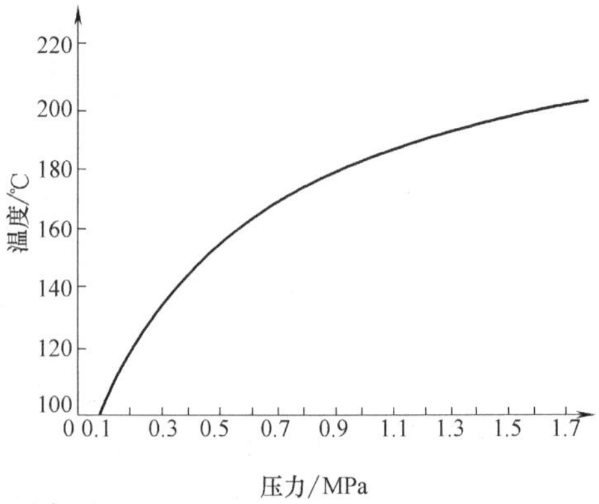

图6-3 饱和蒸汽温度和压力的关系

对绝缘线芯的冷却采用水或氮气冷却。采用氮气冷却时，整个交联生产过程中氮气加压传热、氮气冷却，完全避免了生产过程中绝缘吸收水分的可能性，被称为“全干式”工艺，用于110 kV及以上高压、超高压电缆生产。采用水冷却工艺时，称为“半干式”工艺，用于35 kV及以下中低压电缆生产。

这种交联方法与蒸汽法相比其生产速度和绝缘品质都有了很大的提高，是目前应用最广的一种交联聚乙烯绝缘的生产方式。

3. 熔盐交联（PLCV）

熔盐交联是意大利卡莱罗公司（Careillo）于1976年发明的。PLCV法采用的传热、加压介质是一种低熔点金属盐，由53%的KNO_3、40%的$NaNO_2$和7%的$NaNO_3$组成。这种混合盐的熔点在145～150℃，直到450℃时性能仍然稳定。

工作时熔盐交联管是密封的，并施加0.3～0.4 MPa的压力，熔盐温度200～250℃，250℃时熔盐的密度为1.9g/cm^3。熔盐热容量大，热导率高，故加热迅速而均匀。此外，熔盐温度与压力没有依赖关系，可在高至300℃以上交联，故生产速度较高。由于熔盐密度大，电缆在其中受到较大的浮力，不易擦管，因此可使用小角度倾斜的卧式交联管（即可生产大规格电缆产品），降低了厂房建设费用。

PLCV的熔盐交联和冷却系统如图6-4所示。该装置有3个工作区，即盐熔区、冷却区和分隔区，熔盐的储盐槽加热到所需的温度后，由泵输送到喷射装置，并射入硫化管内，然后通过出口流回储盐槽中。喷射装置既是液体进口，还起到熔盐回流的封闭作用，加压水冷却的工作程序与盐液相同，水在储水槽中由泵打入喷射装置，然后往封口流下，当交联管水满时，通过管道流回储水槽。分隔区在盐熔区和冷却区之间，既起分隔作用，又能回收电缆上粘附的盐液。由于熔盐是导电物质，其水溶液是水树生长的根源，因此这种方法生产交联电缆的电压等级不能很高。现在该工艺较多地应用于橡皮电缆的生产。

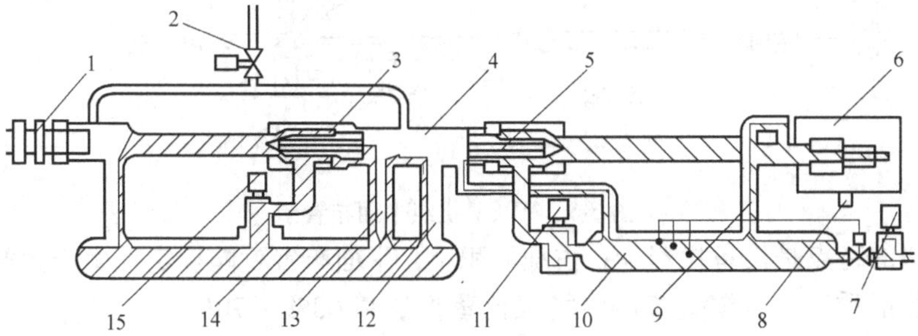

图 6-4　熔盐交联和冷却系统示意图
1—上密封　2—空气或氮气源　3—熔盐喷嘴　4—分隔段　5—喷水嘴　6—下密封　7—注水泵　8—排水口　9—回水管　10—储水箱　11—水循环泵　12、13—熔盐回流管　14—熔盐储槽　15—熔盐循环泵

4. 硅油交联（FZCV）

1979 年日本藤仓公司发明了采用不与聚乙烯发生溶胀作用的硅油作为加热、加压和冷却媒质的交联方法，称为硅油交联。

由于硅油电性能优异、化学稳定性好，并有和聚乙烯相当的密度，较好地解决了生产中所需的高温高压，电缆还可悬浮在硅油中而不致擦管，并且用卧式或悬垂式机组即可生产高压电缆，降低了土建费用。硅油的热导率高，热容量大，如 FZCV 机组交联温度为 300℃，和饱和蒸汽方法相比，相同长度加热管可提高速度 10% ~ 25%。生产中硅油有约 350 kPa 的压力，因此气隙极小，一般小于 1μm；制品不和水接触，含水量也和其他干法交联相当。

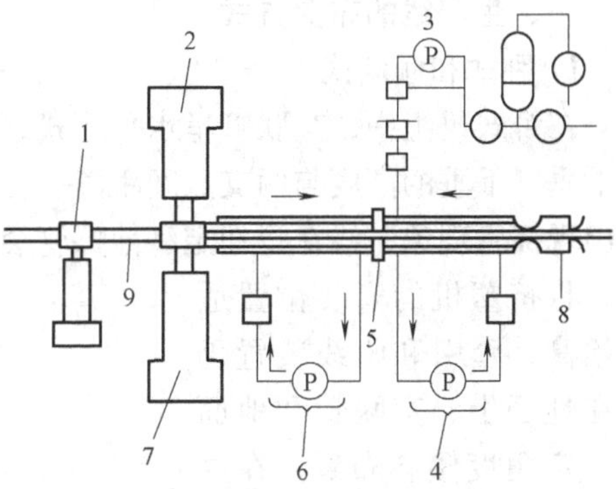

图 6-5　硅油交联机组结构
1—内屏蔽挤出机　2—外屏蔽挤塑机　3—加压区　4—冷却区　5—密封区　6—加热区　7—绝缘挤塑机　8—冷却加压密封区　9—电缆

FZCV 机组的结构如图 6-5 所示。管道由密封区分割成高、低温两部分，各自有硅油的循环加压系统，高温区充满高温高压硅油使制品交联；低温区充满低温高压硅油使制品冷却固化。两区的压力相等，硅油经处理后可重复使用。

虽然机组成本高，但仍比建造立塔交联设备经济，因此它是目前生产高压交联电缆较理想的方式。

5. 长承模交联（MDCV）

长承模交联是美国阿纳康达电缆公司（Anaconda）于 1959 年发明的，1971 年大日本电缆公司和三菱石油化学公司合作购买了该公司专利，使此法得以实际应用。

这种方法采用水平式交联管，交联管装在挤塑机上，模具长达 20m。挤出绝缘线芯时，向管内充入硅油等润滑剂，并使聚乙烯在模具中交联。MDCV 机组平面布置如图 6-6 所示。

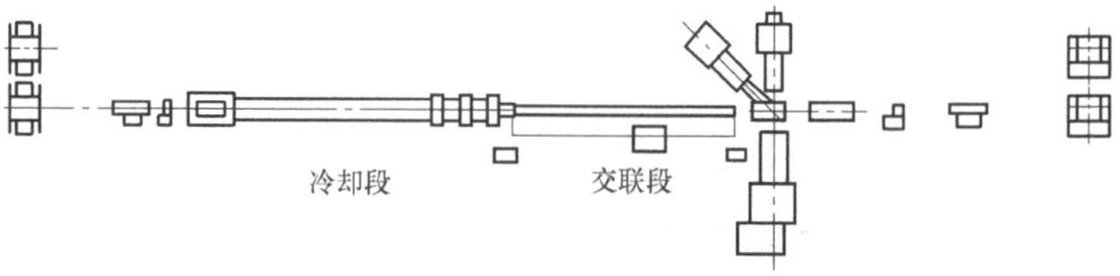

图 6-6　MDCV 机组平面布置图

MDCV 法的特点是设备投资少；占地面积小，平面布置就能稳定地生产大截面积，高电压电缆；绝缘品质高，电缆交流击穿场强比蒸汽法高 60% ~70%。但是，当生产中需要换规格时要更换整个长承模，灵活性差，因此使用较少。

第二节　过氧化物交联生产设备

交联技术发展集中体现了电线电缆制造技术的进步，从诞生初期应用于低压领域直至后来发展到中压、高压以至超高压领域，不同电压等级电缆的生产、不同交联方式交联生产线的配置都有所不同，但生产线的工作原理、基本设备没有太大区别。下面就对交联生产线的基本设备加以介绍。

一、生产线的布置方式

1. 卧式和倾斜式

在卧式机组中，交联管呈水平形式，制品在挤塑机机头和牵引装置间由于自重会呈悬垂线下垂，下垂的高度与两支点间距离、自重和张紧力有关。如超规格生产或张紧力不足，就会出现擦管现象，线在冷却定型前擦管会使绝缘物变形。所以对于卧式机组，其生产规格较小。将挤塑机的安装位置适当抬高，牵引和收线装置仍放在地面上，交联管和地面以一定角度倾斜布置。在这种布置中，相当于电缆自重的减轻，故与卧式有相同管长生产线可生产的规格范围会大一些，但和整个电缆规格范围相比仍是很小的。因此这两种布置方式在交联生产中是很少采用的。

2. 立式

将挤塑机布置在很高的交联塔的顶部，而牵引和收线装置仍安装在地面上，交联管垂直于地面的布置形式，即立式交联（VCV）。在这种布置方式中，制品重力作用

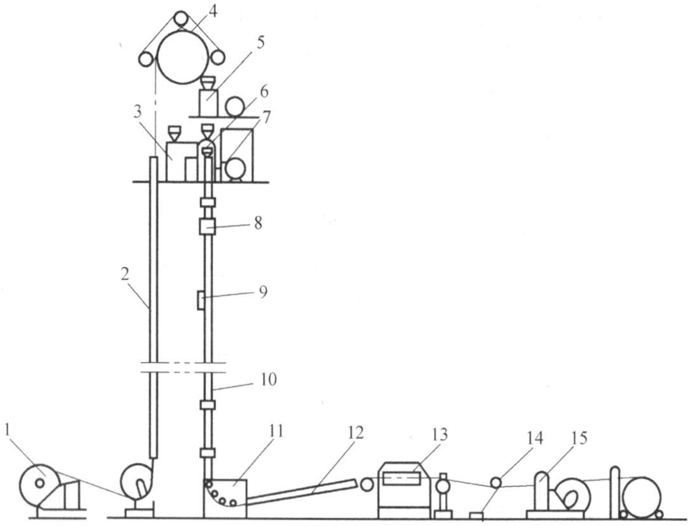

图 6-7　立式交联机组布置示意图

1—放线架　2—预热管　3—绝缘屏蔽挤塑机　4—上牵引　5—导体屏蔽挤塑机　6—绝缘挤塑机　7—缩节套　8—观察窗　9—水位控制器　10—交联管　11—密封箱　12—冷却管　13—张力牵引　14—收线张力控制器　15—收线架

于电缆的轴线上，故制品不会因重力发生擦管和绝缘层变形。这也是生产高压、超高压电缆的理想布置方式，但要建设高达百米的交联立塔，其土建费用较其他布置方式都要高出许多是其最大缺点。图 6-7 示出了立式生产线布置示意图。

3. 悬链式

既能解决交联生产中电缆擦管问题，又不使建筑费用增加的最佳选择是采用悬链线式生产线（CCV）。这种生产线的挤塑机布置在较高的平台上，交联管模拟制品倾斜悬挂呈自然悬垂状态的悬链线形状。因为不同规格电缆的悬链线不同，并且在运动中张力变化（由速度波动引起的）也会使悬链线下垂或上升到与管壁相碰，为解决这个问题，各机组普遍采用了悬垂控制器，通过检测电缆在交联管中的位置，发出指令控制下牵引电动机升速或降速，保持电缆置于交联管中心位置附近。此类生产线常用于 35 kV 及以下产品生产。生产线的上下牵引增加在线旋转装置，可使产品的电压级发展到 110 ~ 220kV。

悬链形式有两种，采用全干式工艺，即绝缘线芯在气体中交联气体中冷却，在绝缘线芯进入交联管冷却段时，绝缘尚处于熔融态，不宜与管壁接触，故采用全悬链线形式，多用于 110kV、220kV 电缆生产；为提高生产效率，35 kV 及以下产品采用半干式工艺，即交联管的加热段和预冷段充有气体，采用悬链形式，而冷却时采用水冷，线芯冷却快。此时允许线芯与管壁接触，采用直线形式，这种形式称为半悬链式。图 6-8 所示为半悬链式交联生产线布置示意图。

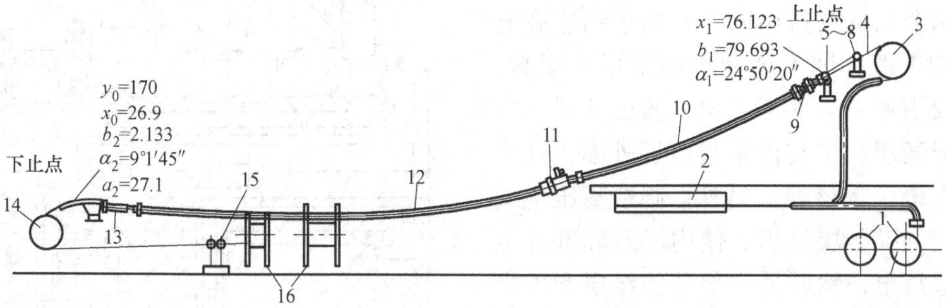

图 6-8　半悬链式交联机组布置示意图

1—放线装置　2—储线器　3—上牵引　4—预热装置　5 ~ 8—屏蔽、绝缘挤塑机　9—上封闭器　10—加热段　11—悬垂控制器　12—冷却段　13—下封闭器　14—下牵引　15—辅助牵引　16—收线装置

二、交联机组的基本组成

交联生产线是一个复杂的生产系统，它包括挤出、交联、冷却系统，牵引、收排线装置，控制系统和辅助装置等。

1. 挤塑机和机头

在交联生产线中挤塑机是最为关键的设备，故绝缘挤塑机又称为主机。中高压交联电缆生产中要在导体外面挤包导体屏蔽层、绝缘层和绝缘屏蔽层，所以需要有三台挤塑机同时工作，导体屏蔽采用 ϕ65mm 挤塑机，绝缘层挤出采用 ϕ120 ~ 150mm 挤塑机，绝缘屏蔽层挤出采用 ϕ90 ~ 120mm 挤塑机。

挤塑机和机头用于挤塑成型，机头的设计首先是保证料路畅通，在高挤出量时，也不会产生焦烧；其次，要求模具尺寸小，容易更换，且制造价格低。

按机头结构不同，挤塑机布置形式也不同。机头可分为 1 + 2　2 + 2　3 层共挤三种类型。一般大多数采用 1 + 2 双层共挤和 3 层共挤形式。随着交联电缆向高压和超高压方向发展，对内外屏蔽和绝缘层之间界面结合紧密性的要求越来越高，现在交联生产线基本都采用3层共挤形式，而且这种挤出方式有利于使用导体预热装置。

（1）1+2挤出

内半导电屏蔽层用单独的挤塑机挤包，绝缘和外半导电屏蔽层用两台挤塑机共用双层机头挤出，这种生产方式的缺点为：

1）内半导电层挤塑机距离双层机头较远，挤出后的内半导电层暴露在空气中容易粘附灰尘和杂质，且与绝缘层粘合不紧密。

2）内半导电层进入绝缘模座时容易擦伤，影响产品质量。

3）导体不能预热，影响了生产效率的提高。

（2）3层共挤

针对1+2挤出方式的缺陷，又开发了3层共挤设备，内半导电层、绝缘、外半导电层三台挤塑机共用一个机头，分别通过机头上不同流道挤包到电缆表面，机头的结构如图6-9所示。其主要优点为

1）挤出质量好，无导体屏蔽的析出物和氧化物。

2）内屏蔽不易擦伤。

3）导体可以预热，生产效率高。

（3）2+2挤出

用两个双机头挤出四层，用于制造高电压等级的电缆，因为半导电层采用交联料，挤出比较困难，表面不光滑，故设计了一层防发射屏蔽层，包在内半导电层外面，这是一种高介电系数材料。另外，制造高压电缆时可采用绝缘分层挤出，使内屏蔽和部分绝缘层一起挤出，然后另一部分绝缘层和外半导电层一起挤出。

过氧化物交联多用于中高压电缆的生产，对绝缘层致密度、挤包层与导体的结合程度要求较高，因此都选用挤压式模具进行生产。

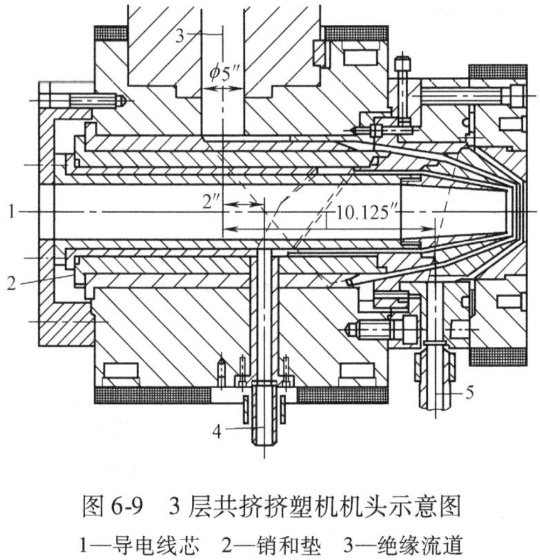

图6-9 3层共挤挤塑机机头示意图
1—导电线芯 2—销和垫 3—绝缘流道 4—内半导体流道 5—外半导体流道

2. 交联管

交联管均采用无缝不锈钢管，分段弯曲成弧形，再由法兰连接组成悬链状。也有采用整体弯曲工艺，加热弯曲后冷到室温，再将法兰拆开，包装运输，这样悬链形状不会改变。

悬链式生产的交联管道由加热段、预冷段和冷却段三部分组成。在加热段采用加热器产生红外线辐射对管道进行加热，管道外由岩棉等耐高温的保温材料包覆，如图6-10所示。

某物质的分子在光的照射下，如果光的频率与该分子基团的振动频率相同，物质就会产生谐振吸收，光的能量就会通过对分子偶极矩的变化而传递给分子，分子吸收了光的能量后振动加剧，由原来的较低能级跃迁到较高能级。所以物质吸收红外线光的条件是：① 光辐射的频率与分子振动频率相同；② 分子振动过程中有偶极矩的变化。

红外线加热器的基本组成有三部分：

1）红外涂层——发射所需的红外线；

2）热源——根据红外涂层的需要提供热能；

3）基体——安置热源及涂层材料的管体，参见图6-10。

为使加热器取得最大热效率，应选择适当的涂层材料，使它发射的红外线频谱及峰值与材料的吸收特性相接近，并且发射率较高（发射率是实际物体与同温度黑体在相同条件下的辐射功率之比）。常用的涂层材料有二氧化钛（TiO_2）、二氧化锆（ZrO_2）、三氧化二铬（Cr_2O_3）、二氧化硅（SiO_2）、氧化镍（NiO）等。加热电源常用如图6-10所示的管道短路变压器加热方式、加热器或加热电缆缠绕管道加热等。交联管在长期使用中，内壁形成的一层过氧化物沉积的黑色污垢是一层自然的红外线发射黑体。

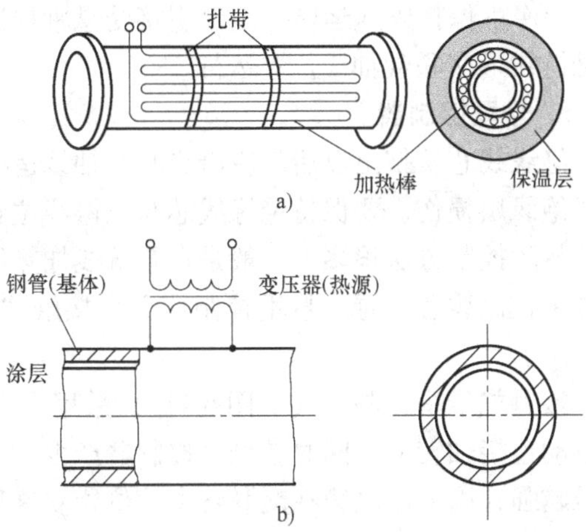

图6-10　红外线辐射加热方式结构示意图
a）加热器缠绕管道加热　b）管道短路变压器加热

在预冷却段用氮气对绝缘线芯进行预冷却，可防止高温线芯直接进入冷却水因骤冷产生内应力和水侵入绝缘内。此段采用双层夹壁钢管，夹壁层内通冷却水，对氮气进行冷却降温。冷却段通冷却水，对绝缘层冷却定型。

3. 储线器

储线器是两组可相对移动的导轮，导电线芯往复缠绕于两组导轮间，用于有足够时间进行换盘和导体接头，储线量要满足至少焊两只接头的时间。储线轮的直径要大，以保证导体不会变成灯笼状。

正常工作时，两组导轮在储线器两端，相距距离最大，导体接头时，放线轮停止转动，不能放出导线，为维持交联机组不间断生产，两组导轮相对运动，间距减小，上面缠绕导电线芯的长度减少，放出的导线供交联机组继续生产。接头完毕，放线轮开始工作，储线器的两组导轮再向外移动到最大距离，缠绕导线又达到最大量，供下次接头使用。

4. 上下牵引装置

上、下牵引要求牵引稳定，转速均匀，不“打滑”，保证悬链控制稳定。在CCV生产线中有三种牵引装置：

（1）带牵引轮

带牵引轮用于上下牵引，上牵引要保持恒速运转同时进行导线长度测量，所以又称为计米牵引。用皮带张紧将线芯包紧在牵引轮上，一般上、下牵引均采用带牵引轮。上牵引轮有前后移动装置，保持电缆以合适角度进入机头，使电线芯不与模具产生摩擦。

（2）反力矩牵引电动机

在牵引较重的电缆时，很难使电缆保持恒速运转，可以在上牵引轮前加一个辅助牵引。一般用履带牵引，也有公司采用反力矩电动机以省掉履带牵引。

（3）履带牵引

履带牵引一般用在收线的辅助牵引中，也有公司将履带牵引用于下牵引。

上牵引保持恒速运转，下牵引接受悬垂控制器发出信号进行速度调节，以维持绝缘线芯在悬链线形交联管轴线位置运行。

5. 悬垂控制器

绝缘线芯从挤出以后就应沿交联管轴线运行，偏离运行轨道就会与管壁相拖，造成屏蔽层或绝缘层损伤。要保持绝缘线芯与悬链线位置一致，就需要对悬垂控制器进行控制。

悬垂控制方法很多，一般是在悬链线加热段下端温度较低处，选择一个悬垂变化灵敏的地方来控制线芯位置。悬垂控制器分为接触式和非接触式两种，两者的控制原理如图6-11所示。

接触式悬垂控制器（见图6-11a）采用一个槽轮压在电缆上，电缆位置上下变动，使槽轮带动连接轴转动，同时在悬垂控制器产生一个感应电压输出，电缆离中心位置越远，输出电压越强，以控制电缆在交联管中的位置。这种机构稳定、可靠、使用寿命长，但容易使电缆擦伤，目前已很少使用。

非接触式悬垂控制器是由两个感应线圈及电阻等元件组成的桥路组成的。当电缆线芯位于交联管中心位置时，桥路平衡，输出为零；当电缆偏离中心位置时，有电压输出，偏离越多，输出电压越高。目前这种控制器已得到了广泛应用。

悬垂控制器输出的交流信号经控制系统进行处理后输入到下牵引的电压调节器，以提高或降低下牵引转速，使绝缘线芯保持在交联管中心。此时线速是恒定的。

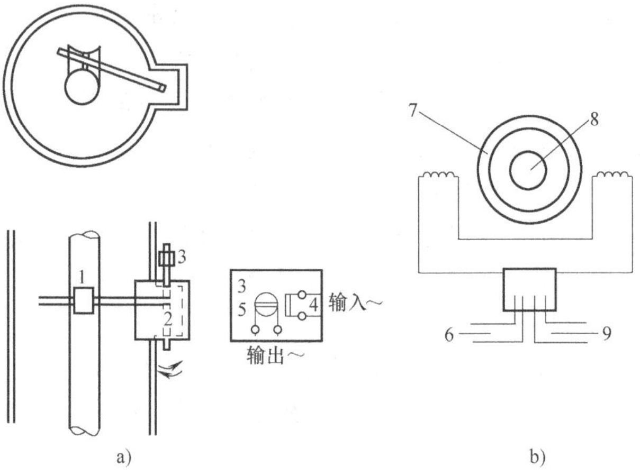

图6-11 悬垂控制器控制原理图

a）接触式 b）非接触式

1—槽轮 2—连接轴 3—悬垂控制器 4—定子线圈 5—转子线圈 6—输入 7—交联管 8—电缆线芯 9—输出

6. 导体预热器

导体预热可缩短交联时间，并可使生产速度提高20%～60%。在机头前导体最高可预热到120℃。预热有两种方法：一是将导体本身当做变压器的二次绕组，电流流过时，依据电阻发热原理生热，效率为60%～70%；二是采用感应式，导体穿过频率为10～11kHz的高频线圈，用电磁场加热导体，效率为20%～30%，多用于大截面积电缆。

在交联管内进行导体预热，预热温度可高达160℃，热源可分别从导体和绝缘层表面双向传入，降低了绝缘层表面温度，提高了传热效率，同时降低了绝缘层的热应力。

7. 上、下密封

上、下密封是对交联管进行封闭，形成密闭管路，保证管道内温度、压力稳定。上密封一般都采用气压传动可伸缩式，直接与挤塑机机头连接。下密封用于封闭交联管的出口，可采用单密封和双密封，采用双密封可以使开车线长度减少，降低生产成本。下密封装置的移动采用液压传动，密封效果较好。

8. 扭绞器

扭绞器安装于上、下牵引处，扭绞器同步旋转可使电缆在交联管内沿轴向旋转，电缆绝缘层的每一个部分均受到同样的重力作用，消除了绝缘层下垂（偏芯）。可保证厚绝缘电缆不产生“梨状下垂”，绝缘层同心度好。扭绞方向应与最外层单线或半导电带绕向相同，以避免导体松散。

9. 氮气系统

氮气系统用于向交联管供应保护气体。氮气系统可分为采用液氮供气、制氮机供气和氮气瓶供气几种。其中以液态装置最为方便快捷。

10. 电缆外径和偏芯测量仪

随着交联电缆生产技术的迅速发展，在线测控技术也在不断发展，并逐步代替了人工检测方式，大大提高了产品质量，节约了原材料，减轻了劳动强度。电缆直径的测量方法有电感接触式、光电式、*X* 射线扫描式和电容式等。

目前，交联机组普遍采用的是 *X* 射线扫描测径仪。该系统包含两个 *X* 射线扫描器（*X* 射线管和接收器）。扫描器的接收装置由半导体构成。两个扫描器互相垂直，以提供运行时的双轴测量。系统可测得电缆外径、各层厚度、偏芯度和椭圆度等。

仪器安装在交联线伸缩管上紧邻挤塑机头处，从而可以实时地提供绝缘层厚度的反馈控制，及时对各层的偏芯进行调整，从而大大地减少原材料的消耗。

11. 绝缘料杂质扫描监测系统

绝缘料杂质扫描监测系统安装在挤塑机的连接管上，在生产过程中实时地监测挤出塑料的纯净度，从而保证电缆的质量。

该系统包括一个扫描头和一个根据生产线尺寸制作的两侧带有光窗的转接管。在挤塑机内熔融并呈透明状态的绝缘料流过连接管时，料被扫描光穿透，能够检出大小为 20μm 的吸收光线的杂质颗粒。

12. 在线应力消除装置

在线应力消除装置一般安装在冷却管中部，它是将冷却后的电缆再加热到 105℃左右（达到聚合物结晶熔化温度），相当于对绝缘材料进行退火，以消除绝缘热应力。

第三节 过氧化物交联工艺

一、材料处理

材料的处理和传送系统是交联生产线中重要组成部分，因为材料质量是决定电缆质量的主要因素。材料的处理系统包括：贮存、干燥、传送三个部分。材料处理包括对加料系统和加料间的空气净化，对于高压电缆要采用全封闭的空气净化系统；输料系统要采用带干燥器的气流输送密封料斗，以保证材料有较低含水量和一定的清洁度。

二、挤出工艺

交联聚乙烯的挤出成型同聚乙烯和聚氯乙烯基本一样，所不同的是材料中混有交联剂，制品又多为中、高电压级电缆，要求较高。它们在挤出工艺方面的不同如下：

1）为提高材料的塑化程度，挤塑机要选用具有较大长径比的螺杆，并根据熔融理论采用一些有别于常规螺杆的新型螺杆，如屏障型螺杆。

2）为使各挤出层间紧密接触，可采用多层同时挤出机头。

3）挤出温度设置要保证交联聚乙烯能充分熔融，所以挤出温度的下限应高于基料的粘流温度。

4）因料中混有交联剂，挤出温度过高易出现先期交联，挤出温度的上限应控制在交联剂剧烈分解温度以下。挤出温度一般不宜超过120℃。

交联料挤出对温度控制要求严格，温度波动要求在±1℃内，挤出过程典型的温度设置见表6-3。

表6-3 交联聚乙烯绝缘生产的挤出温度

塑料类型	机身/℃			机头/℃	
	加料段	压缩段	均化段	机头	模口
可交联聚乙烯	80～100	105～117	110～120	110～120	110～120
内屏蔽	70～95	100～120	110～120	110～120	110～120
外屏蔽	70～95	100～115	110～120	110～120	110～120

三、交联工艺

交联聚乙烯电缆生产的关键在于控制交联度。交联度是衡量材料交联状况的量值。确定交联度有两种方法。一种方法是溶剂萃取法，将交联后的聚乙烯进行溶剂萃取，测量萃取后试样重量占试样原重量的百分比。另一种方法是热延伸法，即从电缆上取得的试片制成哑铃试片，在一定温度、载荷下，要求试片在一定时间内最大伸长率不超过某一定值。热延伸值大，交联度低，热延伸值小，交联度大。

影响交联度的因素有材料活性、交联温度和交联时间等。

1. 材料活性

由化学基本原理可知，化学反应速度与参与反应的物质的浓度成比例，即

$$v = K[m][n] \tag{6-1}$$

式中 v——反应速度；

K——反应速度常数，与浓度无关；

$[m]$——反应物质 m 的浓度；

$[n]$——反应物质 n 的浓度。

由式（6-1）可知，当物质的浓度一定时，反应速度决定于速度常数 K。

速度常数 K 是与反应活化能及温度有关的系数。交联反应是游离基型反应，反应速度常数和活化能及温度之间的关系可用阿累尼乌斯方程表示

$$\ln K = -\frac{E}{RT} + \ln A \tag{6-2}$$

式中 E——反应活化能；

R——气体常数；

T——反应温度，单位为K。

活化能是衡量材料活性的尺度，它是活化分子具有的最低能量与分子平均能量之差，反应的活化能越低，则在定温下，活化分子数越多，反应就越快，由式（6-2）计算的 K 值也越大。

对于一定材料，影响交联度的因素只需考虑交联温度和时间。

2. 交联温度

由以上分析可知，温度升高，反应速度常数 K 将增大，交联速度也会增加。

在交联生产中，为提高生产速度，总是尽量提高交联温度，但此时应考虑到聚乙烯在高温下的降解。在空气中，聚乙烯氧化降解的温度是很低的，而在惰性气体中，聚乙烯降解温度为 280℃左右。因此，交联温度设置区间应保证电缆绝缘的温度处于交联剂剧烈分解温度以上至聚乙烯降解温度之间。在交联管中充入氮气进行保护正是基于此原因。

采用 RCP 交联，高压交联聚乙烯生产时绝缘厚度大，当电缆进入加热管后表面温度应立即达到 300℃，使表层快速交联，降低了熔融态聚乙烯在重力作用下的流垂。同时，只有在高温下才能使厚绝缘尽快交联完全。因此交联管温度设置如图 6-12 所示。

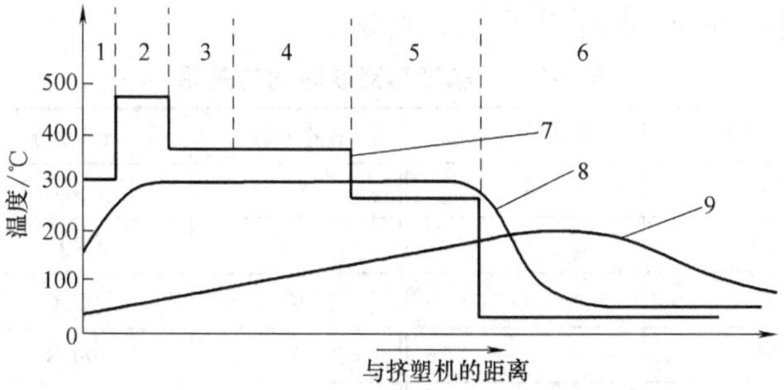

图 6-12　全干式高压电缆生产交联管温度分布图

1—上密封　2—加热区Ⅰ　3—加热区Ⅱ　4—加热区Ⅲ　5—加热区Ⅳ　6—氮气冷却段
7—加热管温度　8—电缆表面温度　9—导体温度

中、低压电缆绝缘较薄，绝缘内外能较快达到均匀温度，而且热变形下垂现象不明显，但生产速度快，要求平均温度要高些。所以交联管的温度从加热Ⅰ区开始各区温度逐渐降低，Ⅰ区的温度一般不超过 400℃，如图 6-13 所示。

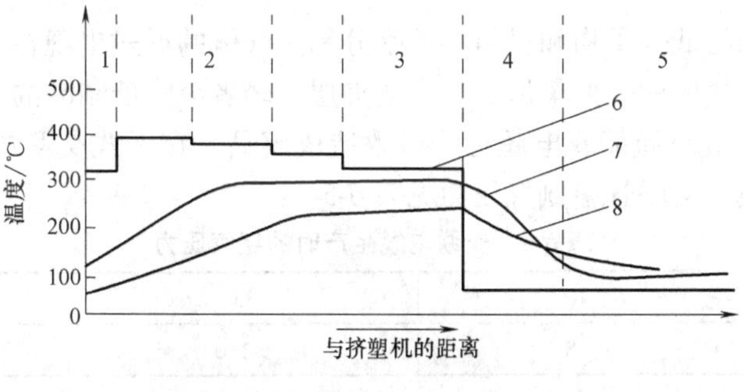

图 6-13　半干式中低压电缆生产交联管温度分布图

1—上密封　2—加热区Ⅰ、Ⅱ、Ⅲ　3—加热区Ⅳ　4—预冷段　5—水冷却段
6—加热管温度　7—电缆表面温度　8—导体温度

热辐射等干法交联速度比饱和蒸汽交联高 1.25 ~ 1.65 倍，就是因为前者交联温度高（电缆表面温度接近 300℃）而后者的温度低（一般蒸汽温度不大于 210℃）所致。

3. 交联时间

交联时间决定于交联剂的分解速度，交联剂半衰期用 τ 表示，DCP 半衰期为 1min 所对应的温度约为 175℃，温度升高，半衰期缩短（参见表 6-1），即交联速度随温度升高而加快。

在一定温度下，DCP 的分解率 x 为

$$x = 1 - e^{-\ln 2 \frac{t}{\tau}}$$

式中　t——交联时间；

τ——DCP 的半衰期。

设 $t = n\tau$，代入上式，得

$$x = 1 - e^{-n\ln 2}$$

可计算出，当交联时间 $t = 5 \sim 10\tau$ 时，DCP 可分解 97% ~99.9%。表 6-4 列出了半衰期个数和交联度的关系。在适宜的交联时间范围内，还存在一个最佳交联时间，其值应大于并接近 5τ，这对于高电压等级电缆的生产尤为重要。

表 6-4　交联度与交联时间的关系

τ 的个数	x（%）	交联度（%）	τ 的个数	x（%）	交联度（%）
1	50	64	6	98	87
2	75	77	7	99	88
3	87	83	8	99.6	88
4	94	86	9	99.8	88
5	97	87	10	99.9	88

绝缘交联过程中，热量由外层向内层传导，既要保证绝缘内层交联状况良好，又要使外层不产生过交联。考虑到热传导所需时间，实际生产中电缆在交联管中的停留时间都远大于表 6-4 所示数值，低压电缆交联时间为几分钟，高压、超高压需几十分钟。已知温度 T_1 时的交联时间为 t_1，则在任意温度 T 时对应的交联时间 t 为

$$t = t_1^{\left(\frac{1}{T}-\frac{1}{T_1}\right)ER}$$

4. 压力

交联反应中生成的低分子物和材料中的水分都以气体的形式出现在绝缘层中，如果无外界压力的抑制作用，气体就会汇集形成气泡或夹层，轻者会降低制品的力学性能，使电绝缘性能变差，严重的会出现局部放电超标，以致造成废品。在干式交联中都采用氮气作为保护、加压和传热媒质。交联管中氮气压力见表 6-5。

表 6-5　交联电缆生产时的氮气压力

额定电压/kV	6 ~ 10	35	110
氮气压力/MPa	>0.8	>1.0	>1.2

生产中氮气要定期排放更新，以带走交联过程中产生的小分子物和进入管中的水蒸汽。

四、冷却

1. 半干式交联

半干式交联采用水冷却，加热段和水冷却段间设有隔离预冷却段，预冷却段的长度不短于 10m。冷却水在钢管夹壁中流动，以降低管内氮气温度，然后再通过氮气对线芯进行冷却。氮气从预冷却段上部进入，从下端接近水面处排出，排气时将水面产生的水蒸汽带出，一般每小时排出 $3m^3$ 即可获得满意效果。设置预冷却段的作用是防止蒸汽渗入交联绝缘层，降低绝缘质量和进入加热管内降低加热效率。在预冷却段内把电缆预冷至较低温度，还有防止电缆急冷产生内应力和避免高温电缆进入水中使水沸腾，产生大量蒸汽的作用。

冷却段的冷却介质用水，冷却的目的是对绝缘固化和定型，防止变形。生产过程中要严格控制水位高度，不能使其超过预冷却段进入加热段而造成事故。水位过高不仅会产生大量蒸汽影响绝缘质量，还会导致绝缘交联不足；水位过低，线芯不能及时冷却，易擦管损伤绝缘。

2. 全干式交联

全干式交联冷却介质采用氮气，从而全程避免与水接触，最大限度地减少绝缘的含水量。但由于采用气体介质冷却，冷却速度慢，冷却段也要设计成悬链形，这对生产速度也会产生影响。

五、绝缘层脱气

交联反应中产生的低分子气体会在线芯出交联管后继续从绝缘层逸出，若将其封闭在护层内会产生很大压力，甚至引起护套膨胀，因此，对刚交联好的绝缘线芯必须进行脱气处理。

35kV 及以下电缆在只需在常温下放置一段时间即可，35kV 以上电缆绝缘层较厚，在常温下气体挥发速度缓慢，需要很长的脱气时间。在交联工序后增加脱气工序能大大提高生产效率。

将刚交联好的绝缘线芯送入烘房除气，在高温下加快低分子气体从绝缘中逸出。脱气温度为：50～75℃，脱气时间：110kV 电缆在 60℃时需 4～10 天，220kV 电缆在 60℃时需 10～16 天。

六、绝缘工艺要求

1. 光滑的层间界面

电缆绝缘层和半导电层交界面是否光滑是影响电缆使用寿命的重要因素之一。尤其是对于高压、超高压电缆，界面处半导电屏蔽层上的凸起嵌入绝缘层会导致局部电场强度过高，加速绝缘老化，增加水树现象产生的可能。为了实现层界面光滑，生产高压、超高压电缆应使用超光滑的半导电材料。

2. 电缆绝缘层同心度

电缆绝缘层同心度是指导电线芯与各挤包层的相对位置要具有良好的同轴对称性。在理想圆形电缆绝缘层中电场等位线为内密外疏的同心圆形，电场强度从内屏蔽表面向绝缘外表面递减。当电缆绝缘层出现偏心，会导致电场集中，从而加快绝缘层老化，缩短电缆的使用寿命，故此对电缆同心度提出了较严格的要求。

无论在立式生产线，还是在悬链式生产线上都能生产出符合同心度要求的厚绝缘电缆。提高绝缘同心度和圆整度取决于整个交联生产线上的各个工艺过程，即挤出、交联和冷却，但要求绝对的对称是不可能的，尤其是悬链式交联生产线。

悬链式交联生产线生产厚绝缘不圆整的主原因是绝缘层的下垂，下垂后绝缘的断面形状像一个梨子或水滴，所以把这种现象叫做“梨形下垂”或“滴状下垂”。电缆为什么会产生梨形下垂？导电线芯表面挤出内外半导电层、绝缘后，进入交联管中，使其表面温度达到接近 300℃，这时靠近冷的导体的内层材料因导体吸热降温呈固态，外部接触高温后开始交联，都不易产生流动，而中间部分处于未交联、未凝固的熔融态，因重力作用而向下流动，造成绝缘下部厚、上部薄的“梨形”而偏心。

绝缘下垂程度取决于绝缘料熔融粘度、直径比（绝缘屏蔽层直径/导体直径）、导体的旋转速度。①熔融粘度取决于所使用的材料种类、材料温度和交联程度。②直径比，小截面积导体在熔化的绝缘内部较容易移动，这是因为导体的直径与移动阻力成正比，衡量参数是电缆直径与导体直径之比，而非单纯的导体或电缆的直径。③导体旋转速度，提高导体的旋转速度可减少绝缘层在同一方向上的下垂时间，使周向的下垂时间大致相等，以达到降低偏心的目的。旋转速度须根据导体结构和生产线速度而确定的。

材料在机头内流动分布不均匀和绝缘的粘弹性效应（也被称为塑料材料的记忆效应）也会使绝缘产生不圆度。这是由于分料器设计不正确，而造成料路的不对称性。由于料路不对称，使绝缘料分流不良造成绝缘厚度不均匀。另外，剪切力的不同造成了绝缘温度不均匀、材料流动速度不同、停留时间不同和弹性变形不同。

电缆在加热段和冷却段，从管子到电缆表面的热传导都可能出现不对称现象。立式生产线中绝缘层未充分冷却就经过转向导轮时会也会导致绝缘层变形。

在交联生产线中保持电缆的同心度，可以采取以下措施：

1）在挤出过程中材料要混合充分，分料器料路要对称，机头温度要分布均匀。

2）交联管高加热区温度要分布均匀，电缆尽量置于交联管的中心位置。采用悬链式生产时，电缆应进行适当的旋转，保证热传导均匀。

3）通过电缆冷却状态的计算，保证电缆经过导轮时的温度足够低，避免在转向导轮上造成变形。

3. 绝缘层杂质的控制

高压电缆对杂质控制要求相当严格，绝缘料必须采用超净料，加料系统采用全封闭净化室和超净料的自动下料装置。在挤出中使用高效过滤网，可以过滤大于30 μm的杂质。在绝缘挤出机头处安装杂质检测装置，可对绝缘材料进行连续扫描，将绝缘内的杂质大小和个数以及位置和距离全部记录下来，供操作人员参考。

4. 减少绝缘层内的机械应力

1）采用在线松弛装置是将冷却后的电缆再加热到一定温度，以消除热应力。采用该装置后，可改进高压和超高压电缆的质量，使高压和超高压电缆具有更高的击穿电压和较小的绝缘收缩。

2）增加导体预热装置。交联聚乙烯的热膨胀系数是铜、铝导体的10~30倍，绝缘线芯在冷却过程中，绝缘收缩快，导体收缩慢，因此绝缘收缩受到限制，从而造成了纵向应力和应变。为了提高生产速度，生产中都希望绝缘外较快地冷却，而此时绝缘内尚未完全冷却，这就在绝缘上产生了径向拉应力。使用导体预热装置将预热导体，使导体先期预胀，以降低绝缘和导体热膨胀的差异。绝缘冷却收缩时，由于减小了导体与绝缘内层温差，部分绝缘与导体同步收缩，从而减小了绝缘内应力，使绝缘和导体结合紧密，不易产生导体松脱和相对滑移现象。

3）改善交联工艺。适当地降低绝缘表面的交联温度，加长预冷管长度并控制生产速度，降低绝缘冷却速度，可使绝缘向电缆中心收缩，使绝缘和导体间产生压力，还可增加绝缘与导体间位移的摩擦力。如果预冷段过短，绝缘冷却过快，绝缘从内外两侧向绝缘层节圆收缩，绝缘和导体间会产生应力。

第四节　硅烷交联聚乙烯绝缘材料的生产

硅烷交联聚乙烯也是聚乙烯化学交联方法的一种，它的生产分为挤塑和交联两个步骤，其中交联过程可以在温水中完成，所以又叫温水交联。

一、硅烷交联的化学反应

硅烷交联电缆料是以聚乙烯树脂加引发剂（常用过氧化二异丙苯，DCP）、接枝剂（常用乙烯基三乙氧基硅烷，A151）和催化剂（常用二月桂酸二丁基锡酯，DBTDL）组成的。硅烷交联的反应历程如下：

1）引发剂分解，生成活性游离基，即

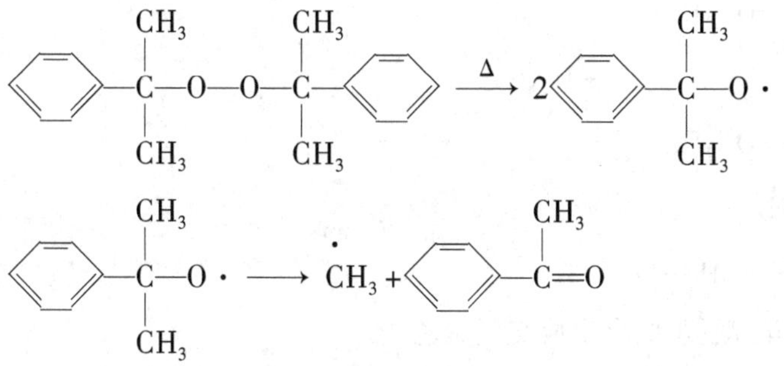

2）在自由基引发下，活化聚乙烯分子链（也称为脱氢反应），即

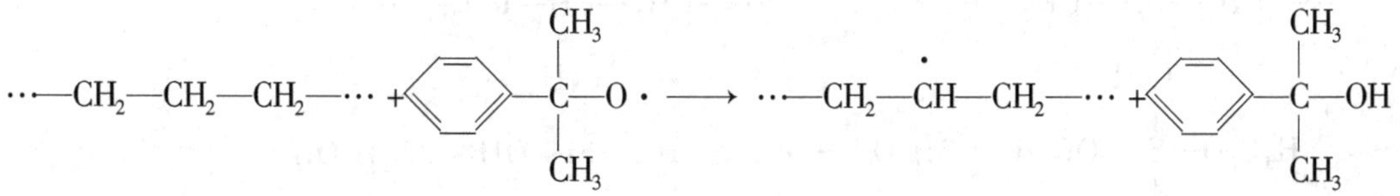

$$\cdots—CH_2—CH_2—CH_2—\cdots+\dot{C}H_3 \longrightarrow \cdots—CH_2—\dot{C}H—CH_2—\cdots+CH_4$$

3）生成接枝聚乙烯游离基（接枝剂以 A151 为例），即

$$\cdots—CH_2—\dot{C}H—CH_2—\cdots+CH_2=CH—Si(OC_2H_5)_3 \longrightarrow \cdots—CH_2—\underset{}{CH}(—CH_2—\dot{C}H—Si(OC_2H_5)_3)—CH_2—\cdots \quad (\mathrm{I})$$

4）生成接枝聚乙烯，聚乙烯接上含有硅氧烷基的枝链，即

$$\mathrm{I}+\cdots—CH_2—CH_2—CH_2—\cdots \longrightarrow \cdots—CH_2—CH(—CH_2—CH_2—Si(OC_2H_5)_3)—CH_2—\cdots+\cdots—CH_2—\dot{C}H—CH_2—\cdots \quad (\mathrm{II})$$

5）Ⅱ水解缩合生成硅醇，最后全部生成硅烷分子接到聚乙烯链上去。存在两种反应机制：

①　部分水解生成硅醇。

a）水解：

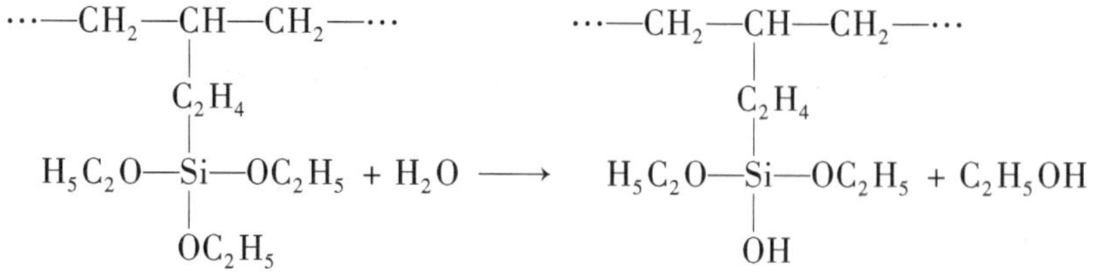

（Ⅲ）

b）缩合：生成含硅氧键的交联聚合物。

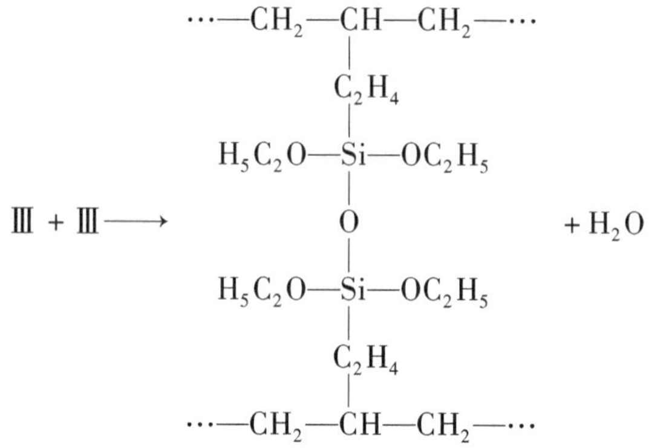

② 全部水解生成硅醇，硅醇脱水缩合生成交联聚乙烯。

a）水解：

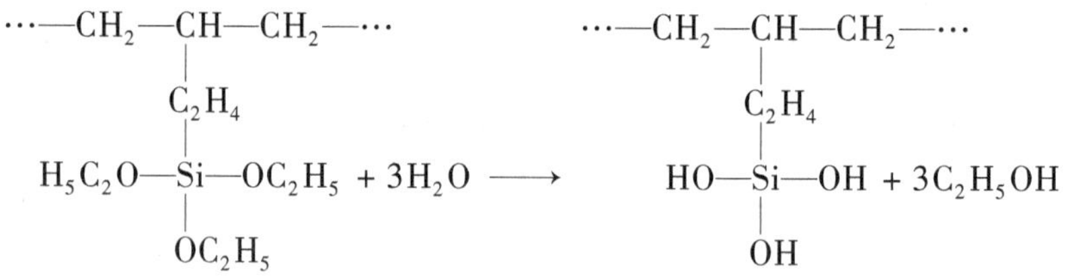

（Ⅳ）

b）缩合：

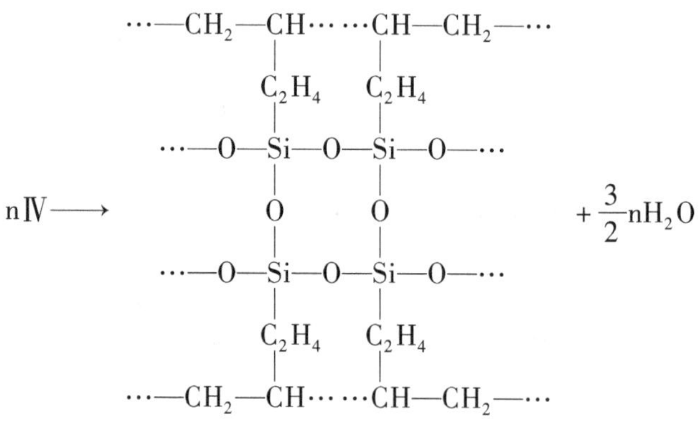

由以上反应可以看出，在开始阶段硅烷交联同化学交联一样，DCP 分解，并在聚乙烯上形成接点。由于硅烷与聚乙烯接枝，进一步常规反应受阻，同时接点从聚乙烯链上转移到硅烷分子上，硅烷从别的聚乙烯分子上得到一个氢而使自己稳定时，又在聚乙烯链上失去一个氢原子，而起到进一步接枝的传播作用。这个进程不断重复，直至大的硅烷分子接枝到聚

乙烯分子上。这种方法只需要少量 DCP 以引发第一个接点，从而引起接枝连锁反应（如用硅烷 1.5 份，用 DCP0.1 份即可）。接枝反应的温度为 200℃左右。

接枝后的聚乙烯仍是热塑性的，很容易被普通的挤塑机挤出，而且挤出时不像过氧化物交联那样易受交联剂分解温度的影响，可以像普通聚乙烯那样挤出，所以可以充分利用挤塑机的生产能力而大大提高挤出速度。当在接枝硅烷上加入水分子时，水解反应开始，在催化剂的催化下，硅醇缩合生成交联聚乙烯。

二、硅烷交联生产工艺

硅烷交联生产分为一步法和二步法，在吸取一步法和二步法优点的基础上，又开发了共聚法工艺。

1. 二步法

二步法是把硅烷接枝和绝缘挤出分在两道工序进行的生产方式。聚乙烯树脂混合引发剂、接枝剂的母料称 A 料，又称接枝母料。混料过程在螺杆挤塑机中完成，聚乙烯树脂熔融，引发剂分解，接枝剂在热和机械剪切活化作用下，同聚乙烯游离基发生接枝反应。聚乙烯树脂混合催化剂的母料称 B 料，又称催化剂母料，也是在螺杆挤塑机中完成混料过程的。A 料和 B 料的生产即为二步法的第一步，一般在材料生产企业完成。两种料分别包装运输、储存。接枝后的聚乙烯接触到空气中的水分会引发先期交联，因此保存期不应超过半年。

挤出前将 A 料和 B 料以 95∶5 的比例进行混合，然后加入挤塑机中像普通聚乙烯那样挤出成型。这一过程是二步法的第二步，一般在电缆企业完成。完成挤包的绝缘层依然是热塑性材料，把绝缘线芯置于水中进行交联，即可成为交联聚乙烯绝缘线芯。二步法交联聚乙烯绝缘料生产、绝缘挤出以至交联过程工艺流程如图 6-14 所示。

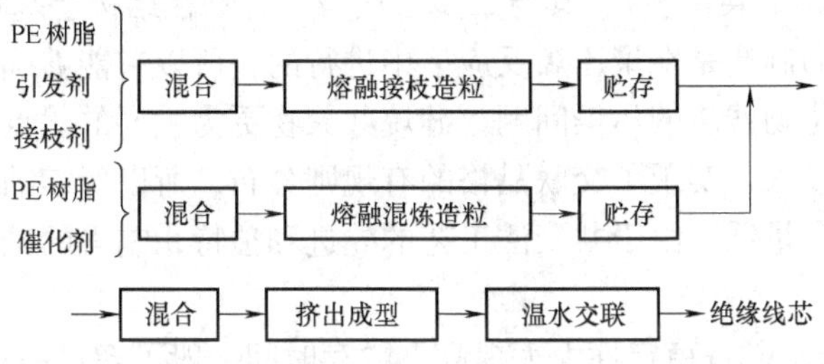

图 6-14 二步法硅烷交联聚乙烯绝缘生产工艺流程图

因为 A 料是接枝过的母料，在有水分存在的情况下一旦遇到催化剂就会引发快速的交联反应。空气中含有水分，因此，A 料和 B 料混合后停留时间不得超过 3h，否则就会发生先期交联。

二步法工艺不需增加特殊的生产设备，在普通挤塑机上就可以进行挤出生产，投资少，成本低，工艺易掌握。但也存在以下缺点：材料储存期短，特别是 A、B 料混合后存放时间更短，需边混边用，不便于生产，还造成生产过程中剩余材料的浪费。此外，这种方法需要两次混料，容易导致杂质的混入，故只能用于中低压电缆的生产。

还有一种用 50% 共聚料和 50% 基料掺和而成的共混料，在国内也有较多应用。

2. 一步法

一步法是把混合、接枝和挤出一次完成的工艺方法。一步法生产需要特殊的生产设备：长径比为 30 的螺杆挤塑机，料斗上装有 3 ~4 个计量料斗，分别供聚乙烯树脂、配合剂投料用。液体接枝剂和催化剂在料斗颈部按比例注入。其生产工艺流程如图6-15所示。

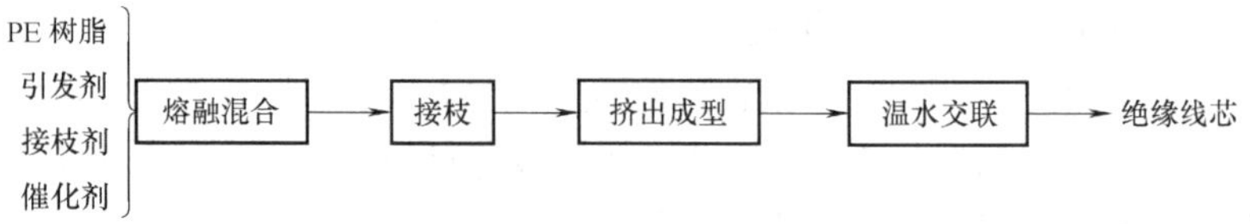

图6-15 一步法硅烷交联聚乙烯绝缘生产工艺流程图

在加料段，树脂和各种配合剂混合，进入熔融区时开始熔化，硅烷和催化剂液体的扩散速度随温度升高而加快。在熔融区前半段引发剂开始分解，物料在前进过程中温度上升，接枝剂引发活化；在均化段，为增加引发剂的分解完成接枝，温度应急剧上升。接枝的温度在200℃左右，最后接枝的物料通过机头成型于导体上。

一步法工序少，制品质量容易保证，但需要增加计量供料系统和特殊结构的挤塑机，所以这种方法应用较少。

为改进一步法需要特殊设备的不足，又相继开发了固相一步法和固化硅烷工艺等一步法的派生工艺。固相一步法工艺是将硅烷通过白炭黑等载体渗入到聚乙烯基料中去。固化硅烷工艺是为了改进硅烷送料方式，将液态硅烷吸附在多孔性聚丙烯塑料或聚乙烯塑料中，形成固化硅烷。在聚乙烯挤出塑化熔融过程中将固化的硅烷释放出来，在挤塑机中完成塑化、接枝最后成型到导电线芯表面。

3. 共聚法

共聚法是基于两步法和一步法优点的开发而成的。这种方法是在传统的高压聚乙烯反应釜中使乙烯与硅烷共聚单体发生共聚反应，使乙烯基硅烷均匀地分布于聚乙烯分子链中，得到乙烯硅烷共聚物（EVS共聚物），其与二步法接枝化合物在结构上基本相同。

由于硅烷共聚物的制造是在聚乙烯反应釜中进行的，所以它能够确保高的清洁度，而且也避免了接枝时过氧化物残渣的污染问题。硅烷共聚物更为主要的优点是，在聚合反应时因为硅烷共聚单体一次投入，实现了交联晶格的有规则分布，所以所需的硅烷量要比硅烷接枝化合物需要的硅烷的含量低。由于共聚法工艺的先进和独特，制得的硅烷交联聚乙烯料具有以下优点：

1）抗湿能力增强，贮备稳定性大大提高，贮存时间一般可超过一年。

2）共聚法交联聚乙烯加工过程中，混入的游离物及杂质极少，材料的清洁度高，这也提高了聚乙烯绝缘的电气绝缘和力学性能。

3）可以在普通挤塑机上加工，而且产生的气体较少，成型加工稳定性好。

该工艺只适用于低密度聚乙烯，生产设备投资大，技术要求高，是其不足之处。

除以上介绍的方法外，还有其他的硅烷交联生产方式，其中除一步法设备投资较多、共聚料材料价格较高外，其余均可利用原有设备进行生产，并且都具有生产工艺简单、成品率高、生产成本低等优点。

三、挤塑工艺

1. 二步法硅烷交联料的挤出

加料之前要使A料和B料均匀混合，进入挤塑机后在塑化熔融过程中A料、B料还要进一步混合。因为A料是已经接枝过的母料，在挤出过程中只需保证物料的充分塑化、混合均匀即可，因此温度设置以保证材料充分塑化为目标，挤出过程像普通聚乙烯挤出一样，温度设置一般不超过180℃。

2. 一步法硅烷交联料的挤出

一步法硅烷交联的接枝过程是伴随着物料的混合、塑化、成型在挤塑过程中完成的，因此挤出过程除了要保证物料的充分塑化、混合外，还要兼顾接枝反应的进行，一步法和共聚法硅烷交联聚乙烯的挤出温度按以下设置：

（1）加料段

加料段螺杆起输送机的作用，将物料压缩为固体塞，沿着螺槽向前输送并提供稳定的挤出压力。如果螺杆的第一部分未被物料全部充满，夹带的空气将使挤出物质地不均匀并导致熔融聚合物的氧化和降解。较低的温度可以保证适当的送料，但一部分粒料可能在较低的温度下进入压缩段而受到过度的剪切，产生非正常的熔体高温。较高的加料段温度可提高产量，却可能会发生料口堵料，引起断料；料粒过早塑化，还会造成挤出压力不稳，外径波动。加料段的温度一般设定为140～165℃。

（2）压缩段

物料在压缩段被进一步压缩，夹带的空气被从加料口排出，温度升高直至熔融。在这一区段引发游离基反应快速进行，而不发生接枝反应。物料的温度要保持在165～185℃，以不引起接枝反应为限，否则料中夹带空气中的水分会引起物料先期交联。

（3）均化段

在均化段熔体受到高剪切力得到足够的混合和均化。物料运动产生的摩擦热可能引局部过热。由于高温和混合作用，至少75%的接枝反应（第二步）在该段完成。接枝速率太高将导致过早交联。熔体温度一般为180℃左右。机筒设定温度在180～200℃。

（4）机头和口模

机头和口模的温度应迅速提高。因为当物料离开机筒后其流动的阻力较小，在口模的滞留时间很短（5～15s），从颈部开始的高温应使接枝迅速进行，从而保证所有的反应物反应完全，高温降低了接枝共聚物熔体的粘度，改善了电缆的表面光洁度。然而，过高的温度可能导致熔体焦烧，在某些情况下熔体会变得很稀难以均匀地包覆在导体周围。所以熔体温度不应超过260℃。一般可根据表面光洁度将颈部温度设定为200～220℃，而口模为220～240℃。表6-6为挤塑机温度分布及物料在各部分的反应。

表6-6　挤塑机温度分布及物料在各部分的反应

部位	机身/℃			机头/℃	
	加料段	压缩段	均化段	机颈	模套
温度	140～165	165～185	180～200	200～220	220～240
目的	预热粒料	完成熔化和引发剂分解	混合、均化和接枝	完成接枝降低粘度	

四、冷却

聚乙烯属于结晶型聚合物，产品冷却最好采用分段冷却。冷却水槽各段温度应从60～70℃逐渐降低到室温，这样可使聚乙烯分子有时间松弛从而减轻收缩和内应力。

五、交联工艺

交联是接枝聚合物分子间形成化学键的过程。水扩散进聚合物将硅烷水解为硅醇，随后硅醇在催化剂作用下缩合，形成分子间的Si-O-Si交联键。硅烷交联键形成分为四步：①水的扩散；②水分子达到共聚或接枝硅烷的位置；③催化剂扩散到水解位置；④相邻硅醇基团发生缩合的催化反应。而硅烷的水解速率也由于催化剂的存在而会被加速。在挤出前和挤出过程中，应确保物料不要在挤塑机内发生交联。而现在的任务是保证所有的接枝聚合物链之间都形成键合，交联在低于聚乙烯熔融温度，有水分存在的情况下进行。

交联反应与水分在聚乙烯中的扩散速度、绝缘厚度等有关系。水温升高，水分扩散速度加快，交联时间缩短。绝缘层厚度增加，水分要扩散到绝缘层中需要更长时间，使交联时间变长。在90℃以上的温水中，1kV 电缆需 4 ~ 8h，10kV 架空绝缘电缆需 10 ~ 20h。如果采用低压蒸汽交联，所需时间更长。

第五节 辐照交联反应机理

在电缆生产中的应用辐照加工是和平利用原子能的一个重要方面。它始于 20 世纪 40 年代，60 年代中期随大容量电子加速器的出现，辐照技术开始大规模应用于工业生产中，电缆工业利用高能射线进行辐照交联也得到发展。辐照生产的电线电缆广泛应用于航空航天、汽车、船舶、通信设备、海上石油平台、电子计算机和其他电气设备上。辐照交联电缆以其制品质量好、生产效率高、节约能源、可加工材料多等优点，在众多的电缆交联方法占有一定位置，但由于辐照厚度有限，设备费用高，需要有严密的安全保护措施等不足，又限制了它的应用。

一、辐照技术原理

1. 高能射线

高能射线：重荷电粒子、高能电子、高能光子、中子。

(1) 重荷电粒子

重荷电粒子主要有质子、氘核、氚核、介子、超子、α 粒子及核裂变残片等。它们的静止质量大，且带有电荷。在介质中，单位射程能量损失大，电离密度高，射程近。

(2) 高能电子（又称快速电子）

高能电子的质量为质子的 1 / 1840，带有负电荷。

(3) 高能光子

高能光子是指波长小于 100×10^{-10}m 的电磁波，其静止质量为零，能量小于 0.1MeV 的为 X 射线，能量大于 0.1MeV 的为 γ 射线。

(4) 中子

中子的静止质量与质子相等，不带电，易与物质引起反应，但寿命较短。

现在辐照加工所采用的射线主要是电子加速器所产生的高能电子和核素源产生的 γ 射线及 X 光机产生的 X 射线。用于辐照加工的高能射线的能量必须低于 10MeV，如高于此值，则会引起核反应而产生感生放射性污染。

2. 高能辐射对物质的作用

高能辐射的作用是高能射线将能量传递给被照射物质后，产生大量反应活性很强的过渡态粒子，主要有离子、激发分子、自由基、离子基等。

(1) 生成离子

被照物质中的分子或原子吸收能量后，使电子脱离原子生成正离子；中性原子或分子俘获慢性化次级电子而成负离子。这是一些含不饱和价电子的活性粒子，称自由基离子。

（2）发射次级电子

高能电子照射后产生的电离作用和 γ 射线与照射物产生的光电效应，都会使物质放出电子，这些电子称为次级电子，它们具有很高的能量，可与物质进一步作用引起物质再次电离放出次级电子，一个高能电子可以产生 $10^4 \sim 10^5$ 次级电子。

（3）激发分子

正常原子和分子都处于稳定的基态，具有最低能量。当物质受高能射线照射增加的能量不足以电离时，其结构会发生变化，电子由稳定的基态跳到高能态，处于高能态的分子称激发分子。

（4）生成自由基

在高能射线照射下，物质分子链断裂，造成了含有一个或多个未成对价电子的原子或基团。它们的化学活性很高，可以引起一系列的化学反应，称作自由基。

3. 辐射量的计算

（1）高能射线能量的度量

高能射线的能量单位是电子伏，符号为 eV 。它表示电子在电场的作用下运动，经 1V 电位差时电子所获得的能量，$1\text{eV} = 1.602189 \times 10^{-19}\text{J}$。

（2）照射剂量

照射剂量的单位是伦琴（Roentgen），符号为 R。由 X 或 γ 射线释放的所有次级电子能量全部被吸收时，产生离子和电子正负电荷总量各为 1 静电单位的 X 或 γ 射线的照射剂量，$1\text{R} = 2.58 \times 10^{-4}\text{Cal/kg}$。

单位时间内照射剂量称为照射剂量率，定义为

$$x' = \frac{\mathrm{d}x}{\mathrm{d}t}$$

式中 x'——照射剂量率；

x——照射剂量。

（3）吸收剂量 D

吸收剂量 D 是辐照加工中最主要的参数。它的定义是在单位体积内，单位质量的物质所吸收的能量。在国际单位制中是格瑞（Gray 或简写成 Gy），就是每 1kg 质量的物质吸收 1J 的能量，常用另一单位是拉德（rad），它比 Gy 小 100 倍。单位时间内物质吸收剂量称为吸收剂量率，定义为

$$D' = \frac{\mathrm{d}D}{\mathrm{d}t}$$

式中 D'——吸收剂量率；

D——吸收剂量。

物质吸收能量引起自身温度的升高，吸收 10kGy 的剂量，相当于使 1g 水温度升高 2.4℃。大多数高分子材料的热容量小于水，所以会引起较高的温升，当产品要求较大剂量的辐照时，应强制冷却或经多次辐照后有足够时间来散热。

二、辐照交联的反应机理

不同化学结构的高聚物在射线的照射下其结果是不一样的。有的以降解（主链断裂）

为主，有的以交联为主，辅以裂解。不同物质辐射敏感性也不同，有的反应强烈，有的反应轻微。人们用 G 值和 β/α 值来表示物质在射线照射下的反应情况。G 值表示被照射物质吸收 100eV 能量发生反应所生成的交联键数；β/α 值表示主链断裂概率 β 与交联概率 α 之比，见表 6-7。

表 6-7 高聚物的 G 值和 β/α 值

高聚物名称	G 值	β/α 值
聚乙烯	2.0	0.2
聚丙烯	0.6	0.8～1.0
聚氯乙烯	0.2～0.5	0.35
聚苯乙烯	0.4～0.6	0.1～0.2
聚甲基丙烯酸甲酯	0.5～1.1	0.17
天然橡胶	1.3	0.14
二甲基硅橡胶	2.5	0
聚酰胺	0.3	—

1. 聚乙烯的辐照交联

聚乙烯属于交联型高聚物，G 值较大，β/α 值较小，意味着用很低的照射剂量就能使其交联，在 20℃的真空中生成一个交联键平均吸收剂量为 50eV。

聚乙烯分子链在电子射线作用下，首先是 C-H 键断裂，生成大分子活性键与氢原子，C-H 键断裂的氢原子带有较大能量，还能从分子链中夺取氢原子，产生新的游离基，即

$$\cdots—CH_2—CH_2—CH_2—\cdots \xrightarrow{\text{辐照}} \cdots—CH_2—\dot{C}H—CH_2—\cdots + \dot{H}$$

$$\cdots—CH_2—CH_2—CH_2—\cdots + \dot{H} \longrightarrow \cdots—CH_2—\dot{C}H—CH_2—\cdots + H_2\uparrow$$

活性游离基相互结合，在大分子链间形成 C-C 交联键，生成交联聚乙烯，即

$$2\cdots—CH_2—\dot{C}H—CH_2—\cdots \longrightarrow \begin{array}{c}\cdots—CH_2—CH—CH_2—\cdots \\ | \\ \cdots—CH_2—CH—CH_2—\cdots\end{array}$$

在聚乙烯中加入敏化剂，能促进交联键的形成。敏化剂是一类能降低辐照剂量、提高交联效率的多烯基官能团物质，常用的敏化剂有三羟甲基丙烷三丙烯酸酯（TMPTA）、磷酸三烯丙酯（TAP）、三聚氰酸三烯丙酯（TAC）、季戊四醇三丙烯酸酯（PETRA）等。有敏化剂时，由辐照产生的大分子活性链与敏化剂分子的双键反应，交联过程如下：

1）经辐照产生的聚乙烯游离基 $\dot{P}E$ 接上多官能团单体，即

$$\dot{PE}_1 + CH_2{=}C(X_1)—X_2—C(X_3){=}CH_2 \longrightarrow PE_1—CH_2—\dot{C}(X_1)—X_2—C(X_3){=}CH_2$$

$$PE_1—CH_2—\dot{C}(X_1)—X_2—\dot{C}(X_3){=}CH_2 + \dot{PE}_2 \longrightarrow PE_1—CH_2—C(PE_2)(X_1)—X_2—C(X_3){=}CH_2$$

2）剩余的双键进一步与游离基 $\dot{P}E$ 反应，最后生成稳定的体型结构，即

$$PE_1—CH_2—\underset{X_1}{\overset{PE_2}{C}}—X_2—\underset{X_3}{C}{=}CH_2 + \dot{P}E_3 + \dot{P}E_4 \longrightarrow PE_1—CH_2—\underset{X_1}{\overset{PE_2}{C}}—X_2—\underset{X_3}{\overset{PE_4}{C}}—CH_2—PE_3$$

除上述反应外，多官能单体也可能自聚，形成分子链较长的低聚物，交联键连接的也有可能是这种低聚物。

2. 聚氯乙烯的辐照交联

聚氯乙烯的 G 值较低，形成一个交联键的平均吸收剂量高达 200 ~ 500eV。因此聚氯乙烯只有借助于敏化剂才能实现有效的交联。其交联过程与聚乙烯加入敏化剂后的交联过程相似。聚氯乙烯经辐照交联，耐热性和力学性能均有大幅度提高。

第六节 辐照交联技术

一、辐照交联生产线

辐照交联生产线是在挤塑机组之外作为独立工序进行生产的，所以绝缘挤包工序可以按照绝缘材料的特点进行加工。而辐照工序可按辐照的特点做最佳选择，因此有较高的生产速度和经济效益。设备也按辐照的特点进行配置，生产线的主要部件有辐照源、电线传动装置（包括束下装置、收放线装置、张力控制设备）、辐照产品吸收剂量的测量与控制设备、射线防护装置等。

1. 辐照源

辐照源是产生高能射线的装置。常用的辐照源有核素源和电子加速器。虽然这些辐照源可以取得同样的效果，但它们各有特点：

1）核素源　使用天然放射性元素 Co-60、Cs-137 产生 γ 射线，穿透能力强，但辐射源动功率率低（10 ~ 10^3Gy/min），辐射源建造维护费用高，射线不可关闭，安全连锁防护系统要特别加强，目前已较少应用。

2）电子加速器是用于产生高能电子的高压加速器，具有辐射剂量率高（10^3 ~ 10^5Gy/min），射线控制方便，也需要安全连锁防护系统，但不易发生事故。电子加速器功率很大，目前用在工业辐照加工的电子加速器的束流强度一般在 30 ~ 100mA，能量达到 5MeV，连续工作输出功率达 75 kW，最新设备甚至达 200 kW。生产中绝大多数采用高压型电子加速器，辐照工作原理图如图 6-16 所示。

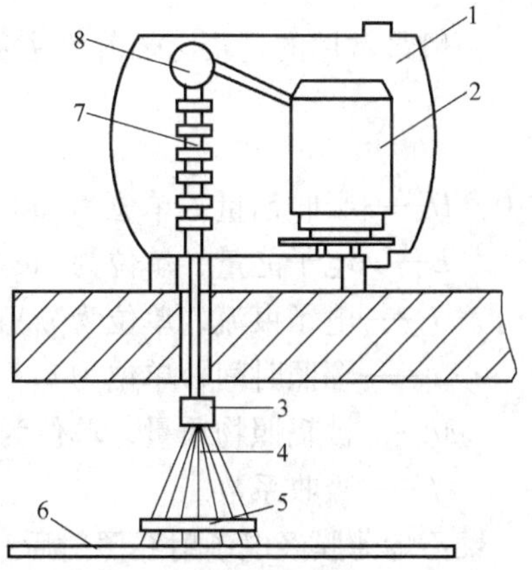

图 6-16 电子加速器辐照电缆工作原理
1—充 SF_6 气体的压力容器 2—高电压发生器
3—偏转磁极 4—扫描器 5—扫描窗口
6—电缆 7—电位控制真空加速管
8—电子发生器

2. 辐照电线电缆用传动装置

为了使电线电缆在辐照加工时其表面吸收剂量较均匀，也为了更有效地利用电子束流，在对电线电缆进行辐照处理时，应根据电线电缆的不同规格以及加

速器的扫描方式不同，选择不同的束下装置来传动电线电缆。

3. 加速器扫描装置

电子扫描装置使电子束在引出窗形成具有一定宽度的束带，束带宽度和长度可单独控制，一定形状的电子束穿过几十到几百微米厚的钛窗后对电缆进行辐照。要保证对整根电缆进行均匀辐照，可以采用扫描窗旋转、扫描窗多角度扫描、电缆旋转等方式保证扫描的均匀性。

二、电子射线剂量的测定

1. 电子射线穿过物质的能力

电子射线穿过物质的能力是依赖于电子射线所具有的动能来实现，同时也与物质的密度有关，即电子射线较窄时，在一种物质的最大射程内与电子射线能量成正比，与物质的密度成反比。电子射线辐照物质时表面吸收剂量和某一深度吸收剂量是不一样的，约在物质的1/3深处为最大，约在2/3处吸收的剂量与表面吸收剂量基本相同。实际应用中，这一区域的吸收剂量很有实用意义，称为有效穿透能力。在生产中为了尽量减少被辐照物剂量分布的不均匀性，一般都取这一区域为物质的适宜厚度。即使如此，在被辐照物质中最大的吸收剂量与最小吸收剂量之比约为1.6左右。

2. 电子射线剂量的测定

当高能射线与物质相互作用时，物质本身产生物理化学变化，变化的程度与物质所吸收的射线能量有密切关系，为了控制这些变化，就需要测量电子束的辐射剂量和物质的吸收剂量。

1）吸收剂量的测定。测电子束剂量的方法较多，以热量剂量法、电离膜计量法这两种方法为标准剂量法。在生产中主要采用化学剂量法和塑料薄膜法。化学剂量法比较准确，也比较方便，但化学试剂纯度要高。目前在工业生产中普遍采用塑料薄膜法，主要有CTA塑料薄膜法、蓝色玻璃纸法、聚对苯甲酸乙二醇酯塑料薄膜法、变色塑料薄膜法、聚乙烯薄膜法等。

一般最常用的是聚乙烯薄膜法和计算相结合的测试剂量方法，其计算公式为

$$D = \frac{fEIt}{M} \times 10^5$$

式中 D——吸收剂量，单位为rad；

E——电子能量，单位为MeV；

I——电子束流，单位为μA；

t——辐照时间，单位为s；

M——被辐照物质量，单位为g；

f——吸收系数。

聚乙烯薄膜经电子射线照射后，光密度发生变化，并且在一定的剂量范围内，光密度的变化与吸收剂量成直线关系。基于上述关系，先用标准薄膜经不同剂量射线辐照（电子束和能量必须经过准确校正）测得的光密度与剂量做出一条标准线。有了标准线，在生产中只要加入几片PE膜，然后测出光密度的变化，就可以测出物质的吸收剂量。常采用辐照变色薄膜剂量片来确定电缆表面吸收剂量，而且以它作为电缆辐照加工的质量控制。但是在产品检验项目中，以测量绝缘层的热延伸为标准。

2）电线吸收剂量是随穿透深度而变化的。考虑到辐照剂量的均匀性，一般选取对剂量在60%以上吸收的厚度作为有效的穿透厚度。

电线电缆辐照加工时，往往需要双边辐照，双边辐照的有效穿透厚度均为单边的2.4倍。

三、走线方式

为了使电线电缆在辐照加工时绝缘层吸收剂量均匀，并有效地利用电子束流，在对电线电缆进行辐照加工时，应根据电线电缆的不同规格，应选择不同的辐照方式。电子束是连续线性扫描使束流展宽成一定的面积。在此情况下，电线电缆可以与扫描窗成一定角度通过。通常扫描窗安装位置与电线电缆前进方向成45°或90°，电线电缆在束下装置上的缠绕方式和股数要根据电线电缆的规格及加速器的运行方式作如下考虑。

1）对于小截面积的电线电缆在束下装置上通常是“∞”字形式（见图6-17）或变形跑道方式缠绕，缠绕股数由束流扫描宽度及束下装置共同决定，一般缠绕股数最多可达60股，电线最高线速可达200 m/min。被照射线缆连续地通过两组转向轮，在往返走线中各点多次受到射线作用，并且导线上下两侧是交替进行的，照射均匀，利用率高。

2）对于中等截面积的电线电缆，电缆在束下的缠绕方式为跑道式，缠绕股数为6～12股，并要使用双面辐照磁铁，即双面照射方式，以保证电缆绝缘层吸收剂量基本均匀。电线电缆上下表面剂量不均匀性不超过11%。采用双面照射方式可生产50～300 mm^2 1kV电力电缆，10kV级185 mm^2 架空线。线缆在束下装置上缠绕圈数为6～12股，线缆最高运行速度可达100 m/min。

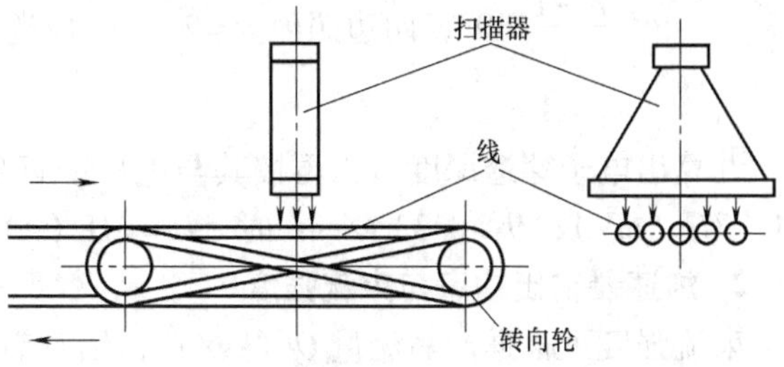

图6-17　电子加速器辐照“∞”字形走线

3）对于大截面积的电线电缆，常用的辐照方式为环形照射，也可以采用旋转照射方式。采用旋转方式时，要求线缆运行方向与扫描窗长轴方向平行，线缆一面旋转一面单方向通过扫描窗口，在窗口下，电缆旋转360°以保证照射均匀，如图6-18a所示。图6-18b采用转向轮使电缆转向，使电缆上下两侧两次通过射线窗口。图6-18c用一个射线发生器装有数个扫描器，或利用特制的环形照射磁铁将电子束适当偏转，多角度对电缆照射，使电缆表面照射均匀。采用环形照射形式，电线电缆剂量沿圆周方向的不均匀性不超过11%。采用环

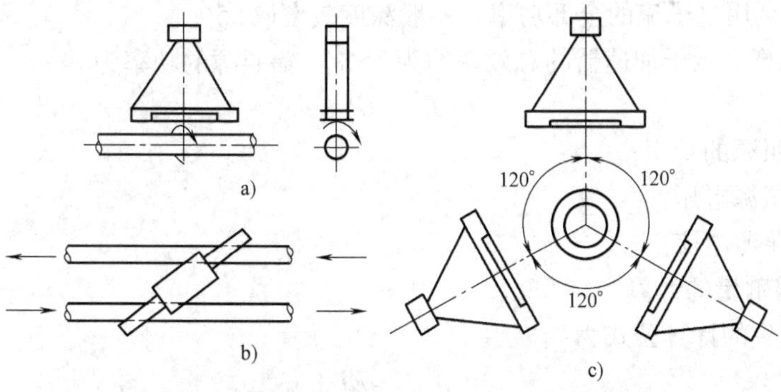

图6-18　电子加速器辐照大截面积电线电缆线走线方式

形照射时线缆在扫描窗下每通过一次，最高走线 20m/min，可以辐照 240mm^2、300 mm^2 截面积的电线电缆。

四、工艺及设备参数计算

1. 电子加速电压的确定

电子束的穿透能力取决于其能量（也就是加速器的端电压）。其穿透能力与电缆的绝缘材料密度、绝缘厚度以及辐照方式有关。我们可以根据电缆结构及选用方式利用下式先计算出需要的电子束射程：

$$H = \frac{\rho\delta}{2f}\left[q\cos A + \sqrt{q^2\cos^2 A + 4(q+1)}\right]$$

式中 H——电子束穿透深度，单位为 g/cm^2；

ρ——绝缘材料密度，单位为 g/cm^3；

δ——绝缘厚度，单位为 cm；

q——导体直径与绝缘层厚度之比；

f——多边辐照修正系数：两边照射取 1.2，三边照射取 1.15，四边照射取 1.1。$A = \frac{n-1}{n}180°$，两边照射 $n=2$，三边照射 $n=3$，四边照射 $n=4$，旋转照射 $n=\infty$，$\cos A = -1$。

计算出电子穿透深度后，再按其与电压的近似关系计算端电压：$H \leqslant 0.33$ g/cm^2 时，$U = 1.77H$（mV）；$H \geqslant 0.33$ g/cm^2 时，$U = 3H$（mV）。

2. 加速器输出功率与束流强度

束流强度可根据产品流量 Q（kg/h），辐照剂量 D（rad）和系统的总效率 E 求得，即

$$I = \frac{QD}{360EU}$$

电子加速器的总效率 E 为

$$E = E_s E_g E_t$$

式中 E_s——扫描器效率，有效扫描宽度的 90% 为最大电子流所覆盖，$E_s = 90\%$。

E_g——几何因素的效率，由于无法将平行辐照的线缆之间减至很小，所以有效表面的利用率最大为 75%，一般取 70%。

E_t——深度效率，由于线缆制品几何形状决定了不可能获得均匀的辐照剂量的深度分布，为使绝缘层获得所需要的最低辐射剂量，就必须加大辐射功率，这样就不能利用电子流的全部功率，一般深度效率取 55%。

根据上述计算，电子加速器的总效率约为 35%，辐照源的功率为

$$P = UI$$

式中 P——辐照源的功率；

U——辐照源电压；

I——辐照源电流。

3. 平均辐照剂量的计算

平均照射剂量的计算公式为

$$D = \frac{\varepsilon EI}{RWV}$$

式中　D——被辐照材料的平均吸收量，单位为 MGy；

ε——电子加速器的总效率；

E——电子射线的初始能量（加速电压），单位为 MeV；

I——辐照源电流，单位为 mA；

R——电子射线的飞程，单位为 g/cm^2；

W——电子束扫描宽度，单位为 cm；

V——被照射电缆的移动速度，单位为 cm/s。

由上述关系，在设备及工艺条件确定的情况下，可算出平均照射剂量，而在已知材料所需平均照射剂量时，又可计算线的移动速度。

综上所述，辐照交联工艺具有以下特点：

1）辐照交联生产线是在挤塑机组之外，作为一个独立工序进行生产的，所以工艺参数可按辐照的特点作最佳选择，因此有较高的生产速度和经济效益。

2）辐照交联工艺简单，交联过程中不接触湿气或水蒸汽，绝缘层中不会残留水分，能在常温、常压的空气中进行交联，电缆质量好，表面干净。

3）可以根据生产需要随时对电子加速器停机或开启，容易控制反应或停止反应。电子射线强度可以按需要在一定范围内进行调节，节约能源，废品率低，生产效率高。

4）交联材料不再局限于聚乙烯，可应用于多种材料和各类产品加工，特别适用于较薄的绝缘产品生产。

5）辐照交联所用电子加速器一次性投资较大。

6）有辐射污染，需要特殊防护。

7）受辐照厚度限制，不能用于高电压等级电缆的生产。

第七章　橡皮绝缘护套的加工

橡皮在电缆产品上主要用作绝缘和护套材料，还少量用作填充和半导电材料。因橡皮具有优异的机械性能、弹性和柔韧性，以橡皮作为绝缘和护套的电缆产品主要用于对电缆有较高弯曲、扭转、移动要求场合，如矿用电缆、船用电缆、风能电缆、移动用橡套软线、地质勘探和石油开采用电缆等。因此，橡皮加工是电缆生产工艺的重要部分。

橡胶是橡皮中的基体材料（俗称生胶），只有在其中加入硫化剂等各种配合剂并均匀混合（此时称橡料或胶料）再挤包或纵包到电缆表面，在一定温度和压力下将橡胶高分子链的线型结构交联（硫化）成为体型网状结构，才成为具有各种使用性能的橡皮（即硫化胶）。在橡胶的加工过程中，又把在生胶中加入各种配合剂制得混炼胶，以及滤胶轧片，直至提供电缆产品用的合格橡料的工艺过程称为橡料加工，随后经挤橡、硫化，成为橡皮线芯或成品。图 7-1 所示为橡皮加工的整个工艺过程。

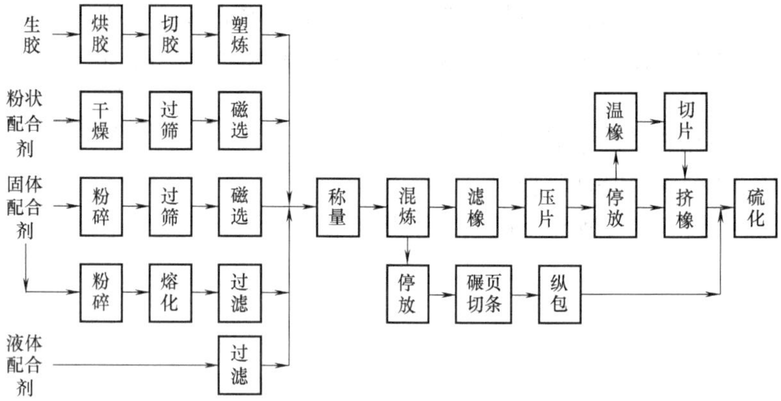

图 7-1　橡皮绝缘护套制造工艺流程图

第一节　生胶塑炼机理

一、塑炼的意义

1. 塑炼的概念

橡胶最宝贵、最突出的性质是高弹性，然而生胶的这一宝贵特性给其加工带来了极大的困难，如果不降低生胶的弹性，混炼时各种配合剂就无法均匀地混入生胶，因而橡胶加工对生胶提出了应具有一定可塑性的要求。可塑性是物质在外力作用下产生和保持变形的能力，使生胶粘度和弹性恢复值降低及可塑性增加的工艺过程称塑炼。

塑炼时，橡胶物理性能变化也会影响混炼胶和硫化胶的性能，随着塑炼程度的加深，硫化胶的机械强度、耐磨性和耐老化性将下降，永久变形将增大。因此，在生产中应根据制品性能要求和加工方法的要求，使生胶具有一定的可塑度，而绝不可追求生胶具有过高的可塑度。

近年来，多数合成橡胶和某些天然橡胶在制造过程中控制了生胶的初始可塑性，可不经塑炼直接进行混炼，例如软丁苯胶、软丁腈胶及低粘度天然胶等。

2. 可塑性的测定

橡胶可塑度通常用威廉氏可塑度、门尼粘度和德弗硬度来表示。

威廉氏可塑度的测定系考虑到橡胶受力后的变形，同时考虑当外力去除后橡胶的弹性形变恢复程度。测定方法是将高 $h_0=10\text{mm}$、直径 16mm 的圆柱形胶样放在 (70±1)℃的恒温箱预热 3min，再放入威廉氏可塑度测定器上下两平行板间，加 49N 负荷压缩 3min，测量压缩后试样高度 h_1。去掉负荷停放 3min，再测定试样高度 h_2，计算威廉氏可塑度 P 为

$$P=\frac{h_0-h_2}{h_0-h_1} \tag{7-1}$$

P 值范围一般为 0~1，数值越大表示可塑性越高。表 7-1 列出了实用可塑性范围。

表 7-1　塑炼胶的可塑性范围

塑炼胶用途	纵包用	挤橡用	连硫用
可塑性范围	0.25~0.35	0.40~0.50	0.45~0.55

二、塑炼机理

橡胶塑炼可塑度增加的实质是橡胶大分子链的断裂。塑炼中主要作用因素是机械力和氧，两者对塑炼效果的贡献又与温度有关，因此通常将塑炼分为低温塑炼和高温塑炼。下面以天然胶为例，说明低温和高温塑炼机理。

1. 低温塑炼

低温塑炼主要通过机械力的作用使橡胶大分子链断裂，氧起稳定游离基、保持断裂结果的辅助作用，所以也被称为机械降解。

1）机械力首先切断橡胶大分子链，生成游离基，即

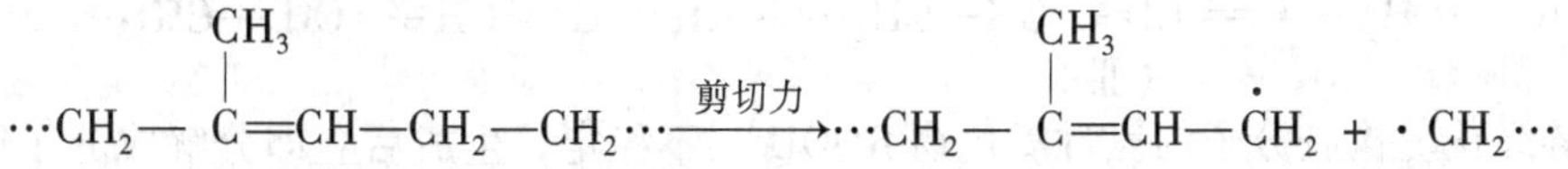

2）缺氧时，上述生成物会重新结合起来或与相邻近的分子链发生接枝反应，即

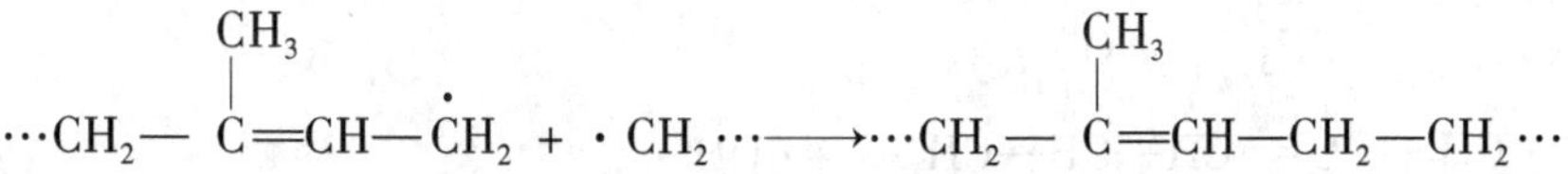

有氧存在时，则生成的游离基会立即和氧反应，发生如下反应：

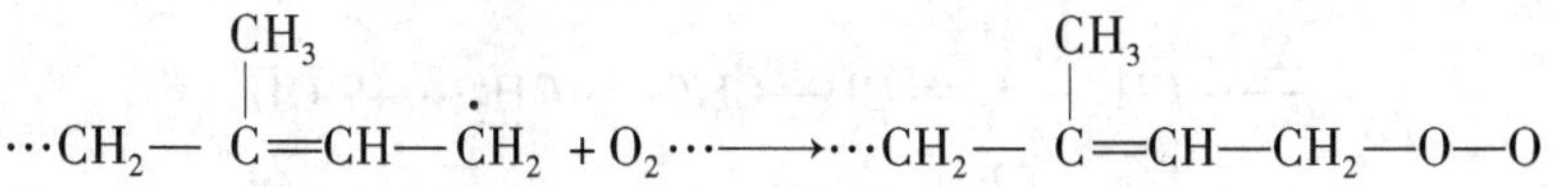

$$\cdots\dot{C}H_2+O_2\longrightarrow\cdots CH_2-O-O\cdot$$

生成的橡胶大分子过氧化物游离基，它们在室温下不稳定，会发生如下反应：

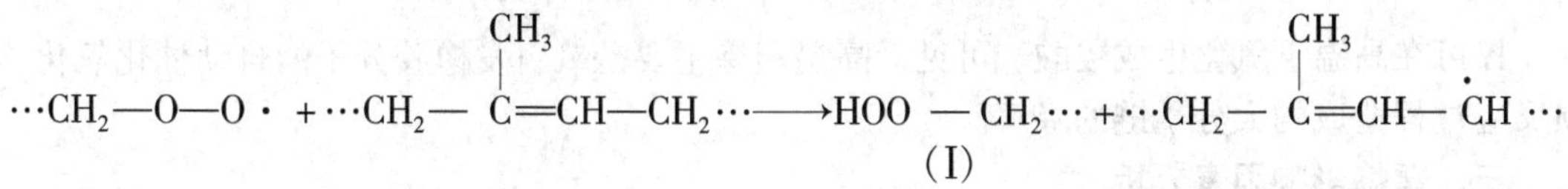

(Ⅰ)

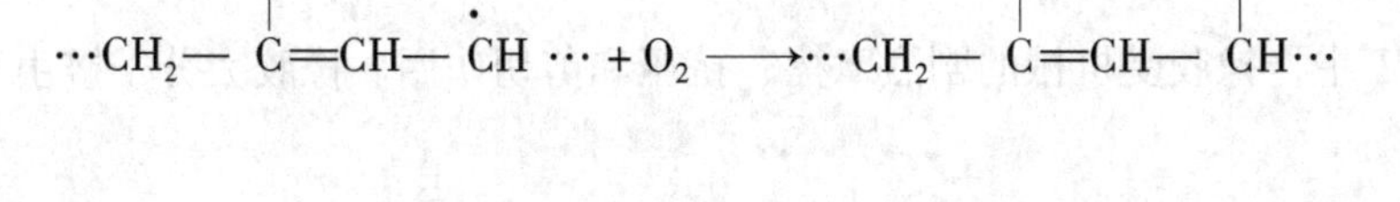

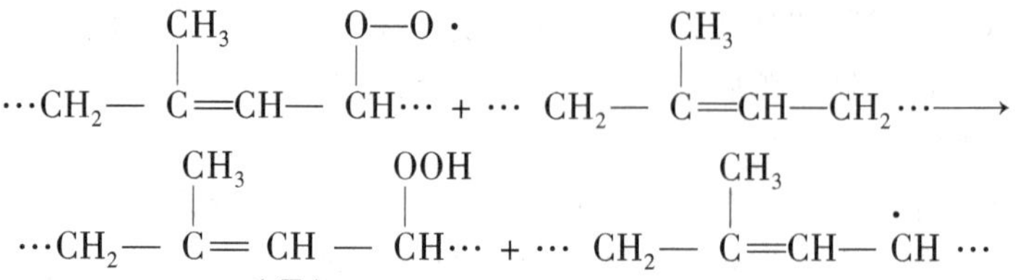

（Ⅱ）

生成稳定产物Ⅰ和Ⅱ，大分子长度降低。

可见，在这一反应过程中，机械力造成橡胶分子链游离基，氧是活性游离基的受容体，起阻聚作用。

2. 高温塑炼

高温下，氧和橡胶分子直接进行反应，使其降解。这种热氧化裂解过程属于自动催化氧化连锁反应过程，又称氧化裂解。

1）链引发。氧夺取橡胶分子上的氢原子生成大分子游离基，即

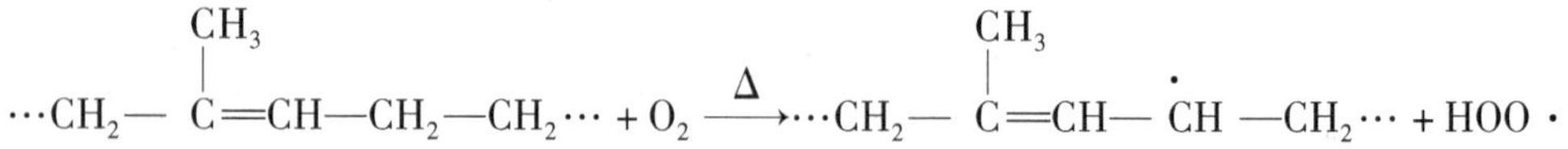

2）链增长。活性游离基继续与氧发生反应，生成橡胶分子的氢过氧化物，即

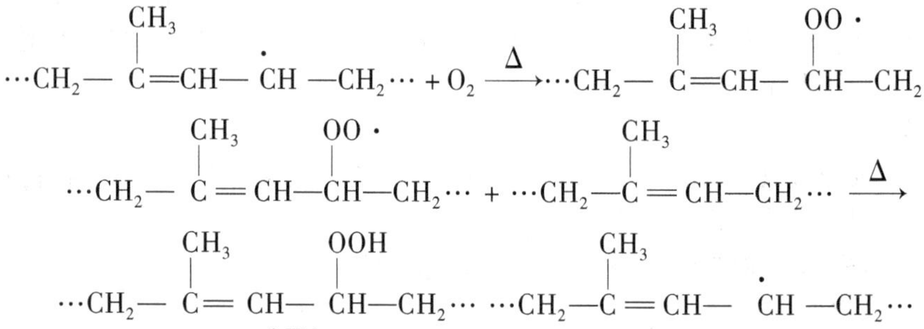

（Ⅲ）

3）链终止。橡胶分子的氢过氧化物 ROOH 很不稳定，生成后立即分解成分子链长度较短的稳定结构，即

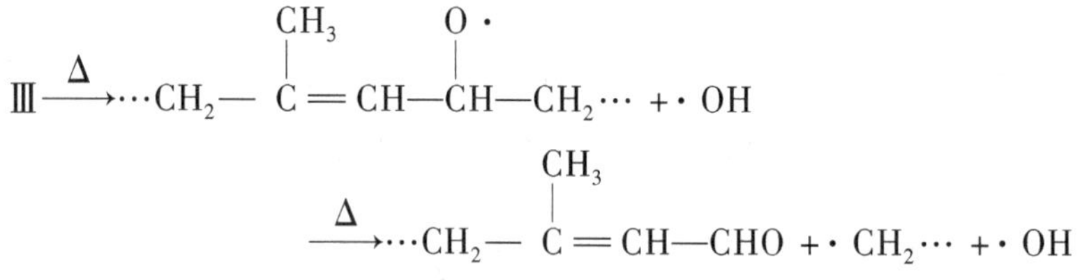

（Ⅳ）

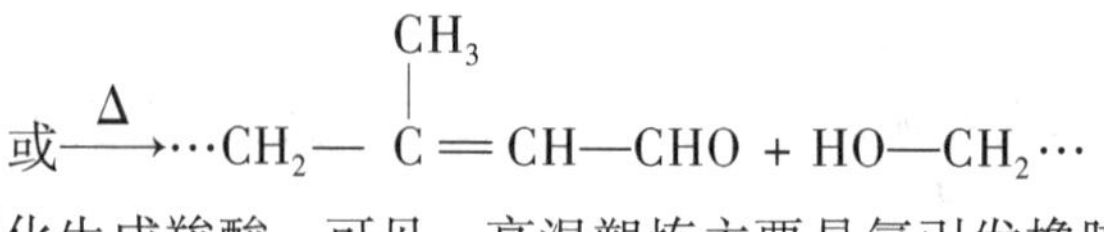

Ⅳ可在高温下氧化生成羧酸。可见，高温塑炼主要是氧引发橡胶分子的自动催化氧化连锁反应过程造成的大分子链的降解。

三、塑炼影响因素分析

1. 机械力

在塑炼加工中，橡胶受机械的剧烈摩擦、挤压和剪切作用。橡胶大分子链由于卷曲、缠

结使其相互间有很大的作用力，致使在外力作用下产生局部应力集中，其应力值大于单个化学键的强度时，即发生了断链，产生了活性游离基。活性游离基为氧或塑解剂所稳定，达到了塑炼效果。这一作用随温度降低而加强。在高温塑炼中，机械力的作用，不在于产生游离基，而是其不断地提供新的橡胶面与氧接触，加速了氧化裂解过程。

机械力作用于橡胶分子的规律是：橡胶分子链沿外力作用方向伸展，其中央部分受力最大，伸展也最大，同时链的两端却仍保持着一定的卷曲状。当剪切应力达到一定值时，大分子链中央部分便首先断裂。剪切应力与分子量的二次方成比例，故分子量越大，分子链中央部位受到的剪切应力越大，断链的机会也越大。根据这一分析，在塑炼时，生胶中的最大分子量级分将最先因断链而消失，低分子量级分则不变，中等分子量级分增加，使分子量分布较初始分布变窄。

机械断链作用，塑炼初期最为激烈，分子量下降最快，以后趋于平衡，进而达到极限，此时的分子量称为极限分子量。分子量小于此值就不再受机械力破坏。

2. 氧

为观察氧在塑炼中的作用，可在相同的温度下将生胶置于不同介质中塑炼。结果表明，生胶在惰性气体氮中长时间塑炼，粘度几乎不变；在氧气中塑炼，粘度会迅速下降。如机理分析所表明的那样，低温塑炼中氧主要起活性游离基受容体的作用，将机械断链的结果保持下来。在高温塑炼中，氧和橡胶分子发生氧化裂解反应，使橡胶分子链降解。所以，不管是低温塑炼还是高温塑炼，没有氧的参与都是不行的。

3. 温度

在不同的范围内，温度对塑炼的影响是不同的。以天然橡胶为例，温度对塑炼的影响如图 7-2 所示。在低温范围内（$T<110℃$），随着温度升高塑炼效果逐渐下降；与此相反，在高温范围内（$T > 110℃$），随着温度的升高，塑炼效果显著增强。产生这种结果的原因是：低温塑炼时，橡胶分子链的降解主要是由于机械力，具体说是由于作用于橡胶分子链的剪切应力，而剪切应力与被塑炼材料的粘度有关，粘度大，剪切应力大，分子链断裂的机率也大；粘度小，剪切应力小，分子链断裂的机率就小。所以在低温温度范围内，当温度升高时，由于橡胶粘度降低，而使塑炼效果降低了，即出现了图 7-2 中曲线 *A* 段的情况。在高温温度范围内，氧化裂解是橡胶分子链降解的主要原因，氧化裂解作用随温度升高而增大，即出现了图 7-2 中曲线 *B* 段的情况。

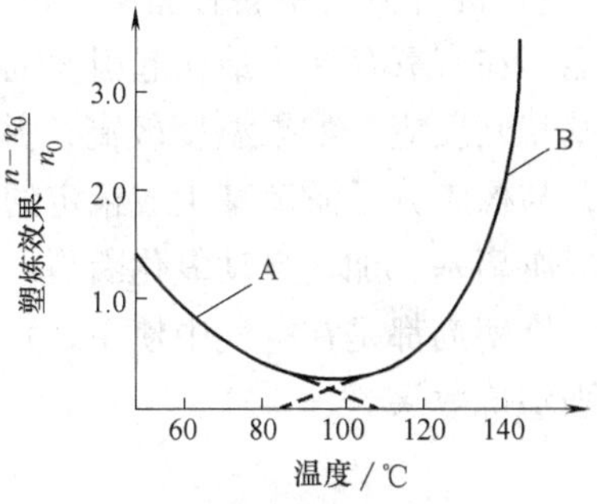

图 7-2　天然橡胶塑炼效果与塑炼温度的关系
n_0—塑炼前的分子数
n—塑炼 30min 后的分子数

其他橡胶的塑炼曲线都呈 U 形，但由于特性不同，其最低塑炼效果的温度各有差异。

4. 化学增塑剂

化学增塑剂在塑炼中的作用与氧相似，但效果比氧低。按其反应机理不同可分为以下三类。

1）接受剂型。其主要适用于低温塑炼，如硫酚、苯醌和偶氮苯等。其作用与氧一样，起游离基接受剂作用，使断链的橡胶分子游离基稳定，生成较短的分子链。

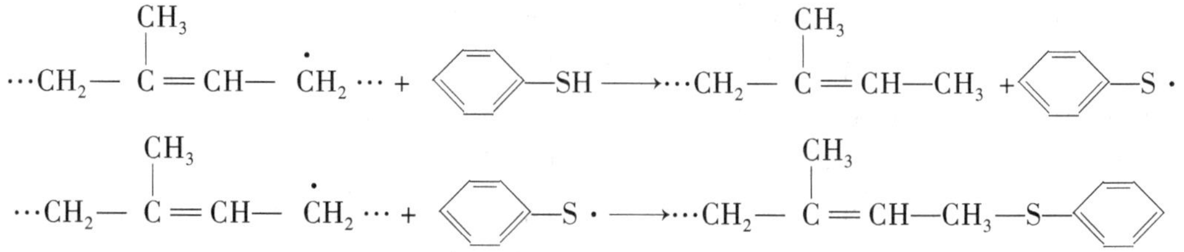

2）引发剂型。如过氧化苯甲酰和偶氮二异丁腈等，在高温下分解成极不稳定的游离基，促使橡胶分子生成游离基，进一步氧化分解，起引发剂的作用。在下反应中，生成的大分子游离基Ⅴ在空气中会进一步氧化分解，最后得到Ⅲ。在氧不足的情况下，游离基Ⅴ互相之间发生反应，还原为长分子或发生交联，产生凝胶。

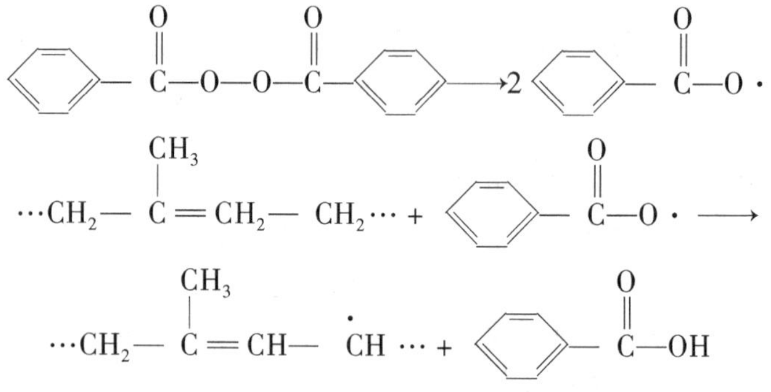

（Ⅴ）

3）混合型（链转移型）。如硫醇类和二邻苯甲酰胺基苯基二硫化物类，兼有上述两种性能。在有氧存在下最初起引发剂作用，同时又有游离基接受体作用，以防止橡胶大分子游离基相互反应。如果温度较高，并在有氧存在时，增塑剂分解，一部分起游离基接受体作用，与橡胶分子游离基生成稳定的产物；另一部分起游离基引发剂作用，在高温下引发橡胶形成游离基，加速自动氧化断裂。

增塑剂都是在空气中使用，它的作用可看作是加强氧的作用，促进橡胶分子断裂，从而增强塑炼效果。

第二节　混炼过程分析

制造电缆橡皮绝缘和护套的胶料是称作混炼胶的多组分系统，将各种配合剂加入生胶中制得质量均匀橡料的过程叫混炼。混炼是橡料加工中最重要的一个工序，它对保证橡料达到预定的性能要求，起着决定性作用。

一、混炼胶的结构

一种或几种物质分散于另一种物质中的体系为分散体，被分散的物质称分散相。橡料的绝大多数粉状配合剂的粒径在（10～100000）$\times 10^{-10}$ m之间，故混炼胶是广义上的胶体分散体。各种粉状配合剂是分散相，呈不连续状态；生胶是分散介质，呈连续状态。

混炼胶与一般胶体分散体不同，这首先表现在橡胶粘度极高，致使分散体的热力学不稳定性不明显；其次增塑剂等与橡胶互溶，从而构成复合介质；另外炭黑与橡胶接触，由于化学和物理作用产生结合胶，这种结合作用在胶料硫化后仍然保持着。由此可见混炼胶同塑炼胶不同，而同硫化胶相似，但同硫化胶又不完全相同，它仍然是线型聚合物，有流变性，因此，可以认为混炼胶是一种具有复杂结构的特殊的胶体分散体。

二、混炼过程分析

1. 温度和胶料粘度对混炼的影响

混炼过程是配合剂在生胶中的分散过程。由于生胶的粘度很高，为使配合剂掺入生胶中并均匀混合和分散，就必须借助于炼胶机强烈地机械作用。

在粉状配合剂与橡胶的混胶过程中，配合剂的每一颗粒的表面必须完全被橡胶包围和湿润，因此，橡胶具有流动能力对混炼过程显然是重要的，橡胶粘度低，流动性好，混合容易。但从另一方面看，粉状配合剂都呈聚集体存在，例如炭黑经造粒成为一个大聚集体，其中有若干小粒子组成，实践经验指出，为制造质量优良的胶料，就必须控制配合剂的粒径在 5 ~6 μm 以下。为达到细分散的目的，混炼就必须使大聚集体粉碎和进一步分散，因此就要求胶料具有较高的粘度，以便在混炼中产生较大的剪切应力，扯开内聚力较大的聚集体，使之细分散。混炼中胶料的粘度与胶料的初始粘度和温度有关。为满足混炼过程对胶料粘度的不同要求，正确选择胶料初始粘度和混炼温度是十分重要的。

2. 粉料的分散过程

在混炼中粉料的分散过程可分为三个阶段。炭黑是橡胶中用量较大的配合剂，现以炭黑的分散过程为例进行说明。

第一阶段是炭黑颗粒被生胶湿润的过程。在此过程中。橡胶分子逐渐进入炭黑聚集体的空隙中，形成包容橡胶，它分散于不含炭黑的橡胶中，随湿润的进行。炭黑的表观密度不断增大，单位重量的体积不断减小，当其比体积（$V_{比} = V_{胶} + V_{炭} + V_{隙}$）下降到某一值不再变化（$V_{隙} \longrightarrow 0$）时，湿润完成。这一阶段可看作炭黑已被混合，但尚未分散。对于分子量分布宽和枝化度大的生胶，由于弹性大，湿润较慢。

第二阶段是炭黑在生胶中的分散过程。炭黑浓度很高的包容橡胶在很大的剪切应力作用下被搓碎分开，产生新的表面与另外的橡胶分子结合，包容橡胶逐渐变小最终均匀分散到橡胶中。在炭黑颗粒聚集体被分散以前，对于流动来说，颗粒间的包容橡胶分子也起炭黑作用。因此，炭黑的有效体积增大，胶料的粘度增加，炭黑颗粒聚集体在逐渐被搓开而分散的过程中，炭黑的有效体积逐渐减小，胶料的弹性恢复数值则逐渐增大，到弹性恢复值不再增加时这一分散过程结束。

第三阶段是橡胶力化学降解过程。这对天然橡胶尤为显著。此时橡胶分子链受剪切力作用而断裂，分子量和粘度都下降。

炭黑与生胶在密炼机中混炼，以密炼机的转矩对时间作图，会出现两个转矩峰，以出现第二个转矩峰的时间作为分散过程终结的时间，称为炭黑混入时间（Black Incorporation Time）即 BIT 值。在湿润初期，转动需要很大能量，出现一个大的转矩峰值，随着湿润过程的进行，转矩逐渐减小，到分散过程中，由于生胶-炭黑混合体系的弹性逐渐增大，转矩又逐渐增大，到降解阶段开始即达到第二个转矩峰值，这个峰值较平坦。

从分散的理想情况讲，混炼的终点应当是配合剂的每一个细粒子在橡胶中同其他粒子完全分离，无序分散，并为橡胶所湿润，但这种理想状态实际上是不可能达到的。随着混炼时间的延续，配合剂粒子进一步分散所改善的性能会被橡胶降解所引起的相反效果所抵消，两种作用彼此相等时，即为获得最佳物理机械性能混炼时。超过平衡点继续混炼不仅会增加能量消耗，而且会给胶料质量带来不利的影响。

3. 表面活性剂的作用

为使粒状配合剂均匀稳定地分散于生胶中，配合剂粒子与橡胶接触的表面应具有较高的活性，使之易于相互作用。各种配合剂由于其表面性质不同，它们对橡胶的活性也各不一样。一类具有亲水性，如碳酸钙、陶土、氧化锌、锌钡白等；另一类具有疏水性，如炭黑等。前者表面特性与生胶不同，因此不易被橡胶湿润；后者表面特性与生胶相近，易被橡胶湿润。

为获得良好的混炼效果，对亲水性配合剂需加以化学改性，提高它们与橡胶作用的活性。使配合剂具有活性的物质称活性剂，它们大多为有机化合物，并具有不对称的分子结构。它们中常含有 $-OH$、$-NH_2$、$-COOH$、$-NO_2$、$-NO$ 或 $-SH$ 等极性基团，具有未饱和剩余化合价，有亲水性，能产生很强的化合作用。另外，它们分子结构中还有非极性长链或苯环式烃基，具有疏水性。因而由表面活性剂处理过的配合剂具有疏水性，其性质与橡胶相近，故能为橡胶湿润。活性剂在橡胶与配合剂的结合中起媒介作用。常用的表面活性剂有硬脂酸、某些树脂和木质素等。

表面活性剂还能起到稳定剂的作用，它们能稳定已分散的配合剂粒子在胶料中的分散状态，不致聚集或结团，从而提高了胶料的稳定性。

4. 结合胶

在混炼中，橡胶分子链结合于活性填充剂粒子表面上成为不溶于橡胶溶剂的结合胶，如橡胶同炭黑形成的网状结构就是炭黑结合胶。结合胶将影响混炼过程，并赋予硫化胶以强度。

炭黑与橡胶的结合反应可分为物理吸附和化学吸附两种。物理吸附是分子间的范德华力作用的结果，范德华力虽然很弱，但因炭黑的比表面积大，其影响也不小。化学吸附是吸附于炭黑表面上的橡胶分子链与炭黑游离基结合成化学键，它们或者是橡胶分子链断链生成的游离基与炭黑粒子表面的活性部位结合，或者是混炼时炭黑聚集体破裂生成活性很高的新鲜表面直接与橡胶分子反应而结合的。还有的是橡胶分子缠结在已与炭黑粒子结合的橡胶分子链上或与其发生交联。

结合胶的数量与填充剂的表面积成比例。补强性高的细粒填充剂混炼后，会生成较多结合胶，而粗粒填充剂几乎不会生成结合胶。含 50 份中超耐磨炭黑的丁苯胶或天然胶胶料，混炼完毕即约有 35% 的结合胶。结合胶的多少还与填充剂粒子的表面活性成比例，活性大的填充剂结合胶多。影响结合胶的还有胶种、填充剂的数量、混炼工艺条件及停放时间等。

在混炼过程中结合胶生成量开始时增加，随着混炼进行，当橡胶分子断链占优势时结合胶量又开始下降。

第三节　炼胶设备

塑炼、混炼的主要设备有开放式炼胶机、密闭式炼胶机及螺杆炼胶机等。

一、开放式炼胶机

1. 基本结构及技术特征

开放式炼胶机简称开炼机，是橡料加工机械中使用最早、结构比较简单的最基本的橡胶机械，它主要用于塑炼、混炼、温橡、压片等。

开炼机的基本结构如图 7-3 所示。开炼机型号用汉语拼音表示机种，规格用辊筒工作部分的直径来表示，例如 XK—400 型炼胶机，X 代表橡胶类，K 表示开放式，400 表示辊筒直径为 400mm。

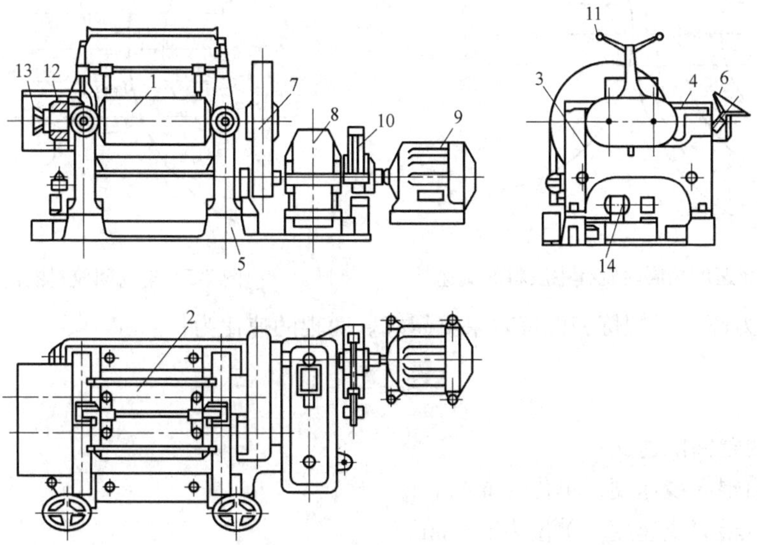

图 7-3　开炼机基本结构

1—前辊筒　2—后辊筒　3—机架　4—压盖　5—机座　6—调距装置　7—驱动齿轮　8—减速机　9—电动机　10—制动装置　11—紧急停车装置　12—速比齿轮　13—辊温调节装置　14—润滑装置

开炼机的工作部分是安装在机架上平行的两个中空辊筒，空心内可以通入蒸汽加热或冷却水进行冷却，以适应塑炼或混炼时不同的温度要求。后辊的轴承固定在机架上不动，前辊的轴承则能和辊筒一起前后小范围移动，并可以通过手轮来调节辊筒之间的距离，以适应操作的需要。开炼机的前后辊筒以不同速度相对回转，以提高塑炼和混炼效果。

与密炼机相比开炼机的优点是炼胶质量稳定，工艺易掌握，生产灵活性大；缺点是生产效率低，劳动强度大，工作环境差。开炼机适用于批量小、品种多的产品生产，尤其适用于如硅橡胶、氟橡胶等特殊胶种。

2. 开炼机的工作原理

炼胶时，将胶料和配合剂加到辊筒上方，通过两辊筒的相对旋转在摩擦力作用下将与辊筒相接触的胶料带入辊缝中，与前面胶层接触的每一后胶层或胶料层由于内聚力的作用，也顺序转入辊缝中，但其速度随胶层离辊面距离加大而逐渐降低，如图 7-4 所示。因此在辊缝上方出现了“堆积胶”。“堆积胶”中每层胶料的运动速度随其与相应辊筒表面距离增大而减慢，如图 7-5 所示。胶料层在离最小辊缝（x_0x_0 断面）的某一距离处（x_2x_2 断面）相遇，而没有进入辊缝的那部分胶料开始从辊缝的楔形区往相反方向（向上）挤出，形成回流层，即形成“旋转堆积胶”，而紧贴辊筒表面的胶层则被拉入辊缝中。在“旋转堆积胶”中产生的剪切变形最大，因而剪切应力也最大，混合最强烈。

实际使用中，两辊筒的速度并不相同，一般后辊速度高于前辊，这主要是由于人员在前辊操作，出于安全考虑，前辊稍慢。后辊和前辊线速度之比称为速比。速比越大胶料在混炼

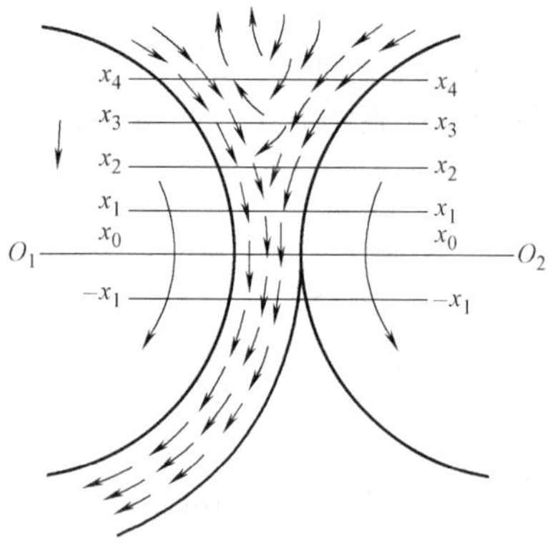

图 7-4 辊筒速度相同时辊缝中胶料的流速

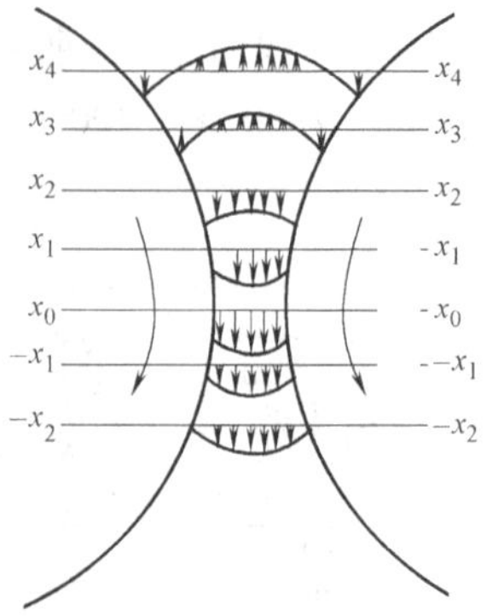

图 7-5 辊筒间胶料的流动

时受到的剪切力越大，塑炼和混炼效果就越好。两辊的速比为

$$\gamma=\frac{v_2}{v_1} \tag{7-2}$$

式中 γ——两辊筒的速比；

v_1——前辊筒线速度，单位为 m/min；

v_2——后辊筒线速度，单位为 m/min。

与速度较快的后辊表面接触的胶料通过辊缝的速度较快，而与速度较慢的前辊筒接触的胶料通过辊缝的速度较慢，故在辊缝中的胶料上形成了速度梯度，其值为

$$i=\frac{v_2-v_1}{e}=\frac{v_1(\gamma-1)}{e} \tag{7-3}$$

式中 i——速度梯度；

e——辊距，辊筒表面距离最近处的宽度。

这个速度梯度增强了胶料的剪切变形，也加强了对料胶的混合作用。

胶料通过辊缝时，由于辊缝逐渐变窄，还将受到径向的压力，如图 7-6 所示。径向压力作用于整个接触弧上，一般来说，通常认为径向压力的合力是作用于接近最小辊距处，且其与水平轴线夹角 θ 为 $5°\sim10°$

如前所述堆积胶对塑炼、混炼的作用是很大的，尤其能提高混炼胶的径向均匀性，但是堆积胶不能过多，否则会有一部分堆积胶只能在辊缝上面抖动或回转，而不能及时引入辊缝，从而降低混炼效果。为了确定适宜的积胶量，在此引入接触角的概念，如图 7-7 所示。

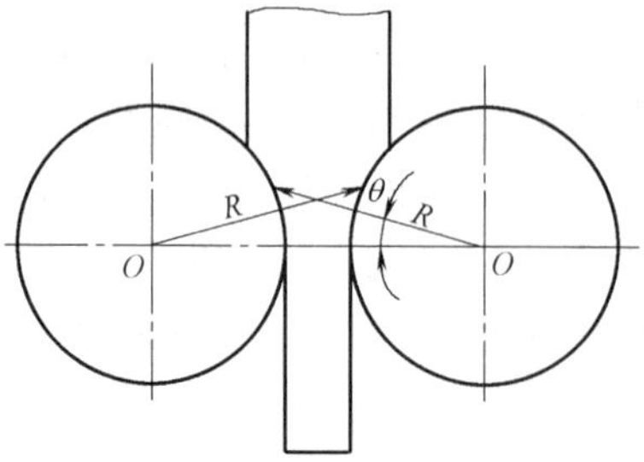

图 7-6 辊筒作用于胶料的径向力

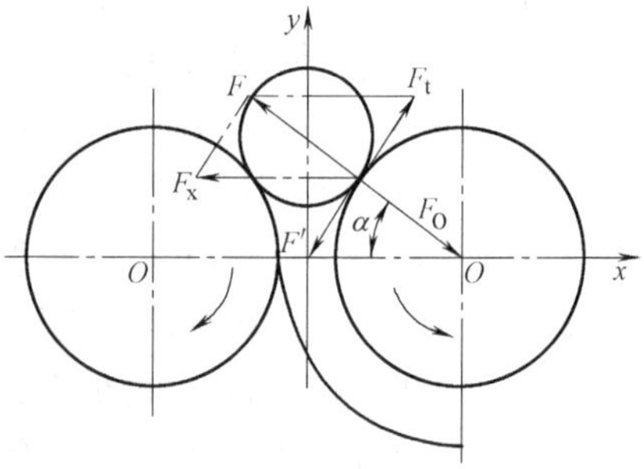

图 7-7 堆积胶受力分析

所谓接触角就是胶料在辊筒上的接触点，a 和辊筒断面圆心 O 连线与辊筒水平中心线的交角，以 α 表示。

从图 7-7 可见，混炼时，胶料对辊筒产生一个正压力 F_o 此力垂直于辊筒表面，并通过辊筒圆心，辊筒对胶料亦产生一个与 F_o 大小相等方向相反的反作用力 F 及切向摩擦力 F'。若将 F 分解，可得水平分力 F_x 和切向分力 F_t。由图中可见，水平分力 F_x 起着挤压胶料作用，切向分力 F_t 欲将胶料自辊缝推出，摩擦力 F 则力图将胶料拉入辊缝。很显然，当 $F' < F_t$ 时，胶料不能进入辊缝；只有 $F' > F_t$ 时，胶料才能够进入辊缝，此种关系即为胶料进入条件。

根据摩擦定理，摩擦力可表示为

$$F' = \mu F \tag{7-4}$$

式中 μ——胶料与辊筒的摩擦系数。

如摩擦系数用摩擦角 φ 表示，则有

$$\mu = \tan\varphi$$

如图 7-7 所示，径向压力 F 的切向分力 F_t 为

$$F_t = F\tan\alpha$$

所以引入的条件为

$$F\tan\varphi > F\tan\alpha$$

$$\tan\varphi > \tan\alpha \tag{7-5}$$

$$\text{或}\quad \varphi > \alpha \tag{7-6}$$

只有当胶料与辊筒的接触角小于摩擦角时，辊筒上的堆积胶才能进入辊缝中。

开炼机的生产能力用单位时间的作业产量来表示，常用计算公式如下

$$Q = \frac{60q\rho a}{t} \tag{7-7}$$

式中 Q——生产能力，单位为 kg/h；

q——一次炼胶容量，单位为 L；

ρ——胶料密度，单位为 kg/L；

t——一次炼胶时间，单位为 min；

a——设备利用系数，0.85 ~ 0.9。

影响炼胶机生产能力的因素很多，但主要是炼胶机规格和炼胶的工艺条件。在实际中，多采用计算和对比分析相结合的方法来确定生产能力。

二、密闭式炼胶机

1. 基本结构及技术特征

密闭式炼胶机（简称密炼机）是橡料加工的主要设备。根据密炼机转子断面形状分为椭圆形转子密炼机、圆筒形转子密炼机和三角形转子密炼机。椭圆形转子密炼机出现较早，且炼胶效果好，因此得到广泛应用。

密炼机型号以字母表示，规格以密炼室容积和主动转子的转速表示。例如 XM-140/20 型，其中 X 表示橡胶类，M 表示密炼，140 表示密炼室工作容积为 140L，20 表示主动转子转速为 20 r/min。

椭圆形转子密炼机的基本结构如图 7-8 所示。由两个两半机体和前后侧壁构成的密炼室

装在大底座上，密炼室内装有两个椭圆形转子，两个转子在装在密炼室侧壁的轴承上以不同的速度转动。为了增强对胶料的捏练，转子表面有特殊的凸棱，转子是空心的，可以通蒸气或冷却水，以便于调节密炼室的温度。密炼室上部有一加料口，物料由加料口加入，工作时。用上顶栓将加料口关闭，上顶栓由风筒的活塞杆带动升降，使用压力一般为 0.5 ~ 0.7MPa。密炼室下部有一卸料口，工作时由下顶栓关闭。密炼室侧壁可以从外部喷水冷却。

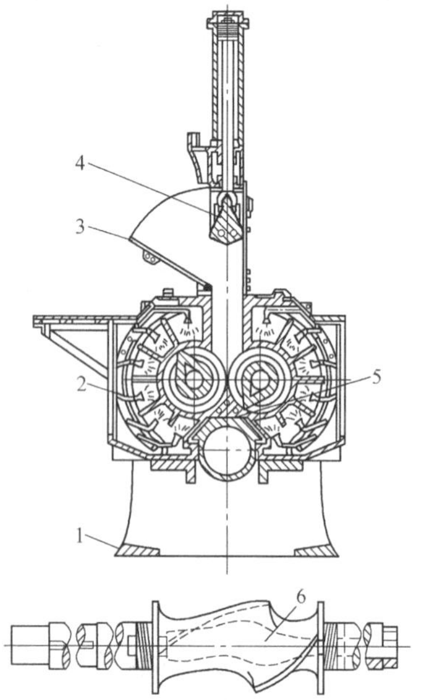

图 7-8 椭圆形转子密炼机基本结构

1—机座 2—机身 3—加料口 4—上顶栓 5—下顶栓 6—转子

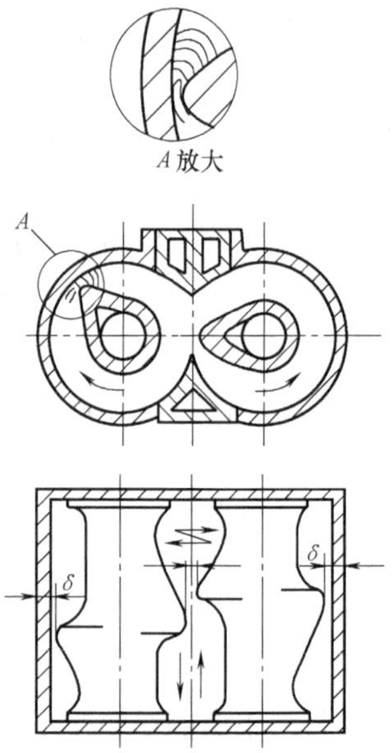

图 7-9 密炼机工作原理示意图

密炼机具有生产效率高、操作安全、粉尘飞扬少等优点。但其炼胶质量不如开炼机稳定、胶温高，且易焦烧，胶料形状不规则，需进行补充加工。

2. 密炼机的工作原理

炼胶时，物料从加料斗加入后，首先落入两个相对回转的转子上部，在上顶栓压力及摩擦力的作用下被带入两转子之间隙中，受到捏炼作用。然后由下顶栓的凸棱将胶料分成两部分，分别随着转子的回转通过转子表面与密炼室正面壁之间的间隙 δ，在此受到强烈的机械剪切撕捏作用后，到达密炼室的上部，在转子速度不同的影响下，两股胶料以不同的速度汇合于两转子上部，然后再进入两转子间隙中，如此往返循环进行，如图 7-9 所示。

由此可见，被加工的胶料不仅在两个相对旋转、转速不同的转子凸棱之间进行搅拌，还在转子凸棱与密炼室内壁间进行捏炼；不仅在转子与上、下顶栓的间隙中受到不断变化的剪切作用，还将受到转子一长一短的两条螺旋形凸棱作用，使胶料沿转子轴向移动，把胶料混合均匀。因此，密炼机中胶料的运动、混合、剪切作用远比开炼机复杂。对于椭圆形转子密炼机，炼胶作用可归纳为以下几个方面。

1）转子外表面与密炼室内壁间的作用。由于转子外表面与密炼室内壁的间隙是变化的，其最小间隙在转子凸棱尖端与密炼室内壁之间。当胶料通过此最小间隙时，便受到强烈的挤压剪切作用（见图7-9“A放大”）。这种作用与开炼机的作用相似，但它比开炼机的作用要强，因为在转动的转子和固定不动的密炼室内壁之间的胶料速度梯度比开炼机大得多，而且转子凸棱尖端与密炼室壁的投射角度尖锐。经转子凸棱作用后，胶料还将受到转子其余表面的挤压作用。

2）两转子之间的作用。由于两转子的转速不同，因此两转子表面各点的相对位置是时刻变化的，这使两转子之间的空隙也是经常变动的，又由于转子的椭圆形表面各点与轴心线距离不等，因而具有不同的圆周速度，因此两转子的速比也不是一个恒定数值，而是处处不同时时变化的。速度梯度的最大值和最小值相差几十倍，结果是使胶料受到强烈地剪切和搅拌作用。

3）两个转子的折转与往返切割作用。折转作用是指某一转子前面的部分胶料被挤压到对面的密炼室中，经与另一侧转子前面的胶料同时捏炼之后，其中部分胶料再推回这一转子中，这恰似用两台开炼机相邻布置交替混炼的情形。

由于一对转子的长螺纹与短螺纹是相对放置的，胶料从一个转子的一端移到另一端，而另一转子则使其做反方向移动，胶料在连续不断的轴向往返移动中受到了切割和强烈的混炼作用。

由以上几种作用可见，胶料在密炼机各部位均受到强烈的剪切作用和不断地翻转搅拌，因此可以在较短时间内完成混炼或塑炼。

第四节　塑炼工艺

进厂的橡胶都是体积很大的胶块，不能直接用于橡料加工，塑炼前还需进行烘胶、切胶、选胶和破胶等工作。

一、烘胶和切胶

切胶就是将大胶块切成能供橡料加工用的小胶块。切胶之前要先进行烘胶。烘胶的作用：一是使橡胶变软，便于切胶；二是去除胶中所含水分。

烘胶应在专用密闭保温的烘房内进行，一般是在50～60℃下放置24～26h，冬季时由于生胶结晶变硬，需延长放置48～72h。烘胶后将胶块的外包装除去进行切胶，切胶可采用切胶刀切胶或锯片锯胶。切成的胶块随塑炼设备不同而不同，为便于开炼机辊筒咬入并容易破碎，胶块应切成楔形。

二、塑炼

依使用的设备，可将塑炼分成开炼机塑炼、密炼机塑炼和螺杆塑炼三种方式。

1. 开炼机塑炼

胶料在开炼机的辊缝中受到辊筒的剪切力和挤压力作用，当胶料内部的剪切应力达到或大于橡胶分子链键能时，橡胶分子链就发生了断链。因此胶料反复多次通过辊缝时就能达到塑炼效果。

（1）开炼机塑炼的操作方法

1）破料。塑炼前，先要将胶块进行破碎，一般也采用开炼机。破料的辊距为1.5～2mm，比塑炼时略大，辊温为45～55℃，切好的胶块在靠大齿轮的一端插入两辊间隙中，要尖端朝下，以便于辊筒咬入。破料正常时，橡胶被撕成一丝一丝的胶条连续掉入托盘中。

2）薄通塑炼。薄通塑炼的主要特点是辊距很小（$e=0.5\sim1.0$mm），胶料通过辊缝后不包辊而直接落到托盘上，待橡胶全部通过后再重复进行。如此反复数次，直至获得所需可塑性为止。化学增塑剂一般在薄通 1 ~2 次后加入。

薄通塑炼的优点是胶片冷却效果好，不用多割刀，塑炼效果佳，胶料质量好，并适用于各种胶种，比较难炼的丁腈胶只有采用薄通塑炼才能获得较好的效果。表 7-2 示出了薄通塑炼天然胶的工艺参数。

表 7-2　天然胶塑炼工艺参数

项目		冷挤橡料		热挤橡料		连硫橡料	
辊筒直径/mm		360 ~400	450 ~550	360 ~400	450 ~550	360 ~400	450 ~550
辊距/mm		1	1	1	1	1	1
辊温/℃	前辊	50 ~60	65 ~70	50 ~60	65 ~70	50 ~60	65 ~70
	后辊	45 ~55		45 ~55		45 ~55	
装胶容量/kg		25 ~50	50 ~75	25 ~50	50 ~75	25 ~50	50 ~70
塑炼段数		1		1 ~2		2 ~3	
塑炼时间或薄通次数		6 ~8 次		20 ~25min	20 ~30min	35 ~45min	50 ~60min
可塑性		0.30		0.40		0.52	

注：此工艺采用促进剂 M 为增塑剂，用量 0.3 ~0.5 份。

3）包辊塑炼。将生胶加到开炼机上，形成包辊胶后连续滚压，直至达到所需可塑性为止。适用于添加化学增塑剂的塑炼、不同胶种并用的掺合以及一些易包辊的合成胶塑炼。包辊塑炼必须勤割刀，以利散热并使可塑性均匀。

破料后的橡胶在包辊开始时连不成片，经薄通后可以包辊，但在胶片上还有许多孔眼，应继续塑炼。孔眼逐渐消失，胶温逐渐上升，胶的表面逐渐均匀、无孔、平滑、光亮，这说明橡胶具有了一定的可塑性。

当一次包辊塑炼可塑度达不到要求时，可采取分段塑炼的方法，将塑炼胶下片冷却停放 4 ~8h 后，再进行第二次塑炼，这样反复多次，直至达到要求为止。

如要求胶料有较高的可塑度，用一次塑炼法达不到要求时，可采用分段塑炼。生产中，上述两种塑炼操作常常交替使用。

4）下料。塑炼达到规定时间或次数后，要放厚辊距，使塑炼胶包辊，并左右割刀数次，然后切割下片或下卷。

塑炼后，天然胶一般停放 8 ~12h 后方可进行混炼。

（2）开炼机塑炼的影响因素

1）辊温和塑炼时间。开炼机塑炼属于低温塑炼，温度应控制在 45 ~55℃，温度越低，塑炼效果越好。所以塑炼时必须尽可能加强对辊筒的冷却。采用薄通塑炼和分段塑炼的目的之一就是为了降低胶料的温度。

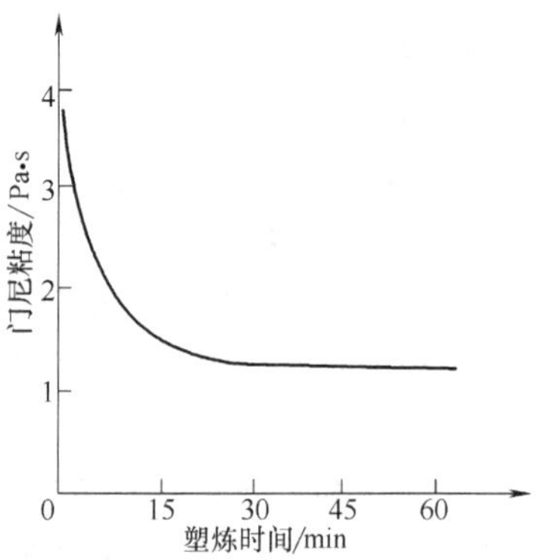

图 7-10　天然胶门尼粘度与塑炼时间关系

开炼机塑炼在最初 10 ~15min 时间内，胶料可塑度迅速增大，随后趋于平稳，如图 7-10 所示。这是由于随着塑炼时间的延长，胶料温度升高使机械塑炼效果下降所致。为了提高机械塑炼效果，当胶料塑炼一定时间后，必须使胶料经过下片冷却，然后重新塑炼，才能充分发挥设备的塑炼作用，获得更大的可塑度，这就是采用分段塑炼的原因。

包辊塑炼时，包在辊上塑炼胶的外表面温度要比内层包贴在辊筒表面的橡胶高10～30℃。因为直接贴在辊筒表面的一层胶几乎不参加塑炼，只是在辊面上滑动。所以包辊塑炼要勤割刀、勤翻胶，以保证各部分温度一致，塑炼程度均匀。

2）辊距和速比。当开炼机速比一定时，辊距越小，速度梯度越大，胶料在辊缝中受到的剪切摩擦作用越大，同时，因过辊胶片薄，冷却快，也加强了机械塑炼效果。薄通塑炼就是基于这个道理。

辊筒之间的速比大，则胶料通过辊筒间隙时所受到的剪切作用也强；反之则相反。所以在塑炼过程中，胶料的塑炼效果与辊筒的速比有密切关系，用于塑炼加工的开炼机辊筒速比一般为1.25～1.27。当然，速比也不能太大，因为强烈的剪切摩擦作用会产大量的热量，使胶温急剧上升，反而会降低机械塑炼效果。

3）化学增塑剂。使用化学增塑剂能提高塑炼效果，缩短塑炼时间，减少弹性复原现象，但塑炼温度应适当提高，温度一般以70～75℃为宜，可塑度在0.50以内时，塑性随塑炼时间增长成直线增加。

4）装胶量。开炼机装胶量大小根据机台规格及胶种而定，要在辊筒上面形成一定量的堆积胶，增加装胶虽可以提高产量，但装胶量过大会使辊筒上面的积胶过多而难以进入辊缝。另外，胶量大散热慢，温升也会使机械塑炼效果降低。合成胶塑炼生热量大，故应当减少装胶量。

2. 密炼机塑炼

密炼机塑炼和开炼机相比较，其特点是

1）它属于高温塑炼，主要是借助于高温下强烈地氧化断链来提高橡胶的可塑度。通常温度要高于120℃，个别情况达160～180℃。

2）密炼机塑炼的机械作用强烈，生产周期短，生产效率高。

3）易于组织自动化、连续化生产。

4）工作环境卫生条件好，劳动强度低。

（1）塑炼方法

用密炼机塑炼时，将生胶加入密炼室中，在一定的温度和压力条件下塑炼一定时间，直至达到所要求的可塑度为止。在塑炼过程中，由于胶料生热量大，所以要不断地对密炼室壁、辊筒和上下顶栓通入冷水冷却，以控制塑炼温度。如果胶料所要求的可塑度较大，一次塑炼达不到要求，亦可采用两段塑炼方法。生产中常采用化学塑解剂塑炼。由于密炼机塑炼温度比开炼机要高，因此采用塑解剂的塑炼效果比开炼机好。但高温下塑炼胶料质量较难控制，容易产生过炼而使橡胶的物理机械性能降低，因此必须严格控制塑炼工艺条件，以确保胶料质量。

（2）影响塑炼的因素

影响密炼机塑炼的因素有温度和时间、化学增塑剂、转子速度、装胶量及上顶栓压力等。

1）塑炼温度和时间。在密炼机塑炼过程中，由于生胶受到激烈的摩擦剪切作用所产生的大量的热量不能及时散失，所以塑炼温度迅速上升，而且总是保持在较高的温度范围，温度的变化对塑炼效果影响很大。随着塑炼温度的升高，胶料可塑度近似成比例地增大（见图7-11）。因此，必须严格控制温度条件，温度过高，会导致生胶过度氧化裂解，使硫化胶物理机械性能降低。对天然胶来说，塑炼温度一般以140~160℃为宜，温度也不能太低，否则会影响塑炼效果。

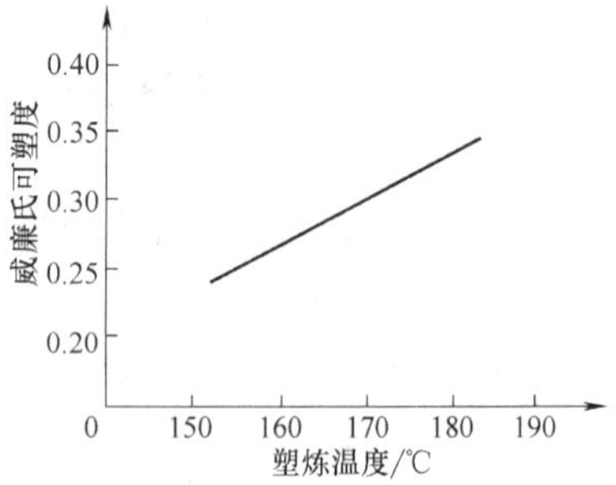

图7-11 天然胶密炼温度与可塑度的关系

密炼机塑炼温度一定时，塑炼胶料可塑性随塑炼时间的延长而直线上升。但经过一定时间以后，可塑性的增长速度减慢，这是因为随着塑炼时间的延长，密炼室内的氧逐渐减少，致使氧化裂解反应逐渐减慢。另外，随着塑炼过程的进行，密炼室中充满了大量的水蒸汽和低分子挥发气体，这亦阻碍了橡胶分子与周围空气中氧的接触，降低了氧化裂解速度。

2）化学增塑剂。密炼机采用增塑剂塑炼，增塑效果比在开炼机塑炼时大，此时塑炼温度也可比无增塑剂的塑炼温度低。例如，密炼机纯胶塑炼时的排胶温度可达160~180℃，而用促进剂M塑炼时，排胶温度在140℃左右即可。在不影响硫化胶物理机械性能的情况下，使用少量的增塑剂可提高塑炼速度40%。

3）转子转速。转子的转速对密炼机的塑炼效果影响很大，在一定的温度下，转子转速越快，胶料达到同样可塑度所需的塑炼时间越短。所以，提高转子的转速可以大大提高生产速度。这就是现代密炼机向高速发展的原因。

一般密炼机转速是固定的，故制定密炼工艺时一般不考虑转速。

4）装胶量和上顶栓压力。密炼机塑炼必须依据装料系数的大小确定合理的装胶量，装胶量在不大的范围内变化时对塑炼的效果影响不大，但若装胶量过小，胶料受不到上顶栓压力，而在密炼室中滑动，会降低炼胶质量，延长炼胶的时间；反之，若装胶量过多，会使部分胶料停滞于上顶栓附近的喉道处，不利于胶料翻转，胶料塑炼不均，从而导致胶料质量下降，并且设备超负荷运转也易受到破坏。

密炼机装胶容量由下式计算

$$P = k\rho V \tag{7-8}$$

式中 P——装胶容量，单位为kg；

k——填充系数，取0.48~0.62；

ρ——橡胶或橡料密度，单位为kg/L；

V——密炼机混合室总容量，单位为L。

在密炼过程中，为获得良好的塑炼效果，上顶栓就必须对胶料施加一定的压力。在一定的范围内，塑炼效果随上顶栓压力的增大而增大，一般上顶栓的压力为490kPa，最高达780kPa。

除上述因素外，生胶本身的性质、环境因素及操作技术水平等也对塑炼过程都有一定的影响。

塑炼完成即可排胶，在压片机上切割翻胶，使塑炼胶降温和混匀，然后下片或下卷，冷却，停放。要求至少8h后方可进行混炼。

3. 螺杆塑炼机塑炼

螺杆塑炼机塑炼是在高温下进行的连续塑炼。在塑炼过程中，生胶一方面受到强烈的搅拌作用，另一方面也受螺杆与机筒内壁摩擦产生的热量作用，氧化裂解十分强烈。使用螺杆塑炼机塑炼时，机筒温度以95～110℃为宜，机头温度以80～90℃为宜。因为机筒温度高于110℃时生胶的可塑性不会有大的变化，如机筒温度超过120℃则排胶温度太高而使胶片发粘，补充加工困难。机筒温度低于90℃时，设备负荷增大，塑炼不均匀。

螺杆塑炼机塑炼的优点是生产效率高，并能连续生产，但在操作中产生热量大，对生胶物理机械性能破坏性较大。温度对其生产过程影响最大，如能对温度加以合理控制则可将这种破坏限制在最低水平上。

第五节　橡料的混炼工艺

为避免杂质和水分进入混炼的橡料，影响橡皮质量，混炼前要对所有配合剂进行预处理。对配合剂要进行干燥，可防止配合剂因吸湿而降低使用性能和影响橡皮质量。固体配合剂要首先破碎为粉状，所有粉状配合剂要过筛，除去机械杂质，控制粉料细度。若是液体配合剂则要通过过滤的方式进行除杂。用于高压绝缘橡皮的粉状材料，混炼前还必须经过磁选处理，以除去铁质杂质。处理后的配合剂按照工艺配方要求进行称量，即可加入胶料进行混炼。

当前胶料的混炼方法有连续混炼和非连续混炼两种，使用开炼机和密炼机的混炼是非连续混炼；使用螺杆混炼机混炼的是连续混炼。以密炼机为主体组成的混炼系统结构和性能日益完善，实现了自动化和半自动化生产，生产速度和产品质量不断提高，已成为胶料加工的最主要的形式。

一、开炼机混炼

与密炼机相比，开炼机混炼生产效率低、劳动强度大、劳动安全性差、胶料质量不高、污染环境，但开炼机混炼灵活性大，适用于小批量、多品种的胶料加工，故在实际生产中仍占有重要的地位。

1. 混炼方法

按照操作顺序，开炼机混炼可分为三个阶段：

（1）包辊

调整辊距到3～4mm，开机后，先沿大齿轮一侧加入生胶、母胶或并用胶，一般辊压3～4min后便能光滑均匀地包在前辊上。此时可将辊距放到10mm，进入下一步操作。

（2）吃料

按加料顺序加入配合剂。混炼加药方法依配方中含胶量的多少有两种；生胶含量高者，配合剂在辊筒中间加入，并采用抽胶加药方法；生胶含量较少者，配合剂在辊筒一侧加入，采用换胶加药法。用量较少的配合剂和容易飞扬的炭黑，通常以母胶和膏剂形式加入。

（3）翻炼

吃料完成后，开始翻炼，翻炼操作方法有以下几种：

1）八把刀法。在辊筒上成45℃左右交叉进行割胶，一手持刀切割，一手扶住胶卷，也可不打卷，这样从左往右割，卷一次；再从右往左割卷一次，左右各进行四次。该法混合均匀，应用广泛。

2）打卷法。将胶割开，用手扶住胶卷随辊筒旋转，胶卷越来越粗，等橡料全部通过后将胶卷扭转90°，竖直加入辊缝，重复进行打卷。

3）薄通法。将辊距调小到1mm，使橡料通过不包辊而直接落入托盘中，全部通过后，再将盘中的橡料放入辊筒间进行第二次薄通。这种方法省力，但均匀性差。

4）三角包法。将辊距调到1~2.5mm，将橡料由左右两边向辊筒中部折叠成一个三角形胶包，随着辊筒旋转，三角包逐渐增大。等辊筒间橡料完全通过后，再将胶包投入重复进行操作。这种方法分散良好，但劳动强度大。

对于含胶量高（或天然胶与少量合成胶并用的），并且炭黑用量少的胶料，可采用一段混炼方法；对于天然胶并用较多合成橡胶，且炭黑用量较多的胶料，可采用二段混炼法，以使橡胶与配合剂更加均匀地混合。

混炼时辊筒上的包辊胶胶层的径向均匀性很差，在辊筒表面至胶层的1/3 处为“死层”，几乎不参与混合，所以在大部分配合剂加完后，必须进行翻炼，以破坏其“死层”和原有流线分布，保证混炼均匀。

翻炼完毕后放宽辊距至4~5 mm，再用切落法补充翻炼2~3次，辊温应控制在45℃左右。然后下片冷却，存放于清洁场所。

2. 影响混炼的主要因素

开炼机混炼应根据胶料种类、用途和性能要求的不同，采用不同的工艺条件。对于一个完整的混炼过程，需注意的工艺条件和必需了解的影响因素有以下几点：

（1）辊筒的转速和速比

辊筒的转速越快，配合剂在胶料中分散的速度也越快，混炼时间越短，生产效率越高。但转速过高，操作安全性降低。一般说来，小规格炼胶机，辊筒转速较低。

两辊筒的速比产生剪切作用，促使配合剂在胶料中分散。无速比则混合作用差。速比越小，混合作用越低；速比越大，混炼作用越高，但高速下摩擦生热多，胶料升温快，易引起焦烧。用于混炼的开炼机速比比用于塑炼的开炼机小，用于混炼的开炼机速比一般在1.1~1.2之间。

（2）辊距

在胶料量适中的情况下，辊距一般为4~8 mm。在辊速和速比一定的条件下，辊距越小，辊筒之间的速度梯度越大，对于胶料产生的剪切作用越强，混炼速度越高。但辊距不能过小，否则会使辊筒上面的堆积胶过多，胶料不能及时进入辊缝，反而会降低混炼效果。为使堆积胶保持适当，在配合剂不断加入胶料，体积不断增加的情况下，辊距应不断放大。

（3）辊温和混炼时间

混炼过程中胶料因剪切和摩擦作用产生大量的热，在剪切变形最大的区域内胶料温度显著升高。当胶料离开变形区后，由于向周围空气中散热和用水冷却辊筒，胶料温度有所降低，而且当速比很大而辊距很小时，温度差可能大于30℃，如图7-12 所示。

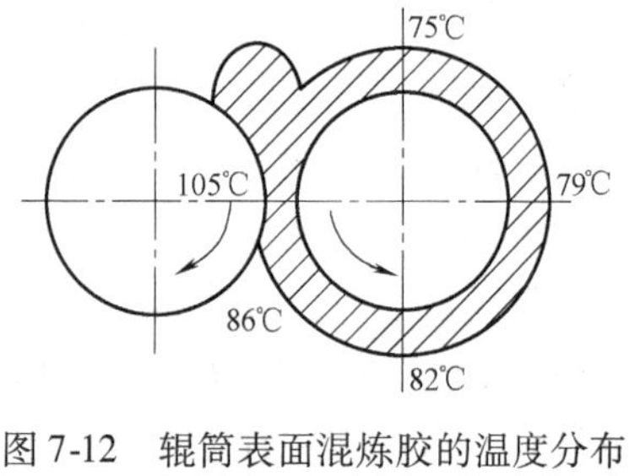

图7-12 辊筒表面混炼胶的温度分布

辊温还会影响生胶的包辊性能，天然胶、丁苯胶的包辊性好，混炼时加料容易；乙丙、顺丁等橡胶包辊性不好，如果辊温控制不当，会影响到混炼的进行。辊温对生胶包辊情况的影响见表 7-3。

表 7-3　辊温对生胶的包辊现象的影响

生胶在辊筒上的状况	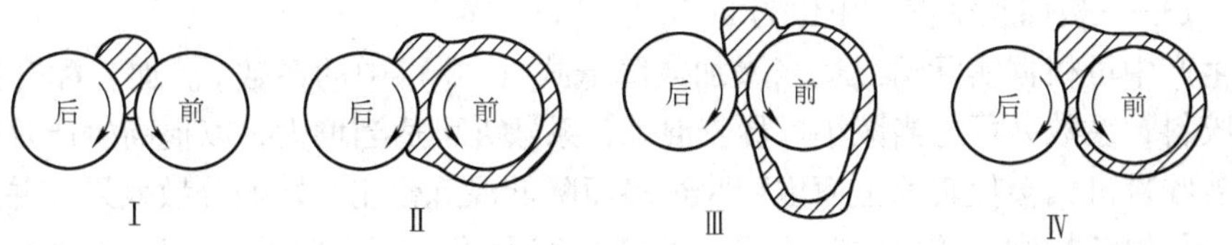			
辊温	低——————→高			
生胶力学状态	弹性固体———→高弹性固体———→粘弹性流体			
包辊现象	生胶不能进入辊缝，强制压入则成碎块	紧包前辊，成为弹性胶带，不破裂。混炼分散性好	脱辊，胶带成袋囊形或破碎。不能混炼	呈粘流薄片，包辊，适合下片

由表 7-3 可见，应选择适当的温度，使生胶在包辊的状态Ⅱ下进行混炼。低温不能形成包辊胶，无法混炼，而高温会导致胶料软化而降低机械作用，继而降低混炼效果，甚至容易引起胶料焦烧和使某些低熔点配合剂熔化结团，无法分散。所以必须通入冷水冷却，使辊筒表面温度保持在 50～60℃。混炼合成橡胶辊温还要低些。

有些胶易包热辊，有些易包冷辊，为便于操作，前后辊的温度应有高低。天然胶易包热辊，故前辊温度应比后辊略高；多数混合胶易包冷辊，故前辊温度应比后辊稍低些。各种橡胶混炼时的适宜辊温见于表 7-4。

混炼时间依辊筒转速，胶料量大小及配方特点而定。在保证混炼均匀前提下，可适当缩短混炼时间，以提高生产效率。时间过短，混炼不均匀；时间过长，会降低生产效率，并且容易产生“过炼”。天然胶混炼时间一般在 20～30 min，合成胶混炼时间要长一些。

表 7-4　各种橡胶开炼机混炼时的适宜辊温

胶种	辊温/℃		胶种	辊温/℃	
	前辊	后辊		前辊	后辊
天然胶	55～60	50～55	顺丁胶	40～50	40～50
丁苯胶	45～50	50～60	乙丙胶	60～75	85 左右
丁腈胶	35～45	40～50	氯醚胶	70～75	85～90
氯丁胶	40 以下	45 以下	氯磺化聚乙烯	45～55	35～45
丁基胶	40～45	55～60			

（4）装胶量和堆积胶

合理的装胶量是根据胶料包覆全部前辊以后，在辊筒上还能存有一定数量的堆积胶而定。一般塑炼和混炼的装胶量按下述经验公式计算

$$P = kDL\rho \tag{7-9}$$

式中　P——一次装胶量，单位为 kg；

k——经验系数，0.0065～0.0085，单位为 L/cm^2；

D——辊筒直径，单位为 cm；

L——辊筒工作部分长度，单位为 cm；

ρ——塑炼胶密度，单位为 kg/L。

生产中可根据实际情况适当增加或降低式（7-7）中的系数 k。加入配合剂多、填充量大的胶料，系数 k 可适当减小。母胶混炼，系数 k 可适当增大，以提高生产效率。

装胶量过大会使辊筒上面堆积胶过多而降低混炼作用，影响分散效果，并导致设备超负荷、轴承损耗加剧、胶料散热不良、劳动强度大等一系列问题。装胶量过小会降低生产效率，并会产生“过炼”现象。适宜的装胶量应使辊筒上方保持适当堆积胶，堆积胶不断形成波纹和皱褶，裹夹配合剂进入辊缝中，并产生横向混合作用，提高混炼效果。

（5）加料顺序

加料顺序不当，轻则会影响配合剂分散均匀性，重则会导致胶料发生焦烧、脱辊或过烧现象，使胶料的性能下降。

加料顺序取决于配合剂在胶料中的作用，以及它们的混炼特性和用量多少等。一般规律是，配合剂用量较少，而且难以分散的应先加入；用量多容易分散的后加；硫化剂和促进剂分开加，硫化剂最后加。天然胶的加料顺序如下（其他合成胶也可以参考）：

1）防老剂、促进剂用量少，分散要求高，应先加入。

2）氧化锌在混炼时带负电荷，混合困难，又容易产生结粒现象，也放在前面加入。

3）增塑剂带有润滑性，会影响配合剂的分散，不宜过早加入。生产中大多情况下与填充剂混合加入以利吃料。

4）补强剂和填充剂用量都比较大，并要求分散良好。一般是在小料加入后就加填充剂。但辊温不宜过高，辊压时间不宜过长，以免结粒。由于补强剂和填充剂的混炼特性不同，要互相搭配应用。

一般加料顺序为生胶⟶促进剂、防老剂⟶补强剂、填充剂⟶固体及液体增塑剂⟶硫化剂及超促剂⟶薄通⟶下片。

二、密炼机混炼

密炼机混炼一般要和开炼机（用于压片）配合使用，先把生胶、配合剂按一定的顺序投入密炼室，使之相互混合均匀后，排胶于压片机上压成片。密炼机混炼是在高温和加压条件下进行的，与开炼机相比，密炼机容量大，混炼时间短，效率高，劳动强度低，操作安全，药品飞散损失少，胶料质量高，环境卫生条件好。但密炼机混炼散热困难，混炼温度高且难控制，不适用于对温度敏感的胶料混炼。另外，它对于浅颜色胶料和品种变换频繁的胶料混炼也是不合适的。其次密炼机的排料形状不规则，生产线中还须有压片机进行补充加工。

1. 混炼方法

密炼机可以采用一段混炼和分段混炼两种方法。

（1）一段混炼

从加料于密炼室中开始到混炼完毕一次完成的方法称为一段混炼。采用这种方法混炼，中间不需要排料下片、冷却和停放，故可节省占地面积，但所得胶料可塑度较低，填充配合剂不易分散均匀，且混炼时间长，胶料会因升温过高易产生“焦烧”现象。

一段混炼为避免胶料升温过快，一般采用慢速密炼机，也可以采用双速密炼机。在混炼过程前期采用快速，短时间完成除硫化剂和超促剂以外的母胶混炼，接着改用慢速使胶料降温后再加入硫化剂，然后排料至压片机压片、冷却和停放。对某些填料含量较高，生热性较大的胶料不能用一段混炼方法，而应采用分段混炼法。

（2）分段混炼

混炼过程分多次进行的方法称为分段混炼，实际中采用较多的是两段混炼。分段混炼是在两次混炼之间，排胶于压片机上压片，并使胶料温度降低，然后再加入需低温加入的配合剂和硫化剂进行再次混炼、压片和停放。

分段混炼法每段混炼的时间都较短，混炼温度较低，配合剂分散均匀，胶料质量较高。因此它是密炼机混炼工艺中经常采用的方法。

2. 影响混炼的主要因素

（1）加料顺序

密炼机混炼和开炼机混炼的加料顺序基本相同。混炼开始时，首先加入塑炼胶，固体软化剂分散较慢，应和生胶一起加入，小量的配合剂对胶料的作用都十分重要，它们应在生胶加入后加入，以保证足够的混炼时间。除超促剂之外，一般不会引起焦烧。防老化剂紧随生胶之后加入，可起到保护生胶的作用，硬脂酸是炭黑的良好分散剂，故应在炭黑之前加入，液体软化剂必须在炭黑之后加入，否则会降低胶料硬度和剪切应力，使炭黑分散困难，增加结团现象。

炭黑与液体软化剂的加入方式亦可根据炭黑的品种、用量及生胶的种类，采用分批逐步加入的方法，以使炭黑分散均匀。

硫化剂和超促剂应在混炼过程的最后加入或在压片机上加入。

（2）装胶量

一次装胶量的大小对混炼过程有直接影响。装胶量过大或过小都会造成混炼不均匀，导致硫化胶物理机械性能波动。在合理的装胶量下，依靠上顶栓的压力，可使胶料在混炼室中受到最大的摩擦剪切作用，并使配合剂分散均匀。装胶量大小应根据设备特点和胶料特性而定。设备使用时间较久，转子凸棱与室壁间隙因磨损变大或胶料可塑性较大，均可相应增加装胶量，一般密炼机的装胶填充系数为0.48～0.75。

（3）上顶栓压力

提高上顶栓的压力不仅可以增加装胶量，而且可以使胶料与设备之间以及胶料各部分之间更为迅速有效地互相接触和挤压，加快配合剂的混入过程，从而缩短了混炼时间，提高了密炼机的生产效率。增大上顶栓压力还可以使胶料各部分之间的接触面积增加，减少物料在设备接触面上的滑动，增强转子对胶料的剪切作用，改善配合剂的分散程度，提高胶料的质量。所以，提高密炼机生产效率的主要措施之一就是提高上顶栓对胶料的压力。

（4）转子的转速

在混炼过程中，胶料的剪切速率与转子的转速成比例，与转子凸棱端面同密炼室壁之间的缝隙成反比。所以，提高转子的转速可以成比例地加大胶料的切变速度，缩短混炼时间，这是提高密炼机效率的重要措施。目前密炼机的转速已由20 r/min提高到40 r/min、60 r/min，甚至高达80 r/min，使最短的混炼周期缩短到1～1.5 min。但是随着转速的提高，密炼机冷却系统的效能也必须加强，以保持混炼过程的热平衡，否则会使胶料温度升高，粘度下降，机械剪切作用降低，胶料混炼的均匀程度和物理性能下降。因此，为了获得最好的混炼效果，对于变速密炼机应当依据胶料特性确定适宜的转速。

（5）混炼温度

密炼机的混炼温度是比较难控制的，由于混炼过程中摩擦剪切作用极为剧烈，又在密闭条件下操作，生热量大而且散热困难，所以胶料温度升高很快，胶料温度较高。慢速密炼机混炼排胶温度一般控制在120～130℃，快速密炼机排胶温度一般在160℃以上。虽然提高混炼温度有利于橡胶与配合剂的混合，但若混炼温度过高，反而会降低机械的剪切作用，降低粉料的分散度，并会加剧橡胶分子的热氧化裂解，降低胶料的物理机械性能，同时又因橡胶和炭黑之间过多化学作用而产生过多的凝胶，使胶料可塑性降低，胶料表面粗糙，压延、挤出等加工困难。因此，在密炼机混炼过程中，必须采取有效的冷却措施，加强对转子、密炼室壁和上、下顶栓的冷却，严格控制排胶温度，使其保持在规定的范围内，这样才能保证混炼操作的顺利进行和胶料的质量。

（6）混炼时间

密炼机的混炼时间比开炼机短得多，混炼时间的长短决定于胶料的配方，转子的结构和转速，上顶栓的压力等，填充量较大的胶料，以及转子转速低和上顶栓压力低的密炼机需要较长的混炼时间。在相同条件下，混炼时间长能改善胶料混炼的均匀程度，但容易过炼，而使制品的物理机械性能、老化性能降低。因此，适宜的混炼时间应当根据胶料配方，设备特点和其他工艺条件而定。

三、两种或两种以上橡胶并用

若采用两种或两种以上橡胶，其混炼方法有两种：一是橡胶各自塑炼，使其可塑性相近，然后互相混匀，再加各种配合剂，使之分散均匀；二是各种橡胶分别加入配合剂混炼，然后把各胶料再相互混炼均匀。前者较简单，后者能提高混炼的均匀程度。

四、连续混炼

近年来，虽然密炼机的混炼效率不断提高，但它仍然不能实现连续生产，同时，用不断增大功率消耗的办法来提高生产效率也是不经济的。此外，设备和建筑投资也比较大。为了进一步提高混炼的生产率，简化工序，节省投资等，连续混炼便成了炼胶工艺发展的必然趋势。

所谓连续混炼是指采用连续混炼机，生胶和配合剂连续投入混炼机的加料口，而混炼胶则可从排胶口连续地排出。连续混炼机的形式和种类较多，大致可分为双螺杆型和单螺杆型两大类。工业上已获得应用的双螺杆型连续混炼机主要为FCM型转子式连续混炼机。单螺杆型连续混炼机主要有传递式连续混炼机和隔板式（EVK）连续混炼机，它们已在橡胶工业制品厂中用做最终混炼，并能与连续硫化装置（如熔盐连续硫化机等）组成电线电缆生产线。粉末橡胶的发展更加速了连续混炼的发展。粉末橡胶的连续混炼是先将配合剂和粉末橡胶称量后在一台高速混合器中搅拌均匀，而后投入连续混炼机中进行混炼。

五、滤橡

滤橡的目的是除去橡胶原料中残留的或配料过程中可能带入的固体杂质，以及混炼中产生的结块。上述缺陷的存在会造成绝缘橡皮的击穿，护套橡皮出现孔洞，挤橡偏心等，所以滤橡是绝缘和某些护套橡皮生产中不可缺少的一道工序。

滤橡在专用的滤橡机上进行，这种机器的螺杆和挤橡机螺杆不同，它采用等距等深的螺杆，压缩比为1。滤橡时，螺杆温度要低些，以增加螺杆与橡料之间的摩擦力，使挤出量增加，机身温度稍高些，这样有利于橡料的流动。

滤橡时，将经过预热的胶料切成胶条，由加料口喂入，靠螺杆的转动将胶料推向机头。在机头的格子板前面放2～4层滤网，常用10＋20＋40＋60目或10＋20＋40目，采用金属滤网。它们的位置是过滤的胶料先经过较密的滤网，最粗的滤网贴着格子板对较密的滤网起支撑作用。经滤网后由格子板的滤胶孔中挤出，再经切胶机切成胶条，然后再经压片机压成胶片后冷却、停放。

六、冷却和停放

从滤橡机出来的橡料温度很高，形状又不规则，经压片加工，降低橡料温度，以便于存放堆垛。也有在压片时加硫化剂，也有经滤橡后直接造成胶粒。在此同时立即冷却至30～35℃以下，以防止胶料焦烧和喷霜现象。为防止胶料在贮存期间相互粘结，其表面应涂以隔离剂。冷却方法一般是压片机出来的胶片直接浸入到隔离剂的溶液中或向胶粒喷洒隔离剂，然后经冷风吹干。

经冷却后的胶片（或胶粒）一般要停放8h以上才能流入下一道工序。停放的目的是：① 使胶料应力松弛，减少内应力和胶料收缩率；② 使配合剂继续扩散，提高其分散的均匀程度；③ 使橡胶与炭黑进一步相互作用，生成更多的结合橡胶，提高炭黑的补强效果。

第六节　挤 橡 工 艺

加工好的混炼胶通过橡胶挤出机（挤橡机）挤包到导电线芯或缆芯表面的工艺过程为挤橡。电缆用橡皮成型的方式不止挤橡一种，实际中用到的还有纵包法。纵包是将混炼的橡料经过碾页轧成厚度很薄且有一定宽度的橡胶页条，纵包时将橡页沿纵向卷包在导电线芯表面，通过具有一定孔型、垂直成对放置的轧辊使橡页紧紧包在线芯上，并切去多余的橡页，轧缝处在轧辊的压力下粘结在一起，从而实现橡胶的包覆。由于其工序多，产品质量不高，故已停止发展。现在都采用挤橡成型工艺。

一、橡胶挤出机组

1. 机组组成

挤橡的工艺过程与挤塑类似，挤出机组的组成也很相似，主要区别在于主机。挤橡机组的主机是挤橡机，辅机有收放线架、牵引轮、涂粉装置、校直器、计米器火花机等。对于连续硫化机组（简称连硫机），主机还应包括硫化管道，辅机还有收放线储线器等。

2. 橡胶挤出机的结构和参数

与挤塑机类似，挤橡机的规格也是以螺杆直径来表示的，例如型号XJ-150就表示螺杆直径为150mm的挤橡机。连续硫化机组的规格是以挤橡机的规格表示的。

根据进料时橡胶温度不同，挤橡机分为冷喂料挤橡机和热喂料挤橡机，两者采用螺杆参数见表7-5，为便于比较，将挤塑机的参数也一并列入。

挤橡机的机身、机头、螺杆温度由加热冷却系统控制，常采用蒸气或水加热，也可采用电加热，冷却则多使用水冷。

表 7-5 挤橡机、挤塑机螺杆主要参数

机型	挤塑机	挤橡机		滤橡机
		冷喂料	热喂料	
长径比	15～25	8～16	4～6	4～5.5
压缩比	2～4	1.7～2.0	1.3～1.7	1

根据机头和螺杆轴线的相对位置，机头分为三类。①直线机头，线芯与螺杆轴线相重合。优点是机头中胶料的压力沿线周围均匀分布，使模具易对正，绝缘厚度均匀，缺点是线芯通过螺杆中心孔，所以螺杆不能冷却，存在焦烧危险。②直角机头，线芯与螺杆轴线相互垂直。优点是螺杆可以冷却，缺点是线芯两侧胶料压力不同易造成偏芯。③斜角机头，其结构介于直线机头和直角机头之间。即线芯和螺杆的轴线成一定夹角，线芯两侧胶料的压力近似相等，并减少了机头内停滞空间，产量较高。

二、橡料的挤出工艺

橡料的挤出与塑料的挤出在加工原理方面基本相似，挤出理论已有叙述，在此仅就橡胶的挤出特点作一些说明。

挤出作业是在挤橡机中对胶料加热和塑化，通过螺杆的旋转，使胶料在螺杆和机筒筒壁之间受到强大的挤压力，不断向前推进，借助模具在线芯外形成连续密实的绝缘和护套层。

1. 温胶

采用热喂料挤橡机在挤出前要将橡料加温变软和均化，并切成一定尺寸的胶条供挤出喂料用，这个工序叫温橡。冷喂料挤橡机则没有此道工序。

胶条应达到工艺规定的塑性，如塑性过小，则挤出困难，摩擦生热大，制品表面不光滑；如果塑性过大，挤出容易，胶料内摩擦小，生热低，制品表而光滑，但制品尺寸稳定性差，并且硫化时易发生压扁现象。所以应根据胶料配方选择合理的塑性指标，并能在生产中严格掌握之。

2. 模具的选择和调整

在工艺上，挤出模具的选择和调整是很重要的。模芯和模套的几何形状与挤包质量有密切的关系。几何形状选择原则是从机头向模口流动的料流，截面积逐渐减小，并且其流道尽可能呈流线型，从而保证挤出料流稳定和挤出产品质量好。

根据上述原则，选择模具的几何形状如下：

（1）模具角度

模芯、模套的几何形状对挤包有密切关系。其选择原则是：要使胶料从机头流向出口的整个过程中，保持模芯、模套所形成的空间是逐渐缩小的，并要使胶料的流动速度加快且无阻碍，是一种流线型的流动状态。模具形状如图 7-13 所示。

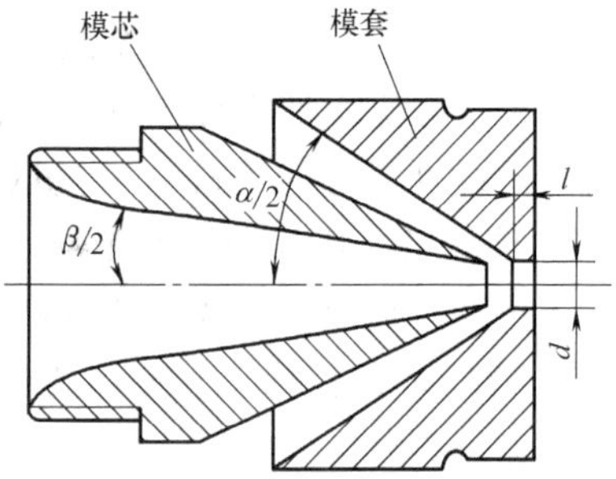

图 7-13 挤橡模具

模套角 α 是模套内圆锥孔的锥角，而模芯角 β 是模芯圆锥体的锥角。α 必须大于 β。当 α 取得较小时，推力大而压力小，产量高，但挤出胶料表面不光滑，包的不紧密；当 α 取得较大时，则相反。所以要根据具体情况进行选择。一般 XJ-150 挤橡机取 70°～75°，而 XJ-65 挤橡机取 60°～65°。模芯角度小，则胶料挤出速度快，一般 β 取 20°～30°。

（2）模套承线长度

在图 7-13 中模套成型部分 l 为承线长度。一般用承线比 N 表示模套承线长度与模套孔径 d 的关系，即 $N=l/d$。N 值大，则胶料挤出时受阻力大，挤出的胶料比较紧密，表面光滑，制品尺寸比较稳定；N 值小，则挤出制品表面不光滑，线径波动大。为此一般 N 取的稍大，但也不能太大，如太大易产生脱节现象。一般挤包绝缘时 $N=0.7～1.0$，挤包护套时 $N=0.5～0.7$。

（3）模具孔径

模芯孔径要稍大于导电线芯，模芯的孔径若选的太大会给校正偏心带来困难，使校正了偏正的机头因线芯不能很好固定产生偏心甚至产生倒胶现象。若孔径过小，会使导电线芯表面擦伤或拉断。模套孔径从理论上讲应与绝缘后线芯或成缆后护层的标称外径相同，但由于胶料有一定弹性，所以模套外径稍小于绝缘后线芯直径或护层的外径。在实际选用时，还要根据胶料的工艺性能，线芯结构等多种因素全面考虑。

（4）对模距离

模芯端部与模套承线起端的距离称为对模距离。对模距离大则胶料压力大，挤出产品表面紧密、光滑，但若太大，会由于侧压力易产生线芯的刮伤或倒胶现象。对模距离也不能太小，太小易造成包的不紧，甚至当模芯端顶住模套的定径区时，由于胶料受阻，会产生巨大的内压力使挤橡机挤裂造成事故。

一般对模距离应根据挤橡机的规格及胶料工艺性能、产品规格等来确定。如生产绝缘线芯的 XJ-65 挤橡机，对模距离取 3～5mm，XJ-150 挤橡机挤包天然胶护套时对模距离取 2～2.5 倍护套径向厚度。挤包氯丁胶护套时要小一些，约 1～1.5 倍。

3. 挤出温度

挤橡机各段温度选取是挤出工艺中十分重要的一环，对于挤出能否正常进行和能否获得高质量的制品关系重大。挤橡机各段温度的控制，一般以模具处温度最高，机头次之，机筒最低。采用这种控温方法，有利于机筒进料，可获得表面光滑、尺寸稳定和收缩性较小的制品。

在模具处温度高，有利于橡胶分子链松弛，胶料热塑性大，高弹变形小，挤出后膨胀和收缩率低，尺寸也较准确。又由于高温下的时间短，所以焦烧危险也较小。如温度过低，挤出时的功率增大，挤出物松弛慢，收缩大，表面粗糙。温度过高和在高温下停留时间长，还易引起胶料自硫、起泡，表面有疙瘩和小点等。

几种橡胶的挤出温度见表 7-6，表中温度控制有一定范围，可根据情况调节。如胶料含胶较多，可塑性较小，应用较高的温度，取该温度范围的上限，相反，取该范围的下限；两种或两种以上生胶并用，应以含量大的组分为主，例如 70% 天然胶和 30% 丁苯胶并用胶料，基本上参照天然橡胶的温度即可；等量并用的生胶可取两者的平均值作参考。

表 7-6　几种常用橡胶的挤出温度

胶料	机筒温度/℃	机头温度/℃	模具温度/℃
天然胶胶料	40～60	75～85	90～95

（续）

胶料	机筒温度/℃	机头温度/℃	模具温度/℃
丁苯胶胶料	40～50	70～80	90～100
丁基胶胶料	30～40	60～90	90～110
丁腈胶胶料	30～40	65～90	90～110
氯丁胶胶料	20～35	50～60	70

4. 冷却和卷绕

在连续硫化机组中，挤包有胶层的线芯直接进入硫化管中进行硫化定型。而在硫化罐硫化的生产方式中，挤包有胶料层的线芯必须先经过冷却，然后才能卷绕在硫化用的线盘或托盘中，等待硫化。

制品硫化前冷却的作用主要是降低胶料的热塑性和流变性，使挤出制品的形状尽快稳定保持下来，以保持挤出外径的准确性。冷却方法是使挤出线芯进入冷却水槽中，使其冷却到25～35℃，水槽中的水要不断更换，其温度应保持在15～25℃。冷却过程中，水温过高会影响冷却效果，冷却不透。但水温过低，会出现骤冷引起胶层收缩。冷却的线芯应收绕在线盘上或托盘中，为避免在收绕过程中胶层变形，收绕的张力应尽可能的小，并且卷绕的层数也要少，避免压线，有时要在收线盘内筒上绕包棉布以减轻胶层的变形。

连续硫化后的制品也应进行冷却，这时的冷却对稳定制品尺寸形状的作用不大，主要是防止制品在高温停放时产生“过硫化”。

5. 冷喂料挤出工艺

冷喂料挤出工艺的主要特点是省掉了温胶工序，在室温条件下，胶料以胶条或胶粒形式加入挤橡机中。胶条是在压片机上将经过滤橡的胶料成型制得，或由挤橡机制得，堆放在存胶车上，通过加料辊喂入挤橡机。胶粒是将混炼好的胶料经造粒机造粒而得，胶粒的加料斗置于挤橡机的上方，由螺旋供料器或振动式加料器向挤橡机加料。

冷喂料工艺简单，挤出制品表面质量好，尺寸稳定一致，因此，冷喂料挤出工艺应用普遍。挤橡机的长径比、压缩比比热喂料挤橡机大，强化了螺杆的剪切混合作用，使胶料可获得均匀一致的温度和可塑度。

冷喂料挤橡机开机前，机筒和机头应通蒸汽加热。温度调整到加料口为55℃，机筒为60℃方可加料。如为合成胶料，加料后可不通蒸汽，甚至还要开放冷水冷却。如为天然胶胶料，挤橡机各部位的温度应掌握得高一些，机头和机身还应通蒸汽加热才行。

排气挤橡机在挤出过程中，机筒中部用真空泵抽气，排除胶料在80～100℃气化的杂质和空气，使制品密实。

第七节 硫化工艺

硫化是电缆橡皮绝缘和护套生产的最重要的工艺过程，在硫化过程中，由于橡胶分子链间生成了交联键，从而得到了能满足电缆使用要求的各种性能。

一、硫化的概念

在加热条件下，胶料中生胶与硫化剂发生化学反应，使橡胶由线型结构的大分子交联成为立体网状结构的大分子，使胶料的物理机械性能和其他性能有明显改善的过程称为硫化。随着生产发展和技术进步，硫化剂和高温已不再是硫化的必要条件，采用高能射线辐照，在室温下也能使橡胶发生硫化，因此广义的硫化概念是在一定条件下橡胶大分子由线型结构交联成为立体网状结构大分子的过程。

在硫化过程中，取不同硫化时间测定硫化胶的物理机械性能，可以得出图 7-14 所示曲线。从图 7-14 中可以看出抗张强度、定伸强度、弹性等性能达到峰值后，硫化时间再延长，其值开始下降，而硬度则保持不变；伸长率、永久变形等性能则随硫化时间的延长而渐减，并在到达最低值后，又缓慢上升。另外据测定，其他性能如耐热性、耐磨性，抗溶胀性能等都随硫化时间增加而有所增加，并在正硫化阶段达到最佳值。

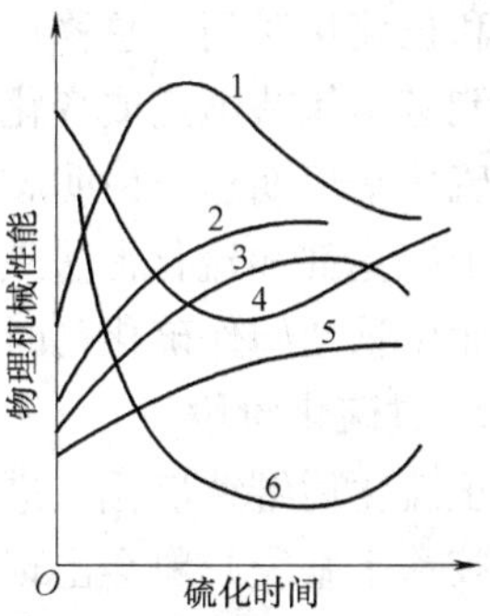

图 7-14　硫化过程中胶料性能的变化

1—抗张强度　2—定伸强度　3—弹性　4—伸长率　5—硬度　6—永久变形

硫化过程胶料性能的变化是由于硫化过程中分子结构发生变化的结果。未硫化的橡胶是线型结构分子链，其运动具有独立性，外观表现出可塑性大、伸长率高、并有可溶性。经硫化后的胶料，橡胶分子链间生成横键，因而在大分子链间除次价键力外，在分子链彼此结合处还有主价键力发生作用。所以硫化胶比橡胶具有更大抗张强度、定伸强度和弹性，但伸长率小，并失去了可溶可熔性。

二、硫化历程

在硫化过程中，胶料性能随时间变化的曲线，称硫化曲线。通过测定胶料定伸强度的变化过程可以看出，整个硫化过程可分为四个阶段（见图 7-15），即硫化诱导阶段、预硫化阶段、正硫化阶段和过硫化阶段。

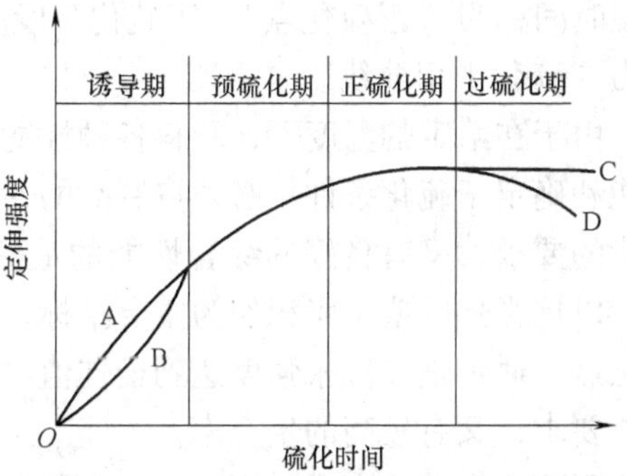

图 7-15　橡胶的硫化历程

A—起硫快速的胶料　B—有延迟特性的胶料　C—过硫化定伸强度上升的胶料　D—具有复原性胶料

1. 硫化诱导期（或称焦烧期）

在这个阶段中，交联尚未开始，胶料具有良好的流动性。在这个阶段终点起胶料开始变硬并失去流动性，挤橡过程基本处于这个阶段。这一阶段的长短取决于胶料配方，主要是促进剂的种类。使用超速促进剂的胶料，其焦烧期比较短，此时胶料较易发生焦烧，操作安全性差；而用后效性促进剂的胶料有较长的焦烧期，操作安全性高。

2. 预硫阶段

在诱导期和正硫化阶段之间为欠硫化阶段。在诱导阶段之后，交联便以一定的速度开始进行，但开始的交联度仍很低，各项指标也不高，如抗张强度、定伸强度都很低，伸长率和永久变形却很大，但随硫化时间的增长，交联度增加，各项指标都有显著提高，一直到正硫化为止。这个阶段时间的长短（或曲线的斜度）反映了硫化速度的大小，从提高生产率、防止绝缘和护套层变形出发，都希望硫化的速度快一些。不同性能指标的欠硫化时间长短也不一致，抗张强度、弹性和伸长率要长一些，抗撕裂和耐磨性要短一些。

3. 正硫化阶段

在这一阶段，硫化制品已经达到了一定的交联度，硫化胶的主要物理机械性能均达到或接近最佳值，或硫化胶的综合性能达到最佳值。这一阶段所取的温度和时间分别称为正硫化温度和正硫化时间，总称正硫化条件。正硫化是一个阶段，在这一阶段中，胶料各项物理机械性能基本保持恒定或变化很小，所以正硫化阶段也称硫化平坦期。

硫化平坦期越长说明胶料的热稳定性越好，硫化时安全性越大。硫化平坦期的长短同样决定了硫化剂和硫化促进剂的种类和用量，如用硫黄作硫化剂，形成多硫链，硫化平坦性差；而用秋兰姆作硫化剂时，曲线则较平坦。

4. 过硫化阶段

正硫化后继续硫化，进入过硫化阶段。在过硫化阶段中，不同的胶料会出现不同情况：天然胶和丁基胶胶料会出现各种物理机械性能下降的“返原”现象；而合成橡胶胶料在硫化阶段中各项物理机械性能变化很小或基本不变。

交联和氧化断链反应贯穿于橡胶硫化过程的始终，在硫化的不同阶段上，上述两种反应所占的地位不同，过硫化阶段中氧化断链反应占主导地位。对于天然胶胶料，橡胶主链为线型大分子结构，断链使其物理性能下降，如图 7-15 中 D 曲线所示那样；而对于大部分合成橡胶（如丁苯胶、丁腈胶等），存在着支链结构，在氧化裂解反应中也有支化和环化反应，胶料变硬，伸长率降低，但强度指标变化不大，如图 7-15 中曲线 C 所示。

三、正硫化点

如前所述，正硫化为硫化过程中胶料综合性能达到最佳值的阶段，而达到正硫化所需的最短时间称为“正硫化点”。正硫化阶段所经过时间称为“硫化平坦时间”，这段硫化曲线称为“硫化平坦曲线”。

由于在给定的温度下，胶料各种性能达到最佳值的时间不一，为了使橡胶制品获得最佳性能和确定正硫化条件，必须按制品的性能要求、规格、工艺特点，选择既能满是制品特殊性能的要求，又有良好的综合性能的最短硫化时间的一点为正硫化点。一般橡皮电缆生产中，以抗张强度或抗张积作为主要指标，同时兼顾耐磨性、耐撕裂性和弹性等来确定工艺正硫化点。通常是在抗张强度达到最佳值之前的一点作为工艺正硫化点，这样即满足了产品的性能要求，又有较高的生产率。

正硫化点的确定可采用硫化胶的物理机械性能测定法，专用仪器（如门尼粘度计、硫化仪等）法和化学方法，最常用的物理机械法和专用仪器法。

四、硫化条件

1. 硫化温度

热硫化本身是一个化学反应的过程。影响反应过程的首要条件是温度，硫化温度对硫化速度的影响通常用硫化温度系数来描述。

硫化温度系数是指在特定温度下，橡胶达到一定硫化程度所需的时间与在温度相差10℃的条件下所需的响应时间之比，其表达式为

$$\frac{\tau_1}{\tau_2} = K^{\frac{t_2 - t_1}{10}} \tag{7-10}$$

式中 τ_1——温度为 t_1 时所需的硫化时间，单位为 min；

τ_2——温度为 t_2 时所需的硫化时间，单位为 min；

K——硫化温度系数。

硫化温度系数 K 随胶料的差异而变化，并且还与硫化温度范围有关。试验证明多数橡胶在硫化温度为 120～180℃范围内的 K 值通常为 1.5～2.5，各种情况的 K 值见表 7-7。

若已知胶料的硫化温度系数，而硫化温度发生变化，可从式（7-10）求出温度变化后的硫化时间。若硫化温度系数为 2，硫化温度升高 10℃，则硫化时间为原硫化时间的一半。因此可通过提高硫化温度加速硫化过程，达到提高生产效率的目的。

提高硫化温度还要考虑胶料的种类和硫化方法。例如，天然胶的硫化温度一般不宜大于 160℃，丁苯胶、丁腈胶可以采用 150～190℃，氯丁胶小于 170℃，至于硅、氟等胶种 200℃硫化也能承受。硫化体系对硫化温度也有很大影响，用硫黄作硫化剂，硫化温度较低，而采用低硫高速促进剂的硫化体系适用于高温硫化。硫化方法对硫化温度影响：罐式硫化温度要低，连续硫化温度要高，饱和蒸汽硫化温度低，而熔盐硫化温度就高些。

表 7-7　不同橡胶的硫化温度系数 *K* 值

橡胶种类	温度范围/℃			
	120～140	140～160	160～170	170～180
天然胶	1.7	1.6	—	—
异戊胶	1.8	1.7	—	—
低温丁苯	1.5	1.5	1.95	2.3
顺丁橡胶	1.83	1.88	—	—
丁基胶	—	1.67	1.8	—
氯丁胶	1.7	1.7	—	—
丁腈—18	1.85	1.6	2.0	2.0
丁腈—26	1.84	1.6	2.0	2.5
丁腈—40	1.85	1.5	2.2	2.0

2. 硫化压力

硫化时使线缆制品置于一定压力之下，是非常重要的。因为线芯和胶料不可避免带有空气和水分，在硫化过程中，温度一般都在 100℃以上，在此温度下，水分转变为气体，胶料中某些成分也会因发生化学反应而产生气体。这些气体在胶层中产生内压力，如果线缆制品外面压力小于内部气体压力的话，这些气体就会在胶料中形成大的气泡或分层。增加外部压力，就可抑制气泡长大，保持组织的致密，所以硫化压力是保持制品质量的一个重要条件。

3. 硫化时间

硫化是一个交联过程，需要一定时间才能完成，前面曾叙述了正硫化时间的确定，但当硫化条件有变化时，硫化时间长短的调节必须服从于正硫化时的硫化效应，并以此为准则。时间过短会造成欠硫化，过长会导致过硫化。为介绍硫化效应，应先介绍硫化强度概念。

硫化强度表示胶料在一定温度下，单位时间所达到的硫化程度，或胶料在一定温度下的硫化速度。硫化强度取决于胶料的硫化温度系数和硫化温度，表达式为

$$I_t = K^{\frac{t-t_0}{10}} \tag{7-11}$$

式中　I_t——硫化强度；

K——硫化温度系数；

t——胶料硫化温度；

t_0——规定硫化效应所采用的温度（一般取 $t_0=100℃$）。

根据硫化强度和温度系数的关系，可得到不同硫化温度下的温度系数对应的硫化强度，并可列成表，以备以后计算硫化效应时使用。

硫化效应是硫化强度和硫化时间的乘积，其表达式为

$$E=I_t\tau \tag{7-12}$$

式中　τ——硫化时间。

硫化效应是衡量硫化程度深浅的尺度。若一种胶料在不同的硫化条件下硫化，只要其硫化效应相同，那么就能达到同样的硫化程度。按此原则，在生产条件变更的情况下调整硫化条件，可判断在制胶料是否达到了正硫化，举例如下。

例 7-1：某一绝缘胶料的硫化温度系数为 2，硫化温度为 143℃时，正硫化时间为 15min。若将硫化温度提高到 173℃，求在该温度下达到正硫化所需时间。

解：由式（7-11）计算出 143℃和 173℃的硫化强度

$$I_{143}=2^{\frac{143-100}{10}}=19.7$$

$$I_{173}=2^{\frac{173-100}{10}}=157.6$$

由式（7-12）求出 143℃时的硫化效应

$$E_{143}=I_{143}\tau_{143}=19.7\times15\text{min}=295.5\ \text{min}$$

$$E_{173}=E_{143}$$

$$\tau_{173}=\frac{E_{143}}{I_{173}}=\frac{295.5}{157.6}\text{min}=1.88\text{min}$$

所以当硫化温度由 143℃提高到 173℃时，只需 1.88 min 即可达到正硫化。

第八节　硫化方法

在加热硫化中，凡是借以传递热能的物质通称为硫化介质。电缆工业使用的硫化方法依硫化介质分为饱和蒸汽硫化、红外线硫化和低熔点金属盐等硫化方法。在橡胶工业中还有热水、过热水、高频电场和微粒玻璃珠等硫化方法。

硫化和交联是完全相同的化学反应形式，都是使高分子材料由线型分子结构转化为体型网状结构大分子的工艺过程，只是应用此法的制品不同而已，用于橡胶时被称为硫化，用于塑料就被称为交联。所以许多生产工艺和设备完全相同或者十分接近，因此在第六章中已经介绍过的方法和设备在此就不再重复了。

一、饱和蒸汽硫化

电缆行业使用饱和蒸汽硫化的方法有两种：一是胶料从挤橡机出来后经收绕再进入硫化罐硫化，分两步完成，称为罐式硫化；二是经挤包橡胶后，直接进入硫化管硫化，是连续性一次完成的，称为连续硫化。连续硫化由于由生产效率高，产品质量好，操作方便等优点，已成为电线电缆生产的最主要的硫化方式，硫化罐硫化则退居次要地位了。但由于罐式硫化灵活性大，对于某些短段产品或某些特殊要求的产品的硫化仍比较合适。

1. 罐式硫化

罐式硫化的主要设备是硫化罐，它是由钢板焊接而成的罐体及罐盖组成。罐体一般为两层，夹层通以蒸汽保温，罐外包有较厚的隔热材料，罐上有压力表、安全阀、进汽管、排水管、排汽管等。为获得最大加热效率，各设备均装有汽水分离器，另外对较大型的硫化罐还装有运送线盘的轻便轨道，以供装有需硫化电缆的小车进出。电缆绕在硫化筒上。硫化筒由钢板焊成，并开有许多孔，支撑在小车上。在罐内硫化过程中，还可以由传动装置使硫化筒旋转（见图7-16）。

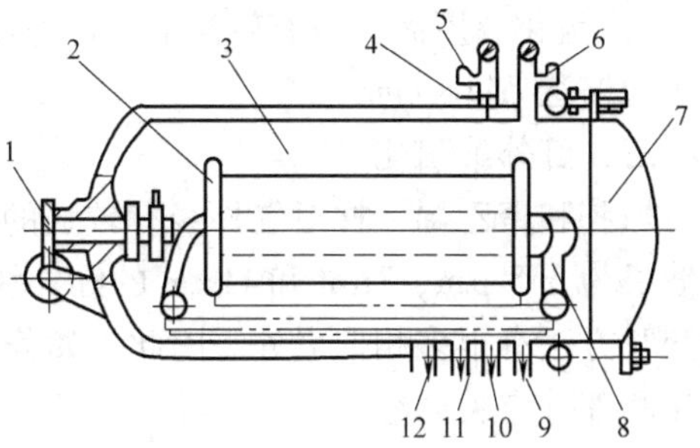

图7-16　硫化罐结构图

1—硫化筒旋转传动装置　2—硫化筒　3—硫化罐　4—夹层进气阀　5—夹层压力表及安全阀　6—罐内压力表及安全阀　7—罐盖　8—小车　9—冷凝水排水管　10—罐内放气阀　11—罐内进气阀　12—夹层放气阀

硫化过程分进汽阶段、硫化阶段、放汽阶段、硫化过程中温度的变化如图7-17所示。硫化时蒸汽表压力一般控制在30～50kPa以上，相对应的温度为142～158℃，硫化时间为：进汽10～20 min，硫化35～45min，放汽8～10 min。硫化前，一般是将涂有滑石粉的线芯以很小的张力卷绕到硫化筒（或线盘）或盘绕于托盘中，然后送入硫化罐中进行硫化。但对于线芯截面积大，要求较高的线，则应包布带或包铅后进行硫化。包铅、包布带既费工时，又浪费材料，所以非特别需要不宜采用。

2. 连续硫化

连续硫化是利用提高硫化温度的方法来加快硫化速度的硫化方法，根据硫化温度对硫化速度的影响，温度每提高10℃，硫化速度约提高一半，即硫化时间减半。考虑到一些因素的影响，理论计算的硫化时间是实际硫化时间的60%～70%，实际的硫化速度要比理论计算速度低1/3左右。

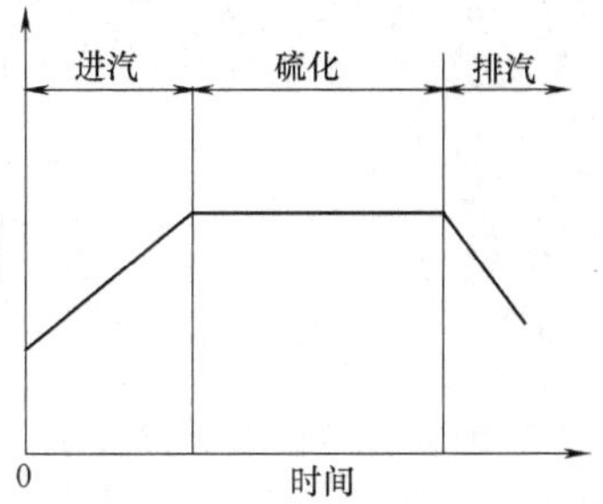

图7-17　罐式硫化工艺条件

连续硫化机组由挤橡机和硫化管及一些辅助装置组成。辅助装置主要有进出口密封、牵引轮、收放线架以及供汽供水管路等。硫化管是通以高压蒸汽使胶料进行硫化的管子，它由无缝钢管对接组成。硫化管有单层和双层两种。单层具有制造、安装方便的优点，但温度不易稳定，且管中冷凝水较难排除；双层硫化管可以克服这些缺点，一般管道夹层通以0.3～0.6MPa的低压蒸汽进行保温，里层通以1.5～2.0MPa的高压蒸汽进行硫化，硫化管道外面包有隔热材料。目前，作为绝缘硫化的管道长40～60 m，护套硫化的管道长约80～90 m，管道一端通过双缩接套与机头相连。硫化管道进出口有钢制的螺纹密封模，并垫上密封橡皮垫圈予以密封，以防止蒸汽泄漏造成压力波动。连续硫化机组的布置方式有水平式、立式、倾斜式和悬挂式四种。

二、熔盐硫化

以钠、钾等低熔点金属盐为介质的硫化方式，除可用于橡皮电缆的生产外，还可用于生产中、低压交联聚乙烯电缆。此法对于大规格的橡套硫化有很大的优越性，具体有以下优点：

1）由于介质的密度大，较好地解决了卧式机组的“擦管”问题；

2）硫化温度高，故有较高的生产速度。使用略带斜度的卧式熔盐机组生产的橡套电缆最大规格达 ϕ110 mm 。

三、红外线硫化

橡胶和聚乙烯一样对红外线有较强的吸收能力，例如天然胶和丁苯胶各 50% 的混合胶对波长为 3.5 μm、7μm 和 11μm 的红外线有很强吸收能力。熔盐和红外线硫化方法与相应的交联方法有很多相似之处。因此，如若想了解有关熔盐、红外硫化技术和机组情况，可参阅交联部分有关内容。

第八章　成缆工艺

电缆是用来传输电能或控制信号的，电力设备多数使用多相电源，所以供电用电缆也需多根线芯同时工作。电气设备须由多路信号同时交互工作来完成电气设备的控制和信息传输。在生产中将许多根线芯绞合在一起制成多芯电缆，可以减小电缆的总体积，还可以减小电缆的占用空间，并且减少材料用量，降低生产成本。对于传输三相电源的电缆，线芯绞合还具有使三相磁场抵消、减少电能损耗的作用。

在绝缘线芯绞合到一起的同时，还对线芯的间隙进行填充并扎紧。这种将绝缘线芯或单元组按照一定的规则绞合在一起并加以填充和包带的过程就叫成缆。

第一节　成缆设备及工作原理

一、成缆设备的工作原理

成缆机的工作原理与绞线机相同，同时有绝缘线芯围绕中心轴线的旋转运动和成缆线芯沿轴线方向的水平直线运动，旋转运动由绞笼旋转产生，水平直线运动由牵引装置产生，绞笼每旋转一周完成一次绞合，同时，牵引走过的距离即为一个节距长度。这样，通过改变两个运动速度的配合，即可调整节距（或螺旋升角）的大小，使生产出来的成缆线芯符合结构要求。绞合节距与两个运动速度的关系为

$$h=\frac{V}{n}$$

式中　h——绞合节距，单位为m；

　　　V——收线速度，单位为m/min；

　　　n——绞笼转速，单位为r/min。

二、设备的命名及代号

常用成缆机的放线部分为笼形，放线架为摇篮状，因此常用成缆机多为摇篮型笼式成缆机，用CLY表示。这种类型成缆机绞制设备上围绕中心轴旋转的部分是决定生产速度和生产能力的关键，因此以放线部分来规定设备规格，即由放线盘直径、放线盘数量、绞笼段数组成，放线绞笼由多段串联时中间以“+”连接。如CLY-630/6+12表示放线部分为笼式放线架为摇篮式的成缆机，放线绞笼为两段，每段可分别放置直径为630mm的线盘数量为6和12个。CLY-1600/1+3型摇篮式成缆机，放线部分可放置直径为1600mm放线盘4个。

三、设备的组成

成缆机的组成是基本相同的，有放线部分、绕包装置、牵引装置、收排线装置、拖动与传动系统以及控制系统，还有分线板、并线模架、计米器等装置，如图8-1所示。另外由于工艺和产品的需要，如有些线芯成缆需要有退扭装置，以保证线芯的稳定。因此，成缆机有退扭和不退扭的区分。

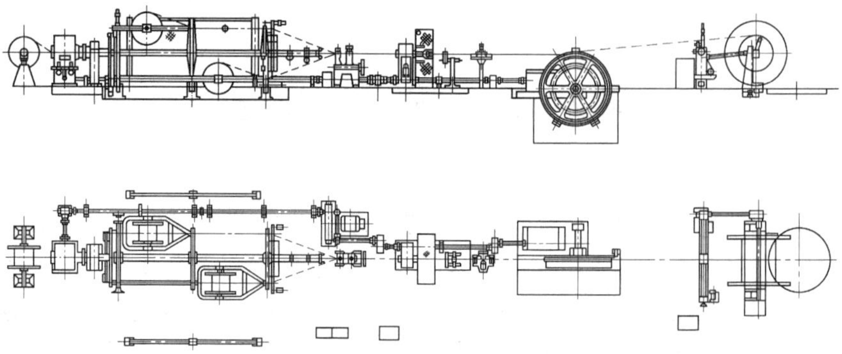

图 8-1 CLY1000/6 成缆机组成

四、成缆设备的型式

把绝缘线芯绞合在一起，并加以填充、绕包的设备叫作成缆机，习惯上我们把成缆机分为笼式、盘式和盘绞式。笼式、盘式成缆机的绞合形式及绞合原理一样，放线架均采用摇篮式，在设备标准中把两者都划为笼式绞线机。

1. 笼式成缆机

大、中、小型笼式成缆机的基本型式、绞合原理和主要组成基本相同，可根据放线盘规格、盘数及配置来规定设备规格。摇篮型笼式成缆机的基本参数见表 8-1。

表 8-1 CLY 摇篮型放线笼式成缆机基本参数 （单位：mm）

规格代号	主机参数							设备中心高 max
	主参数		工艺参数					
	放线盘直径	盘数及配置	进线直径	出线直径 max	成缆节距	转速		
						公比	级数	
400/6 +12	400	6 +12	1.0 ~2.5	16	35 ~360	1.18	6	1000
400/6 +12 +18		6 +12 +18						
630/6	630	6	2.0 ~10.0	40	36 ~360 或 90 ~1250			
630/6 +12		6 +12						
630/12 +18 +24		12 +18 +24						
1000/3	1000	3	5.0 ~20.0	63	200 ~2000			
1000/1 +3		1 +3						
1000/6		6						
1600/3	1600	3	10.0 ~35.0	80	500 ~4000			
1600/1 +3		1 +3						
2000/3	2000	3						
2000/1 +3		1 +3						

笼式成缆机是对摇篮型笼式成缆机的习惯叫法，放线盘都装在旋转的绞笼内。通常绞笼分若干段，即一段、二段、三段绞笼，可以串联布置。每段可单独设置绞向，完成一个绞层的绞制，能同时绞制多层线芯。一次绞制的线芯根数较多，绞制直径较大，绞合方式可以是退扭也可以是不退扭，应用较广泛。其缺点是放线盘均分布在绞笼的外圆周上，绞笼体积庞

大，转动惯量大，转速较低，生产效率低。

（1）放线部分

笼式成缆机的放线部分（即绞笼）是成缆机的主体。绞笼由空心轴、绞盘、摇篮架、分线板、退扭机构、托轮架和制动装置等组成。根据需要，有放置 6 盘、12 盘、18 盘和 24 盘的绞笼，可相应绞制 6、12、18、24 根线芯的绞层。

摇篮式放线架的左右两端支承与绞盘连接。左端装有退扭曲柄，与退扭环相连。中间有支承放线轴的支承座。放线盘的侧面装有张力轮，由调整螺钉和刹车带来调节放线张力，如图 8-2 所示。

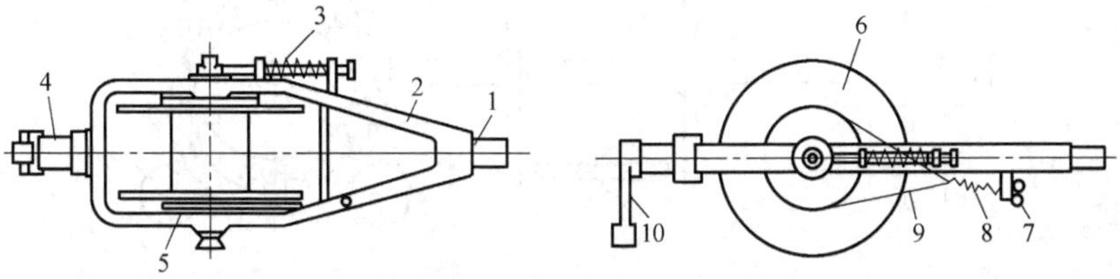

图 8-2 摇篮式放线架结构示意图

1、4—轴 2—摇篮 3、8—弹簧 5—制动轮 6—放线盘 7—调节螺母 9—刹车带 10—曲轴

摇篮式放线架结构简单，既能容纳线盘，又能对绞笼结构起加固作用，但是线盘对中较困难，上下线盘不方便。1000 mm 及以下规格成缆机的绞笼多采用摇篮式结构。

大型成缆机由两个大小不同的圆盘紧固在空心的主轴上，三个盘架支撑在两个圆盘之间，故又叫盘式成缆机。空心轴的后端在主轴承中旋转，前后圆盘均由托轮支承。放线摇篮盘架后轴头上装有退扭用的齿轮机构，多采用行星齿轮系统来退扭。图 8-3 为大型成缆机放线装置。

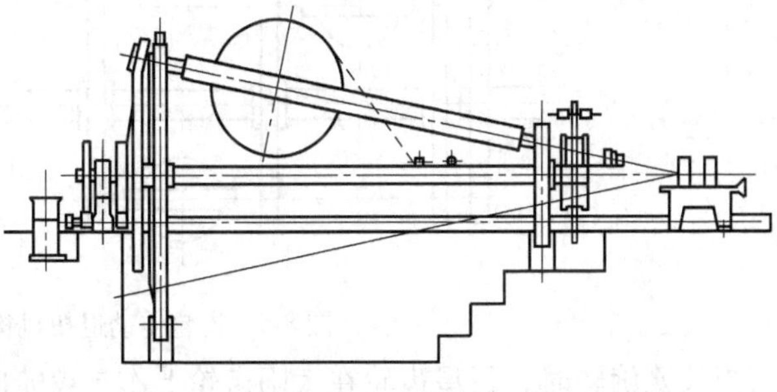

图 8-3 大型成缆机放线装置

成缆机空心轴的最前端装有分线板，使绞合前的绝缘线芯依照正确方向进入并线模，并可防止线芯回扭。分线板有模孔式和辊轮式两种，每根绝缘线芯都经过一对辊轮或分线板的模子，然后进入并线模。模架并线模可根据需要更换。它的作用是使几根绝缘线芯并合，绞成正确的圆形电缆。成缆机前端的圆盘上都有星形架，用来放置填充材料。星形架固定在绞笼上，并随之一起旋转。

在并线模架后设有包带头，包带头支架上一般有 2 ~ 6 个带夹，用来在电缆芯外绕包包带。成缆常用的绕包头形式为普通式和半切线式，包带绕包方式为间隙式或搭盖式。最后成缆线芯经轮式牵引或履带牵引进入收排线装置。

（2）退扭机构

若摇篮架固定在绞盘中，当绞笼旋转一周时，放线盘围绕设备中心要翻转一周，而放出的线芯在压线模处被压住，因此线（芯）被扭转一周，为无退扭绞合。而退扭机构带动放线盘逆线芯自转方向转动，形成退扭绞合。绞笼的退扭机构安装在绞笼的主动齿轮一端，常用退扭装置有连杆偏心退扭机构和行星齿轮退扭机构两种。

1）连杆偏心退扭机构。连杆偏心退扭机构是使摇篮架经常保持水平位置的连杆退扭机构，是根据四连杆机构原理设计的，其结构如图 8-4 所示。摇篮架的左轴端穿过绞盘的轴承孔后，与曲柄一端固定连接；曲柄另一端与退扭环通过销轴非固定连接。退扭环由下部的托轮支承，退扭环的中心对绞笼中心向下偏心一段距离，退扭环中心至与其连接的曲柄轴孔中心的半径和摇篮架至绞笼中心的距离均相等。摇篮架与曲柄垂直相连，以能经常保持水平方位，达到放线退扭的目的。这种退扭方法结构简单，常用于小型成缆机中。

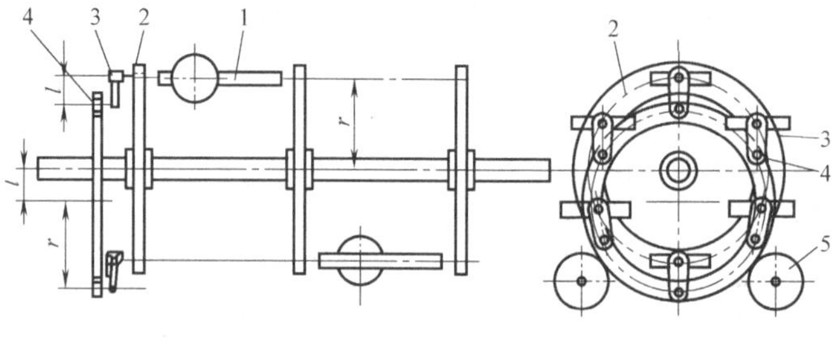

图 8-4　连杆传动退扭机构原理图

1—摇篮架　2—绞盘　3—曲柄　4—退扭环　5—托轮

2）行星齿轮退扭机构。这种退扭机构比较复杂，但可以达到完全退扭和不完全退扭两种目的，如图 8-5 所示。行星齿轮退扭机构是通过太阳齿轮 Z_3、行星齿轮 Z_2 和摇篮架齿轮 Z_1 的传动，达到退扭的目的。Z_3 固定在摇篮架空心轴上，工作时随绞笼旋转；Z_1 连接在放线盘上；Z_2 为中间连接齿轮，当摇篮架至绞笼中心距离大时，可用几个齿轮连接，但中间齿轮数目必须是奇数，否则 Z_1 的转向不对。

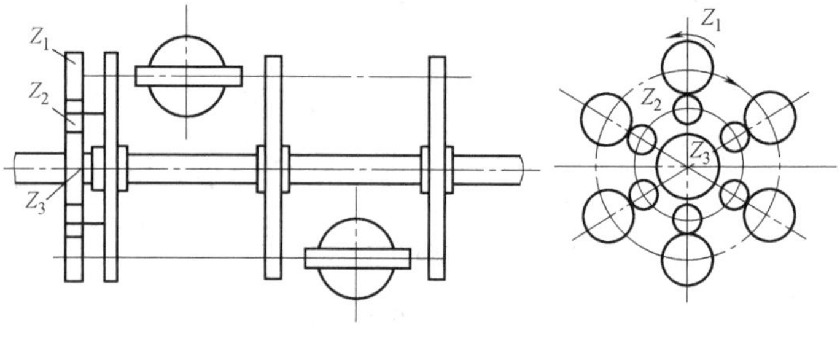

图 8-5　齿轮传动退扭机构原理图

当绞笼旋转时，行星齿轮在太阳齿轮上作与绞笼同方向旋转，带动摇篮架齿轮作与绞笼相反方向的旋转，左向绞合时，Z_1 右向转动，这样放线绞笼每绞合一周，放线盘就回转一周，使放线架一直保持水平的位置，从而得到了退扭。

当 Z_1 和 Z_3 的齿数相等时，可以达到完全退扭；Z_1 的齿数少于 Z_3，退扭大于 360°；Z_1 的齿数多于 Z_3，退扭小于 360°，可以通过齿数调节达到不同程度的退扭。当扇形线芯不需退扭时，卸下齿轮 Z_2 即可。这种方法简单方便，常用于各种笼绞机和大型成缆机中。

2. 盘绞式成缆机

普通式成缆机绞笼体积庞大，笼内放线盘很重，因而转速慢，生产效率不高。采用束线原理进行成缆的盘绞式成缆机，收线部分除作收线运动外，还绕缆芯轴线作绞合运动，收线盘中心与设备轴线重合，转动惯量小，使旋转速度大大提高，转速为 25 ~ 300 r/min，比笼式成缆机效率提高许多。盘绞式成缆机不仅生产效率高，而且适用范围广，既能用于各类电力电缆、通信电缆和控制电缆的成缆，也可以进行分割导体的绞合，对放线装置进行改装，也可进行钢丝装铠，因此适用范围很广。

这种成缆机放线装置固定于地面，而收线盘可同时完成绞合和收线双重运动，还可同时进行退扭。盘绞式成缆机的主参数是收线盘规格，收线盘分为1000 mm、1600 mm、2000 mm、2500 mm 和3150 mm。图8-6为一种盘绞式成缆机的设备组成。该机由旋转式放线架、扇形芯自动校准器、并线模、塑料带包带头、钢/铜带包带头、旋转式履带牵引、旋转式收线架、传动及控制系统等组成。

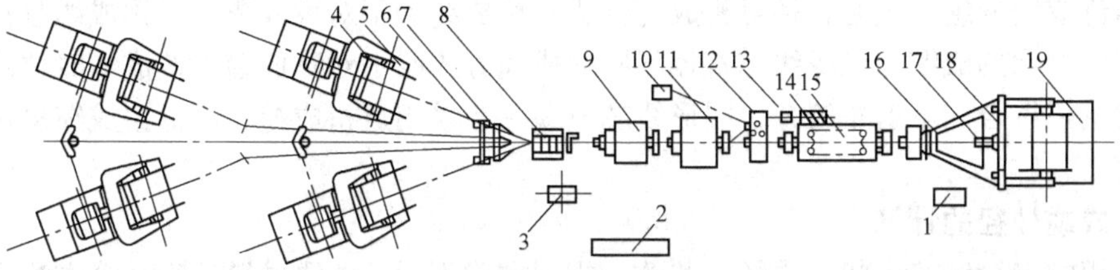

图8-6 盘绞式成缆机的设备组成

1—收线操作台 2—主控柜 3—主操作台 4—旋转式放线架 5—放线油压升降台 6—扇形芯自动校准器 7—导向器 8—并线模 9—包带头 10—直流电机 11—钢/铜带绕包头 12—变速箱 13—无级变速箱 14—牵引变速箱 15—旋转式履带牵引 16—旋转式收线架 17—收线电动机 18—排线装置 19—收线油压升降台

放线架与履带牵引、收线架既可同步回转完成退扭成缆，也可以只做放线旋转，进行无退扭成缆。可以满足退扭、无退扭、预扭和不预扭等成缆工艺要求。

退扭成缆时，主电动机带动放线架回转，放线盘放线同时随放线架回转完成退扭。若成缆扇形绝缘线芯不需要退扭时，放线架便可只做放线转动。

放线架为U形叉式结构，放线盘支承在叉端的两个顶尖内。顶尖由单独电动机驱动。顶尖轴上装有气动制动装置，用以控制放线张力。上下放线盘由液压升降平台辅助装卸。齿轮传动箱内设有差动系统，由装在放线架上的矫正电动机单独驱动。放线架均与主传动地轴相连，由主电机驱动，也可分别由各自的矫正电动机加以控制。矫正电机和扇形芯自动校准器组成了扇形芯校准系统。在绞合扇形芯电缆的过程中，无论是否进行预扭，扇形芯自动校准器时刻监视着扇形芯圆心角的位置。如果校准器发现扇形芯圆心角偏离电缆几何中心时，可立即向矫正电机发出信号，可使扇形芯圆心角自动回归到正确位置，这些都在线芯进入并线模之前进行。

并线模有两个，且两个模子之间的距离可以调整。绞合后的线芯在进入履带牵引之前需要绕包包带。盘绞式成缆机速度快，要求绕包的转速快，一般用两个半切式的绕包头，其最高转速能达到800 r/min，否则就会影响生产效率。填充材料可以放置在地面上或单独的放线架上，组合灵活。

旋转式履带牵引由转体和牵引履带等组成。履带装在转体内，随着转体旋转的同时牵引着电缆移动。履带的张紧、压紧和松开都由压缩空气经气缸和压辊控制，调节气压可改变牵引力。此外，设有过载自动停车系统，牵引速度可以调节，以便对成缆节距作精细调整。

旋转式收线架也是叉式结构。收线盘的支承结构和上下盘操作、气动钳式制动同放线架相似。收线架上装有收线电机和排线装置，工作时同收线架一起旋转，可根据设定的成缆外径和收线盘规格进行自动收排线。

盘绞式成缆机的特点是使用范围广，生产效率高，能够生产大长度电缆，并且自动化程度高，使用安全可靠，操作简单。但设备结构较复杂，维修难度较大。

第二节　圆形线芯成缆工艺

根据待成缆的绝缘线芯直径可将成缆分成对称成缆和不对称成缆。对称成缆是指绝缘线芯直径完全相同的成缆；绝缘线芯直径不同的成缆方式叫不对称成缆。按成缆时放线盘是否固定分为退扭绞合和不退扭绞合，圆形线芯电缆一般采用退扭成缆，不退扭成缆多用于异形线芯成缆。

一、成缆外径的计算

因成缆的绝缘线芯形状、线径、芯数、排列方式不同，电缆成缆外径计算方法也有所区别。按照绝缘线芯形状可分为圆线芯成缆外径计算和扇形线芯成缆外径计算。

1. 等直径圆线芯成缆——对称成缆

对称成缆的结构计算与正规绞线结构计算相同，可参见第四章第三节的内容。

成缆直径为

$$D = kd \tag{8-1}$$

式中　D——成缆线芯直径，单位为 mm；

k——成缆外径系数，取值见表 8-2；

d——绝缘线芯直径，单位为 mm。

表 8-2　对称成缆外径系数表

芯数	绞合规则	k 值	芯数	绞合规则	k 值	芯数	绞合规则	k 值
2	2	2	13	4 + 9	4. 414	24	2 + 8 + 14	6
3	3	2. 154	14	4 + 10	4. 414	25	3 + 8 + 14	6. 154
4	4	2. 414	15	5 + 10	4. 7	26	3 + 9 + 14	6. 154
5	5	2. 7	16	5 + 11	4. 7	27	3 + 9 + 15	6. 154
6	6	2. 8	17	0 + 6 + 11	5	28	4 + 9 + 15	6. 414
7	1 + 6	3	18	0 + 6 + 12	5	29	4 + 9 + 16	6. 414
8	1 + 7	3. 3	19	1 + 6 + 12	5	30	4 + 10 + 16	6. 414
9	1 + 8	3. 4	20	1 + 6 + 13	5. 154	31	5 + 10 + 16	6. 7
10	2 + 8	4	21	1 + 7 + 13	5. 3	32	5 + 11 + 16	6. 7
11	3 + 8	4. 154	22	1 + 8 + 13	5. 7	33	5 + 11 + 17	6. 7
12	3 + 9	4. 154	23	2 + 8 + 13	6	34	6 + 11 + 17	7

2. 不等直径圆线芯成缆

具有这种结构形式的电缆多为移动式橡套软电缆、低压电力电缆等。通常都是三个同截面积的主线芯与一个小截面积的中性线芯绞合在一起，绝缘线芯截面呈圆形，俗称“三大一小”。

$$D = ad_1 \quad (8\text{-}2)$$

根据式（8-2）和图 8-7 得出

$$b = \frac{a^3 - 2a^2}{a^2 - a - 1}$$

$$b = \frac{d_2}{d_1}$$

式中 D——成缆线芯直径，单位为 mm；

d_1——主线芯直径，单位为 mm；

d_2——中性线芯直径，单位为 mm。

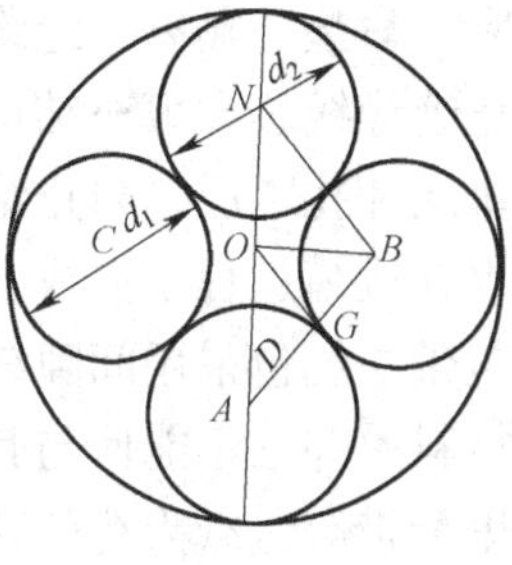

图 8-7 三大一小线芯成缆结构图

由 b 值计算 a 值较难，为方便计算，把 b 值与 a 值的对应关系列于表 8-3 中。

表 8-3 三大一小线芯成缆外径 *a* 值与 *b* 值的对应关系

b	0.337	0.4834	0.590	0.690	0.797	0.890	0.976	1.000
a	2.100	2.155	2.200	2.250	2.300	2.350	2.400	2.414

二、填充

绝缘线芯成缆时，其线芯与线芯之间均有一些空隙，特别是两芯、三芯、四芯和五芯圆形线芯成缆时，其内部和侧面的空隙均较大，采用填充材料加以填充，不仅可提高电缆的圆整度，还可提高电缆结构的稳定性，如图 8-8 所示。

此外，有些电缆（例如矿用电缆）在绝缘线芯中间放置硫化橡皮填芯，这种填芯一方面起到填充作用，更重要的是，它提高了电缆抗冲击和抗挤压能力。对电缆进行密实填充还可以提高电缆的散热能力并起到一定的纵向阻水作用。

对填充材料的要求：要求填料的耐热性能与电缆工作温度相一致，要求不能促使与其接触材料的性能变化，还要求具有不吸水性。

常用填充材料有聚丙烯撕裂薄膜、成型塑胶条、纸捻绳、电缆麻、棉纱、塑料绳、橡皮填芯等。

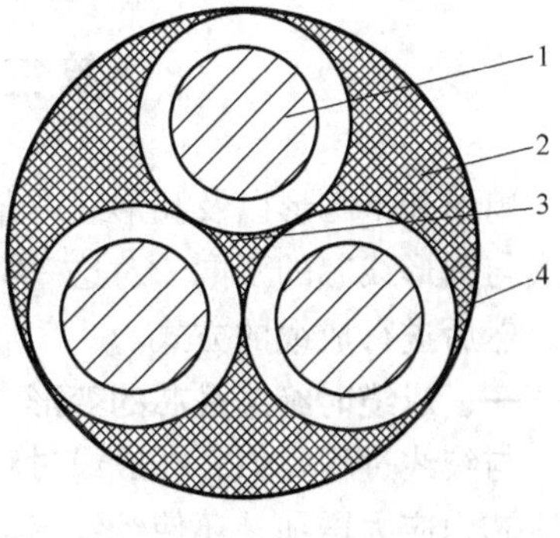

图 8-8 成缆填充结构示意图
1—绝缘线芯 2—侧边填充
3—中心填充 4—包带

圆形绝缘线芯成缆后，侧边及中心空隙较大，所需填充面积见表 8-4：

表 8-4 圆形绝缘线芯成缆填充面积

芯数	侧面填充面积 /mm²	中心填充面积 /mm²	芯数	侧面填充面积 /mm²	中心填充面积 /mm²
2	$2\times0.79d^2$	0	5	$5\times0.25d^2$	$0.54d^2$
3	$3\times0.42d^2$	$0.04d^2$	6	$6\times0.22d^2$	$1.03d^2$
4	$4\times0.31d^2$	$0.22d^2$	1+6	$6\times0.04d^2+6\times0.22d^2$	0

注：绝缘线芯外径为 d。

三、包带

在成缆线芯和填充表面绕包的扎紧带、垫层、隔离层和带绝缘等统称为包带层。包带层起扎紧、衬垫、隔离、绝缘等作用。对于多数的无铠装层电缆，包带层只是起到扎紧作用，以防止绝缘线芯和填充结构松散。铠装电缆允许在成缆线芯外绕包较厚的塑料带或无纺布带作为垫层和扎紧层，防止结构松散和铠装层对绝缘层的损伤。具有带绝缘的纸力缆其带绝缘绕包也在成缆过程中完成，可以增加导电线芯的对地绝缘强度。

包带层绕包采用间隙绕包或重叠绕包形式。要求采用的材料与电缆耐温等级相当的非吸湿性材料，并且不能使与其接触的材料性能变化。塑料绝缘电缆多采用无纺布带、聚氯乙烯带、聚酯带等，纸力缆的带绝缘采用电缆纸带绕包而成。

四、成缆方向和节径比

产品类型不同对成缆要求也会不同，一些电气装备电缆标准规定成缆方向为右向，有些产品对成缆方向没有明确要求。

成缆节距以节径比的形式予以限定，大小依产品导体结构、绝缘类型、使用要求不同而不同，导电线芯采用国标中规定的第一或第二种结构、用于固定敷设的电缆节径比大，采用国标中规定的第五或第六种导体结构、用于移动场合、要求柔软性好的电缆节径比要小。圆形线芯交联聚乙烯绝缘和油浸纸绝缘电力电缆因绝缘较硬，节径比较大，一般为 30 ~ 40；圆形线芯聚氯乙烯绝缘电力电缆节径比为 20 ~ 40；国家标准规定塑料绝缘控制电缆节径比不得大于 16 ~ 20；通用橡套软电缆要求柔软，标准规定节径比为 12 ~ 14；矿用橡套软电缆对柔软性要求更高，标准规定节径比不大于 5 ~ 14。

第三节　异形线芯成缆工艺

扇形和半圆形以及瓦形线芯截面在周向具有的不对称性和形状的特殊性，决定了其成缆方式与圆形线芯的不同。对这一类线芯成缆应采用不退扭成缆，即将线芯先预先扭转一定角度，然后进行成缆的方式。

一、成缆时绝缘线芯的变形

与绞线过程类似，在成缆过程中，绝缘线芯会产生弯曲变形和扭转变形，变形不仅使绝缘线芯内应力增加，还使绞线组成的导电线芯外径发生变化，对绝缘线芯造成较大影响。

1. 退扭成缆

（1）行星齿轮退扭

采用行星齿轮退扭机构的成缆机（如盘式成缆机）成缆时，可完全退扭，线芯只有弯曲变形，无扭转变形。

（2）四连杆退扭

采用四连杆退扭的成缆机，绞笼每旋转一周，四连杆退扭 2π，此时线芯受到 $2°\sim6°$ 的扭转，方向与成缆方向相反，这个扭转变形很小，基本可以认为线芯只有弯曲变形。

2. 不退扭成缆

不退扭成缆时，线芯既有弯曲变形，又有扭转变形。扭转对线芯产生以下两种影响：

1）成缆方向和导电线芯外层绞合方向相同时，在每个成缆节距上导电线芯增加一次扭绞，谓之“增扭”。增扭使导电线芯外层节圆周长缩小，导丝伸出。

2）成缆方向和导电线芯外层绞合方向相反时，在每个成缆节距上导电线芯减少一次扭绞，谓之“松扭”。松扭使导电线芯外层节圆周长增大，导丝回缩。

导电线芯外形的这种变化会影响到绝缘的状态，松扭会造成绝缘承受张力增大，严重时出现绝缘层凹陷甚至崩裂；增扭使导电线芯外径减小，易导致绝缘松套、皱褶等。对比两种方向的成缆，反向成缆形成松扭对线芯的影响要大于同向成缆。

二、成缆工艺

1. 预扭成缆

(1) 预扭角度

采用不退扭成缆的异形绝缘线芯必须进行预扭。预扭是将异形绝缘线芯按成缆相反方向进行扭转，使线芯先有一个反方向的弹性变形。成缆时绝缘线芯在做成缆绞合运动的同时绕自身轴线旋转，并基本与成缆动作同步，使该异形芯弧形的圆心始终位于成缆线芯的轴线上，保证异形线芯拼合为完整的圆形，扭转的角度受多因素限制，是经验值。

1) 成缆节距小，预扭角度大；

2) 放线盘到并线模距离长，预扭角度大；

3) 绝缘线芯柔软，预扭角度大。

因此在实际操作中应使：

1) 绞笼后面单独放线架上线芯预扭角度大于绞笼上线芯；

2) 小截面线芯预扭角度大于大截面线芯；

3) 同规格线芯，导电线芯结构为绞线的预扭角度要大于单线。

4) 对预扭不足或预扭过大的绝缘线芯还可通过调整成缆压模架与分线板之间距离来作少量调节，预扭不足的把模架与分线板之间距离调小一些，预扭过大的把距离调大一些。

预扭角度一般在 0.5 ~3 圈。

(2) 成缆外径

具有半圆形和扇形绝缘线芯的电缆主要有两芯（$2\times180°$）、三芯（$3\times120°$）、四等芯（$4\times90°$）和三大一小（$3\times100°+1\times60°$）几种结构形式。其成缆外径结构示意图如图 8-9 所示。计算公式如下：

$$D = kh$$

式中　k——成缆结构系数；

h——半圆形、扇形绝缘线芯的扇形高，对 3 +1 结构为主线芯扇形高，单位为 mm。

图 8-9　半圆形、扇形线芯成缆结构示意图

为便于计算，把半圆形、扇形绝缘线芯成缆的结构系数 k 值列于表 8-5。

表 8-5　半圆形、扇形绝缘线芯成缆的结构系数表

电缆芯数	2	3	4	3 +1
k 值	2	2.11	2.2	2.31

（3）节径比

为减轻扇形线芯成缆中线芯受到的扭转变形，可采用比圆形线芯更大的节距。一般聚氯乙烯、交联聚乙烯绝缘电缆的节径比为 30～60，纸绝缘电缆的节径比为 40～80。

（4）填充和包带

扇形绝缘线芯成缆时，中心和侧面的空隙与扇形圆角半径有关，扇形线芯空隙较小时，可以不填充，较大空隙要加以填充，填充面积比圆形线芯要小得多，以填充密实圆整为宜。常用聚丙烯撕裂薄膜捻合而成的聚丙烯绳作为填充物，也有选用不同号数的纸捻或电缆麻来填充的。

2. 大截面分割导体的成缆

随着电力传输朝着大容量方向发展，大截面导体的应用越来越多，但是由于交流集肤效应的存在，当导体直径增大到一定程度时，导致导体的交流电阻会明显大于其直流电阻，因而单靠增大截面积也就失去了其实用性和经济性。为此，将大截面导体分割成彼此绝缘的几个扇形股块，然后绞合成缆为圆形导体，可以有效减小导体交流电阻，这种导体即为分割导体如图 8-10 所示。

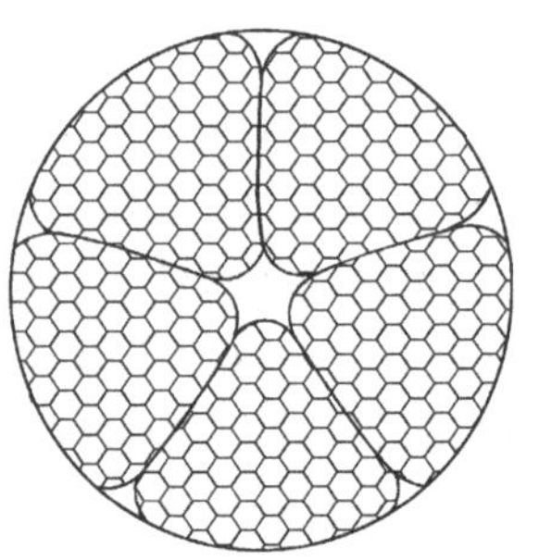

图 8-10　分割导体结构示意图

扇形分割主要有扇形四分割、五分割、六分割和七分割，其中以五分割居多，主要适用于中等截面积的导体，即 800～1800mm^2。

为了消除分割导体成缆过程中产生的内应力，扇形股块在绞制时必须采用预成型紧压和扭转，使扇形股块预扭成螺旋形。预扭节距与绞合成缆节距应相符合，一般预扭节距应稍大于成缆节距，预扭节距近似等于成缆节距的 1.2 倍，几个扇形股块的预扭节距应一致。在成缆机上采用退扭成缆方式，将几个预扭成螺旋形的股块成缆为圆形。在成缆同时将皱纹纸续入股块间，使各股块彼此绝缘。成缆后的分割导体外应绕包扎带防止变形。

即使预扭节距和成缆节距控制得再精确，也避免不了它的微小误差。成缆时，在成缆机上设有校正扇形股块位置和节距的自动调位装置如图 8-11 所示。这种自动调位装置中压扇形股块部分在绞合成缆时，会左右摆动。当离开正常位置时，就能移动限位开关，从而校正股块到正常位置。

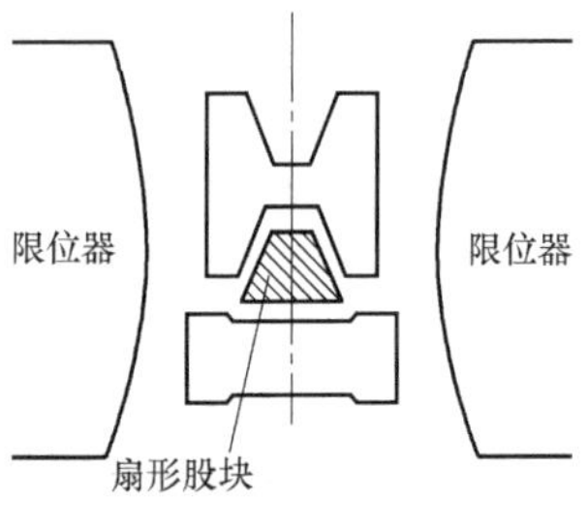

图 8-11　自动调位装置示意图

这种成缆方法也可用于扇形线芯成缆。将预扭成螺旋形的扇形芯进行绝缘挤包，使绝缘线芯也成为螺旋形，成缆时采用退扭成缆，这种扇形绝缘线芯在成缆时不受扭转变形，对提高大截面扇形芯电缆成缆质量大有好处。

三、成缆工艺计算举例

成缆的工艺计算要根据电缆的结构、成缆节距的允许范围、包带绕包角度范围和宽度及机器传动规范的数据等进行计算。在允许范围内要尽量发挥机器的生产效率，即有较高的线速度。以 1 +3/1600 型成缆机为例进行计算。

例 8-1： YJV-0.6/1　3 ×240 成缆生产，测得绝缘线芯扇形高为 19.2mm，工艺规定包带宽度 30mm，在 CLY 1600/1 +3 成缆机进行生产，设定生产工艺参数。

设备参数如下：

1）主电机功率 30kW，转速 960 r/min；

2）绞笼转速有 2.5r/min、4.34r/min、7.57 r/min 三级；

3）包带头转速有 219r/min、260r/min、284r/min、319r/min、348r/min、380 r/min 六级；

4）牵引速度为 4.38 ~ 9.43 m/min 分级可调。

解：成缆直径为 $D = kd = 2.11 \times 19.2\text{mm} = 40.5\ \text{mm}$

交联聚乙烯绝缘扇形线芯成缆节径比为 30 ~ 60，节距长度为

$$h = mD = (30 \sim 60) \times 40.5\text{mm} = (1215 \sim 2430)\text{mm} = 1.22 \sim 2.43\text{m}$$

选定绞笼转速为 4.34 r/min，牵引速度为：

$$V = nh = 4.34 \times (1.22 \sim 2.43)\text{m/min} = 5.29 \sim 10.55\text{m/min}$$

成缆机最高牵引速度为 9.43 m/min，因此设定牵引速度在 5.29 ~ 9.43 m/min 均符合要求。选定牵引速度为 8.80m/min。

包带采用双层间隙绕包形式，设间隙值为带宽的 25%，此时螺旋升角约为 15°。

包带节距　$$h_{带} = \frac{b}{(1-k')\cos\alpha} = \frac{30}{(1-25\%)\cos15°}\text{mm} = 41.4\text{mm}$$

绕包头转速计算值　$$n_{带} = \frac{v}{h_{带}} = \frac{8.80 \times 10^3}{41.4}\text{mm} = 213\text{r/min}$$

绕包头转速选定 219r/min。

成缆时设备参数为：绞笼转速 4.34 r/min，牵引速度 8.80m/min，绕包头转速 219 r/min。此时成缆节径比 50，符合工艺要求。

第九章　护层制造

电缆的护层对电缆起着机械保护、防止化学腐蚀、防潮和防止水的侵入以及对外界电磁干扰屏蔽的作用。

电缆护层一般可分为内护层和外护层，紧包在电缆缆芯上的金属套或非金属套称为内护层，包覆在电缆金属套或非金属套（包括组合套）外面，保护其免受外界机械损伤和腐蚀的覆盖物称为外护层。内护套主要有铅套、（皱纹）铝套、皱纹钢套、非金属的橡塑套和组合套。外护套又分为内衬层、铠装层和外被层，采用的材料有塑料、橡胶、钢带、钢丝、沥青等，加工工艺有挤包、绕包、涂制、编织等。橡塑材料的挤包已在前面做了介绍，本章就其他几种加工工艺进行介绍。

第一节　绕包工艺

把各类带状、线状金属或非金属材料以规定的节距螺旋形地包覆到电缆线芯或缆芯上的生产工艺，就是绕包工艺。其主要用于成缆线芯包带的绕包、装铠钢带绕包、屏蔽铜带绕包、纸绝缘电缆绝缘绕包等，虽然包制用材料不同，但生产工艺十分接近。

一、包带的绕包形式

根据包制时相邻包带螺旋间关系，包带绕包分为间隙式、重叠式和衔接式绕包三种形式如图 9-1 所示。

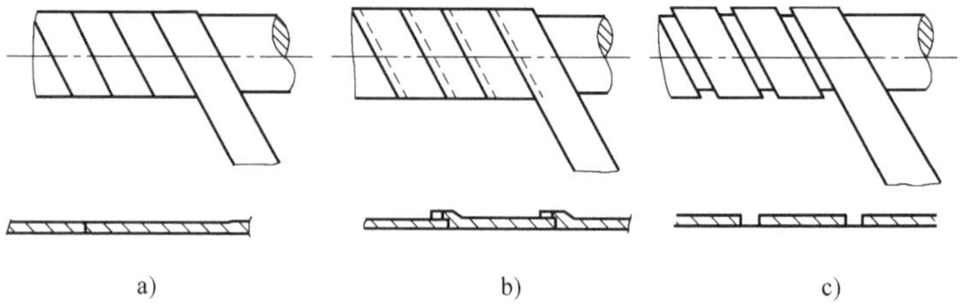

图 9-1　包带的绕包形式

a）对缝式　b）重叠式　c）间隙式

1. 对缝式

对缝式（又叫衔接式）是相邻包带螺旋的边与边紧密地相接的绕包方式，这种方式在实际生产中是极少采用的，一方面工艺上很难实现，另一方面是在电缆弯曲时包带边会因挤压而引起包带边缘的破裂或凸起。

2. 重叠式

重叠式是包带的一部分与前一螺旋的一部分相重叠的绕包形式，又叫正搭接式。这种绕包形式因有层间搭盖而使绕包节距减小，生产速度降低，但通过增大搭盖率可以使同一截面上包带层数增加，实现用较少的绕包头包制多层包带的目的。采用这种绕包形式的有成缆包带、半导电带、屏蔽铜带、耐火云母带绕包等。

3. 间隙式

间隙式是包带后一螺旋与前一螺旋带边间留有一定的间隙的绕包形式，又叫负搭接式。采用这种方式的绕包，当电缆在允许弯曲半径范围内弯曲时，包带就不会发生边缘相碰而挤伤的现象，因此包带受电缆弯曲的影响最小，并且绕包节距大，绕包速度高。采用这种绕包形式的有成缆包带、钢带绕包等。

二、绕包的工艺参数

绕包的工艺参数对工艺计算及生产中工艺参数确定具有重要作用，绕包工艺参数主要有绕包节距、绕包角、包带宽度、包带间隙（或重叠）等，从绕包包带沿轴向切开后的展开图可以看出个参数之间的相互关系，如图 9-2 所示。

1. 包带宽度的计算

从图 9-2 可以看出，在间隙式绕包的图 9-2a 中，$\Delta A'CD \backsim \Delta ABC$，在搭盖绕包的图 9-2b 中，$\Delta AC'D \backsim \Delta ABC$。所以有

$$\frac{b}{h \pm e} = \frac{\pi d}{\sqrt{h^2 + (\pi d)^2}} \tag{9-1}$$

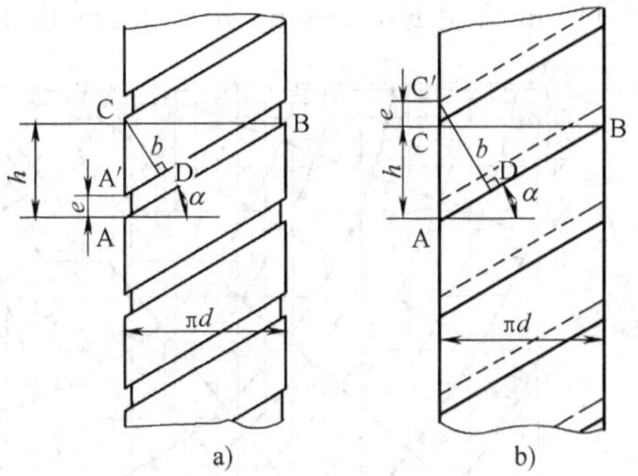

图 9-2 包带的轴向展开图

a）间隙式 b）重叠式

式中 h——绕包节距，单位为 mm；

b——绕带宽度，单位为 mm；

d——绕包直径，单位为 mm；

e——绕包间隙或重叠量，单位为 mm。

对于式（9-1），在间隙绕包中 e 取“ - ”号，在搭盖绕包中 e 取“ + ”号。如果以 k 表示绕包的搭盖率，则 e 值用节距表示为

$$e = kh \tag{9-2}$$

带入式（9-1）得

$$\frac{b}{h(1 \pm k)} = \frac{\pi d}{\sqrt{h^2 + (\pi d)^2}} \tag{9-3}$$

因为

$$\sin\alpha = \frac{h}{\sqrt{h^2 + (\pi d)^2}}$$

所以

$$b = \pi d(1 \pm k)\sin\alpha = (h \pm e)\cos\alpha = h(1 \pm k)\cos\alpha \tag{9-4}$$

式中 α——绕包角。

生产中，如规定了搭盖率 k 和绕包角 α，就可根据绕包直径 d 计算包带宽度。

对式（9-3）两边取倒数，同除以 h，可得

$$\frac{1 \pm k}{b} = \sqrt{\frac{1}{h^2} + \frac{1}{(\pi d)^2}} \tag{9-5}$$

令

$$\frac{1}{b'} = \frac{1 \pm k}{b}$$

则

$$\left(\frac{1}{b'}\right)^2 = \frac{1}{(\pi d)^2} + \frac{1}{h^2} \tag{9-6}$$

再令
$$r=\frac{1}{b'};x=\frac{1}{\pi d};y=\frac{1}{h}$$

则式（9-6）为直角坐标系中圆的方程
$$r^2=x^2+y^2$$

x 为横坐标，与直径有关，用 d 标出；y 为纵坐标，与绕包节距有关，用 h 标出；r 为圆的半径，与 b'有关，用 b'标出。再由 b'值和包带宽度 b 及间隙系数 k 的关系，即可绘出包带宽度计算用图，如图 9-3 所示。由绘图圆心发出的辐射线与 y 轴的夹角为绕包角 α。

计算时，应根据绕包直径及由工艺要求选择绕包节距（或绕包角），再由图 9-3a 查出 b'值，再由图 9-3b，根据间隙系数查出包带宽度。例如，已知 $d=10\text{mm}$，$\alpha=25°$，$k=-0.10$，由图 9-3a 查出 $b'=13\text{mm}$，$h=14.7\text{mm}$，由图 9-3b 可查出适用的包带宽度 $b=12\text{mm}$。

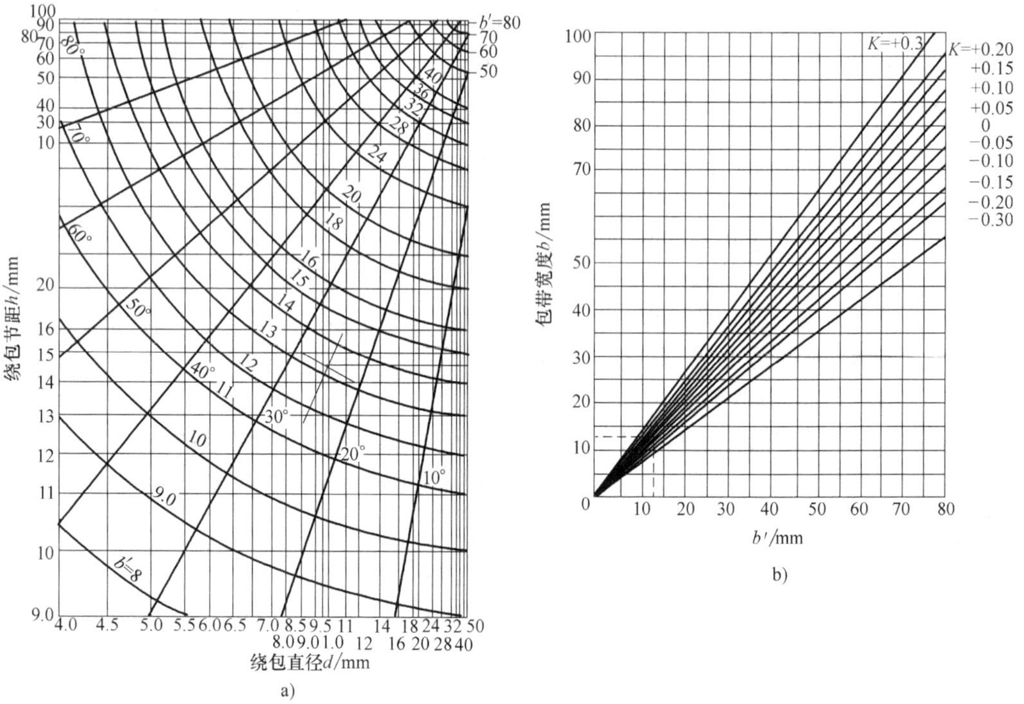

图 9-3 包带宽度与绕包参数的关系

a）b'与绕包直径、绕包节距的关系 b）b'与包带宽度的关系

在相同绕包直径条件下，包带宽度增加可以提高生产效率，但包带宽度过宽，α 角增大，会增加包带边缘拉力的不均匀性，限制了能够承受的平均张力值，从而降低了绕紧度，且平整性差，电缆弯曲时易起皱褶，影响绕包质量。相反，包带过窄不仅影响绕包效率，不容易保证包带的搭盖率，还容易造成包带撕裂。为此对于不同包带材料，不同绕包直径，不同绕包要求选用不同宽度的包带。

2. 绕包节距 h

绕包过程是由两种运动合成的，即包带围绕线芯轴线的旋转运动和线芯沿轴线的直线运动。绕包节距即为绕包头旋转一周线芯沿轴线前进的距离。

3. 绕包角 α

绕包角对绕包紧密性有很大影响，由图 9-4 可以看出，当作用于包带的张力为 F 时，起到使包带绕紧作用的切向分力 F_y 与 $\cos\alpha$ 成比例，故绕包角 α 小，切向分力大，包绕紧密。

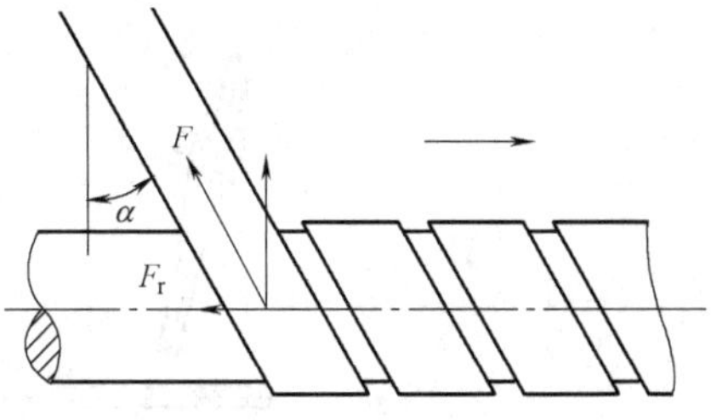

图 9-4　绕包张力分析

绕包节距和 $\tan\alpha$ 成比例，因此 α 角增大，将使生产速度提高。但 α 角过大时，绕包张力小，以至包带绕包不紧，为此，生产时必须兼顾这两个因素。一般绕包角取 20°～40°。

4. 搭盖系数

搭盖系数为间隙或搭盖的轴向宽度与绕包节距的比值，以 k 表示。采用重叠绕包时取“+”值，采用间隙绕包时取“-”值。k 值一般为 0.20～0.30。

仅起到扎紧作用的成缆包带，常采用两层间隙或搭盖绕包方式。采用单层搭盖绕包时，一旦成缆线芯包带破裂，会导致成缆线芯的大长度松散，因此采用搭盖绕包一般也要绕包两层以上。采用间隙绕包一般要包两层以上，成缆绕包的间隙值依缆芯直径和带宽而定，内外层搭盖带宽的 1/3～1/2，由于绕包平整、紧密，电缆弯曲性能好，所以此法采用最多。

5. 绕包方向

成缆包带的绕包方向应与外层线芯的绞向相反。

三、绕包设备

1. 设备组成

绕包机由放线架、绕包装置、牵引轮、收线装置和传动系统等部分。绕包机结构除了绕包装置外，收放线和牵引部分等装置与其他电缆设备相同。成缆机的包带绕包装置放置在成缆机并线模后，包带起到对成缆线芯的扎紧作用；钢带绕包装置加上收放线装置就组成钢带装铠机；铜带绕包装置加上收放线装置就组成铜带屏蔽机；绕包装置用于耐火带绕包就是耐火带绕包机。因为绕包头体积较小，也有将钢带、铜带绕包头与成缆设备组合在一起，组成成缆-装铠、成缆-屏蔽联合机组。

绕包装置又称绕包头，是由悬臂支架等元件组成。一台绕包机由几个或十几个绕包头组成。

绕包头包括齿轮变速箱和空心转轴，转轴上固定着一个星形夹或圆盘形架。架上装有带盘轴、导辊及包带导向装置等。带盘装在带盘轴上。星形夹上还装有张力调节装置，用以控制包带的张力。绕包头通过可逆变速的齿轮箱或无级变速器控制空心主轴绕包转速。齿轮箱具有一定的变速比，并可改变主轴旋转方向，也可用无级变速器来调节绕包头的转速。

2. 绕包头的型式

根据带盘和线芯相对位置不同，绕包头的型式可分为普通式、平面式、切线式、半切线式和同心式等，各种绕包形式如图 9-5 所示。

（1）普通式绕包头

普通式绕包头也称为简单式绕包头。转动体上可放置两个或四个带盘，这种绕包头的带盘平面与线芯轴线成一定角度，这个角度等于绕包角时，包带两边的拉力才能相等。

这种绕包头是用手工来调节包带角度，因此很难做到准确。包带张力靠带夹与带盘间的摩擦力而产生，放带张力靠停车时手动调节带夹的压紧程度来调节，因此包带没有恒定的拉

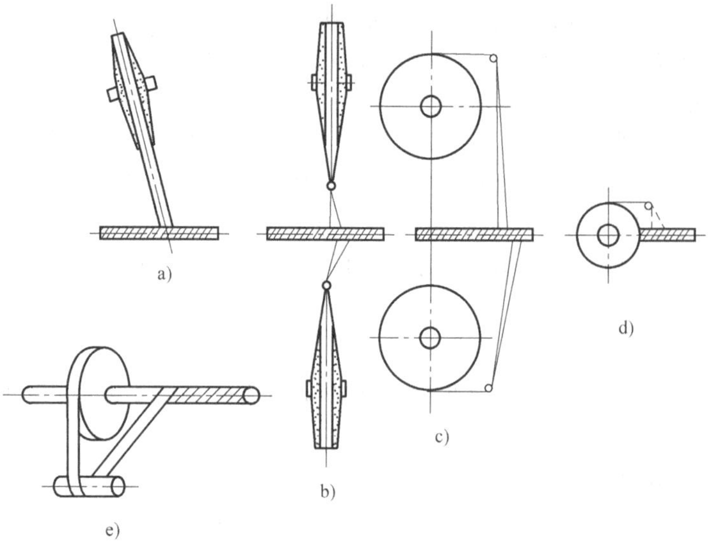

图 9-5　绕包头的型式
a）普通式　b）平面式　c）切线式　d）半切线式　e）同心式

力，随带盘大小而变化，包带容易断裂，绕包质量不高，并且带夹与转动体连接刚性较差，转速不能很高。但设备结构简单，调节方便，可应用于对绕包质量要求不高的场合，如一些成缆包带的绕包。

（2）平面式绕包头

平面式绕包头的带盘平面与线芯轴线垂直，包带经过一个导辊和两个导杆包到线芯上。导辊与线芯轴线平行，两导杆与线芯轴线相垂直。调整第一个导杆位置，可使包带与导杆完全接触，从而保证这一段包带两边拉力相等。第二个导杆可以调整绕包角度，控制包带间的搭盖，由包带与导杆间产生的摩擦力使包带具有一定的张力，带盘夹上装有摩擦制动装置，调节制动螺钉，可减少包带张力随纸盘大小而产生的变化，如图 9-6 所示。平面式绕包头的转速可达 350r/min，生产效率较高。由于包带经过导辊导杆，具有一定张力，绕包质量较好。同时，带盘为平面放置，缩短了设备长度，所以被广泛使用于对包带绕包质量要求较高的产品上。

（3）切线式绕包头

切线式绕包头的带盘平面处于与线芯轴线相切方向。带盘支架安装在一个转动机构上，这些支架可任意转动角度，以保证带盘的中心平面与线芯轴线相切。而且切线式绕包头比其他型式绕包头可以放置较多的带盘，常用的有 8 盘和 16 盘。

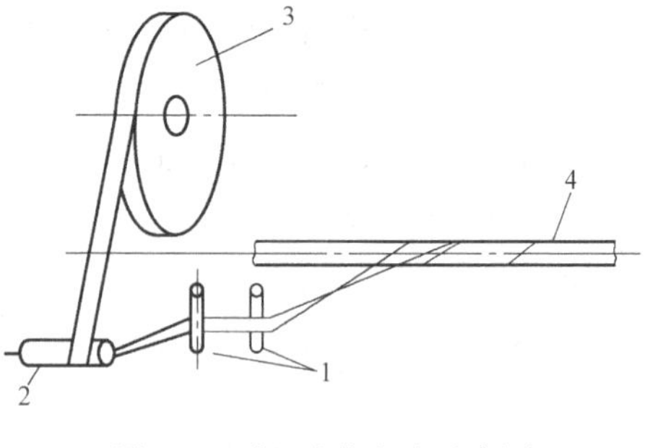

图 9-6　平面式绕包头示意图
1—导杆　2—导辊　3—包带盘　4—电缆线芯

绕包带自带盘放出，经一组导杆，最后与电缆表面相切。由于包带经过导杆的作用，放带盘张力的变化已消除，带两侧张力均匀，所以包覆张力均匀，绕包紧密，质量较好。但是切线式绕包头制造复杂，又由于带盘平面在绕包头旋转时产生很大阻力，带盘架离中心轴距离较大，回转力矩大，所以切线式绕包头转速不高，最高只有 200～250r/min。

（4）半切线式绕包头

半切线式绕包头是切线式绕包头的简化，与前者区别在于带盘平面与线芯轴线平行，而且带盘中心平面不与线芯轴线相切，仅是包带通过导杆调节与线芯相切。带盘离芯线很近，这样既缩小了绕包头所占的空间，又可以提高转速。但是不能放置较多的带盘，一般只能放两盘或四盘。半切线式绕包头的特点是调整方便，绕包质量较好。钢带装铠层的绕包多采用这种绕包方式。

（5）同心式绕包头

同心式绕包头在电缆产品的生产过程中应用较多，如交联电缆的铜带屏蔽、耐火云母带、通信电缆的纸绝缘、玻璃丝包线的绕包均采用同心式绕包头。这种绕包头的绕包带盘与电缆同一轴心，带盘平面与电缆轴线垂直。其特点是转速高，可达 600～1000r/min，缺点是不能随时更换带盘。所以，还得有储带盘装置，按电缆生产长度需要一次备足。

比较上述几种型式的绕包头，切线式和半切线式绕包质量好，半切线式、平面式转速较高，同心式转速最高；普通式绕包质量及转速均不是太好，但设备简单操作方便。

3. 绕包的张力控制

绕包质量和生产效率一方面取决于绕包头的型式，另一方面与带盘星形夹上张力调节装置的完善程度有密切关系。绕包过程中，包带应具有一定张力，以使包带包得紧，保证间隙不变化，而且张力均匀，不易断裂，以提高生产效率。

普通型式的绕包张力装置是在带盘的星形夹上有一制动圆盘，一条皮革张紧带包住的圆盘，用调节螺钉控制张紧带与制动圆盘之间的摩擦程度来产生制动力，以控制带盘大小不同时对包带张力的影响。在大带盘时，包带转动力矩大，包带容易转动，包带本身制动力小，所以包带张力小，这时需要调紧螺钉，增大张紧带的制动力。相反，当带盘减小时，转动力矩也小，转动较困难，包带本身制动力大，包带拉力就大，这时需要调松螺钉，减小张紧带的制动力。这样即可保证带盘从大变小时包带张力均匀。这种方法调节包带张力不是连续自动的，调节的范围有限，因此不能完全解决带盘从大变小时对包带张力的影响。这种简单的张力调节装置只用于对绕包质量要求不高的包带绕包。

对包带质量要求高的绕包则应采用一些比较复杂的绕包张力控制装置。比较完善的绕包张力调节装置有许多类型，有机械式的也有电动式的，它们都能连续自动控制绕包张力，使绕包紧实。常用的一种机械张力控制装置如图 9-7 所示。该装置具有一个转动支架，转轴由一个弹簧拉着。支架上安装两个导辊，弹簧使两导辊具有一转动力偶，支架一端与星形夹上制动带相连，包带通过两导辊再经导杆包到电缆线芯上。当带盘大时，带盘制动力小，弹簧拉力使两导辊力偶有顺时针转动趋势，这时星形夹上制动带被拉紧，增加了包带的张力；当带盘小时，带盘本身制动力增大，包带的张力大于弹簧的拉力，两导辊力偶有克服弹簧拉力向逆时针方向转动的趋势，这时星形夹上制动圆盘上的制动带松动，减小了带盘本身的制动力，这就补偿了带盘小时包带张力的增加。因此，带盘大小不同时，包带的张力基本与弹簧所引起的两导辊的转动力偶相平衡，从而达到恒定控制绕包张力的目的。

利用力矩电动机控制包带张力是一种电动式包带张力控制装置。力矩电动机具有软特性，并且恒转矩，所以适用于调节包带张力，如图 9-8 所示。

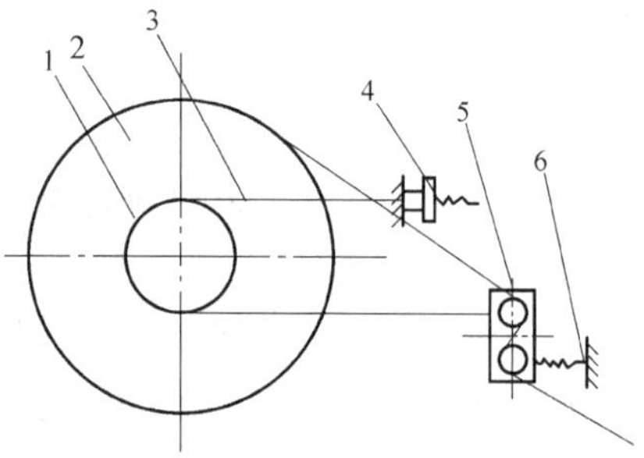

图 9-7　杠杆反馈式恒张力控制装置

1—制动盘　2—带盘　3—制动带
4—调节螺钉　5—转矩导辊
6—弹簧

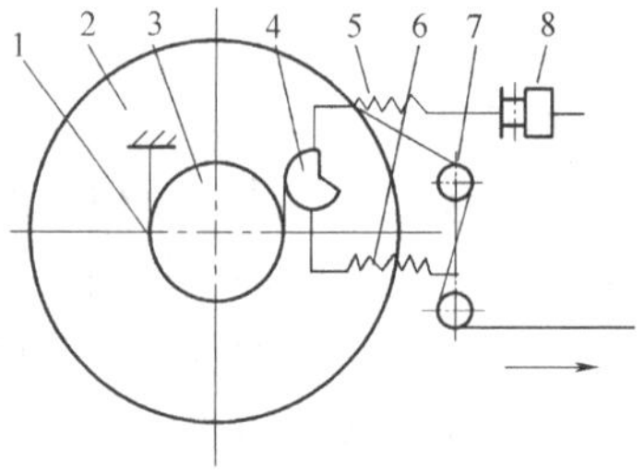

图 9-8　电子包带恒张力控制装置

1—制动带　2—带盘　3—制动盘　4—制动曲轴
5—张力弹簧　6—缓冲弹簧　7—脉冲发生摆杆
8—调节旋钮

第二节　铅护套制造

金属护套是指包覆在电缆缆芯上，用金属材料制成的密封套。其主要作用是防水、短路电流的通路、密封、机械保护和屏蔽等。按生产工艺金属护套可分为挤包无缝金属套、纵向焊缝金属套和综合护套。挤包无缝金属套又分为挤包铅套、挤包铝套和皱纹铝套三种。纵向焊缝金属套即焊缝皱纹铝套。而综合护套是指用铝塑复合膜纵包并用热风焊接而成的。

不同种类的电缆所用金属护套种类不同，高压充油电缆、油浸纸绝缘电力电缆常采用无缝挤包铅套和无缝皱纹铝套；而高压交联电缆常采用无缝铅套、无缝皱纹铝套和焊接皱纹铝套；通信电缆常用无缝铝套、无缝皱纹铝套和综合护套。

铅的化学性能稳定，耐腐蚀性好，质地柔软，弯曲性好，熔点低，加工、接续、修复方便，但作为护层材料，铅也存在着一些缺点：其密度大，造成电缆重量大，运输、敷设不便，机械强度低，蠕变作用大，耐振动性差，还易被电化腐蚀，铅还存在重金属污染问题。另外，铅的导电性差，在铅套外往往要增加铜丝屏蔽层，增加了生产成本。这些缺点的存在使铅护套的使用受到限制。

铅护套的挤包采用压铅机，按挤压方式分为间歇式活塞压铅机（又分为立式和卧式）、连续式活塞压铅机和螺杆式连续压铅机。

一、铅护层的间歇式挤压

1. 压铅机的组成

常用的间歇式活塞压铅机是立式压铅机，其结构组成及工作原理如图 9-9 所示。其主要结构有液压缸、活塞、压杆、盛铅筒、模座、反向辅助液压缸和机架等，辅助设备有熔铅炉、高压泵、高压管路系统、测温仪表、收放线装置等。常用规格见表 9-1。

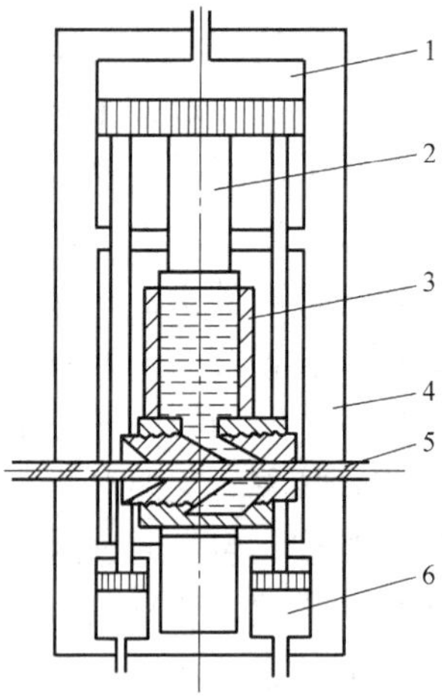

图 9-9　立式压铅机基本结构示意图

1—液压缸　2—压杆　3—盛铅筒
4—模座　5—电缆
6—反向辅助液压缸

2. 工作原理

高压泵产生的高压通过液体传到工作缸，推动工作缸活塞运动，连接在工作缸活塞下部的压芯截面要比其上活塞截面小得多，因此其上的压强要比活塞大得多，足以使铅产生流动，将盛铅筒中的铅压至模座。在模座里装有模芯和模套，铅流在压力作用下，经模芯和模盖的间隙流出，挤包到电缆表面。

表 9-1　几种压铅机技术参数

规格/t		570	1000	2000	2500
活塞	直径/mm	559	500	750	900
	最大行程/mm	1000		1350	1450
回升缸	直径/mm	94.5		175	170
	个数	2		2	2
压杆	直径/mm	125	150	250	240
	有效长度/mm	600	480	1000	1200
盛铅筒每筒挤出量/kg		83.9	96	599.3	618.5
模座	上模座温度/℃	160~180	200~220	180~200	180~200
	下模座温度/℃	180~200	200~220	220~240	220~240
	电热功率/kW	约 14	15	20	20

立式压铅机最重要的部分是模座，模座在盛铅筒的下面，由耐热合金钢制成，结构如图 9-10 所示。模座上有三个孔，两个水平孔位于同一轴线，用来安装模芯、模盖和均压环，经调解可控制铅套厚度。另外一个垂直方向的孔，使铅从盛铅筒经进入模芯和模套形成的间隙中，模座的内腔在压力最大的地方加条弯路，增大摩擦阻力，使铅不易压出。在压力较小的模座下部，做成容易使铅压出的路径，这些措施用来补偿上下压力的差别，从而保证压出的铅流稳定而均匀。

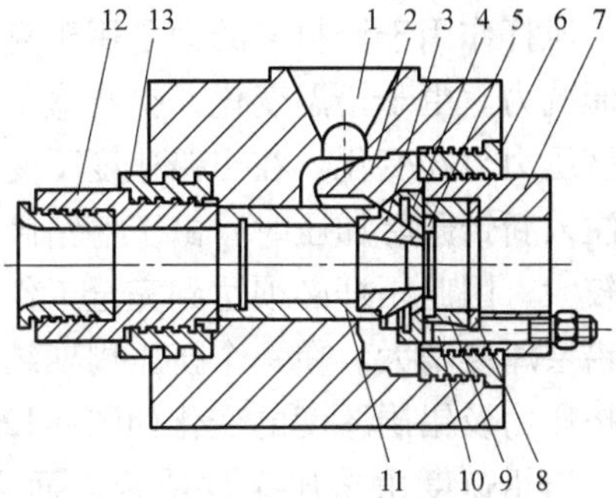

图 9-10　压铅机模座图

1—翻斗　2—成形套筒　3—模芯　4—均压环　5—模盖　6—有内外纹的套筒　7—前夹具　8—衬垫环　9—楔形块　10—楔形调节螺栓　11—模芯支架　12—有闭锁装置的套筒　13—模芯支架

3. 压铅工艺

压铅工艺对铅层的质量有直接影响。如氧化铅的产生、铅层的均匀性和铅的结晶程度都与工艺有关。

1）熔铅。熔铅温度为：纯铅：370~420℃，合金铅：390~430℃。温度过高，将增加铅的氧化，温度过低新旧铅层将不能很好结合。为避免和减少铅的氧化，可在铅液表面覆盖一层木炭或云母粉等还原性隔离物质。

放铅前应停止对铅液的搅拌，待静止后再放铅，放铅速度快些可避免氧化和夹层形成。

2）配模。立式压铅机的模芯、模盖和均压环的放置如图 9-11 所示。模芯、模盖的尺寸可参考如下经验公式：

$$d = D_1 + \delta$$

$$D = 1.08(D_1 + 2\delta)$$

式中　d——模芯内径；

D——模盖内径；

D_1——电缆外径；

δ——铅层厚度。

3）压铅。压铅的工艺参数有模座和盛铅筒的温度、工作压力和冷却时间等，表 9-2 为 2000t 和 570 t 压铅机的工艺规定。

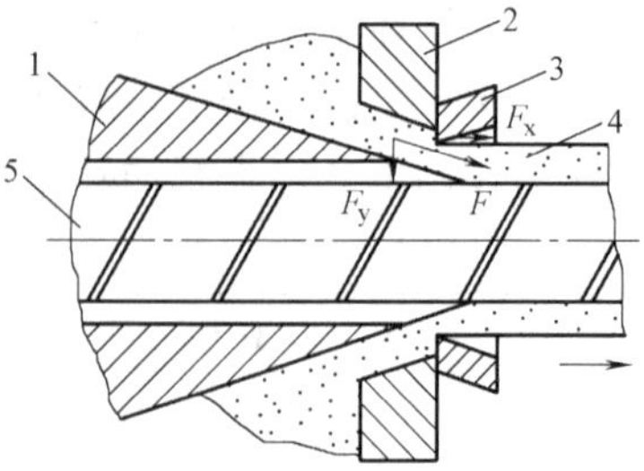

图 9-11　立式压铅机模具的装配关系
1—模芯　2—均压环　3—模盖
4—铅护套　5—电缆

铅液加入盛铅筒后，须在压力下进行冷却，使新旧铅熔体良好结合，以保证铅层质量。冷却后，再逐渐提高压力，当压力达到铅熔体的屈服极限时，铅熔体开始压出。如图 9-11 所示，铅料的运动方向与电缆轴线成一定角度，铅料受力可分解成平行于电缆轴线和垂直于电缆轴线两个分力。垂直分力使管状铅套收缩紧包在电缆上；轴向分力使电缆及铅套向前运动，如图 9-11 中的 F、F_x 和 F_y 所示。

表 9-2　压铅机工艺规定

压铅机规格 /t	铅成分	模座温度（上）/℃	模座温度（下）/℃	盛铅筒温度 /℃	工作压力 /kPa	冷却时压力 /kPa	压力冷却时间 /min
2000	合金铅	190～210	220～240	110～120	4000	500～1000	7～10
570	合金铅	180～200	210～230	—	2000	500	15～25

压杆作用于铅料上的力是用于克服铅和盛铅筒壁间的摩擦力、铅运动的内摩擦力和铅料变形抗力。由于铅温变化、铅与盛铅筒璧摩擦系数变化、铅料体积的变化，因此在挤压过程中挤压力也在变化。在出铅速度不变的情况下，挤压过程终了时，挤压力下降 10%～15%。刚注入新铅开始加压时，由于盛铅筒下部剩铅温度低，铅与盛铅筒摩擦力和铅的变形抗力都比较大，因此压杆必须达到完全工作压力时才能压出。压力增加将使模具弹性变形增大，故使铅层厚度增大。在一个挤压周期结束时，压力为零，铅层最薄，俗称竹节环。一个挤压周期挤压力及铅层厚度的变化如图 9-12 所示。

出铅速度由挤压条件决定，而它又影响着铅层质量。出铅速度由如下的经验公式给出：

$$v = BP^a$$

式中　v——出铅速度；

B——速度随温度变化的系数；

P——铅料受到的压力；

a——速度随压力变化的指数。

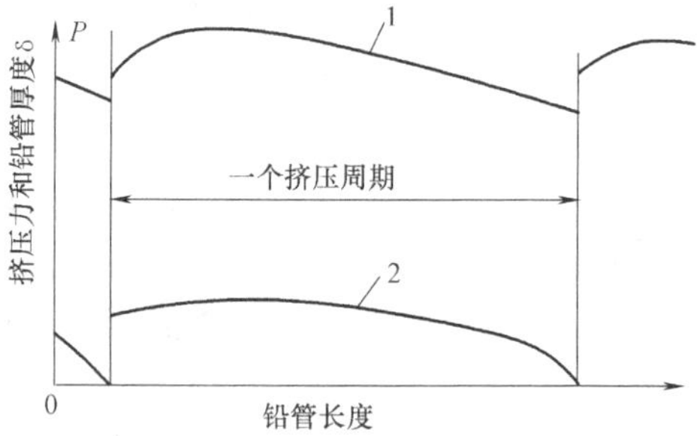

图 9-12　一个挤压周期中挤压力和铅层厚度变化
1—铅层厚度　2—挤压力

由上式可知，当温度和压力一定时，速度与 B 值成正比。含锑铅合金的 B 值较小，以同样温度和压力进行加工时，合金铅比纯铅慢得多。B 值和温度的关系如图 9-13 所示。一般情况下，温度增加 40℃，出铅速度增加 10 倍。工作温度下，纯铅的系数 $a=5.3$ 即当压力增加 10%，出铅速度增加 65% 以上。

压铅是一个金属压力加工问题。挤出速度和挤出压力都与挤压比有关，挤压比为盛铅筒

的截面积和制品截面积之比，即

$$n=\frac{A}{a}=\frac{D^2}{d_1^2-d_2^2}$$

式中 n——挤压比；

A——盛铅筒截面积；

a——电缆铅护套截面积；

d_1、d_2——铅护套外、内径；

D——盛铅筒直径。

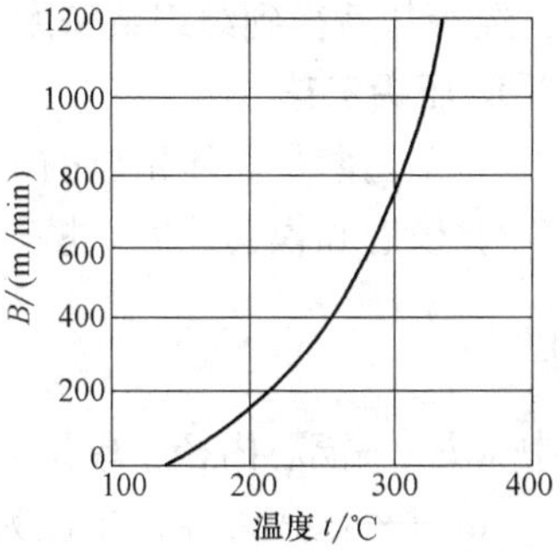

图 9-13 B 值与温度的关系

二、铅护套的连续式活塞压铅

连续式活塞压铅机与间歇式活塞压铅机的结构与工作原理十分相似，不同的是它增加了一个盛铅筒和反向辅助液压缸（带有下压杆），这一改进使得压铅过程变得连续。在主杆的回程阶段，下盛铅筒上部的逆止阀关闭，而反向辅助液压缸中的活塞推动模座向上运动，这样，下盛铅筒中的铅就被挤压出来，包在电缆上。而同时，托盘和上盛铅筒已加满铅，主压杆又向下运动，正向压铅。这样就使得压铅过程变得连续，没有停车点。

三、铅护套的螺杆式连续压铅

1. 设备组成

螺杆式连续压铅是目前最先进的制造金属护套的设备，其结构组成和工作原理与挤塑机有类似之处。压铅机的主机是螺杆连续挤出机，辅机有熔铅锅、冷却系统、电气控制系统、收放线装置等组成。图 9-14 为主机的结构简图。主机由机头、机身、模座、底座机架和传动系统等组成。机头有液压机构调整铅层厚度和更换模具。出口铅管的厚度由四只调节螺栓调节，在出口处有冷却水管，快速冷却铅套以保证得到细密的晶体组织。

机身由螺杆和机筒组成，机筒外套设有封闭式冷却水槽和固定电加热元件的凹槽，以便控制和调整机身上下各部位的温度，使进入机身的液体铅经冷却凝固后被挤出。机筒内孔设计成锥形，并有数条纵向凹槽，使铅顺槽上移而不是随螺杆旋转。以使铅液顺利挤出。螺杆做成锥形，有等距不等深的螺纹，螺杆前部细，螺槽深，螺杆推力面增大，铅受到较大推挤力而被挤出。

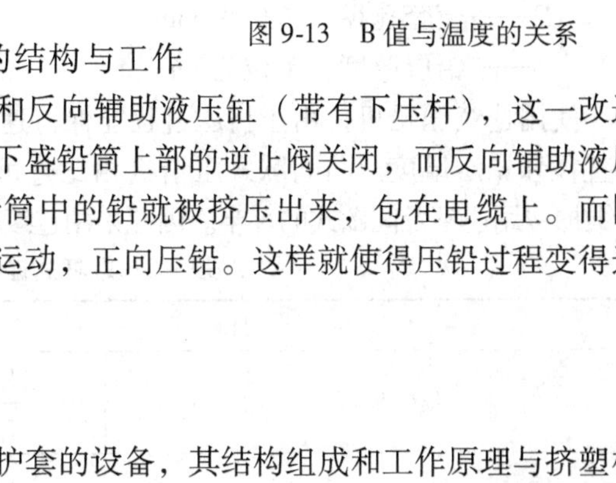

图 9-14 螺杆式连续压铅主机结构图
1—模座 2—螺杆 3—机身 4—电缆 5—轮箱 6—电动机 7—机架

2. 工作原理

铅锭首先输入熔铅炉的熔化室，熔化的铅液通过炉底的孔道进入搅拌室，搅拌采用气体搅拌方式，氮气经多孔管道，使铅液处于紊流状态，这样能使其中的合金元素分布均匀。输铅管长而形状弯曲，铅液经曲折的流程，获得了足够时间以分离氧化铅等杂质。熔铅炉和保温炉之间用密封保温管向上送液，减少了杂质氧化物自熔化炉进入净化液的可能性。

铅液进入挤压机身后，通过垂直安装的特殊结构螺杆的旋转到达机头，由模口挤出铅管，经冷却后得到组织致密的电缆护层。

3. 压铅工艺

1）工艺参数。压铅机的工艺参数见表9-3。

2）模芯和模套尺寸。模芯、模套和挤出外径的关系如下：

$$d = d_0 + (1 \sim 2)$$

$$D = d + (2.2 \sim 2.4)\delta$$

式中 d——模芯内径，单位为mm；

d_0——电缆外径，单位为mm；

D——模套孔径，单位为mm；

δ——铅层厚度，单位为mm。

使用连续压铅机，由于挤压过程能保持速度、压力、温度恒定，因此它能获得稳定的铅管直径和铅层厚度。与间歇式压铅机相比它可节约铅6%～9%。而连续压铅机的设备费用和维护费用还不及间歇式的一半。因此采用连续式压铅机生产电缆护套，具有更好的经济效益。

表9-3 螺杆式连续压铅机工艺制度

项目		开车前应达到	正常生产时
模座温度/℃	上部1R	265～300	265～300
	下部2R	290～295	290～295
机身温度/℃	上部3R	310～330	210～220
	下部4R	330～350	260～270
输铅管温度/℃		360～380	360～380
监测点温度/℃	5R	260～280	240～260
	6R	330～350	340～360
	9R	330～350	340～360
熔铅锅温度/℃		370～380	370～380
机身冷却水温度/℃		—	<35
润滑油温度/℃		<60	<60
螺杆转速/（r/min）	纯铅	—	13～15
	合金铅	—	8～10

第三节 铝护套的制造

挤压铝护层的设备称压铝机，压铝机的构造和压铅机十分相似。压铝机也有立式和卧式两种，一般为间歇式活塞挤压机，有一种连续压铝机是在模座下加装辅助液压缸来实现连续压铝的。另一种加工铝护套的设备是焊缝式纵包机。

一、铝护套的压铝机挤压

压铝机分为卧式和立式，结构组成与压铅机十分相似，如图9-15和图9-16所示。有些压铝机既可以压铅又可以压铝。压铝机的盛铝筒材料的耐热和硬度要求更高，并增加了铝锭加热和抽真空等设备，压制大直径电缆时还装有轧纹头。

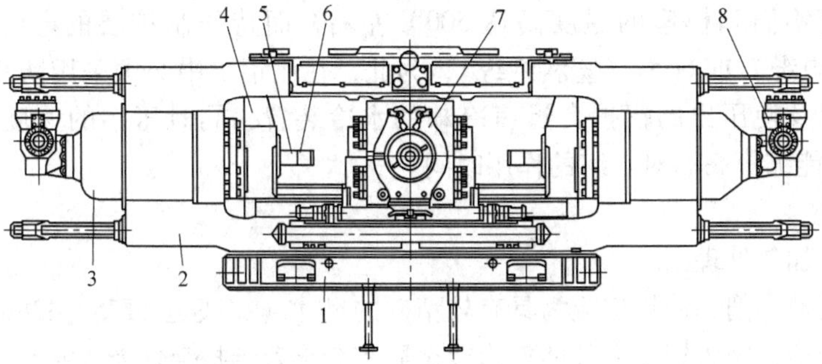

图 9-15 压铝机主要结构示意图

1—机座 2—机架 3—立油缸 4—滑头横梁 5—压杆 6—压头 7—模盖调节器 8—充油阀

1. 压铝的特点

铝的熔点为 658℃，比铅的熔点（327℃）高得多，因此像压铅那样采用液态挤压是不可行的，因为高温会降低挤压机盛铝筒等部件的使用寿命，更为严重的是过热将损坏电缆绝缘。所以压铝和压铅工艺的最大区别是，压铅是经熔融挤压的，而铝是在固态下进行挤压的。

压铝的另一特点是铝的变形抗力比铅大得多，压铅机压杆上的压强大约为 400 ~ 550kPa，而压铝机压杆的压强为 850 ~ 900kPa。这一特点不仅意味着压铝机的挤压系统应有更高的机械强度，而且还影响着活塞面积和压杆面积的比值，对于压铅机此值为 13.8 ~ 14.7，而压铝机为 22.7 ~ 23。

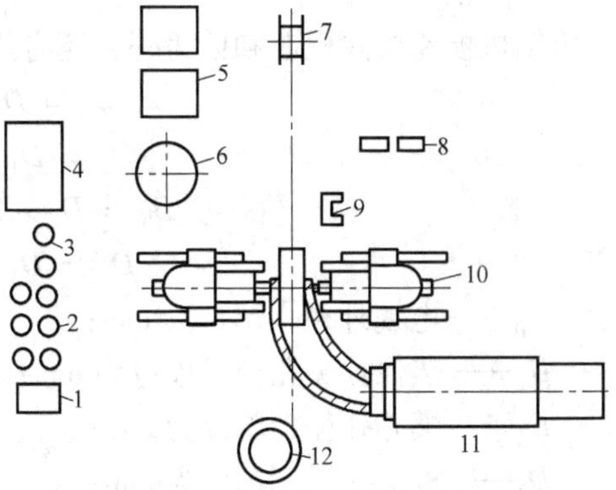

图 9-16 卧式压铝机平面布置示意图

1—压缩机 2—盛气的圆筒 3—盛水的圆筒 4—储水器 5—泵 6—具有水的工作容器 7—收线设备 8—温度控制柜 9—控制台 10—双水力圆筒形压机 11—具有装料设备的加热炉 12—放线设备

铝护套和铅护套相比，具有以下优缺点。优点：①铝的密度比铅小很多，可以使电缆重量大大减轻；②铝的机械强度、抗疲劳强度、耐振性都比铅高许多；③铝的导电、导热性好，工作时护层损耗较小，散热性好，有利于提高电缆载流量。缺点：①铝的熔点高，使挤铝的压力要达到压铅压力的三倍，使得压铝工艺复杂化；②铝在潮湿环境的耐腐蚀性差，所以铝护套表面必须加防腐保护层，纯铝的耐腐蚀性比含杂质的铝好，所以铝护套一般采用工业纯铝；③铝护套接头困难；④由于铝比较硬，所以铝包电缆的弯曲性能差。

2. 工艺原理

压铝时，由于铝锭和盛铝筒之间存在一定的间隙，所以在大压力下有可能将空气压入电缆内部，影响电缆质量，因此要求抽真空挤压。在铝锭加入后，上面应盖一块圆铝板，并用压杆将其压入盛铝筒中，以使盛铝筒真空密封。

如不采用抽真空的办法，可以把铝锭的一端加热到 450℃左右，而另一端冲击加热至 530℃左右，放入铝锭时，把温度较低的一端朝向压杆，当压杆加压时，放在盛铝筒里面的一端温度较高，先产生变形，并紧贴到盛铝筒壁上，以防止空气被压入。除冲击加热外，有时还可采用墩车工艺，以使空气更好地排除。

压铝时，盛铝筒和模座的温度高达500℃左右，而待压制护层的电缆线芯仅能承受180℃（浸渍纸电缆）或60℃（塑料绝缘），为此，在压铝机中必须采用防止电缆与模座相接触的装置，以及使压出的铝护套迅速冷却的水冷装置，同时压铝的速度不应低于12～15m/min，尽可能缩短高温对电缆的作用时间。

3. 压铝工艺

（1）铝锭及加热处理

将铝锭经机械车削，使铝锭成为具有较精确的尺寸（一般是$\phi175\times438$mm）的光铝锭，然后经超声波探伤，因为铝锭内部的气泡或杂质都会导致铝护套性能受到影响。压制前用感应加热方法将铝锭加热至450℃左右，铝锭前端冲击加热至530℃左右装入盛铝筒后，进行墩车，墩车压力在1000～1200MPa。

（2）配模

压铝机模座中除模芯和模盖外，还有热保护头和冷却喷头等，各件的孔径为

$$D_1 = D_0 + (1.3 \sim 2)$$
$$D_2 = D_1 + (0.6 \sim 1.2)$$
$$D_3 = D_2 + 2\delta\ (-0.2 \sim 0.4)$$
$$D_4 = D_3 + (0.2 \sim 0.5)$$

式中 D_0——电缆外径，单位为mm；

D_1——热保护头孔径，单位为mm；

D_2——模芯孔径，单位为mm；

D_3——模盖孔径，单位为mm；

D_4——冷却喷头孔径，单位为mm；

δ——铝护层的厚度，单位为mm。

（3）开车

压铝过程中应保持模座温度在510℃左右，冷却水应开到最大，制品冷却温度为40～60℃，两液压缸调节成同步动作。停车时应开启模盖调节器，以使铝层加厚，停车时间不应大于2min。

二、铝带纵包焊接法

近年来，挤压法制造金属护套的方法受到纵包焊接法的严重冲击，铝带焊接的主要方式为氩弧焊。氩弧焊接法以其投入少，生产率高，对电缆外径限制小等优点，显示出了巨大的发展优势。而且这种方法还可以用于铜带、不锈钢带的纵包焊接。此方法的缺点是金属护套存在一条纵向的焊缝，生产长度受到铝带长度的限制，铝带不允许中途接续。

1. 设备组成及工作原理

纵包焊接机组的主要组成部分有放带机、清洗装置、冲洗装置、烘干装置、剪边装置、成型装置、焊接部分、牵引装置、轧纹装置、监视系统、计米装置和收放线装置等。

该生产线的主机是氩弧焊机，它是基于氩弧焊的工作原理，采用高熔点的钨棒作为电极，在钨极与铝护套焊缝间施以高电压，以惰性的氩氦混合气体进行焊接保护，如图9-17所示。氩氦气体电离能高，引弧较困难，但一旦引燃电弧就能稳定燃烧，产生热量使焊缝处铝材局部熔化，形成熔池，冷却结晶后焊缝融合。尤其是利用热渗透性很强的氩离子焊，使一般不易实现的直流焊铝得以很好实现，且焊接速度比相同电流的交流焊接速度快约一倍。

焊接时适当调节气流量，可使惰性气体在电弧周围形成保护气体层而又不致卷入空气，保护熔融金属、钨极端头等不与空气接触，避免氧化发生。由于氩氦气的保护效果好，焊缝金属纯净，焊缝质量优良，同时由于电弧在气流的压缩下燃烧，热量集中，热影响区小，所以焊后变形也小。

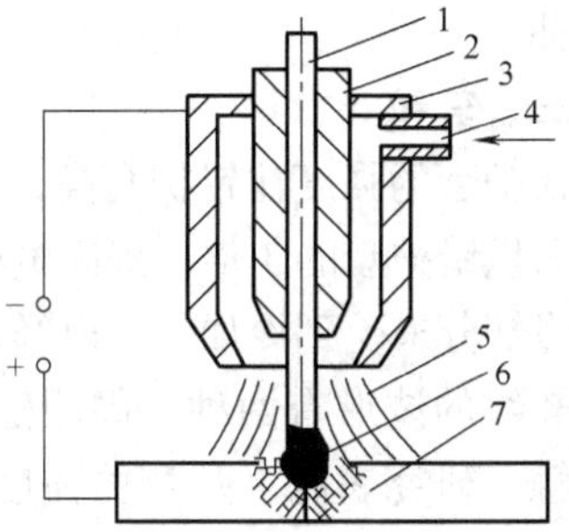

图 9-17　氩弧焊示意图
1—钨电极　2—导电嘴　3—喷气嘴　4—进气口　5—惰性气体流　6—电弧　7—铝护套

铝带表面的油污、灰尘、杂物等是造成焊缝漏洞的重要原因，因此铝带由放带机放出后要经清洗、冲洗、烘干等过程得到洁净的金属带表面。铝带再经过精切得到要求的带宽，经由两道初成型模具预卷曲，再通过成型轮组喇叭模，使金属带在模具内被强迫变形而卷成管状包覆在电缆表面，成型后，纵缝通过钨极端头下方进行焊接，从而获得所需金属管。在焊接过程中由监视器通过摄像系统对焊缝质量进行检查。最后由轧纹机进行轧纹得到皱纹铝套。

实验表明，铝带纵包焊接后，焊缝周围金属的抗拉强度还略高于铝套本身的抗拉强度。采用空心铝套进行侧压力试验，分别在焊缝上、与焊缝相隔 90°、180°进行侧压力试验，其负荷曲线基本一致，这主要是焊接使材料的金相组织发生变化所致。另外，焊接时焊缝处温度达到 700℃，该处焊接温度虽高，但焊点小，能量不高，铝的传热速度又很快，所以与铝护套接触的电缆表层上温度升高不多，不会损伤电缆绝缘或阻水层。

2. 模具计算

（1）金属管外径 D：

$$D = d + 2\delta + 2h + 2t$$

式中　d——电缆直径；
δ——铝带厚度；
h——轧纹深度；
t——电缆线芯与金属管间的间隙。

（2）精切金属带宽度 B

$$B = \pi(D - \delta)$$

（3）定位模内径 D_1

$$D_1 = D + (0.1 \sim 0.2)$$

（4）整圆模内径 D_2

$$D_2 = D + 0.1$$

（5）定径模内径 D_3

$$D_3 = D + 0.1$$

（6）轧纹刀直径 D_4

$$D_4 = D + (3.0 \sim 6.0)$$

（7）牵引直径 D_5

$$D_5 = D + (0.5 \sim 1.0)$$

焊接完毕的成品应用探测仪探漏或做气密性试验，若发现漏点，应用手提式氩弧焊枪进行修补。

三、轧纹

铝护套的强度比铅护套高，其弯曲性能比铅护套差，在弯曲时铝护套中的弯曲应力约为同样截面积铅护套的 4 倍。提高电缆护套的弯曲性能的方法是进行轧纹，轧纹后的铝护套，波纹中波峰部分未受到冷加工，电缆弯曲时，这部分的伸缩可完成铝护套的变形而不致断裂。

轧纹的波形有两种，即凹槽形和正弦形。正弦形和电缆绝缘呈线状接触，而凹槽形是面状接触。研究表明，从弯曲强度来看，凹槽结构可使铝护套减薄 60% ~80%，而正弦形结构只能减薄 25% ~35%。

轧纹铝护套的柔软性，主要取决于波峰的高度和节距的大小。波峰的高度越大，节距越小，护套越柔软。对于图 9-18 所示波形，波峰高度 H 和节距 h 有如下关系：

$$H = \frac{h\sqrt{1+2\eta(n+1)}}{2(n+1)}$$

式中 H——波峰凸起高度；

h——轧纹节距；

η——波峰部分占一个轧纹节距的比值 $\eta = \frac{b}{h}$；

b——波峰长度；

n——电缆弯曲直径相对于电缆本身的直径倍数 $n = \frac{D'}{D}$；

D'——电缆的弯曲直径；

D——电缆直径。

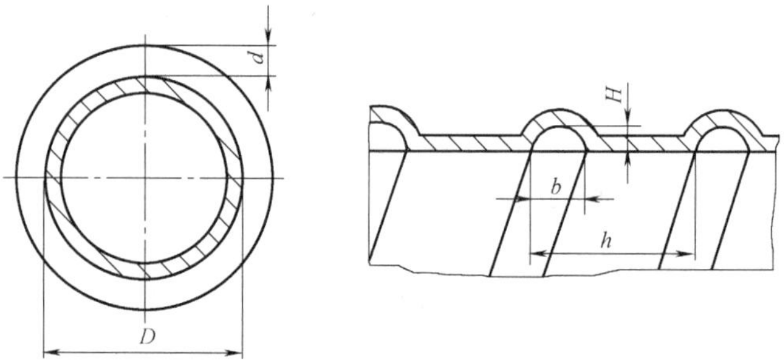

图 9-18　凹槽形铝护套结构

轧纹的工艺，有采用旋转摩擦式轧纹，也有采用三刀片或单刀偏心环内切式滚轧等几种方法。

第四节　装 铠 工 艺

在包有内垫层的缆芯或绝缘线芯上螺旋形绕包钢带或钢丝的生产过程叫装铠，属于外护层生产工序。铠装层的主要作用是防止电缆在敷设或运行过程中遭受机械损伤，以确保内部结构的完整性。铠装层主要由钢带、钢丝组成，钢带铠装后电缆能承受一定的压力，但不能承受拉力，故钢带装铠的电缆可以直埋敷设而不宜垂直敷设和过河或海底敷设；钢丝铠装后电缆能承受一定的拉力，故过河或海底敷设的电缆一定要用钢丝来作为铠装层。既要承受较大拉力又要承受一定压力的电缆可以采用钢丝钢带联合装铠。

一、装铠设备

1. 分类

按铠装层的不同，装铠机分为钢带装铠机、钢丝装铠机和钢丝钢带联合装铠机。按生产产品范围钢带装铠机分为30、40、60、90型钢带装铠机等；钢丝装铠机分为：24、36、48、72、84、96盘钢丝装铠机等。

2. 组成

钢带装铠机是使用最多的装铠机，无论何种规格，其组成部分均相同，主要有放线架、导轮及校直装置、计米装置、钢带绕包头、牵引装置、收排线装置、控制系统、传动系统以及附属装置（吊葫芦、点焊机等），若采用沥青外被层，还需增加加热沥青罐、麻包头、白粉溶液槽等装置。

钢丝装铠机的组成与钢带装铠机基本相同，所不同的是用钢丝绞笼代替了钢带绕包头，用钢丝接头机代替了点焊机。

钢丝钢带联合装铠机既有钢带头又有钢丝绞笼。

3. 结构特点

（1）钢带绕包头

钢带头常采用的结构形式有半切线式和同心式两种。半切线式是常用的一种形式，即两个钢带盘平面平行于电缆线，钢带通过导杆和导轮与电缆保持一定的位置和角度，可以比较容易地控制绕包间隙和搭盖率，设备结构紧凑，转速较高，一般可达150～250r/min，而且绕包质量可靠。同心式钢带头的转速更高，可达300r/min。钢带头负荷较大，其转向和转速可由变换齿轮来实现，目前常采用齿轮箱，通过调整变换手柄的位置来实现。

（2）钢丝绞笼

钢丝绞笼与摇篮式绞线机的绞笼结构一样，只是尺寸较大，放线盘数更多。由于设备体积大、重量大，故转速低，一般在20r/min以下。每个线盘上均有张力控制装置。旋转方向和转速通过变换齿轮箱上的手柄位置实现。在每段绞笼的后部有退扭装置，对每个放线盘进行退扭。

现在还采用盘绞式钢丝装铠机，其结构原理与盘绞式成缆机相同，大量的放线钢丝盘只有放线旋转，而不产生随绞笼的周向旋转，钢丝绞合是由整个收线装置的旋转来完成，从而提高了设备转速（最高可达200r/min），大大提高了生产效率。但要注意这种绞合方式钢丝没有进行退扭，有很大的内应力存在，绞在电缆表面不如退扭生产的质量好，易产生钢丝松散现象。

二、装铠材料

电缆铠装所用钢带为冷轧钢带，表面进行了防腐处理，有镀锌和涂漆两种钢带。目前使用较多的钢丝是镀锌钢丝，有时也采用铝合金丝、不锈钢丝、铜丝，而采用涂塑钢丝和挤塑钢丝对铠装层的耐腐蚀水平有较大提高。

钢带、钢丝虽然采取表面涂漆、镀锌等保护措施，但防腐蚀效果依然有限，为保护铠装层免受腐蚀，还要在铠装层外增加塑料护套或沥青－浸渍麻外被层。

三、装铠工艺

1. 钢带装铠

钢带装铠是采用两层钢带以间隙绕包方式绕包到缆芯表面，绕包间隙约为钢带宽度的1/3，最大应不超过带宽的50%。外层钢带中线大致在内层钢带的上方，盖住内层间隙，其单侧搭盖宽度应不小于钢带宽度的1/4。图9-19为钢带绕包示意图。

以D表示电缆内垫层的外径，δ表示钢带厚度，h表示钢带绕包节距，α表示绕包角，b表示钢带宽度，e表示钢带间隙，以脚标1、2表示内层和外层的对应量。由图9-19所示的几何关系可得出钢带宽度的关系式如下：

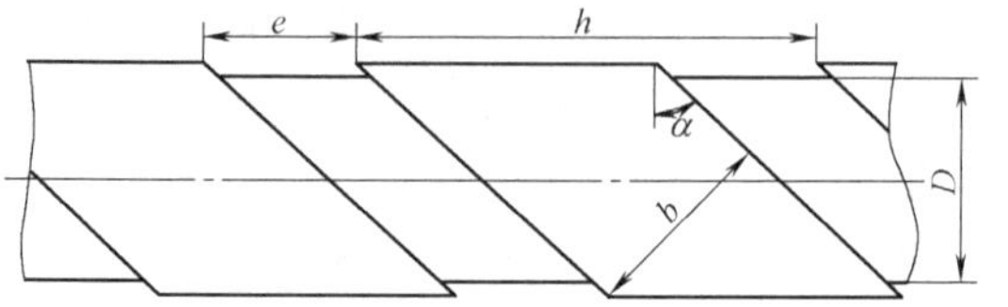

图9-19 钢带装铠示意图

$$\left.\begin{aligned} b_1 &= (1-K_1)h\cos\alpha_1 \\ b_2 &= (1-K_2)h\cos\alpha_2 \end{aligned}\right\} \quad (9\text{-}7)$$

式中 K_1、K_2——间隙系数，$K_1=\dfrac{e_1}{h}$，$K_2=\dfrac{e_2}{h}$。

若两层钢带取相同的间隙值，即$e_1=e_2$，并令$K_1=K_2=0.25$，则式（9-7）可改写为

$$\left.\begin{aligned} b_1 &= 0.75h\cos\alpha_1 \\ b_2 &= 0.75h\cos\alpha_2 \end{aligned}\right\} \quad (9\text{-}8)$$

式中的绕包角α可由下式求出

$$\left.\begin{aligned} \alpha_1 &= \arctan\frac{h}{\pi(D+\delta)} \\ \alpha_2 &= \arctan\frac{h}{\pi(D+3\delta)} \end{aligned}\right\} \quad (9\text{-}9)$$

由式（9-9）可见，两层钢带的绕包角不同，$\alpha_1>\alpha_2$，因而由式（9-8）计算出的钢带宽度也不同，$b_2>b_1$。但在实际生产中，为便于生产管理，内外层钢带取相同宽度，此时钢带宽度按下式计算

$$\begin{aligned} b_1=b_2=b &= 0.75h\cos\alpha \\ &= 0.75\pi(D+2\delta)\sin\alpha \end{aligned} \quad (9\text{-}10)$$

式中 α——介于α_1、α_2之间的假想绕包角，$\alpha=\arctan\dfrac{h}{\pi\ (D+2\delta)}$。

因为钢带宽度取相同值，则上下两层钢带的间隙值必然不同，外层间隙值要大于内层间隙值。

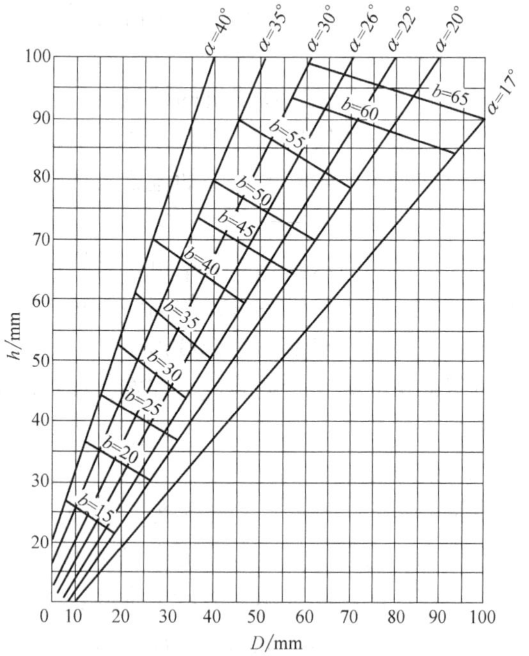

图9-20 钢带宽度计算用图

用上述公式，在给定电缆直径和绕包工艺参数h（或α）的情况下，不难计算出钢带宽度。同样，在规定钢带宽度时，也可求出绕包角和绕包节距。由上述函数

关系，可绘制出钢带宽度计算用图（见图9-20），由图中可很方便地求出钢带宽度和其他未知参数。

钢带宽度取值很重要，钢带宽，生产速度高，但过大的宽度会使电缆柔软性变差。一般是电缆直径大，钢带宽度取值大。钢带厚度采用标准推荐值。为减少钢带规格，常用钢带规格和电缆直径对应关系见表9-4。

表9-4 常用钢带宽度和电缆直径对应关系

铠装前电缆假定直径① /mm	适用钢带宽度 /mm	钢带标称厚度层数×厚度 /mm
≤15.0	20	2×0.2
15.1~30.0	25	
30.1~35.0	30	2×0.5
35.1~50.0	35	
50.1~70.0	45	
>70.0	60	2×0.8

① 电缆假定直径计算方法见GB/T 12706—2008附录A。

2. 钢丝装铠

钢丝装铠类似于绞线过程，因钢丝具有很高的弹性模量，采用退扭绞合较为合适。为提高电缆柔软性和避免电缆弯曲时钢丝发生变形，钢丝的绞合节距应取的小一些。实际生产中，圆钢丝绞合节径比选在10~12，扁钢丝选在8~10。

由于钢丝为螺旋形绞合，故在电缆的横断面上为椭圆形，椭圆长轴直径为

$$d_1 = kd$$

式中 d_1——椭圆长轴直径，单位为mm；

d——钢丝直径，单位为mm；

k——铠装层的绞入系数。$k=\sqrt{1+\left(\frac{\pi}{m'}\right)^2}\approx 1+\frac{1}{2}\left(\frac{\pi}{m'}\right)^2$

m'——铠装层的理论节径比，$m'=\frac{h}{D+d}$；

D——装铠前电缆直径，单位为mm。

铠装层所用钢丝根数可用下列公式计算：

$$n = \frac{\pi(D+d)}{kd} \tag{9-11}$$

同样，采用扁钢丝装铠时，钢丝根数n为

$$n = \frac{\pi(D+c)}{kb} \tag{9-12}$$

式中 c——扁钢丝厚度，单位为mm；

b——扁钢丝宽度，单位为mm。

选用圆钢丝直径和电缆直径对应关系见表9-5。

采用扁钢丝铠装时，铠装前电缆假定直径大于15mm的，钢丝厚度取0.8mm，电缆假定

直径 15mm 及以下的不应采用扁钢丝铠装。

表 9-5 钢丝直径和电缆直径对应关系

铠装前电缆假定直径 D①/mm	钢丝标称直径/mm	铠装前电缆假定直径 D①/mm	钢丝标称直径/mm
$D \leqslant 10$	0.8	$25 < D \leqslant 35$	2.0
$10 < D \leqslant 15$	1.25	$35 < D \leqslant 60$	2.5
$15 < D \leqslant 25$	1.6	$D > 60$	3.15

① 电缆假定直径计算方法见 GB/T 12706—2008 附录 A。

第五节 编织工艺

编织就是将纤维材料或金属丝并成的股线以一定的规律相互交织覆盖在电线电缆产品上，成为一层紧密的保护层。它可起到机械物理防护和电磁屏蔽的作用，保护绝缘不受或少受光、电、热、酸碱气体以及外界机械力等的作用，确保电线电缆的安全运行。

一、编织机组成及工作原理

编织所用的工艺装备叫编织机，按生产速度将编织机分为高速和低速两大类。按结构高速编织机又可分为摆杆式、滑板式、滚齿轮式等；低速编织机只有 8 字形一种。按编织材料分为金属编织机和纤维编织机。按编织机运动形式可分为锭子式编织机和转盘式编织机。按设备布置形式分立式编织机和卧式编织机。实际生产中可根据编织材料和被编织电线电缆的外径等来选择不同类型、规格的编织机。

被编织的股线由多根单线经并丝（或并纱）而得到，并丝就是根据工艺需要，将若干根丝、纱股或金属线集成线束，缠绕到编织机所用的纱管或线轴上。每股线绕成一个线轴，编织机上放置线轴的移动组件为锭子，因而编织机的规格是以锭子数量来表示的。编织机有 16、24、32、36 锭之分，制作更大的编织线时，最大有 72 锭编织机。另外，低速和高速金属编织机还有立式和卧式之分。

1. 低速编织机

低速锭子式编织机的工作部分是一个台面，上面有彼此相交、并以切线连接的“8”字形槽，这些槽引导锭子在台面上进行“8”字形曲线运动，两组锭子运动方向相反，将锭子上的编织材料彼此交织在电缆线芯表面，如图 9-21 所示。这种机器的特点是结构简单，操作方便，造价低；缺点是维护工作量大，生产速度低，噪声大。

低速编织机的结构如图 9-22 所示。编织时，编织前的电线电缆由放线盘引出，并通过面板上的中心孔穿出，绕有线股的锭子在编织面板上按“8”字形轨道运动，编织机上的锭子平分为两组，一组沿台面“8”字形沟槽的顺时针方向（图 9-21a 的实线部分）转动，另一组则逆时针方向（图 9-21a 的虚线部分）转动。每一个圆槽下面装有一对凹轮 - 齿轮，各相邻凹轮 - 齿轮间不仅齿轮部分要啮合，而且凹轮部分的缺口也要相互对准，以使锭子的凸轴嵌入其中，在齿轮的传动下，把锭子依次传到下一个凹轮，不断前进。锭子底下是菱形导向轴，该轴与 8 字形沟槽接触，引导锭子的前进方向，使锭子只能沿 8 字形槽向前移，而不能在一个凹轮的缺口处返回作圆周运动，由于锭子运动的轨迹是 8 字形，每个锭子有时在外圈，有时在里圈，彼此相向运动，造成相互交织的效果。锭子围绕设备中心运动一周，即产

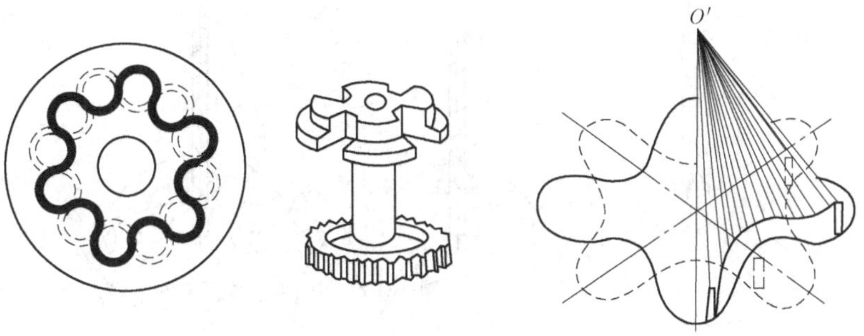

图 9-21　低速编织机的台面及锭子运动轨迹
a）面板　b）凹轮-齿轮　c）线股交织图

生一个编织节距。

两组锭子相对运动，将锭子上的编织材料在电缆线芯表面交织在一起，编织后的电缆绕到牵引轮上，经牵引轮绕到收线盘上。编织层的节距长度，由传动到锭子及牵引轮的固定速比来控制。编织机和绞线机一样，编织节距长度由牵引速度决定，锭子的转速一般不作变动。为了满足不同编织产品对节距长度的需要，低速编织机常采用配换齿轮对牵引速度进行变换。

2. 高速编织机

这种编织机带有线股的锭子连同放线盘只作平滑的圆周运动，其中一组线股通过摆杆带动以波浪形轨迹穿插在另一组线股之间，将线股互相交织，转速可以提高很多，故称为高速编织机，也称为转盘式编织机或摆杆式编织机。这种编织机的优点是转速高，生产速度快；缺点是制造工艺复杂，精度要求高。

高速编织机有半数的线轴放在转盘上面，半数放在下面，转盘和线轴由齿轮传动装置带动旋转。放在转盘上面的线轴沿圆周向一个方向转动，而位于下面的线轴则向相反方向转动。离开下部线轴的股线穿过一个特别的拨杆，拨杆在转盘旋转时，经过一定的时间间隔就依次上升或下降一次，如图 9-23 所示。图 9-23a 为逆时针方向旋转时锭子的轨迹和经牵线后的缠绕情况；图 9-23b 为另一组锭子转动时线股在摆杆带动下所走过的运动轨迹；图 9-23c 为两组线股交织成编织线的情况。这里的关键在于摆杆运动，摆杆与顺时针方向旋转的锭子同时转动，不时地将顺时针方向转动的线股摆到逆时针方向旋转线股的外边和里边，造成交织。逆时针方向旋转的锭子的轨道上做有缺口，以便摆杆把顺时针方向旋转的线股穿插进去。

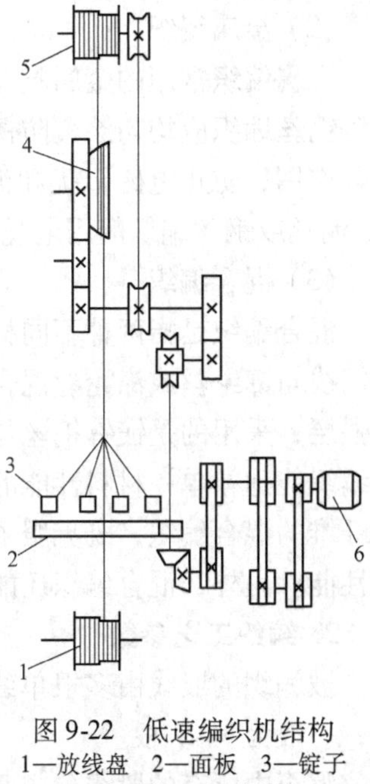

图 9-22　低速编织机结构
1—放线盘　2—面板　3—锭子
4—牵引轮　5—收线盘
6—电动机

高速编织机不仅转速高，而且股线的线轴只随线盘做圆周运动，运动轨迹比低速编织机锭子的简单，因此线轴可以比低速编织机做得大，这也是高速编织机生产效率高的一个原因。

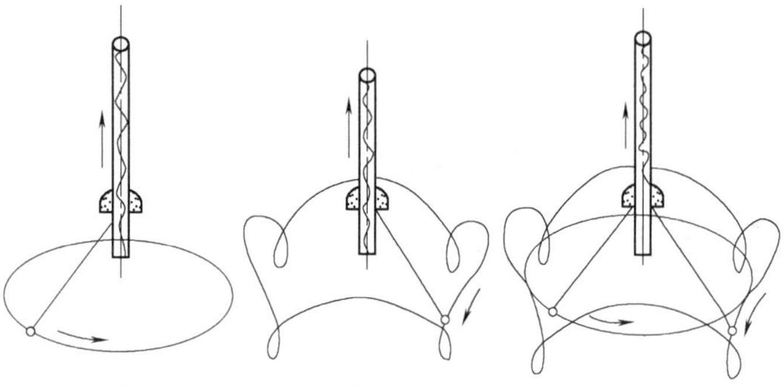

图 9-23 高速编织机的编织原理
a）平面圆运动轨迹 b）波浪形圆周运动轨迹 c）编织线

二、编织工艺

1. 编织类型及作用

按编织用材料来分类，可将编织类型分为纤维编织、金属编织和混合编织三种类型。

（1）纤维编织

纤维编织常用材料有天然纤维材料（如棉纱、麻等）、无机纤维材料（如玻璃丝等）和合成纤维材料（如锦纶丝、涤纶丝等）。

纤维编织是电线电缆中一种最简单的护层形式，其主要作用是保护绝缘不受各种光、热、潮、低温、酸碱气体等的侵蚀和外界机械力的损伤，确保电线电缆的安全运行。某些特殊场合使用的产品（如橡皮绝缘编织电线、编织电梯电缆等），经纤维编织后需浸涂沥青混合涂料等，以增强产品的防腐、阻燃等性能，延长电线电缆的使用寿命。

（2）金属编织

金属编织常用的金属丝有软圆铜线、镀锡软圆铜线和镀锌钢丝等。为防止钢丝锈蚀，裸镀锌钢丝编织应均匀涂覆防锈漆。金属编织不仅可以承受较大机械外力作用，而且还可以起屏蔽作用，防止电磁干扰和消除感应电等。所以在电线电缆结构中，既可作护层或外护层（如铜丝或钢丝编织船用电缆等），又可作为屏蔽层（如塑料绝缘屏蔽控制电缆等）。

（3）混合编织

混合编织是指两种不同材料相交叉的编织形式。如矿用电缆中的金属屏蔽层是采用镀锡软铜线与锦纶丝或涤纶丝混合编织，既起屏蔽作用，又作地线使用；又如矿用电缆中的编织加强层，采用的是镀锌钢丝与镀锡铜线混合编织，既起护层的加强作用，又作地线使用。混合编织能弥补单一材料性能的缺陷，更好地满足电缆的使用要求。如矿用电缆中金属丝和合成纤维的混合编织，既克服了金属编织延伸率低，变形小的不足，又保证了移动式电缆的弯曲性能。另外，混合编织还能够简化电缆结构，降低电缆的制造成本。

2. 编织工艺参数

被编织的股线由多根单线经并线而得到，编织线芯直径不同，每股线的单线根数也不同，一般为 3 ~ 7 根。

编织中所有的股线分成两组，每一组股线以同方向平行地缠绕在芯线上，股线间以一定形式交叉，最常用的是一股盖住反方向的两股，同时又为相反方向的两股所覆盖，如图 9-

24a 所示。如将编织结构中取其中一组股线展成平面，即可展示出各参数之间的关系，如图 9-24b 所示。

(1) 编织工艺参数

编织工艺的主要工艺参数包括：编织节距、编织角、编织密度。

1）编织节距为编织过程中锭子旋转一周，股线沿电缆轴向前进的距离，用 h 表示。

$$h = \frac{v}{n_z} \tag{9-13}$$

式中　v——牵引速度，单位为 mm/min；

n_z——锭子转速，单位为 r/min。

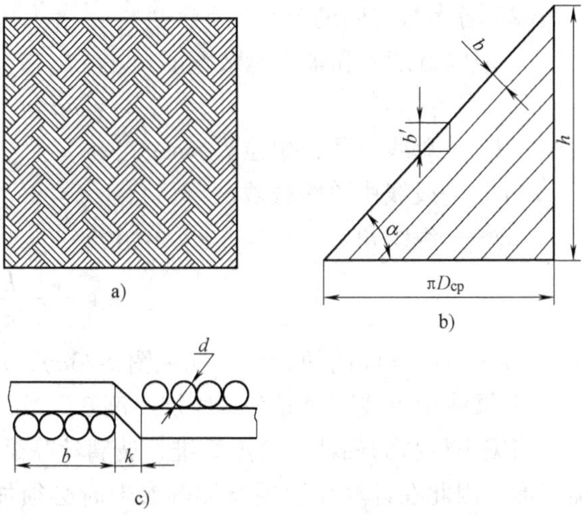

图 9-24　编织形式及展开图

2）编织角为编织股线与电缆横截面所成夹角，用 α 表示。工艺上通常采用 30°~60°，其中以 45°最适宜。

$$\alpha = \arctan\frac{h}{\pi D_{cp}} \tag{9-14}$$

式中　D_{cp}——编织层的平均直径，单位为 mm。

3）编织密度（又称编织总覆盖率）为编织覆盖层面积与被编织线芯表面积之比，用 M 表示。当比值接近 1 时，编织层将无缝隙；比值小于 1，编织层将出现有平均分布的缝隙，比值越小，缝隙越大，即编织密度越小。

在编织股线相同情况下，编织密度为

$$M = (2M_1 - M_1^2) \times 100\% \tag{9-15}$$

式中　M_1——编织系数，又称单向覆盖率，是股线径向宽度与其所占电缆表面几何宽度之比。M_1 可以按下式计算：

$$M_1 = \frac{and}{h\cos\alpha} \tag{9-16}$$

$$\text{或 } M_1 = \frac{and}{\pi D_{cp}}\sqrt{1 + \frac{\pi^2 D_{cp}^2}{h^2}} \tag{9-17}$$

d——单线直径，单位为 mm；

a——一半锭子数；

n——股线中单线根数。

船用电缆金属编织密度一般采用称重法计算，即

$$M = \frac{W_{编}}{W_{管}} \times 100\% \tag{9-18}$$

式中　$W_{编}$——金属编织层重量；

$W_{管}$——金属管重量

编织密度的高低与所用材料、编织用途和产品种类不同而有不同要求，一般编织密度范围在 50%~90% 之间。

（2）各参数之间的关系

1）股线宽度 b 和轴向遮蔽宽度 b'。

$$b = nd = b'\cos\alpha \tag{9-19}$$

式中　d——单线直径，单位为 mm；

n——股线中单线根数；

α——编织角。

$$b + k = \frac{h}{a}\cos\alpha \tag{9-20}$$

式中　k——股线间的间隙尺寸（见图 9-23c），单位为 mm。

2）股线中单线直径 d 和编织层厚度 δ。

当编织材料为棉纱、合成纤维、玻璃丝等柔性材料时，由于这些材料在编织时会产生压扁变形，因此在计算编织层厚度等参数时必须加以考虑一般情况，棉纱编制时的压扁系数 $K_0 = 1.25$，丝光纱 $K_0 = 1.10$。而金属编织单线不可压缩，$K_0 = 1$。纤维的实际高度 $d' = d/K_0$。

单根棉纱直径可按下式计算：

$$d' = \frac{1.08}{\sqrt{N}}$$

式中　N——纱的号数（公制）。

编织层厚度 δ 为

$$\delta = 2d' = \frac{2d}{K_0} \tag{9-21}$$

式中　d'——编织后纤维的实际高度，对金属材料 $d' = d$，单位为 mm；

K_0——编织材料的压扁系数。

3）编织层平均直径 D_{cp} 和编织外径 D。

$$D_{cp} = D_0 + \delta = D_0 + 2d' \tag{9-22}$$

式中　δ——编织层径向厚度，$\delta = 2d$，单位为 mm；

D_0——编织前电缆直径，单位为 mm。

$$D = D_0 + 2\delta = D_0 + 4d' \tag{9-23}$$

式（9-22）和式（9-23）适用于编织单线不可压缩的情况，如金属线。对于棉纱、合成纤维等柔性材料则应考虑压扁对编织外径的影响，单线直径应除以 K_0。

4）每锭上纤维或金属丝根数 n。

$$n = \frac{\pi(D_0 + \delta)M_1\sin\alpha}{ab} \tag{9-24}$$

式中　b——单纱（单线）覆盖宽度（金属编织：$b = d$，纤维编织：$b = 1.3/\sqrt{N}$）。

5）编织机产量计算。

编织机的产量通常取决于锭子的转速和编织节距，即

$$Q = \frac{n_z h\beta}{1000} \tag{9-25}$$

式中　Q——编织机的产量，单位为 m/min；

β——编织机的利用率（0.75～0.90）。

6）金属编织层材料用量 $W_{金}$ 计算。

$$W_{金}=\frac{\pi a n d^2}{2\sin\alpha}\gamma\rho \quad 或 \quad W_{金}=\frac{\pi^2 d(D_0+2d)M_1}{2}\gamma\rho \tag{9-26}$$

式中　γ——编织时纤维交叉增长系数，一般取 $\gamma=1.02$。

ρ——金属材料密度，单位为 g/cm³。

纤维编织完成后，为提高其防潮、防腐蚀、防霉能力，提高电缆的使用寿命，对不同的编织层还要进行防霉、涂蜡或涂漆等工艺处理。纤维材料编织的有关数据见表9-6。

表9-6　纤维材料编织的有关数据

材料	支数		覆盖宽度	编织层厚度	重量 W
	公制 N	英制 S	b/mm	δ/mm	/（kg/km）
棉纱	54/1	32/1	0.160	0.250	0.0185
	40/1	24/1	0.125	0.300	0.0250
	36/1	21/1	0.210	0.340	0.0276
	17/1	10/1	0.281	0.450	0.0588
	100/2	60/2	0.160	0.250	0.0200
	85/2	50/2	0.172	0.275	0.0236
	70/2	42/2	0.220	0.314	0.0283
	54/2	32/2	0.246	0.350	0.0371
	36/2	22/2	0.275	0.440	0.0556
	34/2	20/2	0.280	0.450	0.0589
	35/3	21/3	0.218	0.350	0.0855
	27/3	16/3	0.360	0.570	0.1111
	20/3	12/3	0.430	0.700	0.1500
尼龙	34	—	0.278	0.100	0.0294
玻璃丝	45/2	—	0.274	0.200	0.0444
	80/2	—	0.137	0.100	0.0250

注：$N=1.7S$。

第十章　几种新型电缆产品的制造

第一节　双金属线的制造

双金属线是将包覆金属连续均匀地包覆在芯线表面，通过塑性变形或冶金方法使两金属间形成冶金结合层而牢固结合，从而制成兼具两种金属性质，而在外观上又是单线形式的复合金属线，如图 10-1 所示。

常用的双金属线材有铝包钢、铜包铝和铜包钢等。双金属线与单金属线材具有相同的使用方式，可以以单线形式使用，也可以制成绞线或与其他单线制成复合绞线使用。在性能上双金属线兼有两种金属的特性，具有更加优越的综合性能，比如铝包钢线具钢线的抗拉强度，同时又有与铝一样的耐腐蚀性能；铜包铝线比纯铜线重量低了许多，同时又具有与铜相近的高频阻抗；铜包钢具有与钢相似的抗拉强度，同时又具有与铜相近的高频阻抗和耐腐蚀性。因为双金属线性能优异而又结构特殊，多年以来，根据加工材料特性不同，陆续开发了多种生产技术。

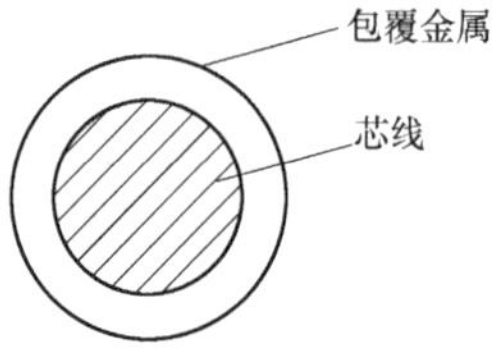

图 10-1　双金属线断面示意图

一、铝包钢

1. 产品技术特性及用途

铝包钢线是钢线表面包覆不同厚度铝层而制成，外层为铝，表现出铝的性质，内芯为钢，又使线材表现出钢的特性。

（1）优异的耐腐蚀性

铝包覆层在表面形成了致密的氧化铝保护膜，对内层起到保护作用，使易腐蚀的钢线得到良好保护，在用做铝绞线的承力元件时，与铝线之间是同种金属接触，避免了采用镀锌钢丝作为承力元件时铝锌、铝钢接触而产生的电化学腐蚀。因此，铝包钢线耐腐蚀性优良，在用于工业污染、沿海等有盐雾地区时这一点更能凸显出来。

（2）耐热性良好

钢的再结晶温度比铝高得多，能使铝包钢线在更高的温度下使用；钢线具有比铝线低得多的线膨胀系数，当用作架空导线承力元件时，弧垂小，适合用于大跨距架空使用。

（3）导电性较好

铝包钢线是在钢线表面包覆铝层而制成，具有比钢线更好的导电性能。

（4）产品适用范围宽

铝包钢线还可以根据需要在较大范围内调整钢线和铝层的截面积比，得到不同强度和导电率的单线（见表 10-1），从而为铝包钢线的应用提供了广阔空间。

铝包钢线的导电率是依据 61% IACS 的铝和 9% IACS 的钢而设计的，计算如下：

$$\%\mathrm{IACS} = 61\% k_1 + 9\% k_2 \tag{10-1}$$

式中　k_1——铝包钢线的铝比；

k_2——铝包钢线的钢比。

比如 LB30 的导电率计算如下：61% IACS × 0.43（铝）+9% IACS × 0.57（钢）= 31.36% IACS。考虑到误差，最小导电率规定为 30% IACS（57.47nΩ · m）。

表 10-1 铝包钢线的基本性能

等级	20℃时最大电阻率 /nΩ · m	最小抗拉强度 /MPa	20℃时标称密度 /（g/cm³）	铝比[①] %	钢比[①] %
LB14	123.15（14% IACS）	1500 ~ 1590	7.14	13	87
LB20/A	84.80（20.3% IACS）	1070 ~ 1340	6.59	25	75
LB20/B		1320	6.53		
LB23	74.96（23% IACS）	1220	6.27	30	70
LB27	63.86（27% IACS）	1080	5.91	37	63
LB30	57.47（30% IACS）	880	5.61	43	57
LB35	49.26（35% IACS）	810	5.15	52	48
LB40	43.10（40% IACS）	680	4.64	62	38

① 铝比、钢比分别为每级铝包钢线的铝、钢截面对总截面的标准比率。

经包覆的铝包钢线坯，在同步拉伸的条件下，铝包钢线的铝/钢结构比、导电率、密度、弹性系数、线胀系数等基本参数是固定不变的。

因为铝包钢具有优异的综合性能，并且可在较大范围内调整强度和导电率，所以在制造工艺成熟后，其应用迅速推广。在电线电缆工业中特别适合用于制造具有高强度要求的大跨越导线、光纤复合架空地线（OPGW）、高腐蚀地区架空导线的承力元件等。

2. 制造方法

铝包钢线是在 1956 年由日本 Hitachi（日立）电缆有限公司研制成功的，由于生产工艺复杂，几十年来，先后出现了几种不同的生产方法，主要发展了以下四种。

（1）粉末冶金法

其工艺过程如下：采用高压力在经过矫直和清洗的钢线表面包覆一层铝粉，经烧结使钢线与铝层很好地结合到一起，形成铝包钢线坯，再经加工成为铝包钢线成品。该方法工艺较复杂。

（2）铝带压接法

生产时同时放出钢线和两条铝带并进行清洗，将铝带逐渐成形为瓦形断面，包覆到钢线表面，经高温高压压接到钢线上，然后通过剥皮，将边缝和表面剥去而成为光洁的铝包钢线。其不能进行拉伸，规格单一，并且性能较差。

（3）热浸镀铝法

用类似于铜杆浸涂法的铝包钢线生产方法，将钢线垂直穿过熔融铝液，铝结晶于钢线表面形成包覆层。热浸镀铝法的镀层厚度不均匀，且镀层硬脆，不宜再加工，不适合应用于架空输电线路中。

（4）连续挤压包覆法（Conform 法）

铝连续挤压技术是 20 世纪 70 年代初由英国 Springfields 核能研究所发明，后授权给英国 BWE 公司。1984 年 BWE 公司开发了铝连续挤压包覆技术，我国在 90 年代初期，开始引进 Conform 连续挤压包覆设备（康仿机）。国内的连续挤压技术研究起步于 20 世纪 80 年代，在 90 年代初国产设备也已投入使用。用铝连续挤压包覆技术生产铝包钢线具有生产效率高、成本低、产品质量好等一系列优点，它的出现立刻淘汰了原有的生产工艺，发展了铝连续挤压生产型线技术。随着技术进步，该技术还发展到铜的连续挤压和包覆。

采用连续挤压包覆生产铝包钢线的工艺流程如图 10-2 所示。钢材采用连铸连轧生产的高质量钢盘条，经前期加工后与纯度为 99.5% 以上的 ϕ9.5mm 电工圆铝杆同时放出，并进行矫直、清洗，在挤压机中通过旋转的挤压轮把铝杆引入挤压腔体，在高温和摩擦轮挤压下连续、均匀地将铝挤压包覆到钢线表面，形成铝包钢线坯。再将线坯送入双金属同步变形拉伸机，经过拉伸而成为铝包钢线。根据挤压轮上槽数又分为单槽包覆和双槽包覆。铝包钢线生产的关键工序是铝包钢线坯的连续挤压包覆和钢铝同步拉伸变形生产，挤压包覆工序设备布置图如图 10-3 所示。

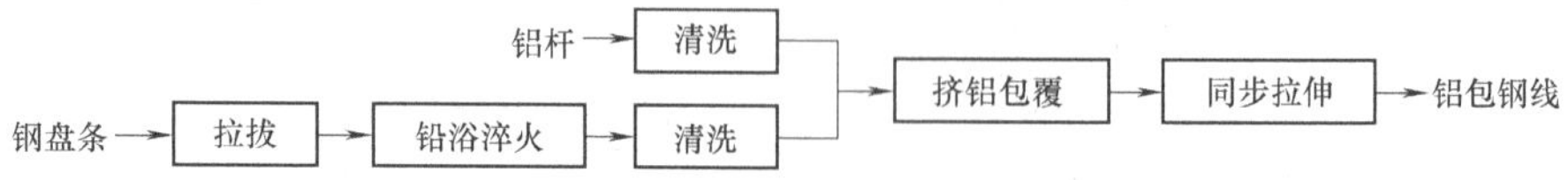

图 10-2　铝包钢连续挤压包覆生产工艺流程图

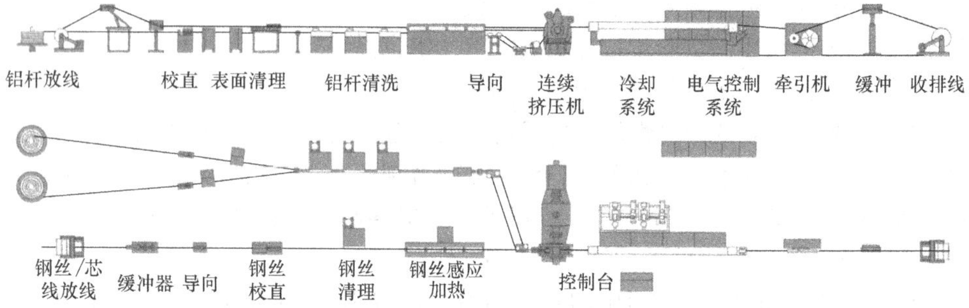

图 10-3　连续挤压包覆生产铝包钢线坯设备布置示意图

1）钢盘条拉拔。连铸连轧钢盘条表面会生成氧化层，而且外径均匀性也不是太好，经冷拉拔，可以除去钢盘条表面的氧化层，提高机械强度，使外径变得均匀。

2）铅浴淬火。拉制后的钢线进行铅浴退火，方法是将钢盘条加热到 950℃左右，再经过 550℃左右铅液骤冷。其作用是使因冷加工而畸变的晶格再结晶，得到均匀的晶粒结构，消除钢线内应力；再者在高温作用下进一步除去钢盘条表面的氧化物以及油脂和污物等，以便获得良好的表面，同时通过对淬火后钢盘条表面的钝化处理降低钢盘条的二次氧化程度。

对挤包用钢线要求为：含碳量 0.70%，直径偏差 ±1.5% D（钢线直径），抗拉强度 1100～1200MPa，推荐尺寸为 ϕ4.5～8.5mm。

3）清洗。清洗的目的是进一步清除钢、铝线表面的氧化物、油脂、污物等，得到洁净的表面，使包覆时两层金属能充分结合，得到良好的冶金结合层。因为铝－钢间的结合性决定了铝包钢线的耐腐蚀性能及铝层的稳定性。

钢线清洗采用高压力水-振动-化学在线清洗系统。这种清洗装置由一个带有压力泵的清洗仓、加热器和位于清洗仓上部的清洗头组成。清洗液为高温磷酸溶液，从仓中泵出并进入清洗头后，再返回清洗仓。清洗头由具有防止清洗液逸出的出口、出口“风刀”和 6 个流体转换器组成。每个流体转换器由两个放在腔内两端的碳化钨模组成，钨模的尺寸比被清洗钢线直径稍大一些。高速喷嘴将热清洗液喷射于腔壁处，这样形成了较大能量的涡流，围绕钢线流动，并通过模子溢出。钢线被涡流加速而作高速圆周振动，从而使线撞击碳化钨模得到擦洗。这是一种独特的、低造价的在线清洗装置，该装置清洗程度高，污染小。

铝杆采用的是碱洗、酸洗、漂洗的在线清洗系统。

4）连续挤压包覆。包覆工序将钢芯拉过 Conform 连续挤压机，将铝挤压包覆在钢线表面，并形成冶金结合。

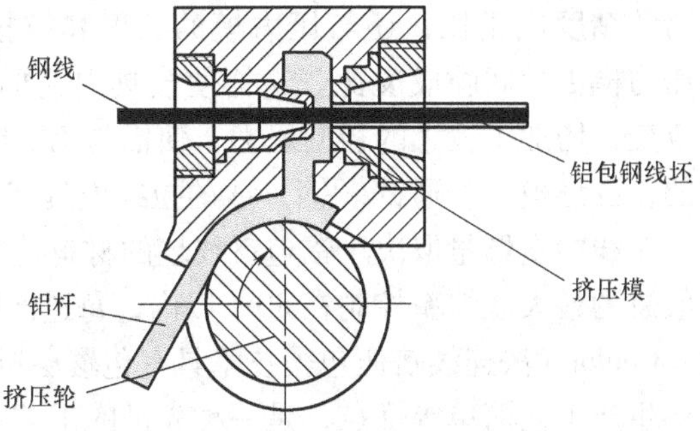

图 10-4　挤压包覆原理图

连续挤压的基本原理是利用挤压轮凹槽槽壁与铝杆之间的摩擦力作为挤压力，并同时使铝杆受热变形，如图 10-4 所示。将挤压坯料（铝杆）装入轮槽，当挤压轮旋转时，坯料与沟槽之间将产生摩擦力，由于挤压轮的连续旋转，带动坯料与挤压轮同向运动，形成坯料与挤压靴之间的相对移动，也就产生了与挤压轮运动方向相反的摩擦力。摩擦力作用的结果，一方面使坯料升温，降低变形抗力，另一方面使挤压坯料发生塑性变形，在模腔内环压在钢线周围，挤压轮不停旋转，使坯料不断进入挤压区，当模腔内的压力大于铝的变形抗力时，与钢线接触的铝开始发生塑性变形，铝被压入钢线表面的凹凸之中，两者发生紧密而充分的接触；另一方面由于铝与钢线运动速度的差异而产生剧烈摩擦，这种摩擦以及铝的塑性变形使铝对钢线表面进行了一定程度的“湿润”，为铝与钢的进一步相互作用做好了准备。

铝在与钢发生紧密接触后，铝与钢线表面氧化膜发生了铝热反应，既清洗了钢线表面又引发并促进了扩散，使钢铝间形成大约 6 ~ 12μm 的扩散层。

挤压温度和压力对钢铝结合效果有明显的影响。挤压模腔内的温度应达到 450 ~ 500℃，原子具有足够的激活程度且增加铝的流动性，使模腔内压力更加均匀。如果温度过高，在界面上会生成 $FeAl_3$、$FeAl_7$、FeAl 等化合物，使界面变脆，从而降低复合强度。

在出线模口处，伴随扩散同时，由于铝受到出线模定径区极大的径向压力，铝层与钢线被进一步压合，结合强度进一步提高。

钢线在进入挤压机前采用感应加热升温到 300℃左右，以增强扩散作用。为避免表面氧化，采用纯度 99% 以上的氮气进行保护。

将线绕至收线盘上时，可能会因收线运行不稳定而引起张力的瞬变，如果传至包覆模，就会引起线径的变化。为此，在牵引盘和收线轮之间安装了缓冲器或振动吸收器，以此来消除张力瞬变。

5）同步拉伸。因为钢、铝的强度相差很大，普通的拉线方法将会剥掉铝层而不能使较硬的钢芯获得拉拔，为使钢、铝同步变形，可采取如下解决措施：

①　拉线机采用每个拉线鼓轮能独立调节速度的非滑动式拉线机，避免铝层与拉伸鼓轮间相对滑动而磨损铝层，也要避免线材拉伸时产生扭转变形。

②　拉线轮的尺寸应足够大，并提供有较好的冷却，以避免生产过程中线材温升过高；拉线轮形状要能够避免由于线在拉线轮上冷却收缩而引起的损伤，多采用光滑的宝塔形。

③ 拉线模要使钢、铝同步变形，拉拔必须增加压力模，即采用压力-拉伸组合模。由于润滑方法不同（有湿法和干法润滑），所用的模子也不相同，采用干法润滑的组合模形式如图 10-5 所示。采用干法润滑时，变形模前面增加了压力模，润滑粉靠运动线材的粘带不断被带入压力模中。润滑粉有一定的粒度和粘度，很快充满整个压力模腔，模内的压力与润滑粉的粘度成正比，还与压力模的长度和拉拔速度成正比，与压力模中的间隙成反比。这样使模具内变形金属的应力状态改变，增加了较大的径向压力，使铝与钢能够同步变形。铝包钢线的变形是在拉线模内完成的，变形模与普通铁（钢）线的拉线模具基本相同。

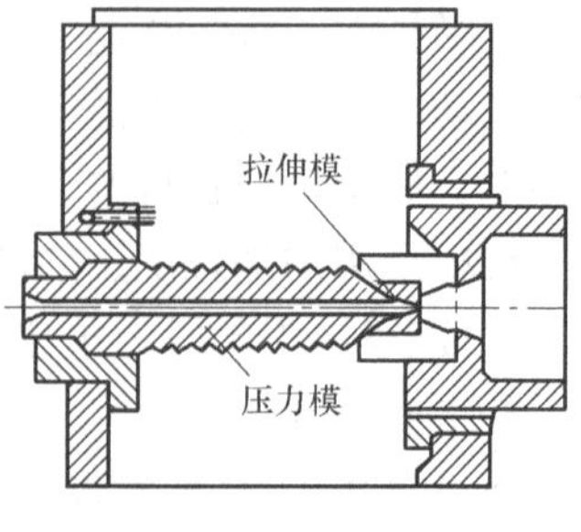

图 10-5 压力-拉伸模示意图

拉线的变形量取决于铝包钢线坯的材料特性，确定变形工艺参数时以“压缩率”为准，一般总的最大压缩率控制在 80% 以内，每道次压缩率通常应小于 20% 。

Conform 法连续挤压包覆技术具有包覆层厚度均匀、钢铝结合紧密、可以大长度连续生产、生产工艺简单等优点，是一种先进的工艺方法。在电线电缆生产中，该工艺主要用于：①双金属单线（如铝包钢、铜包钢、电气化铁路用内包式双金属接触线等）的生产；②通信电缆、光缆、电力电缆等各类电缆护套的挤压包覆（与传统的纵包成形焊接工艺相比，具有生产效率高、材料利用率高，且产品无焊缝、气密性好、尺寸精度高等优点）。采用类似工艺，将金属连续挤压而不进行包覆，可用于以下产品的生产：①架空裸电线、绝缘电缆导电线芯用型单线（SZ 形线、梯形线等）；②裸电线类的扁线等型线产品。

二、铜包铝

1. 产品的技术特性

（1）结构与性能特点

铜包铝线内层为密度小、价格低的铝线，外层包覆高导电的铜层。这种导线兼具铜铝的优点，具有较高的性价比，在电缆工业中的应用日趋广泛。

1）与纯铜线相比，重量大大减轻。铜包铝线的密度是纯铜线的 37% ~40%，在重量相同的条件下，铜包铝线的长度是纯铜线的 2.45 ~2.7 倍。

2）导电性良好。铜包铝是制造同轴射频电缆的良好内导体，由于电场高频高，集肤效应增强，频率很高的电磁波仅集中于导体表面很薄的铜层上传输（传输频率为 5Hz、10Hz、100MHz 时的透入深度分别为 0.02996mm、0.02119mm、0.00670mm，均小于铜层厚度），所以高频时铜包铝具有不低于纯铜的导电性能。在工频条件下，相同导电能力要求时，铜包铝导体截面积约为纯铜导体的 1.55 倍，1t 铜包铝（含铜 0.35t）可以替代 1.6t 纯铜。

3）接触性良好。铝线表面致密的 Al_2O_3 薄膜是不导电的，会造成铝导线接头处接触电阻增大，在铜铝线接头或开关箱接头处，因铜铝电位不同，在有水分等电解质存在的情况下会产生电化腐蚀，严重时会引发断电或发热燃烧事故。铜包铝导线表面为铜层，表面性质与铜一致，使用中克服了铝导体间接触电阻大和铜铝接头引起电化腐蚀的难题，使铜包铝线可以和所有配电器具很好的连接。

4）铜包铝缺点为回收和重复利用存在一定困难；当端面有电解质存在时，铜铝间会产生电化学腐蚀，使铝遭受腐蚀，因此应做好端面的防护。

（2）用途

铜包铝线在电线电缆生产中主要用于同轴电缆内导体，电力电缆、电气装备线和电磁线的导体，电缆的编织屏蔽层等。

（3）复合性能

铜包铝的复合机理与有色金属冷压焊接相同，即将清除干净表面氧化层的铜铝表面压合在一起，通过外界压力实现原子间金属键的冶金结合。由于界面上铜－铝原子的相互扩散，形成了铜铝化合物层（$CuAl_2$），这个化合物层是脆性相，化合层厚，铜铝间紧密结合将受到破坏，使其延伸率和导电性都变差；化合层薄，铜铝间不会完全结合。化合层在 2～8μm 厚时，铜包铝的复合性能最佳。

（4）分类

根据标准 SJ/T 11223—2000《铜包铝线》规定，铜包铝线按铜层占导线的体积比来分为 10% 和 15% 两类，每一类按力学性能又分为硬态（H）和软态（A）两种。硬态是指在冷态拉制后未经退火的导线，软态是指经退火处理回复到拉制前晶体结构的导线。软、硬态导线的性能指标见表 10-2。

表 10-2　铜包铝线的基本性能指标

类别	20℃时最大直流电阻率 /（$\Omega\cdot mm^2/m$）	最小抗拉强度 /MPa	最小伸长率 %	密度 /（g/cm^3）	铜比 %
10A	0.02743	138～172	15～5	3.32	10
10H		110～205	1.5～1.0		
15A	0.02676	138～172	15～5	3.63	15
15H		110～205	1.5～1.0		

2. 制造方法

铜包铝线最早由德国于 20 世纪 30 年代推出，随后英国、美国、法国、前苏联等国也相继采用不同方法进行生产。目前生产方法有很多，下面主要介绍几种常见制造技术。

（1）铝线镀铜法

铝线镀铜法是在铝芯线表面电镀铜层以获得铜包铝线的方法。这种方法较为简单，但镀铜层较脆，铜铝结合不牢，镀铜层与铝芯线易偏心，并且电镀液污染严重。是一种面临淘汰的工艺方法。

（2）轧制压接法

生产时同时放出两条铜带和铝芯线，经过清洗并加热，将铜带从上、下两个方向包覆铝芯线，利用轧辊施加的压力将铜带与铝芯线压接在一起，然后将铜带接缝的两个凸耳切除形成线坯，再将线坯进行拉拔获得所需直径的线材。轧制压接法提高了线材质量，但工艺过程复杂，铜材浪费大。

（3）静液挤压法

静液挤压法是一种特殊的润滑挤压工艺。这种方法的特点是将大直径的纯铜管和铝棒制成的复合坯料经静液挤压，利用高静水压力和大加工变形率作用，实现铜、铝之间的冶金结合，从而获得铜包铝线坯。静液挤压的原理如图 10-6 所示。其工艺特点为：在挤压过程中，坯料周围充满粘性介质，压力通过介质作用到坯料上，坯料受到均匀的等静水压力，在挤压过程中没有镦粗变形，与挤压筒、挤压轴没有接触，变形区与挤压模之间的摩擦控制在最小范围内，因此从表层到芯部都能保持较均匀变形。

采用静液挤压法有利于解决沿制品长度方向包覆层厚度不均匀的问题。由于包覆层与芯部的复合是在高压塑性变形条件下进行的，所以可以获得高质量的复合界面。静液挤压与其他挤压方法比较，静液挤压可以在室温或较低温度下实现大变形挤压，因此适合在高温下容易形成金属间化合物的复合材料的成形。其主要缺点是生产效率低、成本较高、不适合复杂断面形状的包覆等。

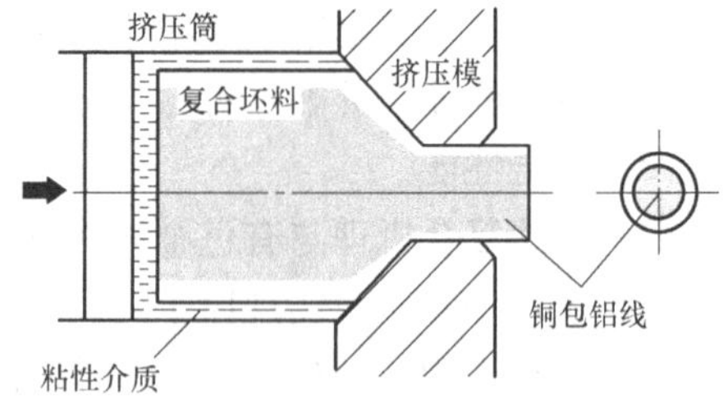

图 10-6 静液挤压法原理图

（4）填芯连铸复合法

填芯连铸复合法是利用成熟的连铸工艺对双金属进行复合的一种工艺方法。这种方法打破了复合线材的固相结合，而是利用液相金属直接连续复合，它保证了坯料表面无氧化，从而提高线材的质量，而且还减少了生产工序，缩短生产周期，降低生产成本。

其方法是在连铸外层金属材料坯壳的同时充填芯部金属液，首先形成铜的管状坯壳，在坯壳温度降低到一定程度时充填芯部金属铝，通过两种元素间的相互扩散或中间反应将两种金属材料结合为一体，实现复合过程，工艺原理如图 10-7 所示。对于采用填芯连铸复合法制备铜包铝复合线坯的试验研究结果表明，对包覆金属层与芯部金属的熔化温度、连铸拉坯速度的正确控制与合理搭配是实现复合坯顺利成形的关键。该工艺避免了空气对坯料的氧化，解决了其他包覆成形制造工艺中芯材或包覆层预处理过程复杂，界面质量不稳定等缺陷。虽然该方法在工艺控制方面还需做进一步研究，但无疑为复合导线的工艺研究与开发提供了新的思路。

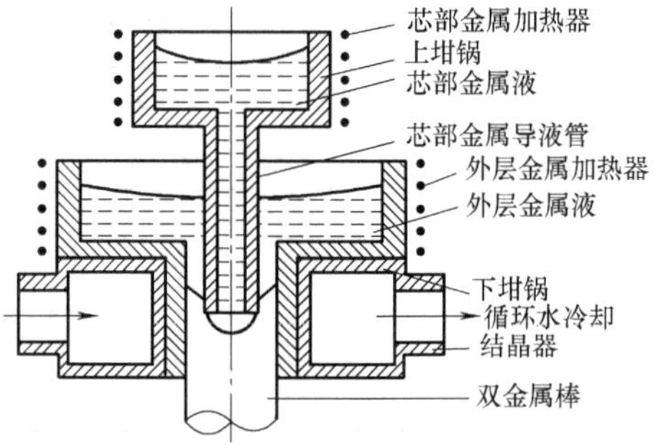

图 10-7 填芯连铸复合工艺原理图

（5）包覆焊接法

包覆焊接法是将经过清洗的铜带在多对垂直成形轮和水平成形轮的作用下逐步变形，沿纵向逐步形成圆管状，同时包覆在清洗过的铝芯线周围，采用氩弧焊将铜管的纵缝焊接起来形成线坯。然后经过多道次拉丝模拉拔和热处理，实现了铜、铝界面良好的固相冶金结合，获得所需规格导线。包覆焊接技术的设备和工艺简单、生产速度快、铜和铝结合良好、同心度好，是现在国内铜包铝线的主要生产方法，其工艺流程见图 10-8 所示。

图 10-8 包覆焊接法生产铜包铝工艺流程图

包覆焊接法的关键工艺如下：

1）清洗。铜带和铝杆的清洗保证了两者之间有洁净的接触面：用碱液或清洗液清洗表面的油污和附着的杂物，经干燥后再采用刷洗的方法除去表面的氧化层。此后直至包覆焊接，要采用惰性气体保护，防止新的氧化层产生，对线端要进行封闭，防止铜、铝间惰性气体外泄。

2）焊接。铜带纵缝的焊接要确保焊逢的饱满无开焊和打眼现象。

3）拉线。通过拉线过程，使两种金属共同产生塑性变形，而且在径向压力作用下，双金属在逐渐减径过程中接触表面达到接近原子间距离，形成结合层。其变形程度越大，固相结合质量相对越好，因此，必须保证铜包铝从线坯到成品单线有相当的变形量。

由于线坯的铜层与铝芯间存在有一定的间隙，线坯刚开始拉拔时，主要是铜层产生缩径，而铝的变形量很小，因此首道模的延伸率不可以太大，取15%左右，否则容易造成铜层的损伤。随后各道拉拔，此时铜包铝塑性很好，应采用25%左右的较大道次延伸率。随着拉拔进行，产生加工硬化现象，延伸率应逐道减小，取15%～18%。当拉拔到ϕ1.0～2.0mm时，为恢复塑性，必须进行退火，然后再进行拉拔。拉线过程中，合适的温度和时间有利于双金属固相结合质量的提高，如果拉拔时的温度超过350℃，结合层厚度将增大、脆性增加，反而使铜铝结合强度下降。

4）退火。铜包铝线的退火较特殊，温度的高低不仅会影响到线材塑性的变化，还会影响到铜铝结合的合金层的生成。温度高时，铜铝合金层很快加厚，导线变脆，延伸率明显降低，电阻率增大；温度低时，导线延伸率变化很小，不明显。延长退火时间和提高退火温度会起到相同效应。应根据不同的退火方式，设定合适的退火温度和退火时间。

三、铜包钢

1. 产品的技术特性

铜包钢线是将铜均匀、牢固地包覆在高强度钢丝表面而制成的双金属线，包覆铜层的厚度是导线直径的3%～10%，导电率一般为21%～40% IACS。根据所用钢芯的含碳量及铜包钢线的软、硬态不同，其抗拉强度为400～1000MPa，伸长率为1.5%～8%。

铜包钢线兼具铜和钢的性质，具有许多优点：

1）强度高，钢的强度远高于纯铜，因此这种导线具有高于纯铜线的强度，在相同截面积和状态（硬态）下，铜包钢线的机械强度是实心铜线的两倍。

2）高频传输时，由于集肤效应电流主要集中在导线表层，铜包钢具有不低于纯铜的高频导电性能。在一定的高频区域，由于电磁波在钢-铜界面上的反射效应，铜包钢导线的导电性能甚至优于相同外径的实心铜导线。

3）由于外部为铜，铜包钢线又具有好于钢线的耐腐蚀性和良好的可焊性。

铜包钢单线、绞线以及铜包钢芯铜绞线可用于同轴电缆、射频线圈、电子器件的引接线，电气化铁路的载流和不载流承力索、接地线，山区及农村的架空电力传输和电话线路等。

2. 制造方法

与其他双金属线类似，由于包覆和金属层间结合的困难，多年以来陆续开发了多种制造技术，以期达到更好的效果。制造方法主要有以下几种：

（1）铸造热轧法

铸造热轧法将经过加工清洗的钢棒作为芯棒，将熔化的铜液浇铸在钢棒周围，形成铜包钢锭。然后将加热的铜包钢锭通过横列式轧机或纵列式连轧机完成热轧制成盘条，再将经过清洗的铜包钢盘条在拉线机上进行拉伸、退火，成为所需规格的单线。其缺点是设备投资大，由于受铸锭同心度限制，导致产品容易偏心，线材长度受铸锭质量限制，而且生产率低，成本高等。在早期应用该方法较多，现已逐渐淘汰。

（2）电镀法

电镀法是把经过脱脂、酸洗等湿式处理的钢线进行电镀。整个系统由拉丝机和电镀装置组成。镀槽由预处理槽和电镀槽组成，工作时把成卷的钢线用输送辊连续不断地送进预处理槽及电镀槽中，输送辊把其悬挂在电镀槽内的同时，通过自身的旋转起到送线作用。由于钢丝卷绕成螺旋线圈的形状，所以可以比较容易地通过预处理槽和电镀槽，并可将大长度的钢线浸在电镀槽中，完成电镀过程。电镀后的线材经过拉伸加工，可以生产出各种规格的线材。

电镀法除采用上述方法以外，还可以采用多段直线式连续镀铜和往复穿线式（即滚镀法）连续镀铜，这样可以使线材所受弯曲少，确保足够的电镀时间来提高质量。

用电镀法生产铜包钢线工艺应用比较早、工艺成熟，是我国目前较为普遍采用的一种生产方法。该方法的主要缺点是铜镀层比较薄，性能较脆，产品质量不高；生产厚镀层的铜包钢线困难较大，而且电镀液污染严重。

（3）热浸涂法

该方法与浸涂法生产无氧铜杆的工艺原理相同，都是将经过扒皮、矫直的钢杆作为芯杆，经由真空室自下而上穿过盛有熔融铜液的坩埚，由于芯杆温度低，金属靠热渗透原理，把芯杆加热到高温，同时坩埚中熔融的铜液结晶在芯杆周围形成一层凝固层，形成铜包钢的铸坯。热的坯杆通过坩埚上方的冷却塔，冷却到一定温度，然后进入连轧机组，由热轧机组轧制成线材。

铜层的包覆率取决于铜液与钢线的热交换。通过控制钢丝预热温度、铜液温度和浸涂时间等因素，可以控制铜涂层厚度。

热浸涂法生产的铜包钢线铜与钢之间形成冶金结合，可以牢固地结合成一体；铜的包覆率控制范围大（20% ~85%），可大规模生产，是目前铜包钢线制造中比较先进和具有良好发展前景的工艺。此工艺方法已被广泛应用于双沟形铜包钢电力机车接触线、电极引线、接地棒、电气装备用电缆导体等的生产。但此方法工艺复杂，调换规格困难，设备投资大，成本高。

（4）水平连铸法

铜包钢线的水平连铸工艺是传统的热浸涂和连续铸造工艺的结合。它主要分为表面处理、钢芯预热、铸造和后处理等 4 个环节，其工艺过程如图 10-9 所示。

经过剥皮、矫直后的钢丝再经除油、酸洗、水洗等工序使芯线表面清洁，表面处理是为

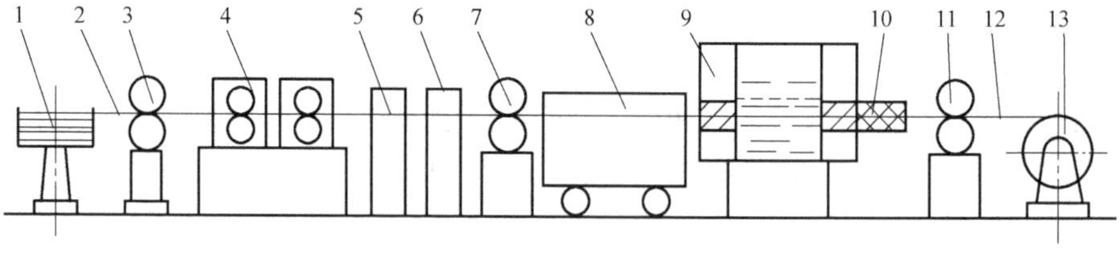

图 10-9　水平连铸法生产铜包钢原理图

1—放线盘　2—钢丝　3—剥皮轮　4—校直装置　5—酸洗槽　6—水洗槽　7—导轮
8—干燥炉感应加热器　9—感应电炉　10—结晶器　11—牵引装置
12—铜包钢线坯　13—收线盘

了要得到结合性能好的铜钢界面。预热是为了形成良好的润湿环境，减少钢丝吸热，保持金属液温度稳定。连铸是工艺核心，它把表面清洁的钢丝和铜液通过结晶器的冷却而结合在一起，达到铜包钢线复合的目的。后处理主要是对铜包钢线进行拉拔和热处理，使复合线产生一定的变形，以改善其力学性能、导电性能和表面质量。

利用连铸法生产铜包钢线还未投入工艺实施，但由于其利用已成熟工艺和设备进行研制开发，对于提高效率、降低成本、扩大产品规格等有积极作用。

（5）连续挤压包覆法（Conform 法）

采取与铝包钢连续挤压包覆类似的原理，通过摩擦挤压使铜杆在模腔中高温变形，紧密包覆到钢线表面，生产铜包钢导线的工艺方法。这种方法具有生产长度大、钢铝结合性好等优点。但铜的挤压包覆需要比铝更高的温度，挤压轮的使用寿命还有待进一步提高。其应用还没有包覆焊接法广泛。

（6）包覆焊接法

这是在双金属线生产中应用较广的一种工艺方法，不仅用于铜包钢、铜包铝的生产，还用于镍包铜等双金属线的生产。其工艺过程与铜包铝生产类似，是将经过清理的铜带逐步形成圆管状，包覆在清理过的钢线周围，采用氩弧焊将铜管纵缝焊接起来，线坯焊接后，为防止空气进入铜管与钢芯线的空隙中而影响两者界面的冶金结合，将包覆焊接装置与线坯前两道拉拔设备串联在一起，形成如图 10-10 所示的包覆焊接－拉拔联动生产线，使铜带与钢芯线表面在焊后立即贴紧密合在一起，形成均匀包覆层的铜包钢线坯。在拉拔工序中必须通过拉丝模的孔型设计，改进拉丝模的结构，形成强制润滑，并选用流动性好、剪切强度高和能耐高温的皂化粉润滑剂，以保证模具和线材之间产生一层高压润滑膜，从而减轻线材表面的摩擦应力，防止铜层堆积并避免粘模现象。随着拉拔变形程度的增加，必须对铜包钢线进行中间退火，以提高金属塑性，并促进铜、钢界面的原子间结合。

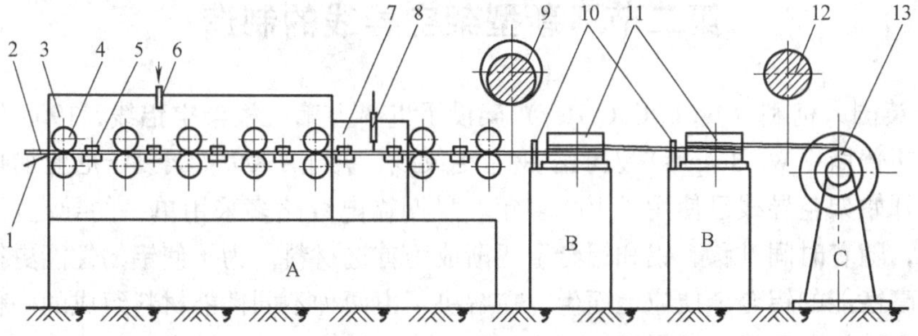

图 10-10　包覆焊接-拉拔连续生产

A—包覆焊接装置　B—拉线机　C—收线装置

1—铜带　2—钢芯线　3—惰性气体保护箱　4—垂直辊轮　5—水平辊轮　6—氩气入口　7—焊接区　8—焊接电极　9—包覆焊接线坯断面　10—拉线模　11—拉线轮　12—拉拔后线坯断面　13—收线盘

四、双金属接触线

电力机车接触线是电气化铁道、城市轨道交通、工厂和矿山机车运输中用于向电力机车传输电力的导线，按所用导电材料有铜、铝及其合金，按结构形式有铝钢复合、铜钢复合等双金属复合形式。

为便于固定连接，电气化铁路用接触线采用双沟形的异形线，单一金属的铜、铝及其合金接触线的形状如图 10-11a 所示，钢铝复合又有外露异形钢式（见图 10-11b）和内包梯形钢式（见图 10-11c）两种。与铝包钢类似，钢铝复合接触线既具有铝较高的导电性、耐腐蚀性，同时兼具钢的高强度。内包梯形钢式接触线可以采用 Conform 连续挤压包覆设备进行包覆生产。

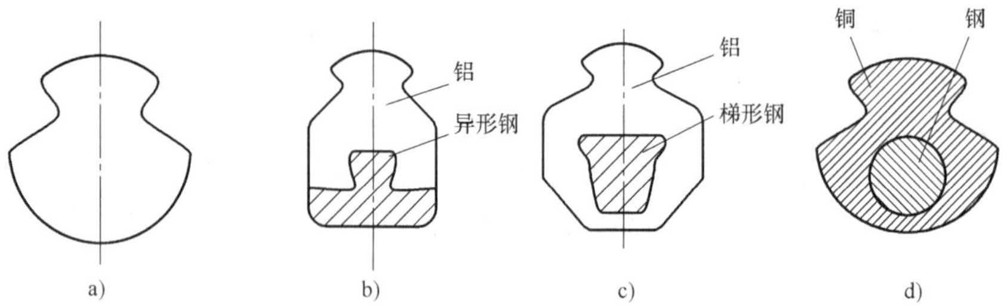

图 10-11　电力机车接触线的几种形式

a）双沟型接触线　b）外露异形钢接触线　c）内包梯形钢接触线　d）铜包钢接触线

随着我国铁路向高速、电气化方向的发展，对接触线提出了更高的性能要求，即进一步提高接触线的张力，以提高接触线网的稳定性、波动传播速度和机车受流质量，这就要求接触线在具有良好导电性的同时还应具有较高的机械强度以及耐软化性能。铜、铝及其合金接触线显了各自的局限性，铜包钢接触线（见图 10-11d）在性能上兼备了钢的高强度、耐高温软化性好的机械性能和铜导电率高、接触电阻小的电性能优势，因而具有传导效率高、材料成本低、抗拉断力大、重量轻，耐磨损的特点。它的生产有热浸涂法和 Conform 法两种工艺，两相比较，采用连续挤压包覆法在产品质量和工艺技术上更具优势。

第二节　新型架空导线的制造

1876 年英国人柯利（W. L. E. Curley）架设了世界上第一根架空铝线，1908 年由美国铝业公司技师胡普斯（W. Hoopes）发明了钢芯铝绞线，并于 1909 年架设于尼亚加拉大瀑布上空。从那时开始架空导线已使用了 100 多年。早期输电线路多采用单一的导电材料，如铜、铝及铝合金，随着时间推移，铝和铝合金逐渐成为首选材料。为了使铝的性能更符合作为输电线，各种高性能的铝合金便应运而生。在解决了由两种不同性能材料组成的一种新颖导线制造技术之后，组合导线显示出了它更为优越的综合性能，从而被广泛使用。而近年能适应大容量、高电压、远距离以及各种复杂地理环境和气象条件下输电线路使用的新材料、新结构、高性能架空导线不断出现。

一、架空导线用材料

1. 导体材料

（1）铝

铝的密度小、导电性好，是架空导线导体的传统材料。我国铝资源含硅量较高，在 20 世纪 70 年代前，炼铝工业的深脱硅技术尚未跟上，因此架空线用铝导体性能较差，随着硼化处理和稀土优化处理两项研究成果的推广应用，铝的导电性能、机械性能等综合性能得到很大改善，使架空线用铝导体达到电工级水平。

铝的耐热性差，作为架空导线使用时，其长期工作温度不应超过 80℃，其强度也很低，即使硬铝线的抗拉强度也在 200MPa 以下，为扩大铝的使用范围，可通过合金化来提高铝的耐热性或强度。

（2）铝合金

1）铝镁硅合金（高强度）。这种导线的突出特点是导线抗拉强度大幅提高。在铝中加入镁和硅形成化合物，随温度下降形成常温下不稳定的固溶体，通过淬火和时效处理，析出起强化作用的 Mg_2Si，使铝的强度显著提高。铝镁硅合金线在 510～550℃、45min 加热后，在水中淬火或在连铸连轧的同时淬火，拉线后再经 160～170℃、4～5h 的人工时效处理，其抗拉强度可达 295MPa 以上，导电率为 53% IACS。改变成分、冷加工变形和热处理工艺，可制成高强度（抗拉强度达 320～350MPa）或高导电（导电率为 57%～59% IACS）合金。

2）铝镁合金（中强度）。铝镁合金是一种非热处理型铝合金，其加工工艺与一般铝线相同。含镁 0.5%～1.1%，加入镁可固溶于铝，起固溶强化作用，再结合加工硬化可使线材强度提高，抗拉强度可达 206～245MPa，导电率为 52% IACS。铝镁合金成分简单，加工方便，提高了焊接性，耐蚀性较好，是应用较广的中强度铝合金。硬态的适用于制造架空导线，软态可用于制造导电线芯。

在铝镁合金中加入稀土元素，不仅可细化晶粒，改善加工性能，而且能提高抗拉强度、耐疲劳强度、耐热和耐蚀性。加入少许铁，可使导电率提高 3%～5% IACS，同时可改善耐蠕变性。

3）铝锆合金（耐热）。在铝中添加约 0.1% 的锆形成的铝锆合金导电率为 58% 或 60% IACS，其突出优点为良好的耐热性，用这种合金制成导线的长期工作温度可达到 150℃，在相同截面积时，其载流量比铝绞线提高 60% 以上。

2. 加强元件

因为铝及其合金的抗拉强度低，可采用在绞线中加入加强元件来提高导线的综合拉断力。常用的材料为高强度镀锌钢丝，后来又发展了双金属复合材料如铝包钢、铜包钢等，现在高强度非金属复合材料也越来越多地用于架空导线的加强芯制造。

（1）镀锌钢线

镀锌钢丝是架空导线的传统加强材料，综合利用了钢线抗拉强度高，锌层防腐蚀性好的优点。

镀锌钢线的抗拉强度：普通强度钢线为 1190～1340MPa，高强度钢线为 1280～1450MPa，特高强度钢线为 1500～1620MPa。

在干燥大气环境条件和淡水中，锌的腐蚀极微。但在有电解液时会强烈腐蚀。与正电位较高的金属接触时，腐蚀速度会急剧增加，因此将其用作钢线的保护层。一般锌层重量为 185～290g/m²，加厚镀层为 370～580g/m²，在恶劣环境下，电化腐蚀而使锌层消失，钢丝迅速锈蚀使钢线架空线失效破坏。因此除采用重镀锌钢丝以外，相继发展了 Zn-5% Al 合金和 Zn-5% Al-Re 合金镀层钢丝，使钢丝耐腐蚀寿命明显提高。

（2）铝包钢线

相比于镀锌钢丝，铝包钢线导电率高，特别是与铝线接触不会产生电化学腐蚀，用于有盐雾的海岸地带和有腐蚀气体的工业区输电线路，显示出了突出的耐腐蚀性。随着 Conform 连续挤压包覆技术应用和成熟，越来越多的大容量、大跨越线路都采用了铝包钢芯铝绞线。

（3）殷钢

殷钢是一种含镍36%～40%的铁-镍合金，其典型特征就是线膨胀系数特别低，具有高强度，价格高昂。用作高强度导线的加强芯，在高工作温度时可有效降低导线弧垂。也可以通过覆铝，制成铝包殷钢芯。

（4）复合材料加强芯

20世纪90年代，开始用有机复合材料代替金属材料作为导线的芯材，这些采用新型复合材料作为加强芯的导线中，以碳纤维芯、碳纤维和玻璃纤维混合芯、铝基陶瓷纤维芯铝绞线较为典型。

碳纤维芯由碳纤维为中心层和玻璃纤维包覆制成的单根芯棒，碳纤维采用聚酰胺耐火处理、碳化而成；高强度、高韧性配方的环氧树脂具有很强的耐冲击性、耐抗拉应力和弯曲应力。将碳纤维与玻璃纤维进行预拉伸后，在环氧树脂浸渍，然后在高温模子中固化成型为复合材料芯线。

碳纤维芯具有高比强度、高比模量、耐高温、耐腐蚀、弛度小、热膨胀系数极小（为1.6×10^{-6}/℃，而钢芯为11.5×10^{-6}/℃）、重量轻等一系列优异性能，从而成为架空导线的理想承力元件。

二、不同形状单线绞合架空导线的形式和工艺特点

1. 圆线同心绞架空导线

（1）主要型式及特点

圆线同心绞架空导线是使用历史最悠久、应用最广泛、制造工艺最成熟的一类产品。其主要品种有铝绞线、钢芯铝绞线、铝包钢芯铝绞线、防腐钢芯铝绞线，以及相应的以高强度或耐热铝合金作为导体材料的绞线等。防腐钢芯铝绞线是在钢芯或整个绞线间隙填充防腐油膏而成，主要用于沿海或腐蚀严重的化工地区；采用高强度铝合金的绞线的机械性能较好，可用作大跨越导线、重冰区导线或架空地线。各种导线形式见图10-12所示。

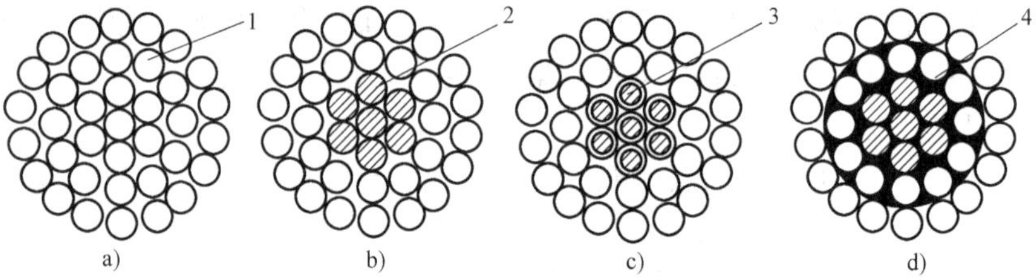

图10-12 圆线同心绞架空导线

a）铝绞线 b）钢芯铝绞线 c）铝包钢芯铝绞线 d）中防腐钢芯铝绞线

1—铝线 2—镀锌钢线 3—铝包钢线 4—防腐油脂

（2）生产工艺

钢芯铝绞线的结构常用铝线根数/钢线根数表示，钢比（钢与铝的横截面积之比）越大，导线强度越高，同时交流电阻也增大。为提高导线的综合拉断力，多采用硬铝线和加强元件组合绞制而成。

绞线交流电阻除与电阻率等因素有关外，还与导线结构有关。由于铝线表面氧化层的存在，增大了单线的接触电阻，工作时，电流沿单线做螺旋形流动，相邻层绞向相反，可以使彼此的磁力线相互部分抵消，减小了绞线的交流阻抗。因此相同截面积的绞线，奇数层铝

线的交流电阻要大于偶数层；绞层为偶数，抵消相邻层扭转力矩的效果更好，利于保持绞线结构稳定。因此，进行绞线结构设计时，要尽量使铝和铝合金线绞层为偶数。

架空裸绞线要求采用同心绞合，最外层绞向为右向，相邻层绞向依次相反。为保证绞线整体紧密，不松散，多层绞线的外层应不大于相邻内层的节径比。绞合节径比规定见表 10-3。

表 10-3 架空导线绞合节径比

结构元件	绞层	节径比
钢及铝包钢加强芯	6 根层	16 ~ 26
	12 根层	14 ~ 22
铝及铝合金绞层	外层	10 ~ 14
	内层	10 ~ 16
钢及铝包钢绞线	所有绞层	10 ~ 16

钢及铝包钢具有较高的弹性模量，为避免绞合后松散和扭转产生内应力对导线强度的影响，绞合时宜采用管绞机、笼绞机等退扭设备绞合。加强芯作为承力元件，无论单根还是多根线，均不允许有接头。

为了提高生产效率，铝和铝合金绞线多采用框绞机、叉绞机等高速绞线机生产，因为不退扭，单线弯曲、扭转变形的弹性变形会产生回弹，使绞线松散，将单线的弹性变形转变为塑性变形就显得尤为重要。为此，在并线模前加装单线预弯曲装置，使铝单线在进入并线模前形呈“S”形走向，预先产生弯曲变形，同时在成品出线处增加整股绞线的预成形装置，可使导线在该装置内作纵向和横向呈驼峰形的曲线变化，从而消除铝线内部的弹性应力，使绞后的导线变得服帖，同时对成品绞线的松股、蛇形弯曲问题也有较好的解决效果，消除了绞线截断后松散现象产生。

拉线完成后，单线应放置一定时间，保持绞合时所有单线温度一致。生产过程中还要使各放线盘放线张力基本相同并保持恒张力，以保证所有单线长度、张紧力一致。

生产及储运过程中还需保持绞线表面光洁、无划痕和机械损伤等，避免因应力集中造成断股和产生放电尖端。

2. 型线同心绞架空导线

(1) 绞线型式

对于单线形状而言，圆形截面应用最广。但在长期使用过程中，圆线同心绞架空导线也暴露出它的一些缺点，例如：导线的断面利用率低，使导线的外径加大，而较大的直径增大了风载，使作为支撑的杆塔必须加强；各圆形单线间是线接触，导致导线吸收风振的能力较低；单线间的空隙容易积水和有害物质，使导线产生腐蚀，降低了导线的使用寿命。

型线同心绞架空导线是以型单线代替圆单线绞制成架空导线，是对圆线同心绞架空导线的重大改进，大大提高了导线的综合性能。常用的型单线有 SZ 形、T 形等，还有 C、V 形等多种形状。采用型单线绞合的架空导线品种几乎涵盖了所有圆线同心绞架空导线品种，而且型单线绞合成圆形后，由于各单线之间的相互挤压支撑作用，还可制成空心的扩径导线、绞层之间存在间隙的自阻尼导线等新品种。主要产品的结构型式如图 10-13 所示，其中图 10-13a ~ 图 10-13d 采用 SZ 形单线，图 10-13e 采用 T 形单线。

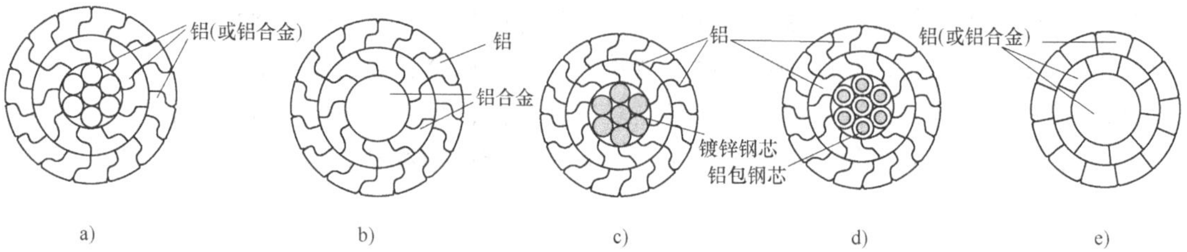

图 10-13　型线同心绞架空导线

a)、e) 铝（或铝合金）绞线　b) 铝合金芯铝绞线　c) 钢芯铝绞线　d) 铝包钢芯铝绞线

（2）生产工艺

1）单线生产。型单线生产可以采用拉伸或挤压方式生产。采用拉线工艺，因断面形状复杂，相比于圆线拉制，每道拉线模应取更小的延伸率，若需软态单线，还需再经过退火加工。挤压型线可采用 Conform 机组挤压生产，挤压生产线布置如图 10-14 所示。Conform 挤压过程与挤压包覆相似，将经过矫直、清洗、烘干的铝（铜）杆通过摩擦挤压由模孔挤出。由于产品状态为热挤压态，可获得优良的机械性能与微观组织结构，制得软态单线。

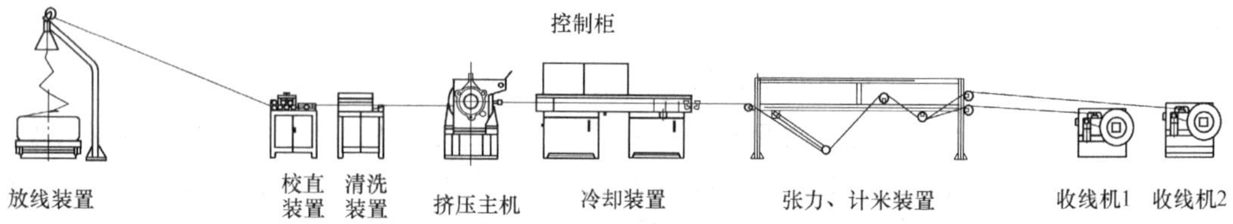

图 10-14　铝挤压生产线设备布置图

2）绞线生产。绞线是对型单线进行绞合，可在框绞机、叉绞机等高速绞线机上采用无退扭绞合。与圆单线绞合相似，外绞层节径比不大于相邻内层节径比，相邻层绞向应相反，采用 SZ 形单线即为适应不同绞向绞合。

（3）产品特性

1）更大的导体截面利用率。型线同心绞架空导线最大限度地减小了导线间的空隙，具有更大的导体截面利用率，SZ 形线与同截面的圆线同心绞架空导线相比，直径减小约 10%；同直径相比则可增大截面积 20% ~25%。

2）降低风载的影响。其光滑的导线表面和较小的直径，降低了风载的影响，当风速达到 30m/s 及以上时，风载比同截面积的圆线同心绞架空导线低得多。

3）良好的自阻尼特性。由于型线特别是 SZ 形线的单线间有更大的接触面，其自阻尼性能远比圆线同心绞架空导线优良，因此具有良好的抗微风振动和抗暴风雨、沙尘暴引起振动的能力。

4）优良的耐腐蚀能力。导体是以 SZ 形线绞制的结构，单线之间结合紧密，与圆线同心绞架空导线相比，一定程度上解决了导线的抗化学腐蚀、电化学腐蚀和缝隙腐蚀，延长了导线的寿命。

5）具有低覆冰雪的能力。由于导线的外表面光滑，冰雪难以附着，减少了导线覆冰的时间，兼之导线的直径偏小，所以单位长度的覆冰量较少；气温升高时，冰雪的融化较快，导线覆冰量始终较小。

6）可减少电晕的损耗。相互嵌联或挤压型线形成外导线层，圆线作为支撑的内导线层，这种结构具有较好的抗侧压能力，更适合制成扩径导线，使导线直径相对增大；导线表面比采用圆单线更加光滑，表面电场更加均匀，有效地减少电晕损耗。

7）单线断线时损害小。对于SZ形线的结构，由于每根单线间都相互嵌联在一起，即使某一根单线断裂，也不会像圆单线一样跳出，使导线仍保持原有形状。

圆线和型线同心绞架空导线的导体采用硬态增加了导线的综合拉断力，但付出导电率降低的代价；采用软态导体，导电性能提高，线损降低。

三、特殊用途的架空导线

1. 软铝绞线

为保证导线有较高强度和小的弧垂，普通钢芯铝绞线导体都采用导电率为61% IACS的硬铝制造，若采用导电率为62.5%～63%的软铝，则输电时的能耗可减少约2.5%～3%。若能够同时提高导线的长期工作温度，则传输容量可有较大的增加。但是采用软铝导体提高工作温度会使导体部分的弧垂增加，因此必须采取措施降低导线的弧垂。

弧垂大小与导线温度相关，温度升高，导线长度延长，弧垂增加，温度越高，弧垂越大。普通钢芯铝绞线在较低温度时，铝线和钢芯共同承受机械载荷，铝的线膨胀系数约是钢的2倍，随温度升高，弧垂增加很快。因铝线长度增加快于钢线，当超过某一温度值时，加在导线上的力迁移，全部由钢芯承担，把这个温度点称“拐点”或“迁移点”。迁移后，因钢芯的热膨胀系数较小，导线弧垂增长变得缓慢。普通钢芯铝绞线的迁移点温度为110～115℃左右，所以在70～80℃的工作温度时，已产生很大弧垂。

若通过特殊加工，将迁移点移至40～20℃（制造时的环境温度），则导线在工作温度时钢芯将全部承载机械载荷，铝线主要承载电流而不承载机械载荷，弧垂完全取决于钢芯。导线运行的工作温度不会由于铝线的软化特性而受限制，这样导线的运行工作温度完全由钢芯的软化特性所决定。而钢芯的再结晶温度高，能在较高的温度下保持正常的机械强度，所以允许的运行温度比普通钢芯铝绞线高很多，能达150℃，使导线增容100%。采用低蠕变量、迁移点低的钢芯是软铝导线的关键。为使导线获得更好的弧垂特性和允许的弧垂量，其承力元件还可采用复合材料，如碳纤维芯、铝基陶瓷纤维芯等，可大大减少导线的弧垂量。

2. 耐热铝合金导线

由耐热的铝锆合金制成的导线在高温下强度损失很少，其软化起始温度大于200℃，比硬铝线还要高出100℃。长期工作温度提高到150℃，输电载流量比相同规格铝线提高60%。不足之处是导电率稍有下降，电阻和线损也随工作温度升高而增大，约增加19%。其耐腐性、延伸率、密度都与硬铝相同，电阻温度系数、弹性系数、线膨胀系数与硬铝相近。

耐热铝合金导线特别适用于增扩容输变电场合，利用原有杆塔、走廊架设，使线路扩容的投资大幅降低；小截面积导线传输大容量电流，因此在线路的瓶颈段、城市或山岳架线走廊等狭窄地区使用更能显出优势。此外，它还适合用于电流涨落较大的区段、季节性过负荷线路等，日常工作在低容量、低线温状态，线损较小，预留较高的安全裕度满足过负荷状态工作，比选用大截面积的普通导线可降低线路投资；跨越江河、山谷、海峡岛屿时，采用高强度耐热铝合金导线，可减少导线自重，降低机械负荷，实现大容量、大跨越输电。

超耐热铝合金导线除具有耐热铝合金导线的优点外，导线允许温度可达230℃，载流量提高约2倍，被称为倍容量导线，承力元件采用铝包殷钢线，弧垂小，但价格高昂。

3. 扩径导线

扩径导线是将导电线材用支撑法或填充法使导线外径扩大，降低导线表面的电场强度，从而避免电晕放电，减小电晕损失和无线电干扰，并能减小电晕噪声。其用于高海拔地区或超高压、特高压变电所的软母线。图 10-15 所示为几种形式的扩径导线。填充法采用在钢芯与铝线或铝线与铝线间，每层用较少数量铝线反方向疏绞，线间留有较大间隙，起到支撑外部铝线作用，从而使导线外径显著增大。支撑法在导线中心采用镀锌软管、螺旋管等进行支撑，做成空心导线达到扩大导线直径的目的。

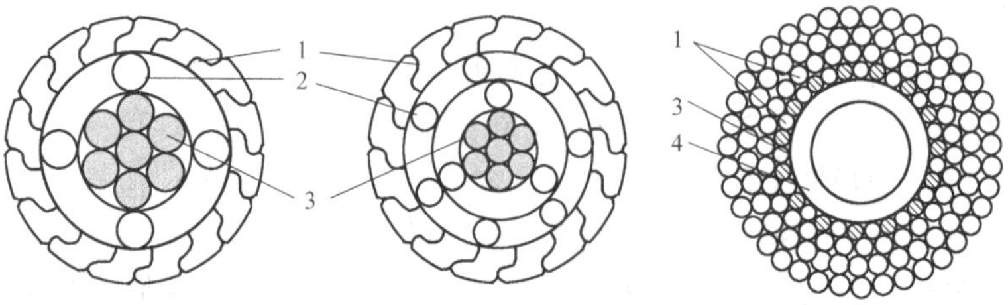

图 10-15　扩径导线

1—铝线　2—填充铝线　3—钢芯　4—金属软管

4. 自阻尼导线和间隙式导线

自阻尼导线的结构特点是在铝线和钢芯的层与层间均留有一定的间隙，使导线在受力状态下风激振动时，由于钢芯和各层铝线的固有振动频率不同而相互干扰碰撞，自身消耗风激振动的能量，达到阻尼减振效果。特别适合用于南方多发台风地区、北方大风和沙尘暴地区。

图 10-16　自阻尼导线和间隙导线

a）自阻尼导线　b）间隙导线

1—钢芯　2—铝线　3—耐热铝合金线　4—耐高温硅脂

为使层与层间形成间隙，一般采用铝型线，其结构形式如图 10-16 所示。自阻尼导线与一般钢芯铝绞线相比，可提高使用应力达到破坏强度的 60%，并可减少导线的疲劳断股现象，因此可加大线路档距，减少杆塔基数或降低杆塔高度，节约线路投资。

日本为解决高度集中的工厂用电迅速增长的需要，在自阻尼导线的基础上发展了间隙式导线，如图 10-16b 所示。导电部分采用耐热铝合金，钢芯采用高强度镀锌钢丝，在钢芯与导体的间隙中，采用能在高温条件下长期使用而不致丧失防腐和润滑性能，且在高温下不易挥发的硅润滑脂。它能防止因振动引起的冲击磨损，对钢芯的镀锌层有保护作用。导线的长期工作温度可达 150℃。

在架设时应采用特殊的施工技术来拉紧钢芯，是这种导线的不足之一。工作时，全部机械载荷由钢芯承担，铝合金导体基本不受力。在高温下弧垂比普通钢芯铝绞线小得多。导线还有较好的自阻尼性能，对振动能量吸收较大。

5. 防冰雪导线

在输变电工程中，输电线路覆冰引发故障严重地影响了电力系统的正常运行，甚至造成重大损失。导线覆冰会造成以下事故：①过负载事故：导线覆冰后质量、风压面积增加而导致金具损坏、导线断股、杆塔损折、绝缘子串翻转、撞裂等机械事故，因弧垂增大，造成闪络和烧伤、烧断导线的电气事故；②不均匀覆冰或不同期脱冰事故：相邻档的不均匀覆冰或线路不同期脱冰会产生张力差，损坏金具、导线和绝缘子及使导线电气间隙减少，发生闪络，也有可能破坏杆塔；③覆冰导线舞动：不均匀覆冰或冰、风载荷的作用使导线产生自激振荡和低频率的舞动，造成金具损坏、导线断股、断线和杆塔倾斜或倒塌等机械及电气事故。故此防冰雪导线的开发应用就显得格外重要。

防冰雪导线按工作原理可分为防冰和除冰技术。防冰雪是使导线表面难以覆冰，除冰雪技术能自动融冰除雪，根据这两类技术设计的防冰雪导线主要有涂料防冰式、阻雪环式、带翼状股线、切换电流式、居里合金式等。

涂料防冰式是在导线表面涂覆具有强憎水性能的涂料，降低冰与导线表面的附着力达到减少覆冰的目的。型单线绞合导线表面圆整，光洁度更高，也减少了冰雪在其表面的附着。

阻雪环式是在导线上夹装由聚碳酸酯制成的塑料环，起到阻滞积雪在导线绞合方向转动。因雪在迎风侧堆积，当堆积到一定厚度时，在自重或风等自然力的作用下自行脱落。

带翼状股线的难积雪导线如图 10-17 所示，它可使积雪在沿导线滑动时受阻而脱落。

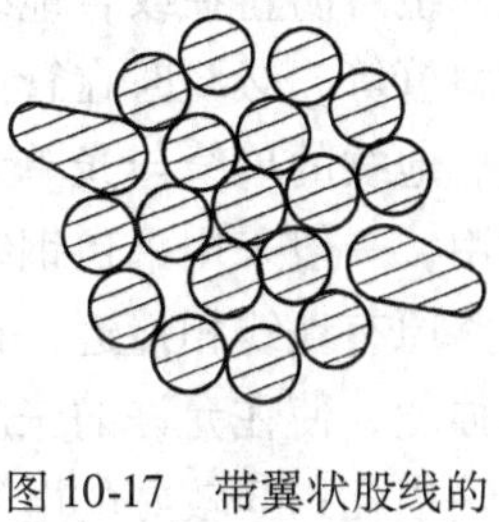

图 10-17　带翼状股线的难积雪导线

切换电流式防冰雪导线在导线的铝线与钢芯之间有一层耐老化的绝缘层，在正常情况下，电流通过铝线运行，当气象条件达到积冰条件时，通过架设在杆塔构架上的传感器等电器元件，将电流切换到钢芯上，使钢芯发热融冰，融冰后将电流再切换到铝线上，恢复正常运行。

居里合金式是在导线表面安装低居里点的铁磁材料，可缠绕合金丝或制成指环状夹装到导线上。该材料在冰点以下温度时，磁滞损耗和涡流损耗很大，产生较高热量而融冰。温度高于冰点，不需要融冰时磁感应强度很低，不会产生额外的能量损失。

6. 光纤复合架空地线（OPGW）和架空相线（OPPC）

光纤复合架空地线（OPGW）是通信光缆和架空地线的复合体，既具有普通架空地线的电气和机械物理特性，同时又具有光纤的通信传输特性，可起到防雷保护和通信的双重作用。其与输电线架设在同一铁塔上，节省了一般光缆的购置和敷设费用，而且性能稳定可靠。OPGW 的结构主要由光单元和地线组成，其结构形式如图 10-18 所示。

光纤单元具有传输信息容量大、衰减小、工作频带宽、不受电磁干扰等优点。其结构包括光纤、二次被覆层、隔热层和保护管。光纤单元是导线的关键组件，对其应有良好的保护：①光纤单元应有良好的机械保护，以保证光纤不受挤压；②光纤应有一定余长，保证 OPGW 伸长时，光纤不受力；③光纤应采取有效的防潮措施，以防止潮气侵入而影响光纤使

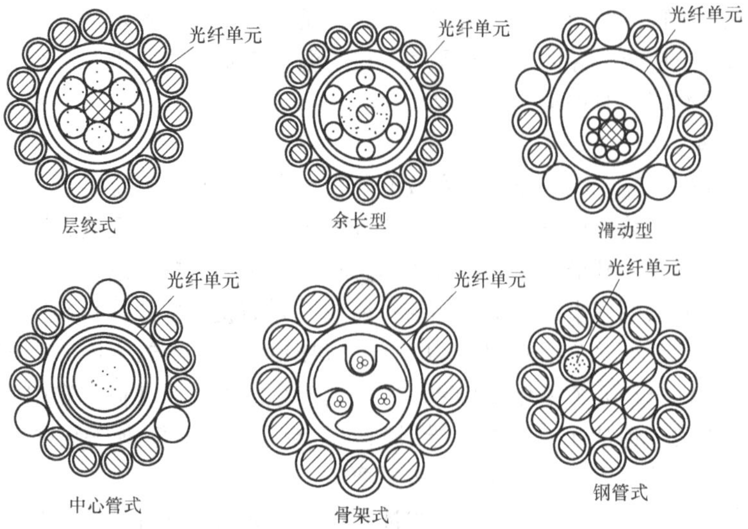

图 10-18　典型的光纤复合架空地线及其光纤单元结构图

用寿命；④光纤单元应有良好的耐热性，以防止在运行中因短路或雷击而引起短时高温对光纤的损害。

光纤单元的缆芯结构主要有层绞式、骨架式、中心管式等几种。光纤采用单模光纤较好，且其衰减小、频带宽、能提供较大的系统传输容量。保护管起到防止潮气和水分的侵入，也可防止在绞合地线时的侧向挤压，一般为不锈钢管、无缝或有缝铝（或铝合金）管、塑料管等，必要时在管内填充油膏以利防潮。

地线的单线与光单元共同绞合或地线绞在光纤单元的保护管外起着加强、导电、载流等作用，一般采用铝包钢线、铝线、铝合金线等。对这一部分要求：①重量和机械特性与输电线路原有地线相接近，在不改变电力传输系统传统设计的基础上代替地线；②具有较高的机械强度，使在允许的张应力范围内，光纤不会因 OPGW 的伸长而受到应力影响，增大光的传输损耗；③较好的电气性能，增大作为地线的短路电流的容量；④良好的热稳定性，满足短路电流容量要求。

110kV 及以上输电线路在全长的架空线上都必须架设地线，进行全长的防雷保护，为 OPGW 的应用创造了条件。35kV 及以下架空线路只需在进入变电所之前部分长度上架设地线，进行局部保护，通信线路只有另外架设。低压电力系统采用全介质自承式光缆（ADSS）作为架空光缆。

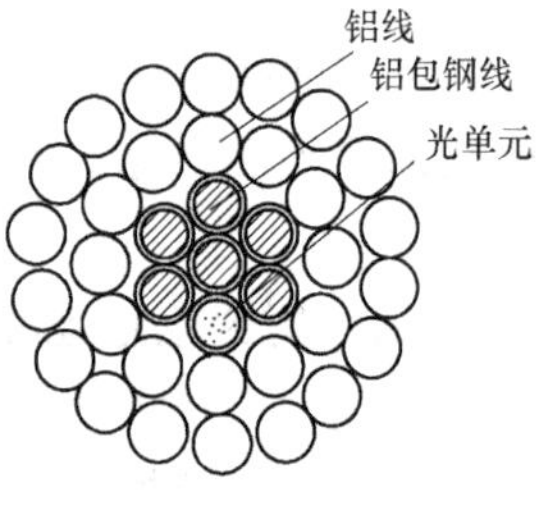

图 10-19　光纤复合架空相线结构图

光纤复合架空相线（OPPC）与 OPGW 极为相似。它是将一根或多根不锈钢管的光单元与多根铝包钢线绞合，构成架空导线的中心加强芯，外层再绞合铝（或铝合金）线，构成导电基体，将其作为中低压线路的相线使用，构成具有输电和通信双重功能的光纤复合架空相线，结构如图 10-19 所示。OPPC 的应用既可省去 ADSS 的购置费用，又可省去一次架设费用，经济效益社会效益都很可观。

7. 碳纤维复合导线

20 世纪末人们尝试用有机复合材料代替金属材料作为导线的增强元件，其中较为典型的产品就是碳纤维复合导线。

以单根碳纤维棒或碳纤维绞线作为导线承力元件的导线，其外部以软铝绞线作为导电材料，其结构如图 10-20 所示。与传统导线相比，其主要优点如下：

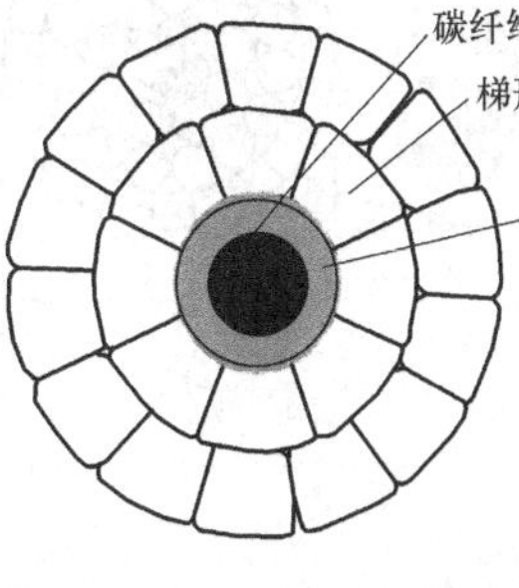

图 10-20　碳纤维复合导线结构图

1）强度大。碳纤维芯的抗拉强度为 2399MPa，是一般钢丝抗拉强度的 2 倍，是高强度钢丝的 1.7 倍。

2）损耗小，载流量大。由于碳纤维芯不存在钢丝材料引起的磁损和热效应，在输送相同负荷的条件下，具有更低的运行温度，可以减少输电线损 6% 左右。碳纤维芯可承担全部机械载荷，允许采用 63% IACS 的软铝型线作为导体，相同直径时其铝材截面积为常规导线的 1.29 倍。因此可以提高载流量 29% 以上。碳纤维芯低线膨胀系数特性，允许导线在更高温度条件下运行，长期工作温度达 150～180℃，短时允许温度可达到 200℃ 以上。在 180℃ 条件下运行时，其载流量理论上为常规导线的两倍。

3）线膨胀系数小，弧垂小。其具有显著的低弛度特性，在高温下弧垂不到钢芯铝绞线的 1/10，能有效减少架空线的绝缘空间走廊，提高了导线运行的安全性和可靠性。

4）重量轻。碳纤维复合芯导线的比重约为钢的 1/4，使导线具有重量轻的优点，有利于减小弧垂，增大跨距。

5）耐腐蚀，使用寿命高于普通导线两倍。碳纤维复合材料与环境亲和，同时避免了导体在通电时铝线与镀锌钢线之间的电化腐蚀问题，较好地解决铝导线长期运行的老化问题。

6）同样容量线路投资成本低于普通导线。由于碳纤维复合导线倍容量运行，而且抗拉强度高、弛度小、重量轻等特点，可使杆塔之间的跨距增大，高度降低，同样容量线路成本比普通导线低。

8. 低噪声导线

在架空输电线路中，风吹过导线后，从导线表面剥离在导线的背风侧形成卡门涡流，并引起压力变化产生空气振动，引起噪声，通常把这种噪声称为导线风噪声。导线风噪声是因导线周围空气的压力波动而产生的，其性质与导线的材质、振动特性无关，而与导线的外表面形状、特征、直径大小以及风的情况有很大的关系。风噪声的振动属于声音的低频范围，大致为 50～250Hz，具有较强的穿透力，随空间距离的增大衰减较慢，一般能传播 1000m 左右。

一般来说，导线的外表面越光滑、风越接近层流，则风噪声水平越高。大截面积、多分裂导体容易产生风噪声。由于超高压线路输电容量大，导线截面积大，分裂数多，铁塔高，导线产生风噪声的概率也增大；民用建筑隔音材料只能防止高频噪声，难以隔离低频噪声，随着输电容量增大、电压升高，风噪声问题变得日趋严重。

根据导线风噪声产生机理，采取方法改变导线断面形状或者增加导线表面的粗糙度，使气流处于乱流剥离状态，就会降低导线风噪声。基于此原理，开发了低噪声导线，就是在导线制造过程中，直接在其外层绞制上若干异形线股。这种异形线股的高度要比正常股线直径大，在导线表面形成螺旋凸起，而且具有一定的开角，起到干扰风在导线表面流向作用，达到很好的防风噪声效果，而且不会增加导线的电晕噪声，其结构如图 10-21 所示。

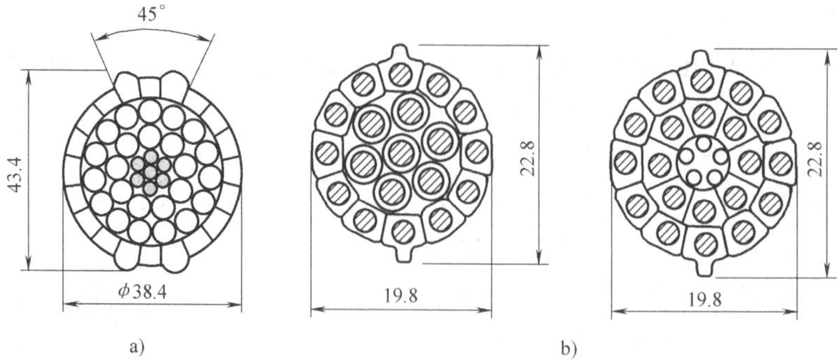

图 10-21 低噪声导线结构图
a）低噪声导线 b）低噪声架空地线

第三节 矿物绝缘电缆的制造

随着经济高速发展，城市化进程加快，城市安全风险积聚积累，一些人员集中的公共设施如商场、车站、医院、剧场、体育场馆等公共建筑的电气安全性、可靠性引起了广泛关注。化工、冶金、交通等行业对供用电的特殊需求等，使社会对阻燃、耐火、无卤低烟等电缆的数量、等级要求进一步提高。这使得矿物绝缘电缆具有更加广阔的市场前景。

一、结构及特性

矿物绝缘电缆（国外称 MI）是全部采用无机材料制成，采用特殊工艺，将铜导电线芯嵌置在内有紧密压实氧化镁绝缘材料的铜管中，用铜做导体，无机物氧化镁为绝缘，无缝铜管作护套的一种不同于常规的电缆产品。若电缆敷设于潮湿、有化学腐蚀等会侵蚀铜护套的场合，可在铜护套外挤包塑料护套进行保护，其结构如图 10-22 所示。

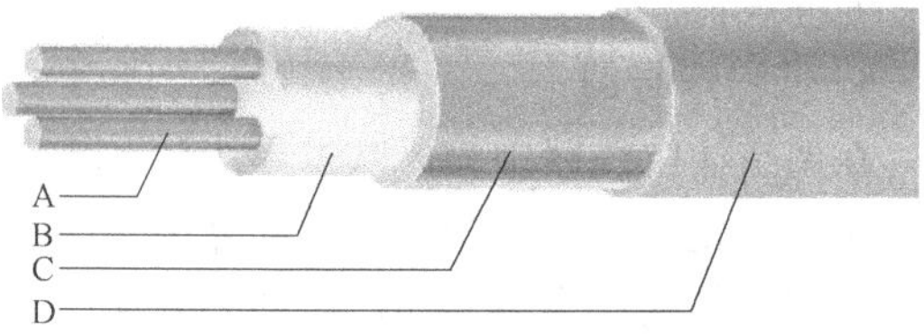

图 10-22 矿物绝缘电缆结构图
A—导电线芯 B—氧化镁绝缘 C—铜护套
D—塑料外护套（可选用）

矿物绝缘电缆作为全部由无机材料制造的电缆，自身不会因过载而燃烧，也不会成为电气火灾传播介质。火灾时不会放出任何有毒有害气体和烟雾，即便因过载发热或发生火灾时，其仍可在较长的时间内维持供电，为救援和逃生创造条件，具有较高的安全性。由于氧化镁的熔点为 2800℃，远高于铜的熔点 1083℃，只有电缆自身的温度超过铜的熔点时才会被破坏，具有高耐火性。矿物绝缘电缆内部结构紧密，受到机械外力，一般情况下只会发生变形不断裂，也不会损害其电气性能，在电缆外径压扁至 1/3 的情况下仍可正常工作，能够在火灾过程中维持电路贯通的完整性，具有高可靠性。采用无缝铜管作护套，其本身具有较高的耐腐蚀性，具有防水、防潮、耐火、耐油、防鼠、防白蚁等塑料电缆无法比拟的综合性能。矿物质绝缘电缆的寿命取决于铜护套的氧化速度，所以有比普通电缆高得多的寿命，被称为“永久性电缆”。其长期工作温度高达 250℃，远高于普通电缆，具有更高的载流能力，线路过载时，只要发热达不到铜的熔点温度，电缆就不会损坏，具有很高的载流和过载能力。另外，铜护套可用作回路的接地线，比其他电缆可节约一根接地线。

矿物绝缘电缆的不足之处是氧化镁易吸潮，使绝缘电阻降低。氧化镁的吸潮过程基本上取决于绝缘层的最终密度、周围介质温度及相对湿度，当氧化镁粉与潮气相互作用时会发生水合反应，从而导致绝缘电阻降低。矿物绝缘电缆采用铜护套封闭，只需考虑其端部吸潮。

二、生产工艺

矿物绝缘电缆生产工艺有预制氧化镁瓷柱法、氧化镁粉自动灌装法和氩弧焊连续焊接法三种。

1. 预制氧化镁瓷柱法

预制氧化镁瓷柱法是矿物绝缘电缆制造初期的唯一的方法，也是最原始的一种生产工艺。

(1) 工艺流程

该工艺首先将经过磁选的氧化镁粉烘干后加入粘结剂，使其制成糊状。这种添加剂一方面要保证预制氧化镁瓷柱管坯压制成型，另一方面要使压制氧化镁瓷柱管坯易于脱模。常用的粘结剂有纤维素、石蜡等。经过处理后的粉料送到压机上进行压制成型为瓷柱状。压好的氧化镁瓷柱放进储料箱或由传送带输送到温度为1200℃左右电炉内煅烧。氧化镁瓷柱生产工艺有两种：一种是热压成型法（又称注浆成型法），另一种是干压成型法。其生产工艺流程分别如图10-23和图10-24所示。

图10-23　氧化镁瓷柱热压成型法工艺流程图

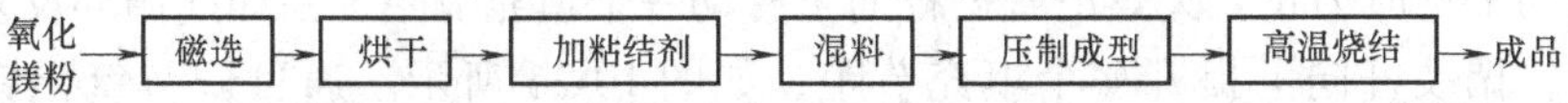

图10-24　氧化镁瓷柱干压成型法工艺流程图

干压成型法与热压成型法相比其优点是：氧化镁瓷柱结构尺寸易控制，氧化镁瓷柱内没有气孔缺陷，生产效率高等。

煅烧后的瓷柱送到装配台，为防止在装配时污染瓷柱，可先将它装入长度约9m的管坯内，并由专用芯杆定位，然后穿入长度约10 m的芯坯。为避免在装配时瓷柱吸潮，氧化镁瓷柱应采用热装配，且温度不低于100℃。装配完毕后进行反复制头、拉伸和退火，有些产品还需在铜护套外挤包防腐塑料护套，最终形成符合标准要求的成品。预制氧化镁瓷柱法生产矿物绝缘电缆的工艺流程如图10-25所示。

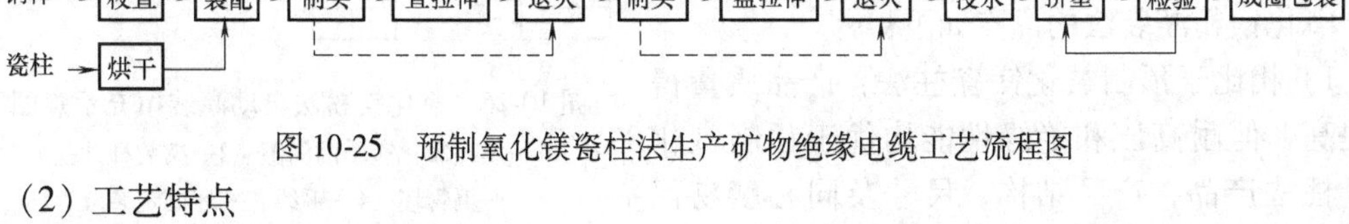

图10-25　预制氧化镁瓷柱法生产矿物绝缘电缆工艺流程图

(2) 工艺特点

预制氧化镁瓷柱法的优点如下：

1）制造设备简单；

2）产品结构尺寸容易保证；

3）更换规格容易。

预制氧化镁瓷柱法的缺点如下：

1）管坯和线坯的长度受运输限制（管长一般为9m，最长12m），使成品电缆最大制造长度受限，如1×1.5mm² 电缆的最大制造长度为500m；

2）劳动强度较大；

3）制造瓷柱过程中会受到二次污染，并且氧化镁瓷柱易吸潮；

4）产品制造成本高、能耗大、生产周期长。

2. 氧化镁粉自动灌装法

（1）工艺流程

为解决矿物绝缘电缆氧化镁瓷柱法生产工艺劳动强度大、绝缘性能相对不稳定等缺点，原英国的BICC的Pyotenax公司开发了氧化镁粉自动灌装生产工艺。该工艺首先将经过处理的管坯（长度约为9754mm）和线芯（长度约为9804mm）材料送到装配台，进行坯料装配，也就是将所需线芯坯料放入管坯中，并用装置将管坯的一端固定，然后将氧化镁粉灌入管内，并压紧。

为避免在填充时氧化镁粉受潮，氧化镁粉在灌装前先进行高温排潮处理。将氧化镁粉先送入炉温为850~950℃的电加热滚筒炉内煅烧，然后装箱并送入250~350℃保温炉内保温。灌粉时将保温箱内的氧化镁粉加到加料漏斗内，从漏斗出来的氧化镁粉通过磁力分选器清除磁性金属夹杂物。粉料通过捣装工具的导向杆和管坯之间的间隙进入护套管坯内。

填充氧化镁粉工序主要是用捣装杆上的冲头压紧。冲头上面有导向阀门，不仅起捣固作用，而且可以起到线芯坯定位作用。捣装过程一直进行到气动杆摩擦压力和作用在氧化镁粉上的压力达到平衡时为止。夹具沿着捣杆向下移动一个填充节距，并如此循环反复进行。每循环一次后，捣装杆向上提升一个填充节距，如图10-26所示。通过调节氧化镁粉的供料量、捣装杆的压力及其冲击频率可得到最佳填充速度和填充密度。

为了检测氧化镁粉的密实度，灌粉前应对装配好的铜管和铜棒进行称重，灌粉后再进行称重，从而得到每根管坯内所装的氧化镁粉的重量是否在工艺控制范围内。灌装完毕的产品进行反复的制头、拉伸、退火，需要时，挤包塑料护套，成为所要求成品。氧化镁粉自动灌装法生产矿物绝缘电缆的工艺流程如图10-27所示。

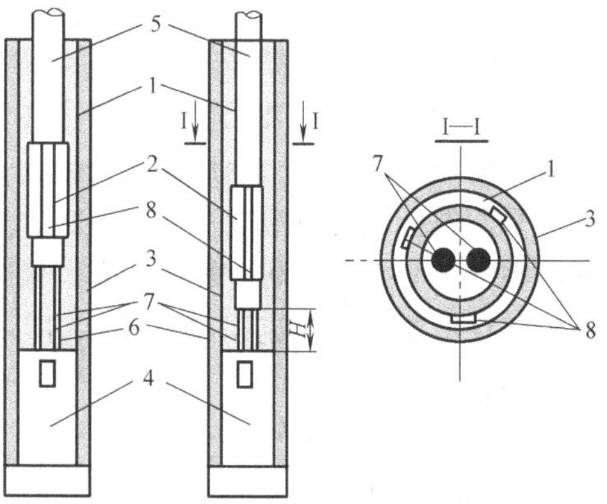

图10-26 氧化镁粉法自动灌装填充示意图
1—填充氧化镁粉的间隙 2—捣装杆冲头
3—铜管坯 4—铜线芯芯坯固定装置
5—捣装杆 6—捣固的氧化镁
7—铜线芯芯坯 8—导向装置
（H—填充节距）

（2）工艺特点

氧化镁粉灌装法的优点如下：

1）相比于预制氧化镁瓷柱法，产品质量得以提高，但耐高压和绝缘性能均优于预制氧化镁瓷柱法产品，产品结构、尺寸及同心度易保证，一次交检合格率提高；

2）劳动强度低。

氧化镁粉灌装法的缺点如下：

① 管坯和线坯的长度受运输限制（管长一般为9754mm），使成品电缆最大制造长度受限，如1×1.5mm^2电缆的最大制造长度为700m；

② 氧化镁粉易吸潮；

③ 对铜管、铜棒的平直度要求非常高；

④ 设备投资大，产品制造成本高、能耗大、生产周期长。

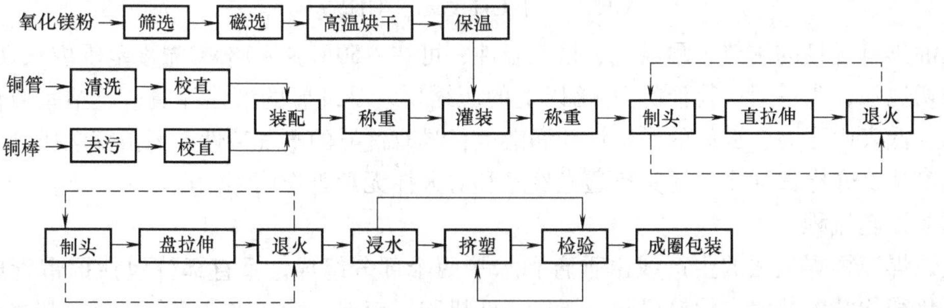

图10-27　氧化镁粉自动灌装法生产矿物绝缘电缆工艺流程图

3. 氩弧焊连续焊接法

铜带连续氩弧焊接矿物绝缘电缆生产线是由英国TT的AEI公司于1980年成功开发，它是制造矿物绝缘电缆先进的工艺方法。该方法与前两种工艺最大的不同在于铜护套不再采用预制的铜管，而是用铜带逐渐成型，经氩弧焊将接缝连续焊接而成，从而使产品不再受管长限制，制造长度大大增加。在成型同时，将铜导体和氧化镁置于铜护套管内，经多道轧制、退火制成成品。

（1）主要原材料

氩弧焊连续焊接法使用的主要原材料有用于制造铜护套的铜带、导体用铜线芯、自封闭性氧化镁粉、硅油等。

1）铜带采用脱氧无砷磷铜，厚度为0.85～1.80mm。铜带的硬度应控制在70～90HV范围内，硬度过低，铜带在成型过程中容易起皱；硬度过高，焊接后会出现焊缝开裂。

2）铜线芯为退火高导电率铜杆、丝，直径范围为2.75～22.0mm。

3）氧化镁粉具有自封闭特性并可注硅油，因此，氧化镁粉在注硅油前不需要任何排潮处理。其主要化学成分见表10-4，密度为2.3g/cm^3。为保证氧化镁粉灌入铜管的流速及振实密度，可通过调整不同细度氧化镁粉的配比来达到，其配比可见表10-5。

表10-4　可加硅油氧化镁粉化学成分要求

成分	MgO	Fe_2O_3	CaO	SiO_2
含量（%）	≥94	≤0.2	≤1.5	≤4

表10-5　可加硅油氧化镁粉细度组成

目数	60	80	100	140	200	325	425
网孔直径/μm	250	180	150	106	75	45	32
配比（%）	0.1～0.5	12.5～15.5	16.0～17.5	29.0～30.0	24.0～27.5	11.5～13.5	0.4～1.0

4）硅油是以三甲基硅氧基为端基的线型聚二甲基硅氧烷流体，其结构式（其中 n = 13 ~360）为

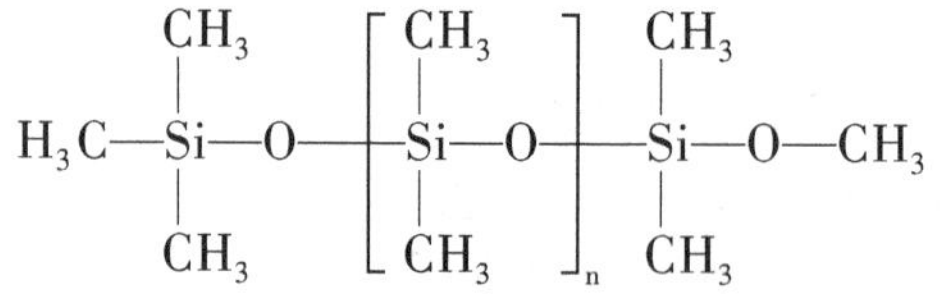

硅油具有优良的耐热、耐氧化、耐低温性，可在 -50℃ ~ +180℃温度范围内长期使用；其抗剪切性强，为一般矿物油的 20 倍以上的压缩性，是理想的液体弹簧；温粘系数低、低蒸汽压、低表面张力、良好的憎水性和润滑性；具有优异的电气特性，耐击穿电压高、耐电弧、耐电晕、介电损耗小；还具有透光性好和对人体无毒害作用等优点。

（2）工艺流程

氩弧焊连续焊接法的生产线由垂直和水平两个部分组成，垂直部分包括铜带管成型辊轮、氧化镁粉灌粉装置、焊接机头、压轮、轧机和感应退火箱，水平部分包括冷却水槽、轧机、感应退火箱和收线装置。生产工艺流程如图 10-28 所示。

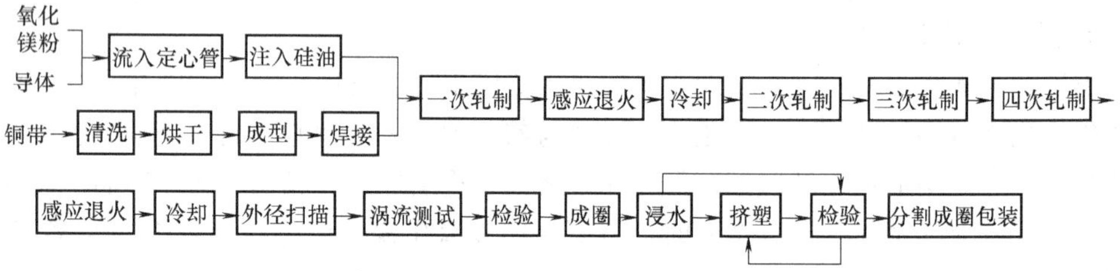

图 10-28　氩弧焊连续焊接法生产工艺流程图

1）铜带清洗。首先将铜带通过放线装置、储线器然后进入切边器，按照所需铜管直径，切去铜带多余宽度，经清洗烘干机进行喷射酸洗（生产线分两种：轻型生产线采用 15% ~ 20% 的 H_2O_2 和 12% ~16% 的 H_2SO_4 的水溶液；重型生产线采用 5% ~10% 的 H_2O_2 和 12% ~15% 的 H_2SO_4 及 1% $CuSO_4$ 水溶液），用清水清洗干净，再在 35 ~45℃的温度下烘干。

清洗的作用是保证铜带清洗后表面无油污和氧化层，有利于铜带焊接。铜带清洗最关键的部位是铜带的切边，铜带在成型焊接时采用边与边对焊，在铜带由酸洗向清洗之间用一个塑料刮尘器对铜带的切边进行处理，以避免因切边杂质而出现虚焊。

2）铜护套成型。清洗的铜带经多道成型轧辊连续纵向轧制，由平直状形成弧形再形成半圆，最后形成圆铜管，应保证铜带边相互对齐及紧贴。

3）氩弧焊焊接。铜管纵缝采用氩弧焊进行焊接，焊接速度为 1.0 ~3.0m/min，焊接电流 280A 左右，焊接电压为 12.5V。在电极棒外套管内部的焊接部位上不断地供给保护气体——氩气，氩气流出采用环形气流供应，防止焊接时铜管焊缝与空气接触。

4）氧化镁粉灌装。采用的氧化镁粉具有自封闭特性，并可注疏水性硅油，所以在注硅油前不需要任何排潮处理。

氧化镁粉通过定心管从氧化镁粉料斗入口处流入到铜护套内，定心管位置处于氧化镁粉料斗出口处至一号轧机第二轧辊处，如图 10-29 所示。不锈钢定心管结构如图 10-30 所示，其长度为 3940mm。将其固定到氧化镁粉料斗支架上，用喇叭形橡胶套与料斗及定芯导杆上进料口连接，上下口用管卡收紧密封，同时将硅油导管装入定心管中。定心管在灌粉过程中

起到以下作用：①便于氧化镁粉通过不锈钢管流入铜护套内，定心模块中心小孔（见图10-31）用于穿入硅油导管，保证硅油顺利注入氧化镁粉中；②保证电缆的导电线芯的芯与芯、芯与护套不偏心。由图10-31所示可见，芯与芯之间的间距主要是用定芯模块控制，而芯与护套之间间距主要是用定位销控制。线芯是经内芯管道穿入到铜管中，而氧化镁流道是通过外套管与内芯管之间的空隙流入铜管。

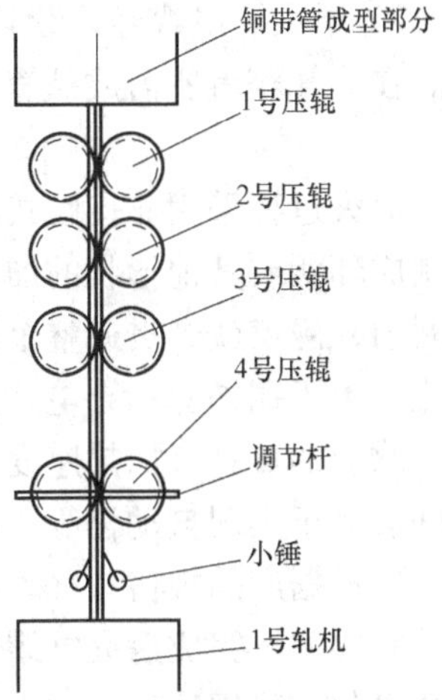

图10-29　灌粉部分外部装置

为保证顺利灌粉及氧化镁粉在铜护套内密实，在焊枪和铜管定径轮之间有一对小锤（见图10-29）对铜管进行一定频次的敲击，频率为每分钟20～80次。在料斗内的氧化镁粉供送量可借助料斗和储存器内粉位传感器信号来控制，流速约100g/180s，氧化镁粉的振实密度2.13～2.33g/cm^3。

为保证导电线芯在铜护套内不偏心，线芯通过张力模垂直进入定心管内。张力模（线芯定径模）放入模套中，并将之放置在线芯导向轮与氧化镁粉料斗支架上，要求张力模的模孔与线芯的导向杆管口成一直线（定径模定径区直径比铜线芯坯料直径小0.1～0.5mm，主要起定径、矫直和产生垂直张力作用）。接着将一根或数根导电线芯通过张力模拉伸、固定的定心管子进入铜护套内，氧化镁粉从料斗灌入铜护套内。

5）加硅油。硅油是疏水性有机硅——聚二甲基硅氧烷的简称，它通过一台压力泵由直径0.5mm不锈钢硅油导管注入定心管内氧化镁粉中，其注入量按重量百分数0.08%～0.1%控制。

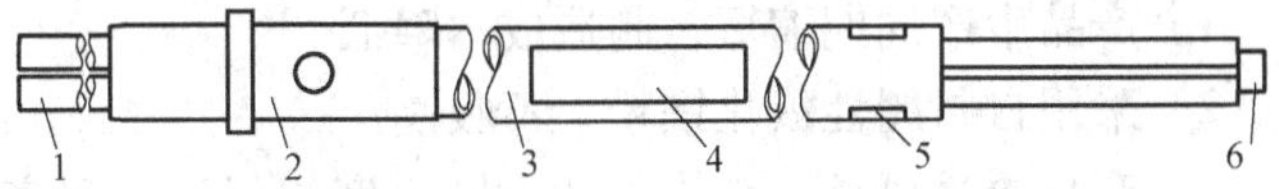

图10-30　定心管的结构

1—内芯管　2—定位套管　3—外套管　4—焊点加强垫片　5—定位销　6—定心模块

硅油在氧化镁中的膨胀取决于1号退火和2号退火。电缆在轧制过程中氧化镁粉在不断地运动，从而保证氧化镁与硅油进一步混合。1号退火后硅油膨胀约达20%，经2号退火以后，硅油膨胀可达50%～80%。硅油含量超过80%后，电缆退火容易发生护套开裂现象。

采用具有自封闭特性的氧化镁材料，可使氧化镁易吸潮的缺陷得到有效改善。因而矿物绝缘电缆在运输、储藏及现场安装时无需临时封头保护，电缆不受任何潮气影响，电缆安装时无需烘烤加热，绝缘性能也不会下降，极大地简化了现场安装工序以及日后的维护，电缆系统可靠性大大增加。

6）电缆轧制。铜管焊接好的电缆进入轧机轧制，电缆连续通过多对轧辊进行连续冷轧。在这个过程中电缆直径变小，长度延伸，轧制过程对铜护套厚度、导体直径、氧化镁粉压实密度、芯与芯之间绝缘厚度、芯与铜护套之间的绝缘厚度等都有一定影响。

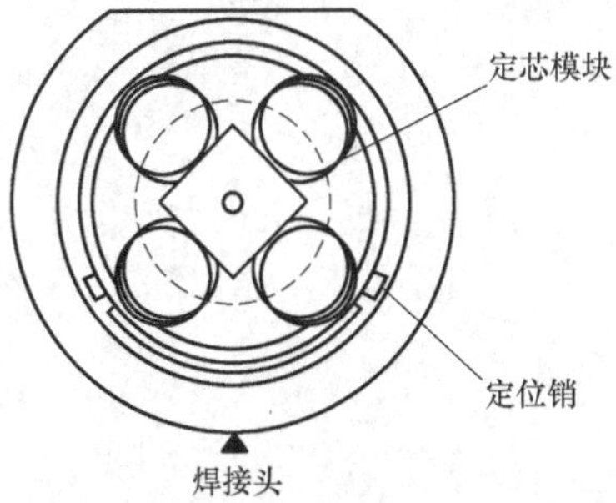

图10-31　多芯电缆定心管

轧制过程中各道延伸系数不宜过大，防止单道变形过大而致铜护套开裂；轧辊孔型尺寸应与轧制速度匹配，遵循秒体积相等原则，防止在轧辊处出现线材堆积和过度拉伸而导致线材损伤或停机。

7）退火。电缆经连续轧制，产生一定变形量后，需经中间退火，以便于随后的轧制加工。在终轧获得所需成品直径后，应进行退火以恢复导电性和保证达到标准要求的弯曲性能。

退火过程采用非接触式的感应退火，其主要原理是：交流大电流流向用纯铜管制作、被绕制成环状或其他形状的加热线圈。由此在线圈内产生极性瞬间变化的强磁束，将电缆置于线圈内，磁束就会贯通整个被加热物质，在被加热物质内部产生与加热电流相反方向的很大涡流，由于铜护套和导电线芯的电阻产生热量，使自身的温度迅速上升，从而达到退火目的。感应加热具有加热速度快、热效率高、温度控制精度高、加热均匀、产品质量好、可控性好、易于实现自动化等一系列优点。

要根据产品规格和移动速度设置退火功率，以保证电缆的柔软程度能满足标准对电缆弯曲试验要求。完成退火电缆通过冷却水箱进行冷却，并应在冷却水中加入抗氧剂，以避免铜护套氧化。采用这种方式生产，成品电缆收线速度约为 2 ~ 30 m/min。

电缆在成品收线前通过在线检测装置对成品电缆的质量情况进行在线跟踪。扫描测径仪主要在线检测成品电缆直径及椭圆度，而涡流测试仪主要是在线检测铜护套焊接质量和砂眼等缺陷。

（3）工艺特点

氩弧焊连续焊接法的优点如下：

1）产品生产周期缩短，制造成本降低。

2）采用自封闭性氧化镁粉，不吸潮。

3）产品质量可靠。结构尺寸、同心度易保证，耐高压和绝缘性能优，一次交检合格率高。

4）成品电缆最大制造长度增加，如 $1 \times 1.5mm^2$ 电缆的最大生产长度可达 6410m。

氩弧焊连续焊接法的缺点如下：设备投资大，原材料加工费高，加大了产品生产成本。

氩弧焊连续焊接工艺虽有不足，但相比于前两种工艺方法，优势更多，是一种技术先进，更具发展前景的制造方法。